高等职业教育机电专业系列教材

机械工程基础

主　审　易春阳
主　编　蒋　帅
副主编　朱小军　杨　文　汪　强
参　编　陈春棉　董小英　龚煌辉
　　　　张小曼　石金艳

南京大学出版社

内容简介

本书根据高等职业教育教学及改革的实际需求，以生产实际工作岗位所需的基础知识和实践技能为基础，着重于满足各种近机类和非机专业对机械知识的需求，本着“适度、够用”的原则，对各部分内容进行了适当修改，着重于讲清原理，落实工程实践应用。

全书分为八个章节，从静力学和平面力系、构件的基本变形及强度条件、零件的极限配合、常见金属材料及热处理、常见机构的运动特征及分类、常见机械传动方式、典型零件及连接、液压与气动等八大方面，全面介绍了机械工程基本理论，内容全面，综合性强。

本书既可作为高等职业技术院校、大中专及职工大学机械类、机电类、材料类等相关专业的教材，也可作为相关行业企业培训教材以及相关技术人员的参考教材。

图书在版编目(CIP)数据

机械工程基础 / 蒋帅主编. -- 南京 : 南京大学出版社, 2017.8(2024.12 重印)
ISBN 978-7-305-19063-6

Ⅰ. ①机… Ⅱ. ①蒋… Ⅲ. ①机械工程－高等职业教育－教材 Ⅳ. ①TH

中国版本图书馆 CIP 数据核字(2017)第 180296 号

出版发行　南京大学出版社
社　　址　南京市汉口路 22 号　　邮　　编 210093

书　　名　机械工程基础
JIXIE GONGCHENG JICHU
主　　编　蒋　帅
责任编辑　李松淼　吴　汀　　编辑热线 025-83592146

照　　排　南京开卷文化传媒有限公司
印　　刷　南京京新印刷有限公司
开　　本　787 mm×1092 mm　1/16　印张 17.5　字数 432 千
版　　次　2024 年 12 月第 1 版第 7 次印刷
ISBN　978-7-305-19063-6
定　　价　42.00 元

网　　址：http://www.njupco.com
官方微博：http://weibo.com/njupco
微信公众号：njupress
销售咨询热线：(025)83594756

前　言

随着科学技术的迅猛发展，市场经济与产业结构发生变革，知识量在迅速增加，知识更新的速度也在不断加快，新理论、新技术、新知识不断涌现。在这种形势下，就要求教、学、用三方良好地衔接，用更少的学时教、学更多的知识。同时，为了满足各种近机类和非机专业对机械知识的需求，要求在知识的“基础性”“专业性”与学生“潜力”开发之间建立起适当的纽带，帮助学生建立专业理论与专业实践之间的联系。正是基于这种情况，我们重新编写了这部教材——《机械工程基础》。

本教材编写大量调研了各种近机类和非机专业对机械知识的需求，涵盖了机械工程方面的主要基础知识。编写中力求体现以下特点：

一、着重对近机类和非机类专业所需机械工程基础知识的介绍，内容全面，综合性强，满足了非机类专业对机械知识的需求。

二、本着“适度、够用”的原则，对各部分内容进行了适当修改，着重于讲清原理，落实工程实践应用，对一些理论性较强的推导过程则予以忽略。

三、尽可能采用通俗易懂的文字与简明的插图（如立体图、结构简图等）来表达，以便于学生对教材内容的理解。

四、所采用的物理量单位及图形符号均使用新的国家标准。

本教材的编写，湖南铁道职业技术学院机械设计与制造教研室各位同仁付出了大量的辛劳。本书由湖南铁道职业技术学院蒋帅老师担任主编，由湖南铁道职业技术学院朱小军、杨文和平顶山工业职业技术学院汪强老师担任副主编，由湖南铁道职业技术学院陈春棉、董小英、龚煌辉、张小曼、石金艳老师担任参编，由湖南铁道职业技术学院易春阳副教授担任主审。第一章由朱小军、杨文老师共同编写；第二章由陈春棉老师编写；第三章由董小英老师编写；第四章由龚煌辉老师编写；第五章由张小曼老师编写；第六章由蒋帅老师编写；第七章由石金艳老师编写；第八章由汪强老师编写。全书最后由蒋帅老师负责统稿。

本教材的编写还得到了湖南铁道职业技术学院各级领导的高度重视和支持，在教材编写的过程中，铁道车辆与机械学院领导唐志勇、廖兆荣、罗友兰等都提出了许多建设性的意见，对教材的编写给予了极大的支持，在此一并向他们表示衷心的感谢。

由于编写的时间比较仓促，加之个人的水平所限，教材中难免有许多不尽如人意之处，衷心欢迎广大读者为本教材提出宝贵意见，以便不断改进。

编　者

2017年5月

目　录

微信扫一扫
进入课程资源库

第一章　静力学与平面力系

静力学——研究物体在力系作用下的平衡规律。

力系——是指作用在物体上的一群力。

平衡状态——物体相对地球处于静止或做匀速直线运动。

平衡力系——物体处于平衡状态时，作用于该物体上的力系。

静力学研究的主要内容之一就是建立力系的平衡条件，并借此对物体进行受力分析。静力学建立力系平衡条件的主要方法是力系的简化，所谓力系的简化就是用简单力系代替复杂力系。当然这种代替必须在两力系对物体作用效果完全相同的条件下进行，对同一物体作用相同的两力系，彼此称为等效力系。若一个力与一个力系等效，则此力称为该力系的合力。

综上所述，静力学研究的主要问题是：

1. 力系的简化。

2. 建立力系的平衡条件。

刚体——任何外力作用下其形状和大小始终保持不变的物体。静力学研究的物体为刚体。

§1－1　静力学公理

公理一（二力平衡公理）：作用在同一刚体上的两个力，使刚体处于平衡状态的充分必要条件是：此两力必须等值、反向、共线。

如图 1－1a)及图 1－1b)中的 AB 杆，这类构件常被称为二力构件（二力件）。

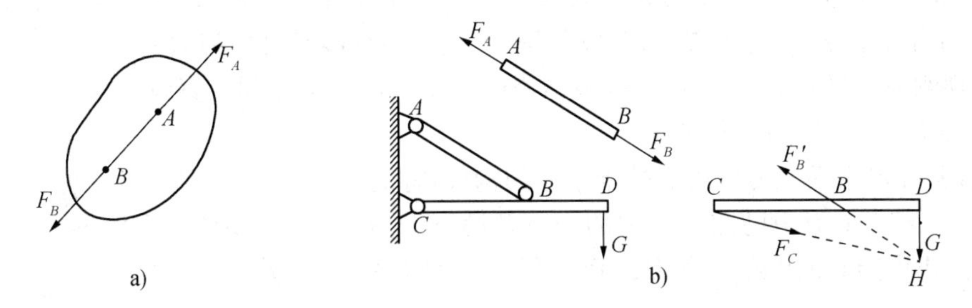

图 1－1　二力件与三力件

公理二（加减平衡力系公理）：在已知力系上加上或减去任意平衡力系，不会改变原力系对刚体的作用效应。

推论 1（力的可传性原理）：

作用在刚体某一点的力可沿其作用线移动到刚体内任一点，不会改变原力系对刚体的作用效应。

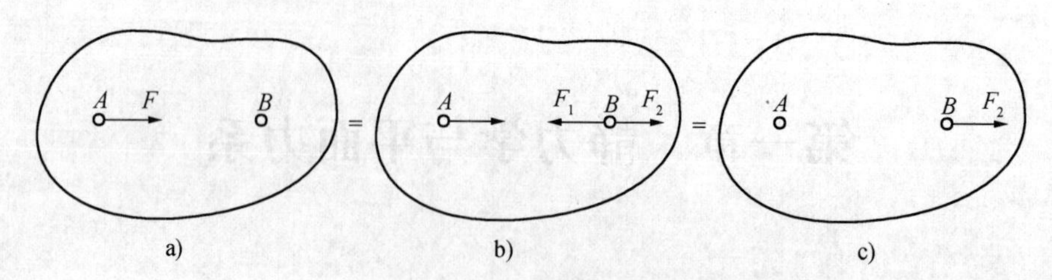

图 1-2　力的可传性原理

证明：

1. 设力 F 作用于刚体上 A 点(图 1-2a))。

2. 在力 F 的作用线上任选一点 B,并在点 B 加一组沿 AB 线的平衡力 F_1 和 F_2,且使 $F_2=F=-F_1$(图 1-2b))。

3. 除去 F 与 F_1 所组成的一对平衡力,刚体上只剩下 F_2,且 $F_2=F$(图 1-2c))。

公理三(力的平行四边形公理):作用在物体上某一点两个力的合力也作用于该点,其大小和方向由以此两力为邻边所构成的平行四边形的对角线来确定(图 1-3)。其矢量合成为

$$F_R=F_1+F_2$$

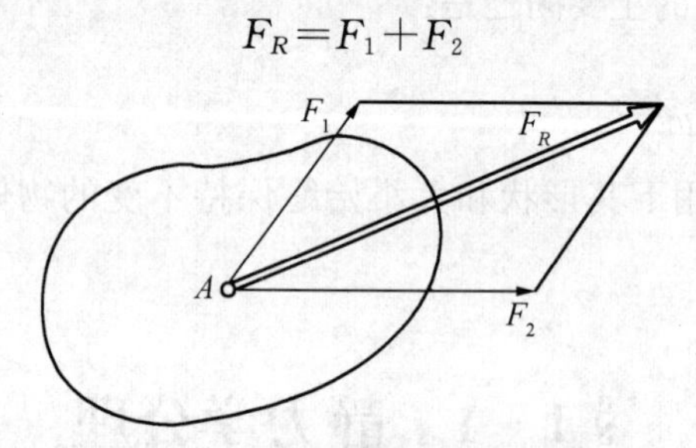

图 1-3　力的平行四边形公理

推论 2(三力平衡汇交定理):

刚体受同平面互不平行三力作用处于平衡状态,则此三力必汇交于一点。

证明:

1. 设刚体在 A、B、C 三点分别受共面力 F_1、F_2、F_3 的作用(如图 1-4),根据推论 1 将 F_1、F_2 沿作用线移至交点 O,并根据公理三将 F_1 与 F_2 合成,其合力为 R_{12}。

2. 现刚体上只有 F_3 与 R_{12} 作用,根据公理一,F_3 与 R_{12} 必在同一直线上,所以 F_3 必通过 O 点,于是 F_1、F_2、F_3 均通过 O 点。

刚体只受同平面三力作用而处于平衡的构件,称为三力构件。若三个力中已知两个力的交点及第三个力的作用点,即可判断出第三个力的作用线的方位(图 1-1b))。

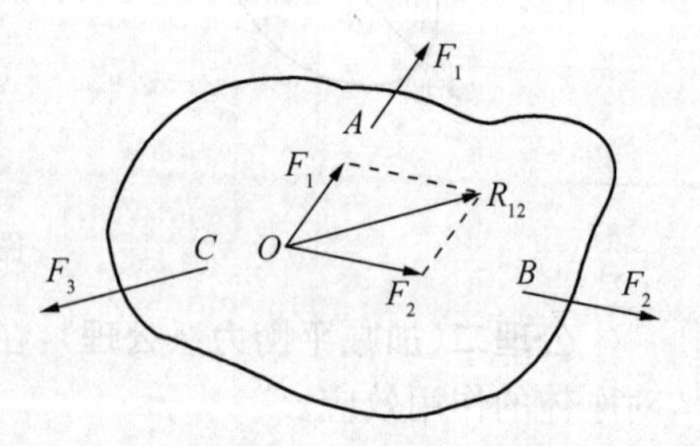

图 1-4　三力平衡汇交定理

公理四(作用与反作用公理):两个物体间的作用力与反作用力,总是大小相等,方向相反,沿同一直线分别作用在这两个物体上。

公理四说明物体间的作用力总是同时存在,或同时消失。

注意公理一与公理四之间的区别，前者叙述了作用在同一刚体上的两个力的平衡条件，后者却是描述了两个物体间相互作用的关系。

§1－2　约束与约束力

一个物体的运动受到周围物体限制时，这种限制物体运动的周围物体，就称该物体的约束。约束限制了物体可能产生的某种运动，因此约束有力作用于物体，这种力称为约束力。而使物体产生运动或运动趋势的力称为主动力。

约束反力总是作用在被约束物体与约束物体的接触处，其方向也总是与该约束所限制的运动或运动趋势的方向相反。据此，即可确定约束反力的位置及方向。

一、柔性约束

用柔索、链条和胶带形成的约束称为柔性约束，柔性约束只能限制物体沿柔索伸长方向的运动，因此它对物体的约束反力沿柔索的中心线背离被约束物体。即使物体受拉力，常用符号 F_T(或 T)表示。如图1－5所示。

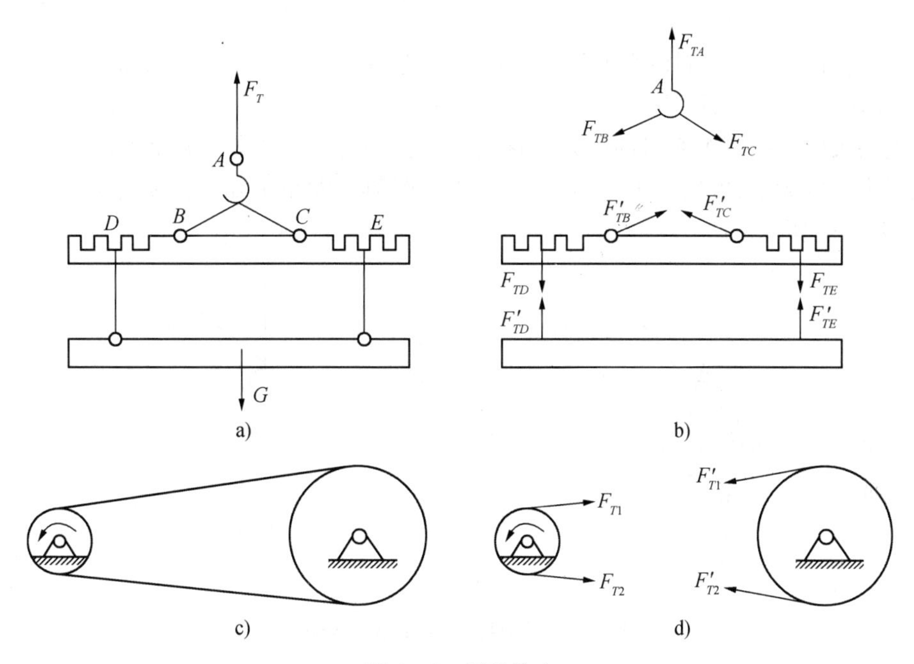

图1－5　柔性约束

二、光滑面约束

当两物体直接接触，并可忽略接触处的摩擦时，约束只能限制物体在接触点沿接触面的公法线指向运动，故约束反力必通过接触点沿接触面的公法线并指向被约束物体，即使物体受压力，通常用符号 F_N(或 N)表示。如图1－6所示。

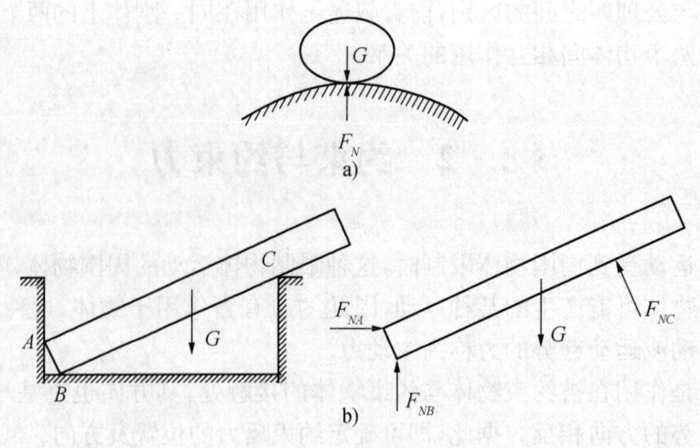

图 1-6　光滑面约束

三、铰链约束

两构件采用圆柱销形成的连接为铰链连接。其接触处不计摩擦且只限制两构件相对移动。

1. 圆柱形铰链约束

圆柱形铰链是由一圆柱销钉将两个或更多的构件连接在一起所形成的连接。如图 1-7a)所示(也称中间铰链约束)。

这类约束的本质即为光滑面约束,因接触点位置未定,故只能确定铰链的约束反力为一通过圆销中心的大小、方向均未定的力,通常此力用两个大小未知的正交分力 F_x、F_y 表示,如图 1-7c)、d)所示。

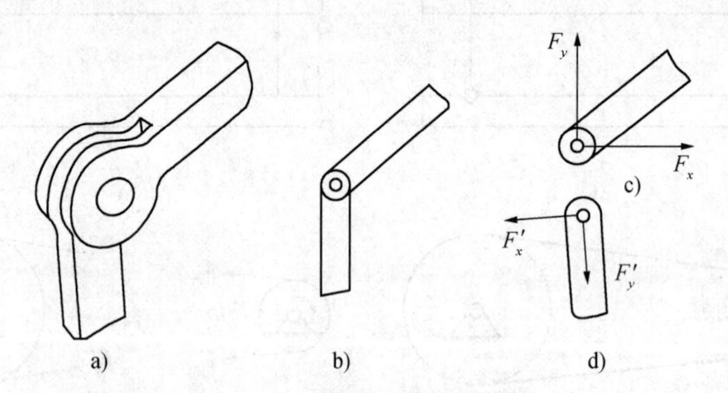

图 1-7　圆柱形(中间)铰链约束

2. 固定铰链支座

在工程实际中,常将支座用螺栓与基础或机架固定,再将构件用销钉与支座连接构成固定铰链支座,如图 1-8a)所示。

约束反力的表示方法与中间铰链相同,图 1-8e)所示。

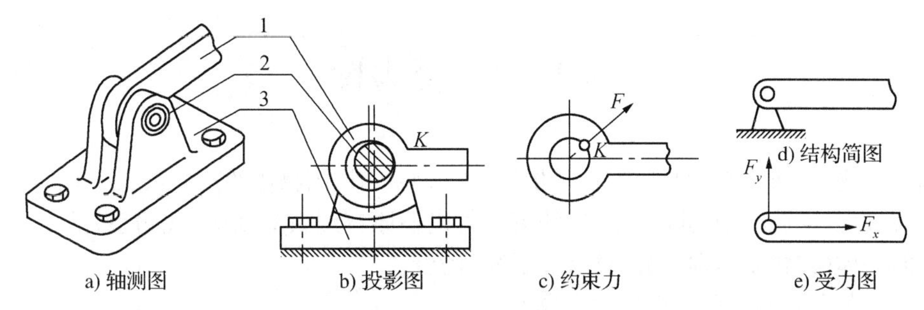

图 1-8　固定铰链支座

3. 活动铰链支座

在大型桥梁、屋架等结构中，常常使用一种放置在一个或几个辊子上的铰链支座，这种支座只允许构件沿支承面做微小的移动，而不允许在其垂直方向有运动，称为活动铰链支座，如图 1-9a)所示。

活动铰链支座的约束反力 F 的方向必垂直于支承面，且通过铰链中心。如图 1-9c)所示。

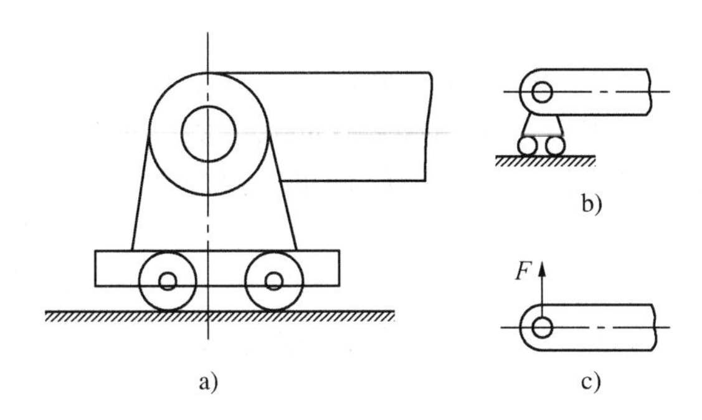

图 1-9　活动铰链支座

四、固定端约束

工程中还有一种常见的基本约束，如图 1-10 所示，建筑物上的阳台和跳水的跳台、埋入地下的电线杆等，都是一端固定的。这些对物体的一端固定的约束，称固定端约束。

约束反力一般用两正交分力 N_x、N_y 限制物体的移动，用约束反力偶 m 限制物体的转动。

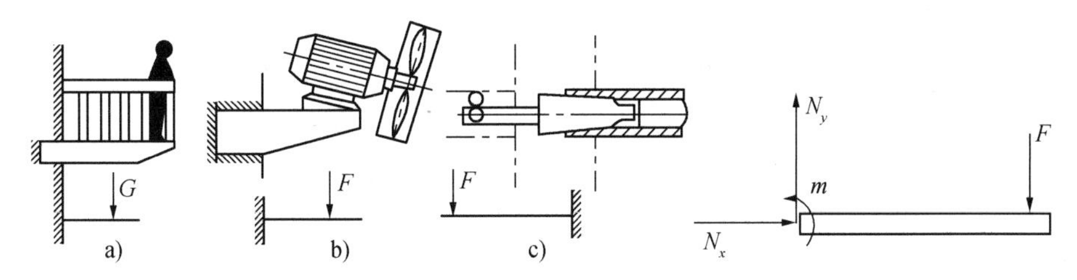

图 1-10　固定端约束

§1－3 受力图

当研究物体(或物系)的平衡时,若物体(或物系)和周围物体约束联系在一起,则约束反力将无法显现,因此必须解除约束,用约束反力代替原有约束对物体(或物系)的作用,解除约束后的物体(或物系),称为分离体(或研究对象)。

研究对象所受的力可分为外力和内力。

研究对象以外的物体作用在研究对象的力,称为外力。

研究对象内部各个物体之间或各个部分之间相互作用力,称为内力。

将研究对象所受的全部外力,画在研究对象上,这个图称为受力图。

画受力图步骤是:

1. 根据题意确定研究对象(即取分离体),并分析哪些物体(约束)对它有力的作用;
2. 画上研究对象所受的全部主动力(载荷及物体自重等);
3. 画上研究对象所受的全部约束反力;
4. 校核。

注意:研究对象对约束的作用力或其他物体上受的力,在受力图中不应画出。

例1－1 圆球O重G,用BC绳系住,放在与水平面成$\alpha=30°$角的光滑斜面上,如图1－11a)所示,画出球O的受力图。

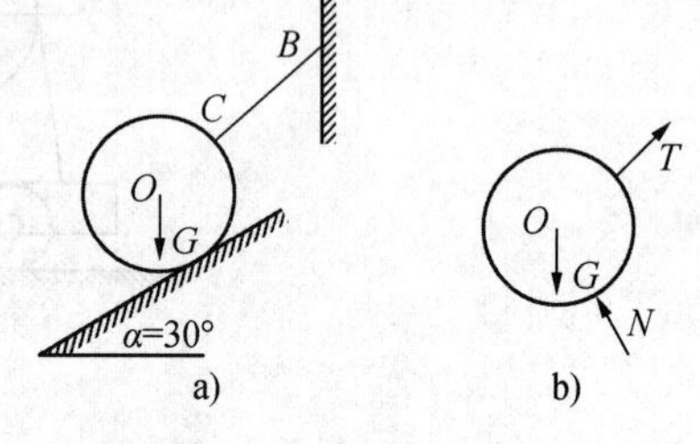

图1－11 例1－1图

解:

(1) 取研究对象 将研究对象圆球O从系统中分离出来,单独画出它的简图。

(2) 画主动力 研究对象圆球O受到的主动力为重力G,作用在球心上,方向垂直向下。

(3) 画约束反力 绳索BC约束反力T,沿着绳索BC的中心线,背离物体;光滑斜面的约束反力N,沿着接触面的法线方向指向物体。

(4) 校核 圆球O的受力图如图1－11b)所示,分离体上所画之力正确,齐全。

例1－2 匀质杆AB重量为G,A端为固定铰链支座,B端靠在光滑的墙面上,在D处受与杆垂直的力P作用,如图1－12a)所示,画AB杆的受力图。

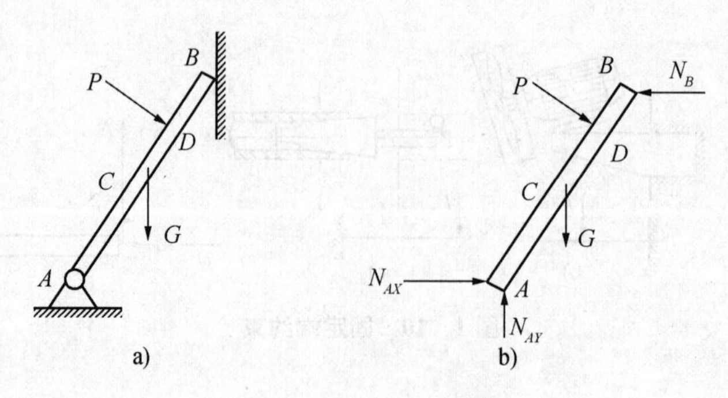

图1－12 例1－2图

解：

(1) 取研究对象　将研究对象杆 AB 从系统中分离出来，单独画出杆 AB 的简图。

(2) 画主动力　杆 AB 所受的主动力 G 与 P。

(3) 画约束反力　B 点为光滑接触面，约束反力 N_B 垂直墙面，作用在 B 点，指向物体；A 点为光滑固定铰链支座，约束反力方向不定，用 N_{AX}、N_{AY} 两个垂直分力代替。

AB 杆的受力图如图 1-12b)所示。

例 1-3　均质水平梁 AB 重为 G，用斜杆 CD 支撑，A、C、D 三处为铰链连接，其上放置一重为 Q 的电动机，如图 1-13a)所示。不计杆 CD 的自重，试分别画出杆 CD 和梁 AB(包括电动机)的受力图。

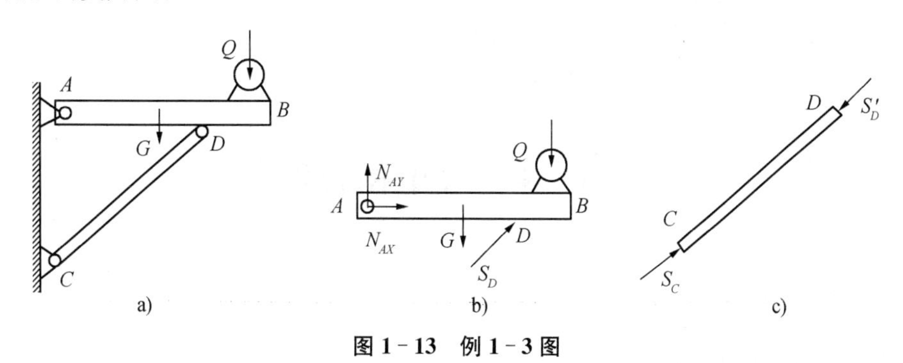

图 1-13　例 1-3 图

解：

(1) CD 杆的受力图　取 CD 杆为研究对象，单独画出 CD 杆的分离体图。由于 CD 杆的自重不计，因此只在杆的两端分别受到铰链的约束反力 S_C 和 S'_D 的作用。CD 杆的受力图如图 1-13c)所示。

凡是只在两点受力而处于平衡的构件，称为二力构件。二力构件为直杆，称为二力杆。此二力必沿两点的连线。

(2) 梁 AB 的受力图　取梁 AB 为分离体，梁受力有 G、Q 两个主动力作用，梁在铰链 D 处受到二力杆 CD 给它的约束反力 S_D，根据作用与反作用公理，$S_D=-S'_D$。梁在 A 处为固定铰链支座，该处的约束反力可画为 N_{AX} 和 N_{AY} 两个互相垂直的分力。

梁 AB 的受力图如图 1-13b)所示。

例 1-4　人字梯如图 1-14a)所示。梯子的两部分 AB 和 AC 在 A 处铰接，又在 D、E 两点用水平绳相连接。梯子放在光滑的水平面上，梯子自重不计，在 AB 的中点 H 作用一铅垂载荷 P，试分别画出梯子 AB 和 AC 部分以及整个物系的受力图。

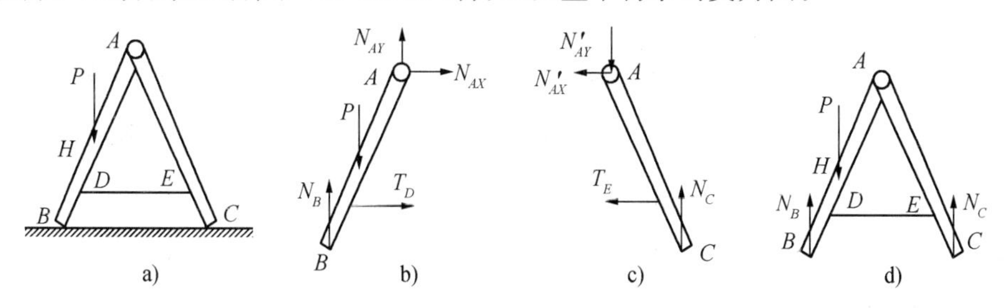

图 1-14　例 1-4 图

解：

(1) 梯子 AB 部分的受力分析　梯子 AB 部分在 H 处受到主动力 P 的作用，在铰链 A 处受到 AC 部分给它的约束反力 N_{AX} 和 N_{AY} 的作用，在 D 处受到绳子给它的反作用力 T_D。B 点受到光滑面的法向反力 N_B。

梯子 AB 部分的受力图如图 1－14b)所示。

(2) 梯子 AC 部分的受力分析　在铰链 A 处受到 AB 部分对它的反作用力 N'_{AX} 和 N'_{AY} 的作用。在 E 处受到绳子给它的反作用力 T_E。C 点受到光滑面的法向反力 N_C。

梯子 AC 部分的受力图如图 1－14c)所示。

(3) 整个物系的受力分析　取整个物系为分离体。分离体所受的主动力有 H 点的载荷 P，约束反力有 B、C 两点的法向反力 N_B 和 N_c。

整个物系的受力图如图 1－14d)所示。

§1－4　力矩和力偶

一、力矩的概念

当我们用扳手拧紧螺母时(图 1－15)，若作用力为 F，转动中心 O(称为矩心)到力作用线垂直距离为 d(称为力臂)，由经验可知，扳动螺母的转动效应不仅与力 F 的大小有关，且与力臂 d 的大小有关，故力 F 对物体转动效应可用两者的乘积 Fd 来度量，当力 F 对物体的转动方向不同时，其效果也不相同。

表示力使物体绕某点转动的量称为力对点之矩，简称为力矩。

由上可归纳出力矩的定义为：力对点之矩为一代数量，它的大小为力 F 的大小与力臂 d 的乘积，它的正负符号表示力矩在平面上的转动方向。一般规定力使物体绕矩心逆时针旋转者为正，顺时针为负，如图 1－16 所示，并记作

$$m_0(F) = \pm Fd \tag{1-1}$$

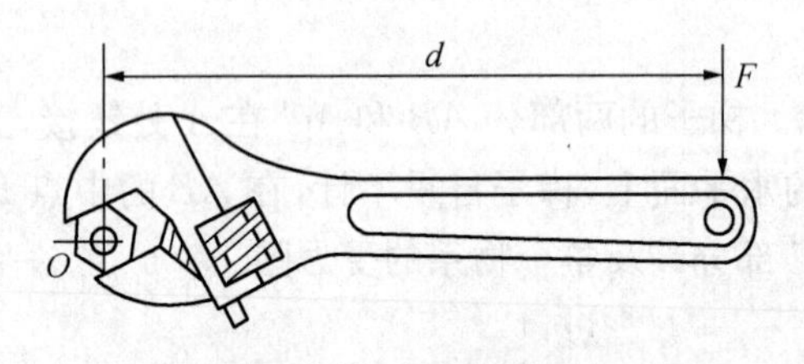

图 1－15　力矩的概念

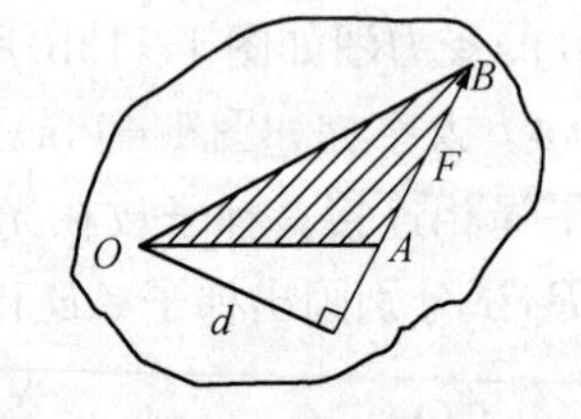

图 1－16　力矩的计算

F 对点 O 之力矩值，也可用三角形 OAB 面积的两倍表示，如图 1－16 所示，即

$$m_o(F) = Fd = 2\triangle OAB \tag{1-2}$$

力矩单位决定于力和力臂的单位。在国际单位中常用牛[顿]米(N・m)。

力矩在下列两种情况下等于零，(1) F 等于零，(2) 力的作用线通过矩心，即力臂等于零。

例 1－5　图 1－17 所示的杆 AB，长度为 L，自重不计，A 端为固定铰链支座，在杆的中

点 C 悬挂一重力为 G 的物体，B 端靠于光滑的墙上，其约束反力为 N，杆与铅直墙面的夹角为 α。试分别求 G 和 N 对铰链中心 A 点的力矩。

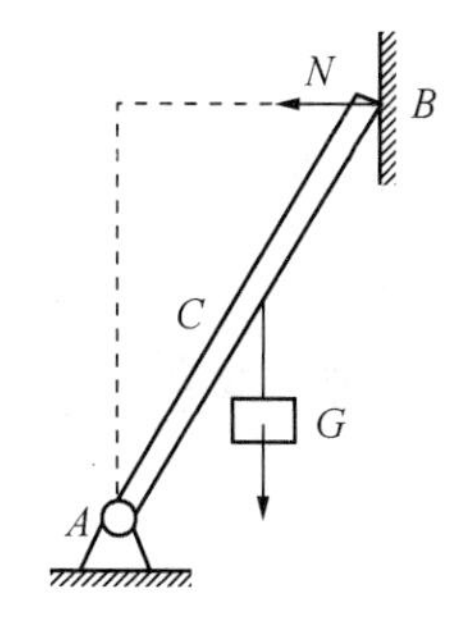

图 1－17　例 1－5 图

解：根据力矩定义，可得：

$$m_A(N)=Nd=NL\cos\alpha$$
$$m_A(G)=-Gd=-GL\sin\alpha$$

二、合力矩定理

对于平面汇交力系，合力矩定理可叙述如下：

合力矩定理　　平面汇交力系的合力对平面内任意点之矩，等于力系中各分力对同一点之矩的代数和。即：

$$m_O(R)=m_O(F_1)+m_O(F_2)+\cdots\cdots+m_O(Fn)=\sum m_O(F) \tag{1-3}$$

式中：R——平面汇交力系 F_1、F_2、……Fn 的合力。

例 1－6　图 1－18 所示 ABO 弯杆上的 A 作用力 R，已知 $a=180$ mm，$b=400$ mm，$\alpha=60°$，$R=100$ N，求力 R 对 O 点之矩。

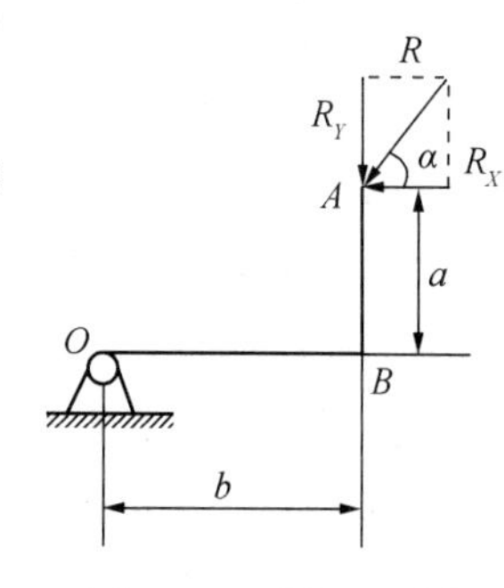

图 1－18　例 1－6 图

解：因为合力对 O 点力臂较难计算出来，故将 R 在水平和铅垂方向分解为两分力 R_x 和 R_y

(1) 求分力 R_x，R_y 对 O 点之矩

$$m_O(R_x)=R_x\cdot a=R\cos\alpha\cdot a=9\ \text{N}\cdot\text{m}$$
$$m_O(R_y)=-R_y\cdot b=-R\sin\alpha\cdot b=-34.6\ \text{N}\cdot\text{m}$$

(2) 由合力矩定理得：

$$m_O(R)=m_O(R_x)+m_O(R_y)$$
$$=9-34.6=-25.6\ \text{N}\cdot\text{m}$$

三、力偶的定义

在实践中，常可见到物体受两个大小相等、方向相反但不在同一直线上的平行力作用，使物体转动，例如汽车司机用双手转动方向盘(图 1－19a))，电动机的定子磁场对转子的作用(图 1－19b))等。

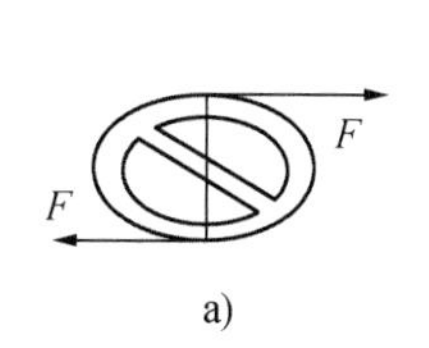

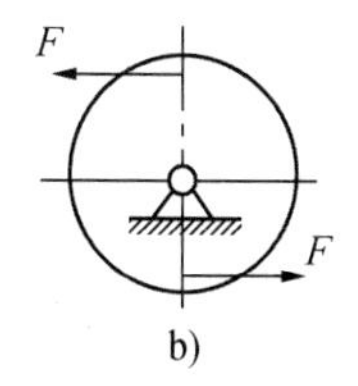

图 1－19　力偶的组成

这种作用在同一物体上的大小相等、方向相反、

作用线平行但不在一直线上的二力组成的力系，称为力偶，以符号(F,F)表示。

四、力偶矩

由经验可知，力偶对物体的作用效果的大小，既与力 F 的大小成正比，也与力偶臂 d 的大小成正比，因此，用力与力偶臂之积 Fd，加上正负号度量力偶对物体的转动效应，称为力偶矩。记为 M，即

$$M = \pm Fd \tag{1-4}$$

式中：F——力偶中任一力的大小

d——力偶臂(力偶的两力之间垂直距离)

力偶矩是代数量，单位和符号的规定均与力矩相同。

力偶对物体的转动效果，取决于下列三要素，即力偶矩的大小；力偶的转向；力偶作用平面的方位。

五、力偶的性质

1. 力偶无合力。即力偶不能与一个力等效，力偶也不能与一个力平衡，力偶只能与力偶等效，力偶只能与力偶平衡。

2. 力偶对物体不产生移动效应，只产生转动效应。即力偶只改变物体转动状态。

3. 力偶在任一坐标轴上投影的代数和等于零。

例如：在图 1-20a)中

$$\sum F_x = -F\cos\alpha + F\cos\alpha = 0。$$

4. 力偶对作用平面内任一点之矩，恒等于力偶矩，而与矩心无关。

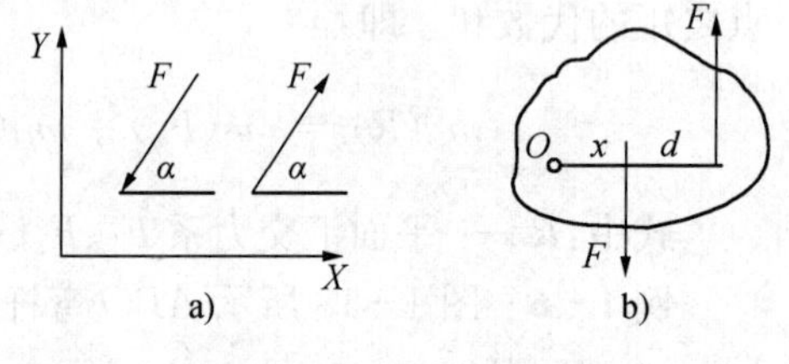

图 1-20　力偶的性质

例如：在图 1-20b)中

$$\sum m_O(F) = F(x+d) - Fx = Fd = M。$$

5. 力偶的等效性：作用在同一平面的两个力偶，若其力偶矩大小相等，转向相同，则此两力偶彼此等效，称为力偶的等效性。

由此可得以下两个重要推论：

推论 1：力偶可以在其作用平面内任意转移，而不改变它对刚体的作用，即力偶对刚体的作用与力偶所在作用平面内的位置无关。

推论 2：只要保持力偶矩大小和力偶转向不变，可以同时改变力偶中力的大小和力偶臂的长短，而不改变力偶对刚体的作用。

可见力偶矩是平面力偶的唯一量度。可用带箭头的弧表示力偶矩。如图 1-21 所示。

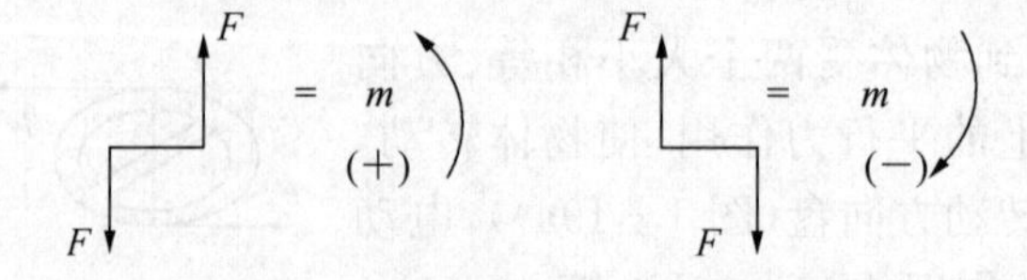

图 1-21　力偶矩的表示方法

六、平面力偶系的合成

作用在物体上同一平面内的若干力偶组成的系统，称为平面力偶系。

力偶系的合成就是求力偶系的合力偶矩。设 m_1、m_2……m_n 为平面力偶系中各力偶的力偶矩，m 为合力偶的力偶矩，则平面力偶系中合力偶矩等于力偶系中力偶矩的代数和（证明从略）。即

$$m = m_1 + m_2 + \cdots\cdots + m_n = \sum m \tag{1-5}$$

七、平面力偶系的平衡条件

由于平面力偶系的合成结果是一个合力偶，它使物体转动，当 $m=0$ 时，物体不转动。即

$$\sum m = 0 \tag{1-6}$$

因此，平面力偶系平衡的充分与必要条件是：力偶系中所有力偶矩的代数和等于零。

例 1-7　如图 1-22 所示的三铰链结构，不计各杆自重。已知 AB 杆上作用一力偶的力偶矩 $m=20\ \text{N}\cdot\text{m}$，$AB=100\ \text{mm}$，$\alpha=30°$，求支座 A 的约束力及杆 BC 的受力。

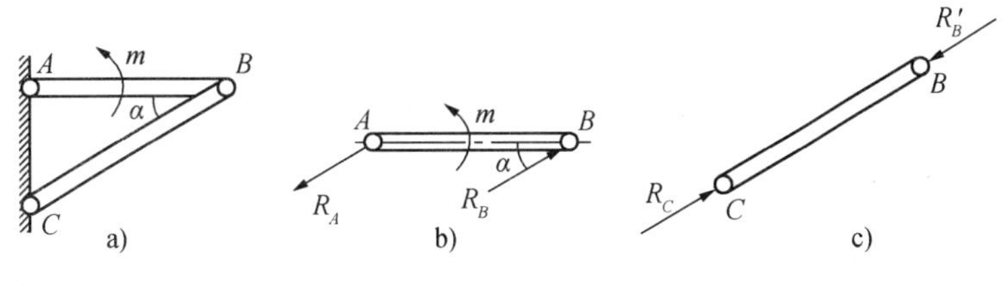

图 1-22　例 1-7 图

解：

取 AB 杆为研究对象，AB 杆上作用一力偶的力偶矩 m 与约束反力 R_A 和 R_B 组成的反力偶矩平衡，受力图如图 1-22b）所示，列平衡方程：

$$\sum m = 0, R_A \cdot AB\sin\alpha + m = 0$$

$$R_A = -m/AB\sin\alpha = -20\times10^3/(100\times0.5) = -400\ \text{N}$$

$$R_B = R_A = -400\ \text{N}$$

BC 杆为二力杆，在 B 点的受力等于杆 BC 的受力，即：

$$R_C = R_B' = R_B = -400\ \text{N}$$

求得的力为负值，表示受力方向与假设方向相反。

八、力的平移定理

我们已经知道，力对物体的作用效果取决于力的三要素：力的大小、方向和作用点。力沿其作用线移动时，力对刚体的作用效果是不变的。但是，如保持力的大小，方向不变，将力的作用线平行移动到另一个位置 A 时（图 1-23a）），则可在 A 点施加一对与 F 等值的平衡力 F_1、F_2（图 1-23b）），F 与 F_2 为一对等值、反向、不共线的平行力，组成一个力偶，称为附

加力偶，其力偶矩等于原力 F 对点 A 的力矩，

即：

$$m=m_A(F)=+Fd$$

于是，作用在 O 点的力 F 就与作用在 A 点的平移力 F_1 和附加力偶 m 的联合作用等效，如图 1－23c)所示。

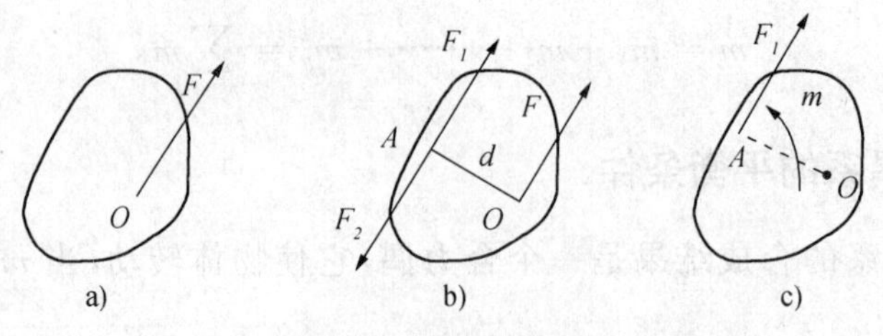

图 1－23　力的平移

由此可见，作用在刚体上某一点的力 F，可以平行移到刚体上任一点，但必须同时附加一个力偶，其力偶矩等于原力 F 对平移点之矩。

§1－5　平面任意力系的平衡方程及应用

力系中各力的作用线都处于同一平面内，称为平面力系。

一、平面任意力系的概念

力系中各力的作用线都处于同一个平面内，且任意分布称为平面任意力系(图 1－24)。

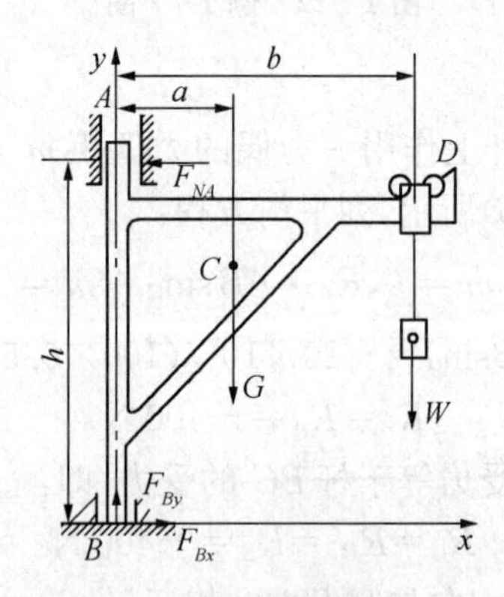

图 1－24　平面任意力系

二、平面任意力系的简化结果

设在刚体上作用一平面任意力系 F_1、F_2……F_n，如图 1－25a)所示，在平面内任取一点 O，称为简化中心。根据力的平移原理，将各力都向点 O 平移，得到一个汇交于 O 点的平面汇交力系 F_1、F_2……F_n，以及平面力偶系 m_1、m_2……m_n，如图 1－25b)所示。

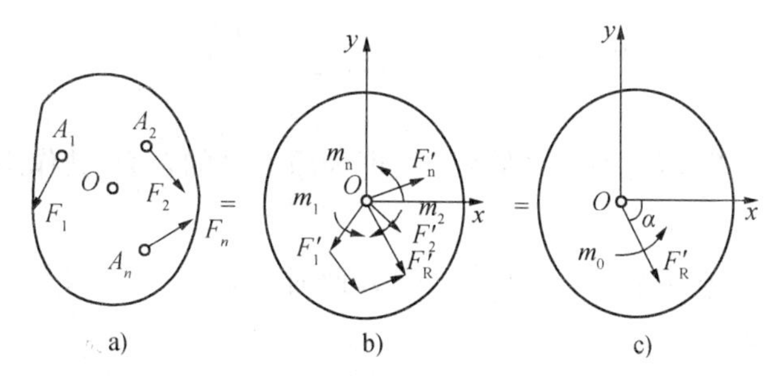

图 1－25　平面任意力系的简化

1. 平面汇交力系 F_1、F_2……F_n，可以合成为一个作用于 O 点合矢量 F'_R，如图 1－25c）所示。

$$F'_R = F_1 + F_2 + \cdots\cdots + F_n = \sum F \tag{1-7}$$

它等于力系中各力的矢量和，显然，单独的 F'_R 不能和原力系等效，故它为力系的主矢，将(1－7)式向 x、y 轴投影可得

$$F'_{R_x} = \sum F_x \tag{1-8a}$$

$$F'_{R_y} = \sum F_y \tag{1-8b}$$

主矢的大小

$$F'^2_R = F'^2_{R_x} + F'^2_{R_y} = \left(\sum F_x\right)^2 + \left(\sum F_y\right)^2 \tag{1-9}$$

主矢的方向

$$\mathrm{tg}\alpha = \left| F'_{R_y} / F'_{R_x} \right| = \left| \sum F_y / \sum F_x \right| \tag{1-10}$$

其中 α 为 F'_R 与 x 轴所夹锐角，F'_R 的指向由 $\sum F_x$ 和 $\sum F_y$ 的正负号确定。

2. 附加平面力偶系 m_1、m_2……m_n 合成为一个和力偶矩 m_0，即

$$m_0 = m_1 + m_2 + \cdots\cdots + m_n = \sum m_0(F) \tag{1-11}$$

显然，单独的 m_0 也不能与原力系等效，故其称为原力系的主矩。它等于力系各力对简化中心之矩的代数和。

原力系与主矢 F'_R 和主矩 m_0 的联合作用等效，主矢 F'_R 的大小和方向与简化中心的选取无关，主矩 m_0 的大小和转向与简化中心的选取有关。

三、简化结果的讨论

平面任意力系向作用平面内任一点 O 简化，一般可得一个力 F'_R（主矢）和一个力偶 m_0（主矩），但它们不是简化的最终结果，简化的结果有四种情况：

1. $F'_R \neq 0$，$m_0 \neq 0$

根据力平移定理逆过程，可将 F'_R 和 m_0 合成一个合力，合力过程如图 1－26 所示，合力 F'_R 作用线到 O 点的距离为

$$d = |m_0/F_R| = |m_0/F'_R| \tag{1-12}$$

2. $F'_R \neq 0, m_0 = 0$

因为 $m_0=0$，主矢 F'_R 就与原力系等效，F'_R 即为原力系的合力，其作用线通过简化中心。

3. $F'_R = 0, m_0 \neq 0$

原力系合成为一个合力偶 $m_0 = \sum m_0(F)$，此时主矩 m_0 与简化中心选择无关。

4. $F'_R = 0, M_0 = 0$

物体在此力系的作用下处于平衡状态。

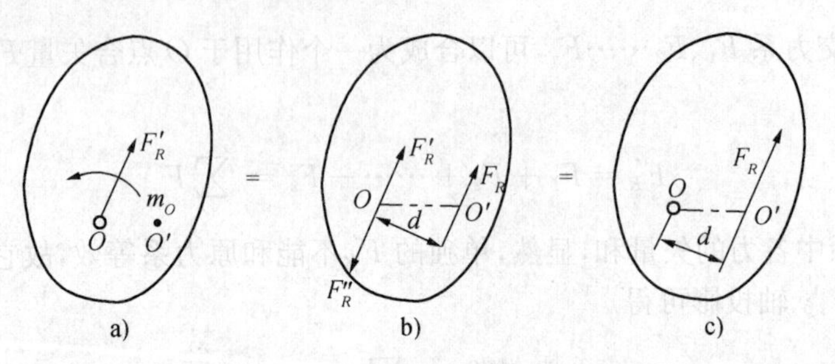

图 1-26 力偶与力的合成

四、平面任意力系的平衡方程

1. 基本形式

如果平面任意力系向一点简化，所得主矢、主矩均为零，则物体平衡；反之，若力系是平衡力系，则其主矢、主矩必同时为零。因此平面任意力系平衡的必要与充分条件为

$$F'_R = \sqrt{(\sum F_x)^2 + (\sum F_y)^2} = 0 \tag{1-13a}$$

$$m_0 = \sum m_0(F) = 0 \tag{1-13b}$$

故平面任意力系的平衡方程为

$$\begin{cases} \sum F_x = 0 \\ \sum F_y = 0 \\ \sum m_0(F) = 0 \end{cases} \tag{1-14}$$

式(1-14)是三个独立的平衡方程，可求出三个未知量。

2. 二力矩式

$$\begin{cases} \sum m_A(F) = 0 \\ \sum m_B(F) = 0 \\ \sum F_x = 0 \end{cases} \tag{1-15}$$

附加条件：x(或 y)轴不垂直于 AB 连线。

3. 三力矩式

$$\begin{cases}\sum m_A(F)=0\\ \sum m_B(F)=0\\ \sum m_C(F)=0\end{cases}\qquad(1-16)$$

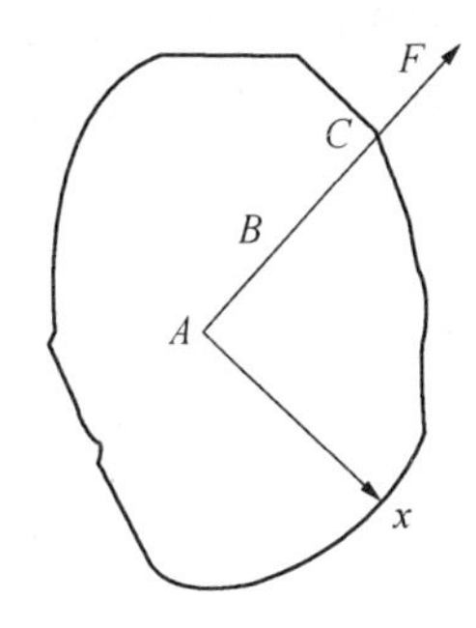

图 1-27　附加条件说明

附加条件:A、B、C 三点不在一条直线上。

式(1-15)和(1-16)是物体平衡的必要条件,但不是充分条件。这个结论只能从物体仅受一个力作用的不平衡现象说明。图 1-27 表示物体只受一个力 F,若取力 F 作用线上 A、B 两点为矩心,并取投影轴 x 垂直于力 F,则式(1-15)成立。必须加附加条件后,式(1-15)才能为物体平衡必要与充分条件。式(1-16)读者可自行推理。

五、平面任意力系平衡方程的解题步骤及其应用

1. 确定研究对象,画受力图

应取有已知力和未知力作用的物体作为研究对象,画出其分离体,再画受力图。

2. 列平衡方程并求解

适当选取坐标轴和矩心。若受力图上有两个未知力相互平行,可取垂直于此二力的坐标轴,列出投影方程。如不存在两个未知力平行,则选任意两个未知力的交点为矩心,列出力矩方程。

例 1-8　如图 1-28a)所示,加料小车沿与水平面成 30°角的斜面上的轨道等速提升,斗车重心位置为 C,已知斗车和所装物料共重为 G=40 kN,尺寸如图示。试求钢绳的牵引力及斗车对轨道的压力。

解:

(1) 取斗车为研究对象,其受力图、选坐标轴如图 1-28b)所示。

(2) 列平衡方程并求解

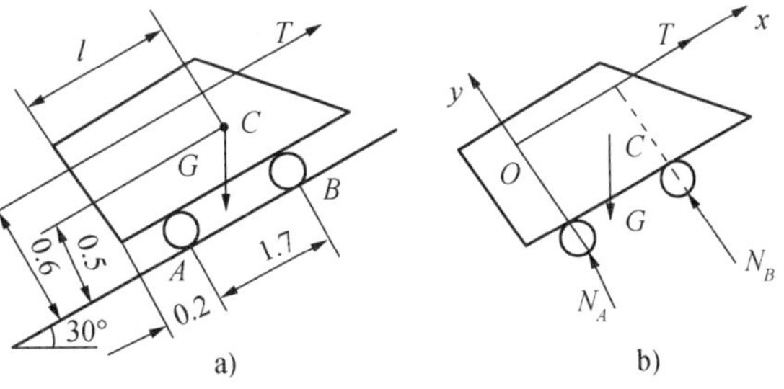

图 1-28　例 1-8 图

$$\sum F_x=0$$

$$T-G\sin30^\circ=0$$

$$T=G\sin30^\circ=40\times0.5=20\ \text{kN}$$

$$\sum m_0(F)=0$$

$$-G\sin30^\circ\times(0.6-0.5)-G\cos30^\circ\times(1-0.2)+1.7N_B=0$$

$$N_B=17.5\ \text{kN}$$

$$\sum m_E(F)=0\ (E\text{ 点为 }N_B\text{ 与 }T\text{ 的交点})$$

$$-1.7N_A-G\sin30^\circ\times(0.6-0.5)+G\cos30^\circ\times(1.9-1)=0$$

$$N_A=17.1\ \text{kN}$$

校核 $\sum F_y=0$

$$N_A+N_B-G\cos30^\circ=17.1+17.5-40\times0.866=0$$

例 1-9 图 1-29a)所示摇臂吊车,水平梁 AB 受杆 BC 的拉力 T 和铰链 A 的支座反力作用。已知:梁的重量为 $G=4$ kN,所受载荷为 $Q=10$ kN,梁长 $L=6$ m,载荷到铰链 A 的距离 $x=4$ m,BC 拉杆(不计自重)倾角 $\alpha=30°$。试求拉杆 BC 的拉力及铰链 A 的反力。

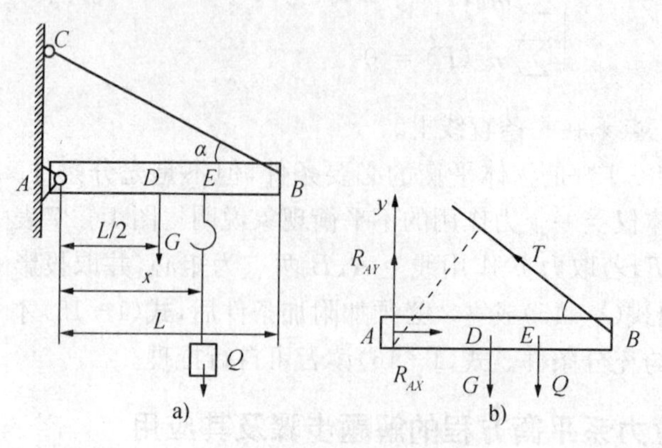

图 1-29 例 1-9 图

解:

(1) 取 AB 梁为研究对象,画受力图,选坐标系如图 1-29b)所示。

(2) 列平衡方程并求解

$$\sum m_A(F)=0$$

$$T\cdot AB\sin30°-G\cdot AD-Q\cdot AE=0$$

$$T=17.33\ \text{kN}$$

$$\sum F_x=0$$

$$R_{Ax}-T\cos30°=0 \qquad R_{Ax}=15.01\ \text{kN}$$

$$\sum F_y=0$$

$$R_{Ay}+T\sin30°-G-Q=0 \qquad R_{Ay}=5.34\ \text{kN}$$

若方程 $\sum F_y=0$ 式改为对 B 点取矩也可求出 R_{Ay}。

$$\sum m_B(F)=0$$

$$Q\cdot EB+G\cdot DB-R_{Ay}\cdot AB=0 \qquad R_{Ay}=5.34\ \text{kN}$$

例 1-10 图 1-30a)所示悬臂梁,梁上作用有均布载荷 q,在 B 端作用有一集中力 $F=qL$ 和一力偶为 $M=qL^2$(不计梁自重)。求固定端的约束力。

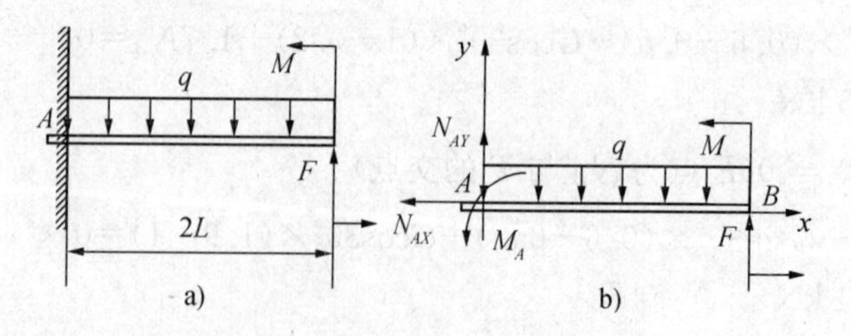

图 1-30 例 1-10 图

解：

（1）取杆 AB 为研究对象，画受力图、选坐标如图 1－30b）所示，梁上均布载荷合力的大小 $Q=q\times 2L$，作用点在梁的中点。

（2）列平衡方程并求解

$$\sum F_x = 0$$

$$N_{AX}=0$$

$$\sum m_A(F) = 0$$

$$M+M_A+F\cdot 2L-QL=0$$

$$M_A=-M-F\cdot 2L+QL=-qL^2-2QL^2+2qL^2=-qL^2$$

$$\sum F_y = 0$$

$$N_{Ay}+F-Q=0$$

$$N_{Ay}=Q-F=2qL-qL=qL$$

六、平面任意力系的特殊情况

1. 平面汇交力系

若平面力系中各力的作用线汇交于一点，则称为平面汇交力系，如图 1－31 所示。可见 $m_0=\sum m_0(F)\equiv 0$ 恒能满足，则其独立的平衡方程为两个投影方程，即

$$\begin{cases}\sum F_x = 0\\ \sum F_y = 0\end{cases} \tag{1-17}$$

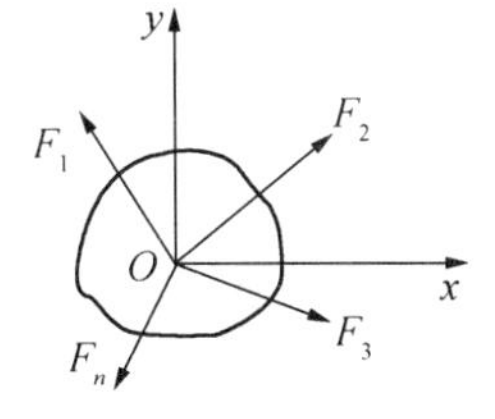

图 1－31　平面汇交力系

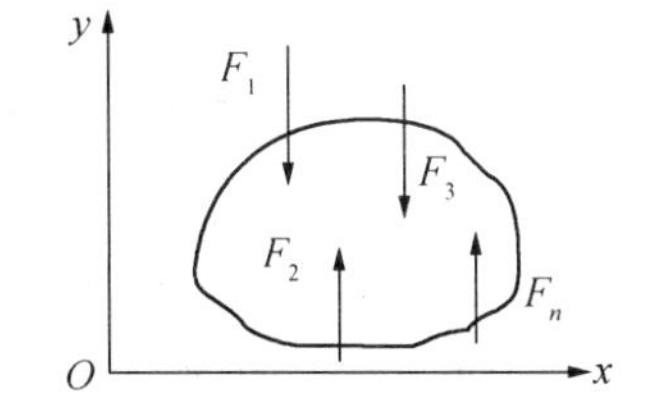

图 1－32　平面平行力系

2. 平面平行力系

若平面力系中各力的作用线全部平行，则称为平面平行力系，如图 1－32 所示。若取 y 轴平行于各力的作用线，显见 $\sum F_x\equiv 0$ 恒能满足，则其独立的平衡方程为

$$\begin{cases}\sum F_y = 0\\ \sum m_0(F) = 0\end{cases} \tag{1-18}$$

式(1－18)表明，当所有的力平行于 y 轴时，平面平行力系平衡的充分且必要条件是：各力在与力平行的坐标轴上投影的代数和为零，各力对任意点的力矩的代数和也为零。

也可用二力矩式，即

$$\begin{cases}\sum m_A(F)=0\\ \sum m_B(F)=0\end{cases} \tag{1-19}$$

附加条件：A、B 连线不平行于各力 F_n。

例 1-11 图 1-33a)所示一重为 G 的球用与斜面平行的绳系住，已知球重为 $G=1\text{ kN}$，斜面与水平面的夹角为 30°，不计接触处摩擦，求绳的拉力和球对斜面的压力。

解：

(1) 取球为研究对象，画受力图，选坐标系如图 1-33b)所示。

(2) 列平衡方程并求解

$$\sum F_x=0$$

$$T-G\sin 30°=0$$

$$T=0.5\text{ kN}$$

$$\sum F_y=0$$

$$N-G\cos 30°=0$$

$$N=0.866\text{ kN}$$

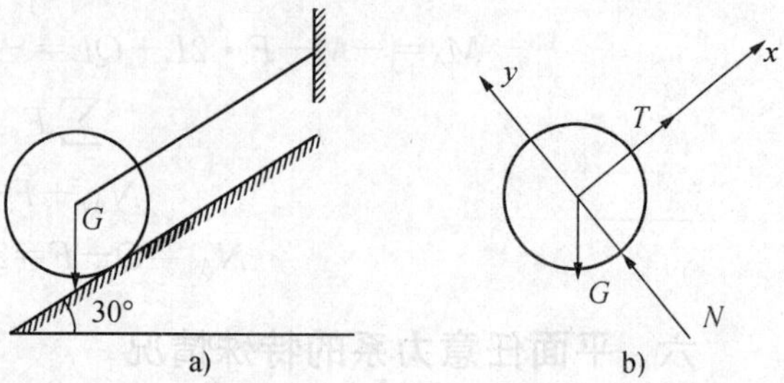

图 1-33 例 1-11 图

例 1-12 外伸梁图 1-34a)所示，已知 q、a 且 $F=qa/2$，$m=2qa^2$，求 A、B 两点的约束反力。

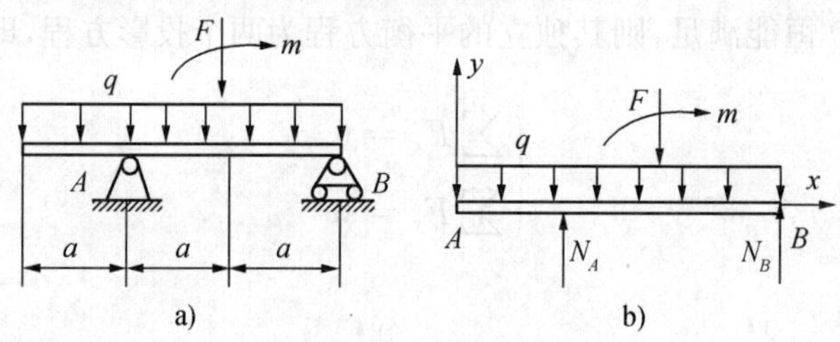

图 1-34 例 1-12 图

解：

(1) 取梁 AB 为研究对象，画受力图，选坐标系如图 1-34b)所示，梁上作用均匀载荷，合力的大小 $Q=3qa$，作用点在梁的中点。

(2) 列平衡方程并求解

$$\sum m_A(F)=0$$

$$N_B\times 2a-m-Fa-Qa/2=0$$

$$N_B=(m+Fa+0.5Qa)/2a=(2qa^2+0.5qa\cdot a+0.5\times 3qa\cdot a)/2a=2qa$$

$$\sum F_y=0$$

$$N_A+N_B-F-Q=0$$

$$N_A=Q+F-N_B=3qa+qa/2-2qa=3qa/2$$

§1－6　物体系统的平衡问题

一、静定与静不定问题的概念

一个刚体平衡时，未知量的个数等于独立平衡方程个数，全部未知量可通过静力学平衡方程求得，这类问题称为静定问题，如图1－35所示三铰拱ABC。

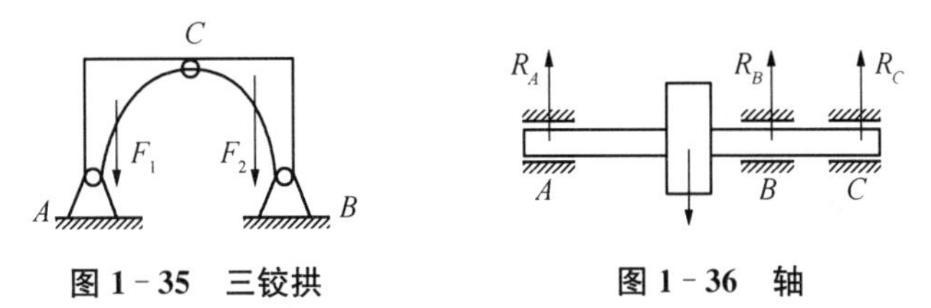

图1－35　三铰拱　　图1－36　轴

对于工程中很多构件与结构，为了提高其可靠度，采用了增加约束的办法，因而未知量的个数超过独立平衡方程个数，仅用静力学平衡方程不可能求出所有未知量，这类问题就称为静不定问题，如图1－36所示轴ABC。

二、物体系统的平衡问题

工程机械和结构都是若干个物体通过一定相互约束组合在一起，称为物体系统，简称物系。

求解物系的平衡问题常用两种解法。

1. 先整体后拆开

先取整体为研究对象，列出平衡方程，解出部分未知量。再将物系拆开，取物系中某个(或某些)物体为研究对象，列出对应的平衡方程，求出所需的全部未知量。

2. 逐次拆开

当选取整体为研究对象根本不能解出未知量时，则需逐次将物系拆开，选出单个物体为研究对象，列出对应的平衡方程，求出所需的全部未知量。

例1－13　试求图1－37a)所示三铰拱在载荷F_1及F_2作用下A、B、C铰链的约束反力。

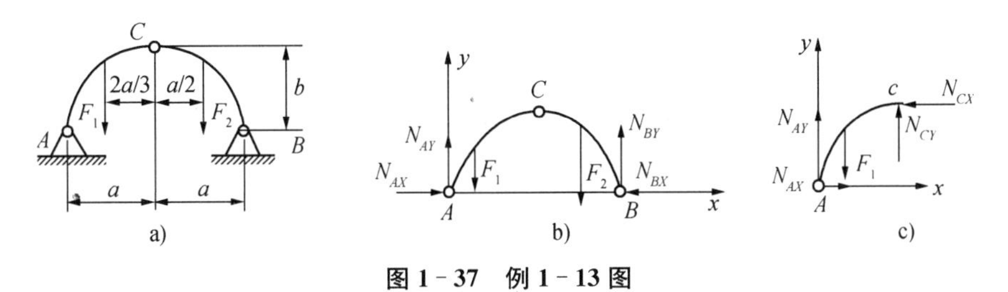

图1－37　例1－13图

解：

(1) 先取整个物系为研究对象，画受力图，选取坐标系如图1－37b)所示，然后列平衡方程并求解

$$\sum m_B(F)=0$$

$$F_1\left(a+\frac{2a}{3}\right)+F_2\,\frac{a}{2}-2a\cdot N_{Ay}=0$$

$$N_{Ay}=\frac{5}{6}F_1+\frac{1}{4}F_2$$

$$\sum F_y=0$$

$$N_{Ay}+N_{By}-F_1-F_2=0$$

$$N_{By}=\frac{1}{6}F_1+\frac{3}{4}F_2$$

$$\sum F_x=0$$

$$N_{Ax}-N_{Bx}=0$$

$$N_{Ax}=N_{Bx}$$

(2) 再取左半拱 AC 为研究对象，画受力图，选坐标系如图 1-37c)所示，然后列平衡方程并求解

$$\sum m_C(F)=0$$

$$F_1\cdot\frac{2a}{3}+N_{Ax}\cdot a-N_{Ay}\cdot a=0$$

$$N_{Ax}=\frac{1}{6}F_1+\frac{1}{4}F_2$$

$$\sum F_x=0$$

$$N_{Ax}-N_{Cx}=0$$

$$N_{Bx}=N_{Cx}=N_{Ax}=\frac{1}{6}F_1+\frac{1}{4}F_2$$

$$\sum F_y=0$$

$$N_{Ay}+N_{Cy}-F_1=0$$

$$N_{Cy}=\frac{1}{6}F_1-\frac{1}{4}F_2$$

例 1-14 如图 1-38a)所示多跨度梁，不计梁的自重，已知 $P=20$ kN，$q=5$ kN/m，$\alpha=45°$。求支座 A、C 的反力和中间铰链 B 处的受力。

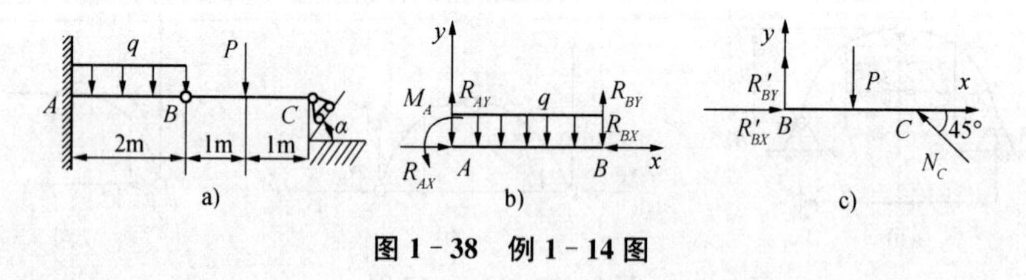

图 1-38 例 1-14 图

解：

(1) 先取 BC 梁为研究对象，画受力图、选坐标系如图 1-38c)所示，然后列平衡方程并求解

$$\sum m_B(F)=0$$

$$N_C\cos\alpha\times 2-P\times 1=0$$

$$N_C=\frac{P}{2\cos\alpha}=\frac{20}{2\cos45^\circ}=14.14\ \text{kN}$$

$$\sum F_y=0$$

$$R'_{By}-P+N_C\cdot\sin\alpha=0$$

$$R'_{By}=P-N_C\cdot\sin\alpha=20-14.14\times\cos45^\circ=10\ \text{kN}$$

$$\sum F_x=0$$

$$R'_{Bx}-N_C\cdot\cos\alpha=0$$

$$R'_{Bx}=N_C\cdot\cos\alpha=14.14\times\cos45^\circ=10\ \text{kN}$$

（2）再取 AB 梁为研究对象，画受力图，选坐标系如图 1-38b)所示，然后列平衡方程并求解

$$\sum m_A(F)=0$$

$$m_A-2q\times1-R_{By}\times2=0$$

$$m_A=2q+2R_{By}=2\times5+2\times10=30\ \text{kN}$$

$$\sum F_x=0$$

$$R_{Ax}-R_{Bx}=0$$

$$R_{Ax}=R_{Bx}=10\ \text{kN}$$

$$\sum F_y=0$$

$$R_{Ay}-2q-R_{By}=0$$

$$R_{Ay}=2q+R_{By}=2\times5+10=20\ \text{kN}$$

习题 1

1-1　画出下列各图中杆 AB 的受力图。

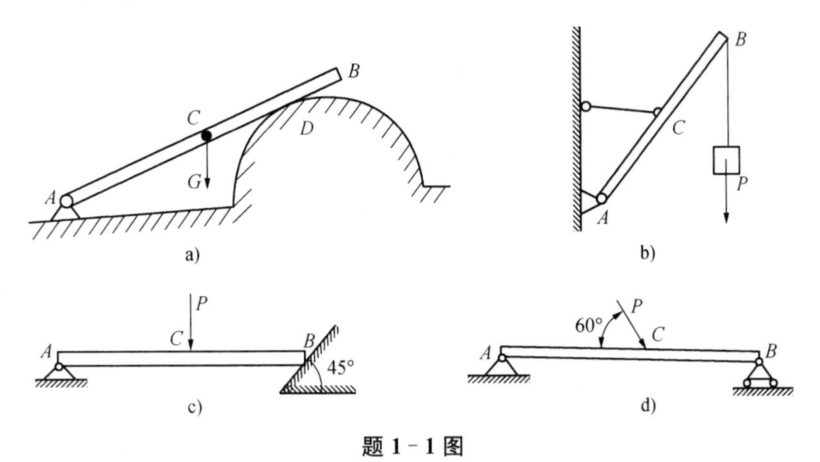

题 1-1 图

1-2　钢架 AB 的一端为固定铰链支座，另一端为活动铰链支座，在 C 点作用着外力 F，试画出图中各种受力情况下，钢架的受力图（钢架自重不计）。

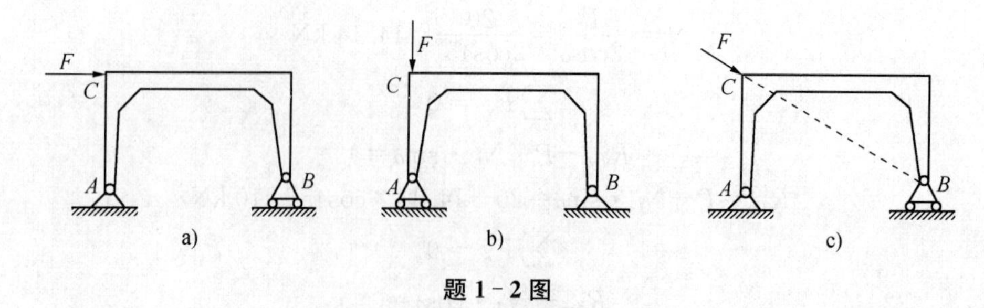

题 1-2 图

1-3　如图所示，杆 AB 和 BC 用铰链连接成三角架，在 D 点有一作用力 Q，如不计各杆自重，试分别画出杆 AB 和杆 BC 的受力图。

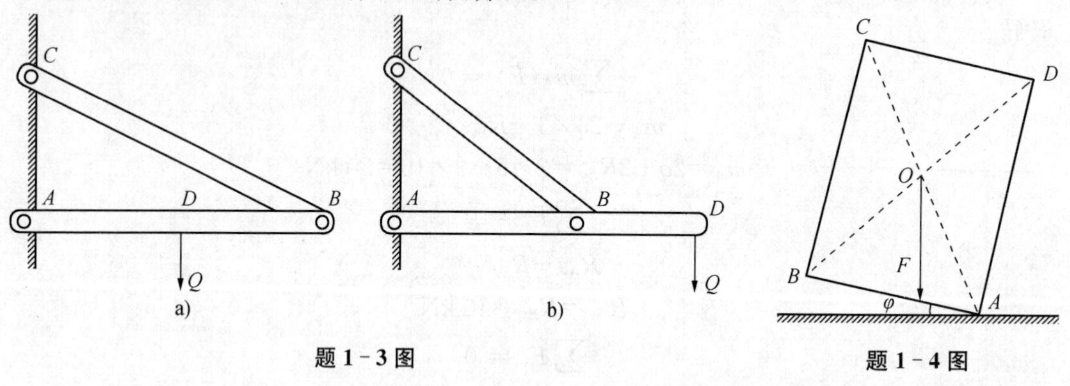

题 1-3 图　　题 1-4 图

1-4　如图，正平行六面体 $ABCD$，已知边长 $AB=60$ mm，$BC=80$ mm，重 $F=100$ N，如将其斜放，使它的底面与水平面的夹角 $\varphi=30°$，试求其重力对棱 A 的力矩。当 φ 角等于多大时，该力矩等于零？

1-5　试计算下列各图中力 F 对点 B 的矩。设 $F=50$ N，$a=0.6$ m，$\alpha=30°$。

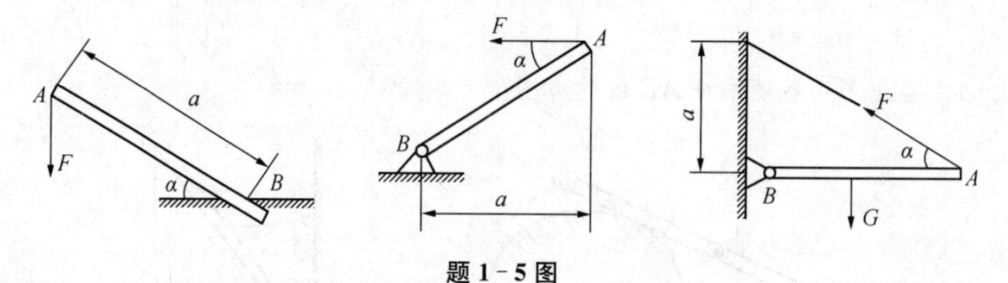

题 1-5 图

1-6　如图，用多轴钻床在工件上同时钻四个直径相同的孔，每个孔都受到钻头切削刀刃的力偶作用，其力偶矩都是 $m=10$ N·m，求工件受到的合力偶矩。如工件在 A、B 两处用螺栓固定，A、B 两孔的距离 $l=250$ mm，求两螺栓所受到的水平力。

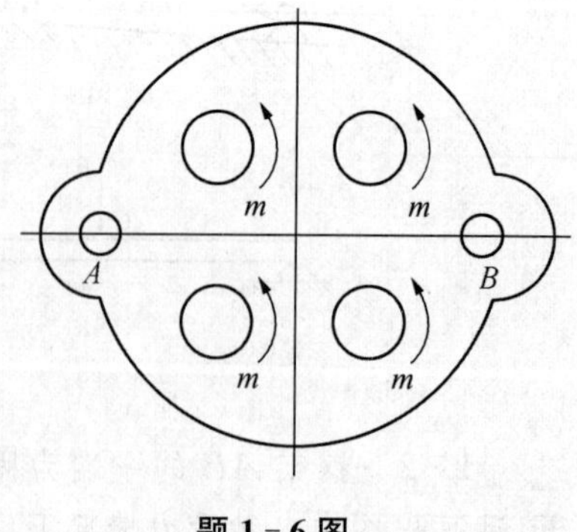

题 1-6 图

1－7　图示为一气动夹具，当气缸的右侧通入压力为 P 的压缩空气时，机构通过活塞杆、连杆和杠杆而压紧工件。设 A、B 处为铰链连接，O 为固定铰链支座，C、E 处为光滑接触面，各杆的自重不计，试画出活塞杆 AD、连杆 AB、杠杆 BOC 及滚轮 A 的受力图。

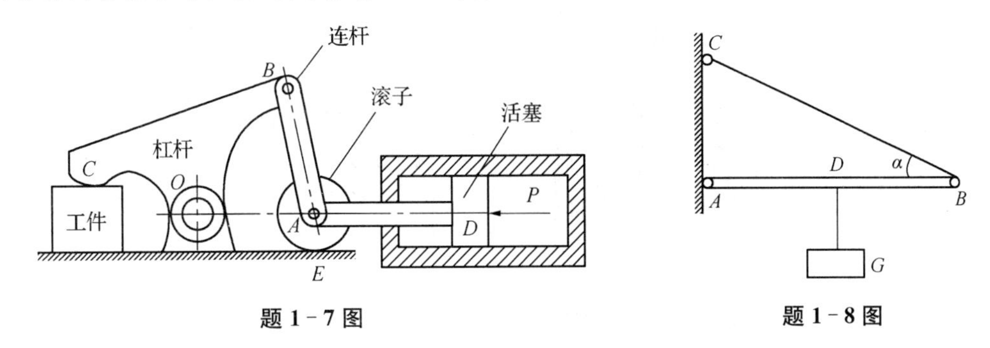

题 1－7 图　　　　题 1－8 图

1－8　如图，水平梁 AB 长 l，A 端为固定铰链，B 端用绳索系于墙上，绳与水平梁之间的夹角 $\alpha=30°$，梁的中点 D 悬挂一重量 $G=1\,000$ N 的物体，求绳的拉力和梁上 A 点约束反力。

1－9　如图，梁 AB 上作用一力偶，力偶矩 $m=12$ N·m，梁长 $l=300$ mm，$\alpha=30°$，试求在图示两种情况下，支座 A、B 的约束反力。

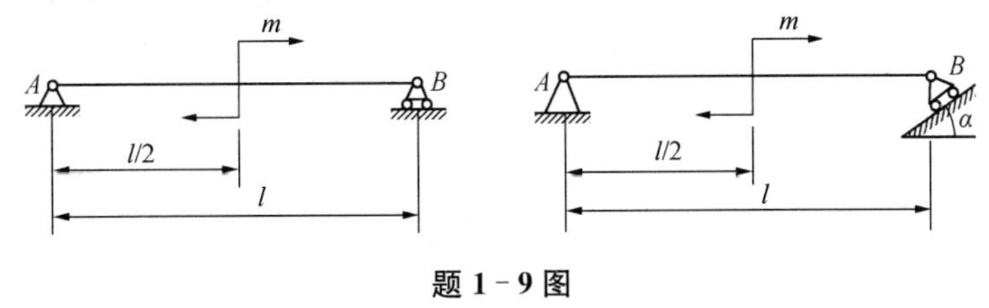

题 1－9 图

1－10　某装置如图，杆 AB 自重不计，A 端为固定铰链，C 点用柔索固定，已知铅垂力 $F=2$ kN 作用于 B 点，试求图示两种情况下柔索 CD 的拉力和固定支座 A 的约束反力。(图中长度单位为 m)

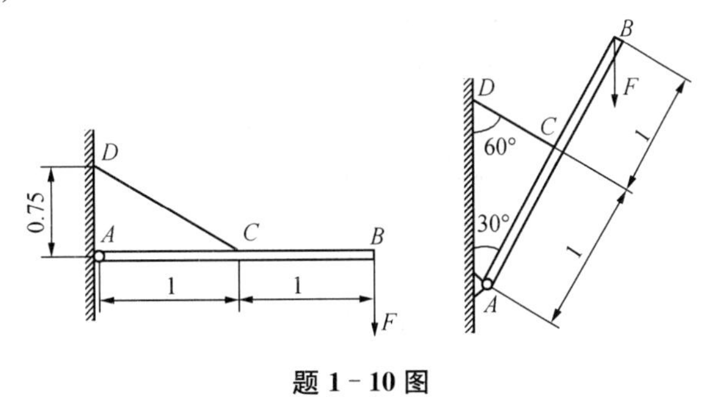

题 1－10 图

1－11　重为 $Q=60$ N 圆柱体，系以两绳，放在光滑的水平面上，绳的两端分别挂 A、B 二重物(如图示)，已知 A 物重 $G_A=30$ N，B 物重 $G_B=50$ N，滑轮摩擦不计，求平衡时 θ 角的大小及圆柱体对水平面的压力。

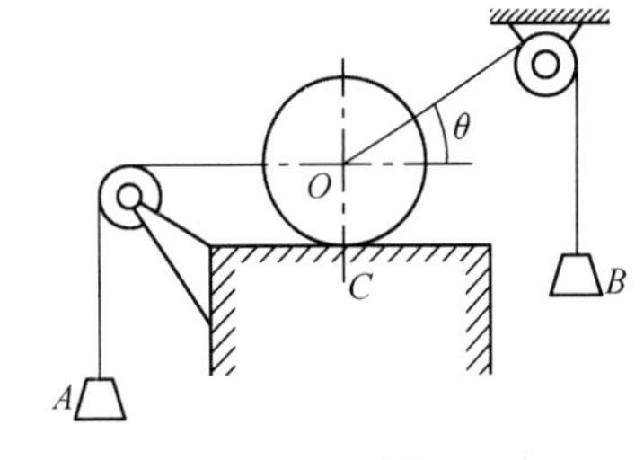

题 1－11 图

1-12　如图，混凝土浇灌器连同载荷共重$G=60$ kN，重心在C处，已知$a=0.3$ m，$b=0.6$ m，$\alpha=30°$，钢丝绳系于D处，以匀速提升，若不计摩擦，求导轮A和B的约束反力及钢丝绳的拉力。

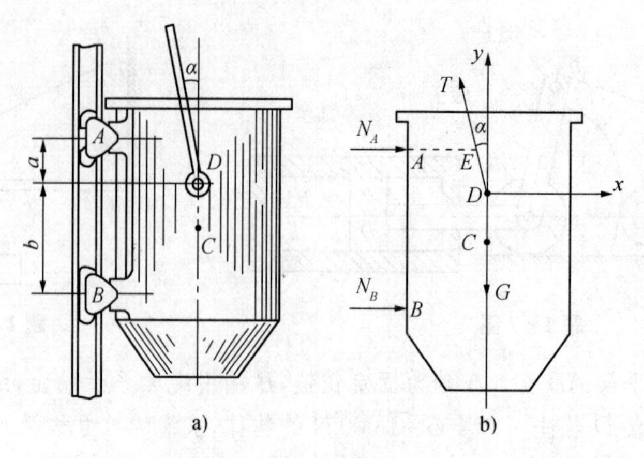

题 1-12 图

1-13　图示为重物提升机，重物放在小台车C上，台车装有A、B二轮，可沿垂直导轨EH上下运动。已知重物$Q=20$ kN，试求导轨对A、B两轮的约束反力。(图中长度单位为 cm)

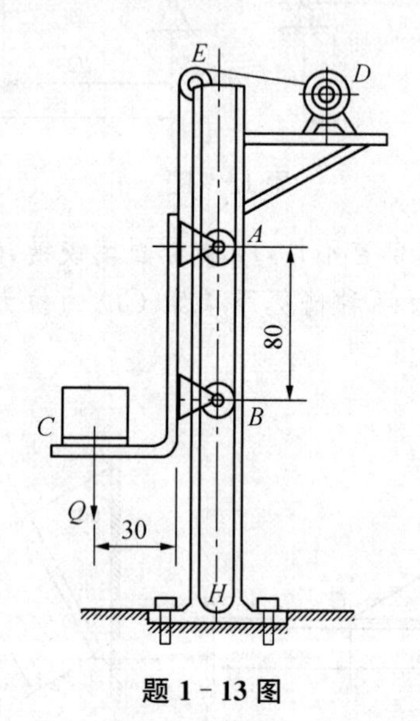

题 1-13 图

1-14　求下列各图中固定端A或铰链支座A、B的约束反力。已知：$m=8$ kN·m，$P=4$ kN，$Q=20$ kN，$q=20$ kN/m，$a=1$ m，$l=3$ m。

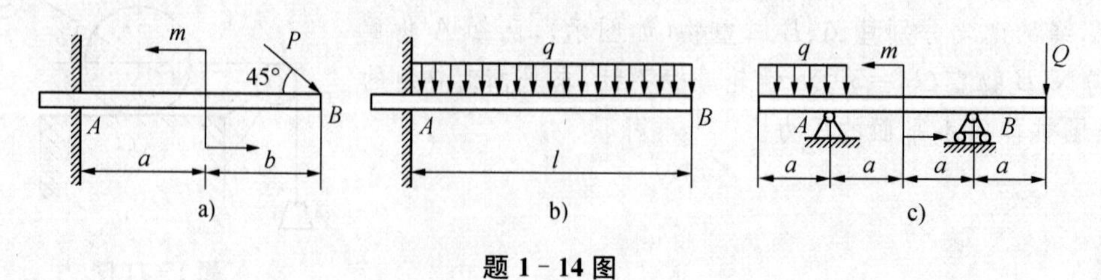

题 1-14 图

1－15　如图，由 AB、CD、AE 三杆组成的构架，在 A、C、D 三处用铰链连接，$\angle ADC=30°$，B 端悬挂重物 $G=5\ \mathrm{kN}$，试求 A、C、D 三处铰链所受的力以及固定端 E 的约束反力。

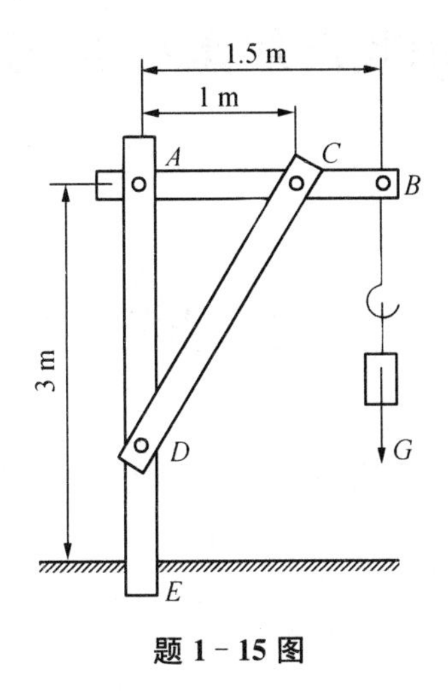

题 1－15 图

1－16　图示拖拉机的制动蹬，制动时用力 F 踩踏板，通过拉杆使拖拉机制动。若 $F=500\ \mathrm{N}$，踏板和拉杆自重不计，求图示位置时拉杆的拉力 Q 及铰链支座 B 的约束反力。

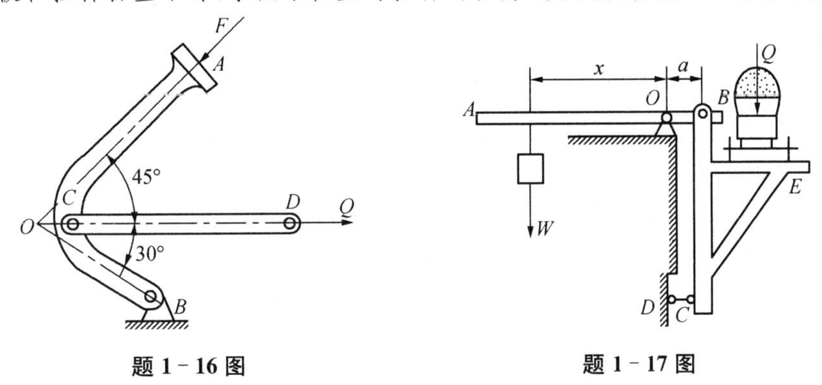

题 1－16 图　　**题 1－17 图**

1－17　图示一车辆台秤，空载时，台秤及其支架 BCE 的重量与杠杆 AB 的重量恰好平衡。当台秤上有重物时，在 AO 段加一秤锤，设秤锤重量为 W，$OB=a$，求 AO 上的刻度 x 与重量 Q 之间的关系。

第二章　构件的基本变形及强度条件

引　言

当机械工作时，构件受到外力的作用。前面我们已经研究了计算构件所受外力的基本方法，不过，在研究时把构件看成是不变形的刚体，实际上刚体在自然界中是不存在的。任何构件在外力作用下，它的尺寸和形状都会发生变化，并在外力增加到一定程度时发生破坏。构件的过大变形和破坏，都会影响机器或结构的正常工作，因此要进一步研究构件的变形、破坏与作用在构件上的外力之间的关系，这部分知识称为材料力学。

一、材料力学的任务

图 2-1 所示为一车床主轴，作用于主轴上的载荷有齿轮啮合力 P，切削力 F 等，因而主轴会发生变形。若外力过大将会造成主轴断裂，使整个机床停止运转。显然，构件工作时发生意外的破坏是不允许的。因此，要求构件受力时具有足够的抵抗破坏的能力。构件在外力作用下抵抗破坏的能力称为强度。

另一方面，构件受力变形超过一定限度时，即使没有破坏，也会妨碍整个机器正常工作。例如图 2-1 所示的车床主轴，即使有足够的强度，若变形过大，仍会影响工件的加工精度，并引起轴承的不均匀磨损。因此，工程上还要求构件在外力作用下的变形应在允许的范围内。构件在外力作用下抵抗变形的能力称为刚度。

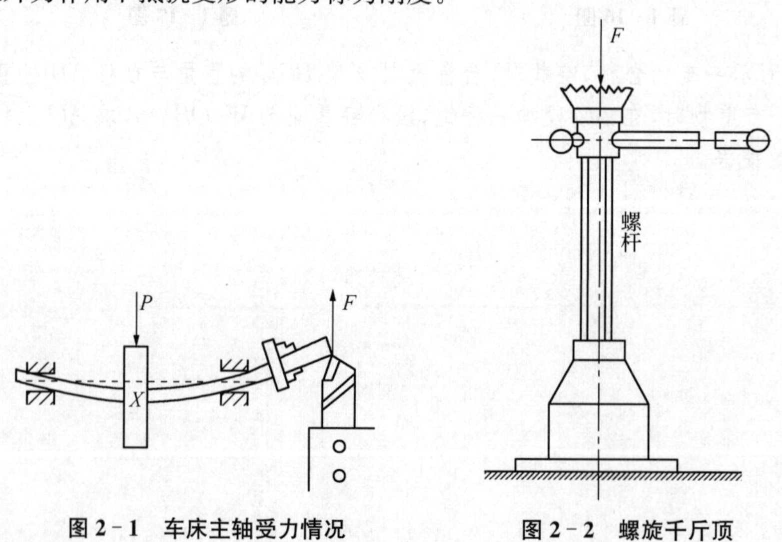

图 2-1　车床主轴受力情况　　　　图 2-2　螺旋千斤顶

此外，有些受压的细长直杆，如内燃机中的连杆，图 2-2 所示千斤顶中的螺杆，当压力增加到一定程度时，杆件就会从原来的直线形式的平衡状态，突然被压弯，甚至会因弯曲过大而折断。形态不够稳定的构件工作时是非常不可靠的。构件在外力作用下保持原有平衡状态的能力称为稳定性。

强度、刚度和稳定性是保证工程构件正常工作的基本要求。要满足这些要求，构件就必须由合适的材料制成，而且有适当的形状和足够的尺寸。然而，从经济节约的原则考虑，则要求选用廉价的材料并尽量节约使用材料，以降低成本，或减轻构件自重。显然，安全和经济二者的要求通常是有矛盾的。材料力学的任务是：研究构件在外力作用下的受力、变形和破坏的规律，提供有关强度、刚度和稳定性的分析及计算的基本方法，既保证构件安全可靠，又最大限度地节约材料。

二、弹性变形和塑性变形

固体受力后产生的变形分为两类：一类是去掉外力以后能完全消失的变形，称为弹性变形；另一类是在去掉外力以后不能消失的变形，称为塑性变形，又称永久变形或残余变形。一般情况下，要求构件正常工作时只发生弹性变形，而不允许塑性变形。

三、材料力学的基本假设

在对可变形固体制成的构件进行强度计算时，为使计算简化，对可变形固体的性质作了两个假设。实践证明，以这些假设为基础所得出的结论，和实际情况基本上是一致的。两个假设是：

（一）均匀连续性假设

这个假设认为构件内部各处材料的力学性能是均匀一致的，而且在其整个体积内毫无空隙地充满了物质，其构造是密实的。

（二）各向同性假设

这个假设认为材料在各个不同的方向上具有相同的力学性能。具有这种性质的材料称为各向同性材料。

四、杆件变形的基本形式

当外力以不同的方式作用在杆件上时，杆件将产生不同的变形形式，杆件变形的基本形式主要有以下四类：

（一）拉伸或压缩

杆件两端受大小相等、方向相反、作用线与杆件轴线重合的一对外力作用，使杆件的纵向长度发生伸长或缩短（图 2－3a）、b））。杆件的这种变形，就是拉伸或压缩变形。

（二）剪切

杆件受大小相等、方向相反、作用线相距很近的一对横向力作用，使杆件上两力之间的部分沿外力方向发生相对错动（图 2－3c））。杆件的这种变形，就是剪切变形。

（三）扭转

杆件两端受大小相等、方向相反、作用面垂直于杆轴线的一对力偶作用，使杆件的任意

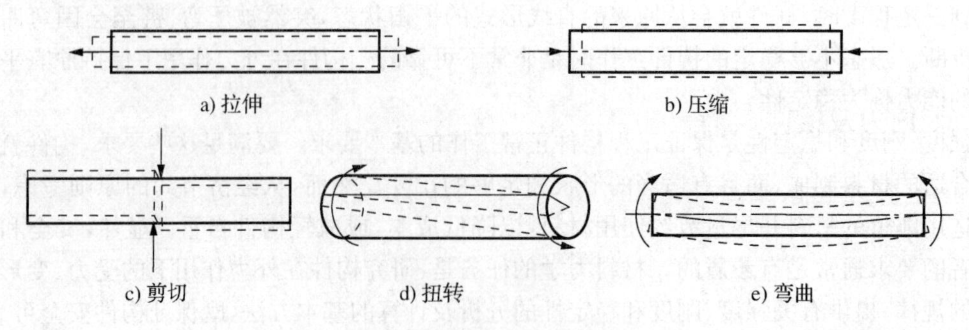

图 2-3　杆件的基本变形

两个横截面发生绕轴线的相对转动(图 2-3d))。杆件的这种变形,就是扭转变形。

(四) 弯曲

杆件两端受大小相等、方向相反、作用在处于杆件的纵向对称平面上的一对力偶作用,使杆的轴线由直线变成曲线(图 2-3e))。杆件的这种变形,就是弯曲变形。

有些机械构件,由于承受载荷情况与上述不同,其变形也比较复杂,但是任何复杂的变形,实际上都是由某几种基本变形形式组成的,故称组合变形。在本章中,只讨论四种基本变形的强度计算问题。

§2-1　轴向拉伸与压缩

一、拉伸与压缩的概念和实例

工程中有很多承受拉伸或压缩作用的构件。例如图 2-4 所示的吊架,在重物作用下,BC 杆受到拉伸,而 AB 杆受到压缩。

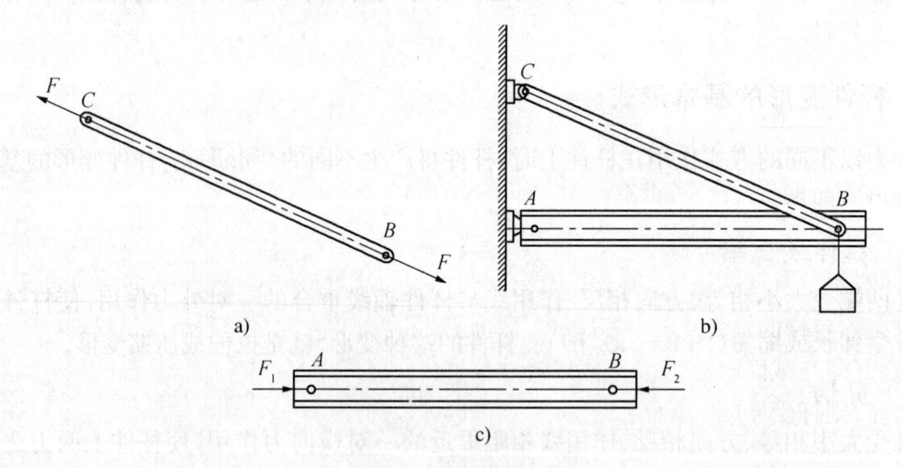

图 2-4　起重机吊架

受拉伸或压缩的构件有很多是等截面直杆(统称为杆件),它们受力的共同特点是作用于杆上的外力(或外力的合力)作用线和杆的轴线重合。杆件的变形是沿轴线方向的伸长或缩短。图 2-3a)所示两个外力方向相背离者为拉杆;图 2-3b)所示两个外力方向相对者为压杆。实线表示受力以前的外形,虚线表示变形以后的外形。

二、内力及横截面上的应力

(一) 内力和截面法

在材料力学中,凡作用在杆件上的载荷和约束反力均称为外力。杆件受外力而变形时,杆件内部各部分之间的相互作用力称为内力。内力随外力增大而加大,到达某一限度时就会引起杆件的破坏,因而它与杆件的强度是密切相关的。

为了研究杆件的内力,常采用截面法。设有承受轴向力 F 作用的杆件(图 2-5a)),用平面 1—1 假想地把杆件在此处截开,分成两部分。如果杆件原来是处于平衡状态的,则它的任一部分也必然处于平衡,即内力总是与外载荷平衡的。现以左段作为研究对象(图 2-5b))。在其左端原有外力 F 作用,要使之保持平衡,在截面 1-1 上,右段对其必有作用力。设其合力为 F_N,则由平衡方程 $\sum F_x=0$ 可知,$F_N=F$。

根据作用与反作用定律,在右段的截面 1′-1′上(图 2-5c)),左段对其也必作用有大小相等、方向相反的力,其合力 F_N'仍等于 F_N。

这种取杆件的一部分为研究对象,利用静力平衡方程求内力的方法,称为截面法。用截面法求内力可按以下三个步骤进行:

1. 沿欲求内力的截面,假想把杆件分成两部分。

2. 取其中一部分为研究对象,画出其受力图。在截面上用内力代替移去部分对留下部分的作用。

3. 列出研究对象的静力平衡方程,确定未知的内力。

截面法是材料力学中求内力的普遍方法,以后将经常用到。

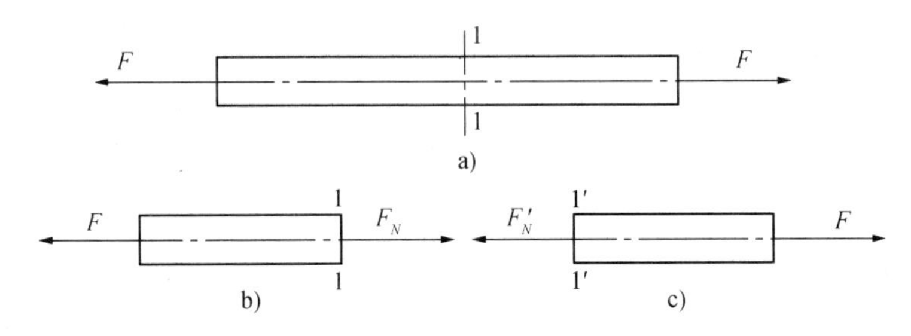

图 2-5　拉杆的内力

对于受轴向拉、压的杆件,因为外力的作用线与杆件的轴线重合,所以内力的合力 F_N的作用线也必然与杆的轴线重合,这种内力称为轴力。轴力或为拉力或为压力。当轴力的指向离开截面(即与截面的外法线方向一致)时,则杆受拉,规定轴力为正;反之,当轴力的指向朝向截面时,则杆受压,规定轴力为负。

对于在不同位置多个力作用的杆件,从杆的不同部位截开,其轴力是不相同的。所以必须分段用截面法求出各段轴力,从而确定其最大轴力。

例 2-1　图 2-6a)所示为一液压系统中油缸的活塞杆。作用于活塞杆上的外力可简化为 $F_1=9.2$ kN,$F_2=3.8$ kN,$F_3=5.4$ kN。试求活塞杆横截面 1-1 和 2-2 上的轴力。

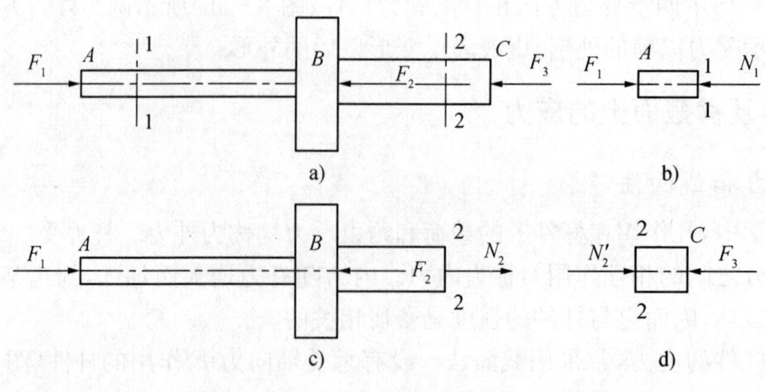

图2-6　例2-1图

解:

(1) 计算截面1-1的轴力。

沿截面1-1假想地将杆分成两段。取左段作为研究对象,画受力图(图2-6b))。用N_1表示右段对左段的作用,N_1和F_1必等值、反向、共线。列左段平衡方程$\sum F_x=0$,于是得:

$$F_1-N_1=0$$

$$N_1=F_1=9.2\ \text{kN}(\text{指向朝着截面,故为压力})$$

(2) 同理,可计算截面2-2上的轴力。

沿截面2-2将杆分成两段,以左段为研究对象画受力图(图2-6c)),暂设轴力N_2为拉力。由平衡方程$\sum F_x=0$,得

$$F_1+N_2-F_2=0$$

$$N_2=F_2-F_1=3.8-9.2=-5.4\ \text{kN}$$

式中,N_2为负值,说明N_2的实际方向与所设方向相反,即应为压力。

(3) 如果选取截面2-2右边的一段为研究对象,画受力图(图2-6d)),由平衡条件可得$N'_2=F_3=5.4\ \text{kN}$(压力)。所得结果与前面计算的相同。本例中取右边一段计算起来比较简便,所以应选取受外力比较简单的一段作为研究对象,进行受力分析和计算内力。

(二) 横截面上的应力

求出杆件的内力,并不能判断杆件在某一点受力的强弱程度。例如有一直径不同的钢杆,两端受外力F作用而拉伸,当力F增大到一定值时,直径较小的一段将被拉断,但钢杆上任一截面的内力大小都是一样的。这就说明,杆件受力强弱程度,不仅与内力大小有关,还与杆的横截面面积大小有关。工程上常用单位面积上内力的大小来衡量构件受力的强弱程度。构件在外力作用下,单位面积上的内力,称为应力。应力描述了内力在截面上的分布情况和密集程度,它才是判断构件强度是否足够的量。

设杆的横截面面积为A,轴力为N,则单位面积上的内力即应力为N/A。由于内力N垂直于横截面,故应力也垂直于横截面,这样的应力称为正应力,以符号σ表示。于是有

$$\sigma=\frac{N}{A} \tag{2-1}$$

这就是拉(压)杆件横截面上正应力σ的计算公式。σ的正负规定与轴力相同,正应力σ

为拉应力时，符号为正；正应力 σ 为压应力时，符号为负。

应力的国际制单位为牛顿/米^2（N/m^2），称为帕（Pa）；或兆牛/米^2（MN/m^2），称为兆帕（MPa）。

$$1\ MPa = 10^6\ Pa$$

例 2 - 2　195 - 2C 型柴油机连杆螺栓，最小直径 $d=8.5$ mm，装配时拧紧产生的拉力为 $F=8.7$ kN(图 2 - 7)。试求螺栓最小横截面上的正应力。

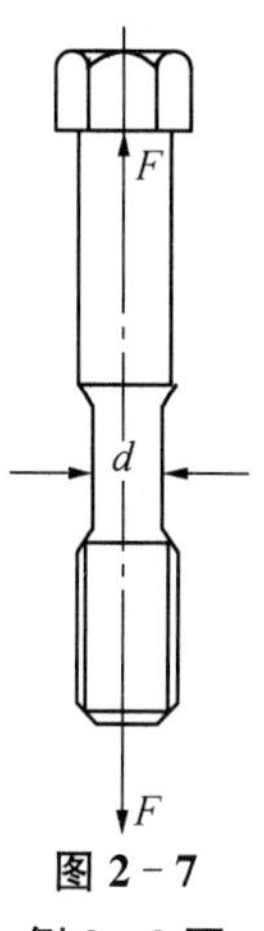

图 2 - 7
例 2 - 2 图

解：

连杆螺栓受拉力 $F=8.7$ kN，在最小直径 d 处取横截面，可用截面法和平衡条件算出轴力 N 也是 8.7 kN。

该螺栓最小横截面面积为

$$A=\frac{\pi d^2}{4}=\frac{3.14\times 8.5^2}{4}=56.7\ mm^2$$

螺栓最小横截面上的正应力为

$$\sigma=\frac{N}{A}=\frac{8\,700}{56.7}=153\ N/mm^2=153\ MPa$$

例 2 - 3　图 2 - 8a)所示支架，杆 AB 为圆钢，直径 $d=20$ mm，杆 BC 为正方形横截面的型钢，边长 $a=15$ mm。在铰接点 B 承受铅垂载荷 P 的作用，已知 $P=20$ kN，若不计自重，试求杆 AB 和杆 BC 横截面上的正应力。

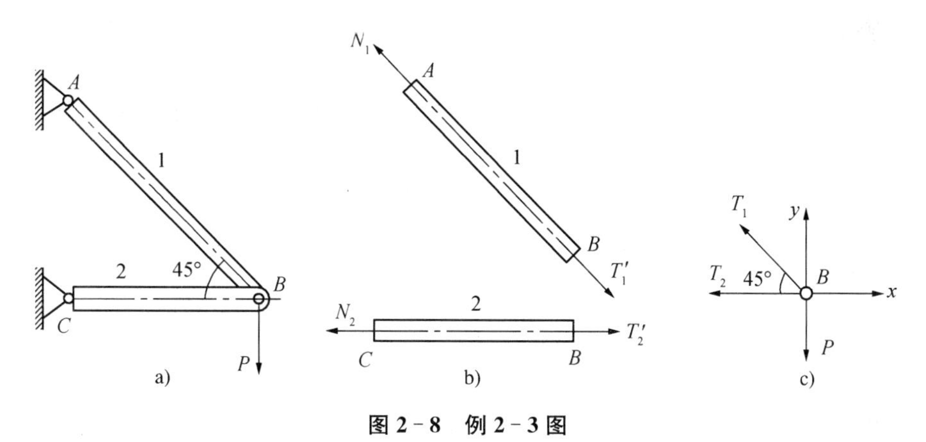

图 2 - 8　例 2 - 3 图

解：

(1) 外力分析

支架的两杆(设为杆 1 和杆 2)均为二力杆，受力图如图 2 - 8b)所示。铰接点 B 的受力图如图 2 - 8c)所示，平衡方程为

$$\sum F_x = 0, -T_2 - T_1 \cdot \cos 45^\circ = 0$$

$$\sum F_y = 0, T_1 \cdot \sin 45^\circ - P = 0$$

解以上两式，可得杆 1 和杆 2 所受外力为

$$T_1' = T_1 = P/\sin 45^\circ = 20/0.707 = 28.3\ kN(\text{拉力})$$

$$T_2' = T_2 = -P = -20\ kN(\text{压力})$$

(2) 内力分析

因内力与外力总是平衡的,由图 2-8b)可知,杆 1 和杆 2 的内力都是轴力,分别为

$$N_1 = T'_1 = 28.3\ \text{kN}$$

$$N_2 = T'_2 = -20\ \text{kN}$$

N_2所得负号说明,N_2的实际指向应朝向截面,即杆 2 的内力为压力。

(3) 计算二杆的横截面积

杆 1 的横截面积为

$$A_1 = \frac{\pi d^2}{4} = \frac{3.14 \times 20^2}{4} = 314\ \text{mm}^2$$

杆 2 的横截面积为

$$A_2 = a \times a = 15^2 = 225\ \text{mm}^2$$

(4) 计算应力

根据公式(2-1),可得杆 1 和杆 2 的应力为

$$\sigma_1 = \frac{N_1}{A_1} = \frac{28.3 \times 10^3}{314} = 90\ \text{N/mm}^2 = 90\ \text{MPa}(\text{拉应力})$$

$$\sigma_2 = \frac{N_2}{A_2} = \frac{-20 \times 10^3}{225} = -89\ \text{N/mm}^2 = -89\ \text{MPa}(\text{压应力})$$

三、拉伸和压缩时材料的力学性能

构件内的应力随外力增大而增大,但在一定应力作用下,构件是否破坏则与材料的性能有关。材料在外力作用下,所表现出来的各种性能,称为材料的力学性能(或称机械性能)。

常用材料可分为塑性材料和脆性材料两大类。在试验时常用低碳钢代表塑性材料,用灰铸铁代表脆性材料。静载拉伸试验是研究材料的力学性能最常用、最基本的试验。标准拉伸试件如图 2-9 所示,试件上刻有标距。圆截面试件的标距 l 与横截面直径 d 有两种比例:$l=10d$ 和 $l=5d$。

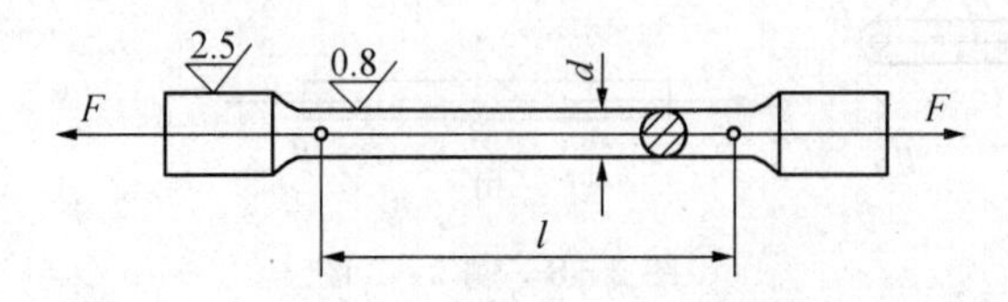

图 2-9　标准拉伸圆试件

(一) 低碳钢静拉伸时的力学性能

低碳钢(一般是指含碳量在 0.25%以下的碳素结构钢)是机械制造和一般工程中使用很广的塑性材料,它在拉伸试验中所表现的力学性能比较全面,具有代表性。

当试件装夹在试验机上进行试验时,试件受到由零开始缓慢增加的拉力 F,同时发生变形。试验机的示力盘上指示出一系列拉力 F 的数值,同时,对应着每一拉力 F,可测出试件标距 l 长度内的绝对变形$\triangle l$,直到试件破坏为止。如果以纵坐标表示拉力 F,横坐标表示$\triangle l$,则试验机上的自动绘图装置,便能画出 F 与$\triangle l$ 的关系曲线(图 2-10a)),称为拉伸图或 F-$\triangle l$ 曲线。F-$\triangle l$ 曲线反映了试件所受拉力 F 与变形$\triangle l$ 之间的关系。

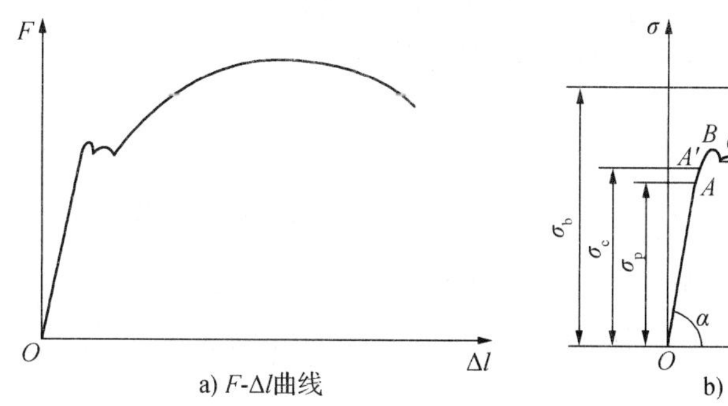

a) F-Δl曲线

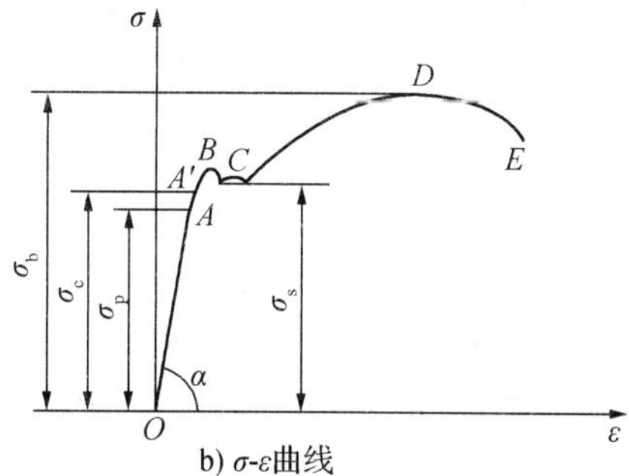

b) σ-ε曲线

图 2－10　低碳钢拉伸曲线

由于$\triangle l$与试件标距长度l和横截面积A有关，为了消除试件尺寸的影响，以反映材料本身的性能，将拉力F除以试件原截面积A；试件伸长量$\triangle l$除以标距原长l，于是，$F/A=\sigma$，$\triangle l/l=\varepsilon$，故纵坐标为$\sigma$，横坐标为$\varepsilon$，得到$\sigma-\varepsilon$曲线，或称为应力—应变图(图 2－10b))，它表明从加载开始到破坏为止，应力σ与应变ε的对应关系。$\sigma-\varepsilon$曲线中有几个特殊点，它们可以说明低碳钢的一些力学性能。

1. 比例极限σ_P

图中OA段成直线，表明在这一段内应力σ与应变ε成正比。A点是应力与应变成正比的最高点，与A点相对应的应力称为比例极限，以σ_P表示。比例极限是材料的应力与应变成正比的最大应力。

由图 2－10b)可看出，直线OA的斜率为

$$\mathrm{tg}\alpha=\frac{\sigma}{\varepsilon}=E \tag{2-2}$$

由此式可确定材料的弹性模量E值。

试件的应力，在从零增加到弹性极限的过程中，只产生弹性变形，故称为弹性阶段。

2. 屈服极限σ_s

曲线过A'点后，变形增加很快，而应力增加并不显著，曲线从A'到B逐渐变弯，还出现了接近水平线的锯齿形线段BC，材料出现了较大的塑性变形。这种应力变化不大而应变显著增加的现象称为材料屈服，相应点的应力称为材料的屈服极限，以σ_s表示。

因为机械零件和工程结构都不允许发生塑性变形，所以屈服极限σ_s是衡量塑性材料强度的重要指标。

3. 强度极限σ_b

屈服极限之后，由于材料产生变形硬化，重新具有抵抗变形的能力。图形为向上凸起的曲线CD，这表明若要试件继续变形，必须增加应力，这种现象称为材料的强化。D点所对应的应力，是试件断裂前能承受的最大应力值，称为强度极限，以σ_b表示。强度极限σ_b也是衡量材料强度的另一重要指标。

当应力到达强度极限时，试件某一部分的横截面(一般发生在材料薄弱处)面积显著缩小，出现“颈缩”现象，并迅速被拉断。

4. 伸长率δ和断面收缩率ψ

试件拉断后，弹性变形消失，但塑性变形仍保留下来。工程中用试件拉断后残留的塑性

变形来表示材料的塑性性能，常用的塑性指标为伸长率 δ 和断面收缩率 ψ。

伸长率是指试件拉断后伸长的百分率，常用下式表示：

$$\delta=\frac{l_1-l}{l}\times 100\% \tag{2-3}$$

式中：l——试件的原标距长度

l_1——试件拉断后的标距长度

断面收缩率是指试件拉断后横截面积缩小的百分率，常用下式表示：

$$\psi=\frac{A-A_1}{A}\times 100\% \tag{2-4}$$

式中：A——试件的原横截面积

A_1——试件拉断后颈缩处的最小横截面积

低碳钢的伸长率在 20%～30%之间，断面收缩率约为 60%，故低碳钢是很好的塑性材料。工程上通常把 $\delta\geqslant 5\%$的材料称为塑性材料，如钢材、铜和铝等；把 $\delta<5\%$的材料称为脆性材料，如铸铁、砖石等。

（二）其他材料拉伸时的力学性能

1. 其他常用塑性材料

工程中常用的塑性材料，除低碳钢外，还有青铜、硬铝、中碳钢，某些合金钢等。图2-11是几种塑性材料拉伸时的 σ-ε 曲线。它们大都没有明显的屈服阶段。工程上规定，对于这类材料以产生 0.2%的塑性应变时所对应的应力作为屈服极限，以 $\sigma_{0.2}$ 表示，又称为名义（条件）屈服极限（图 2-12）。

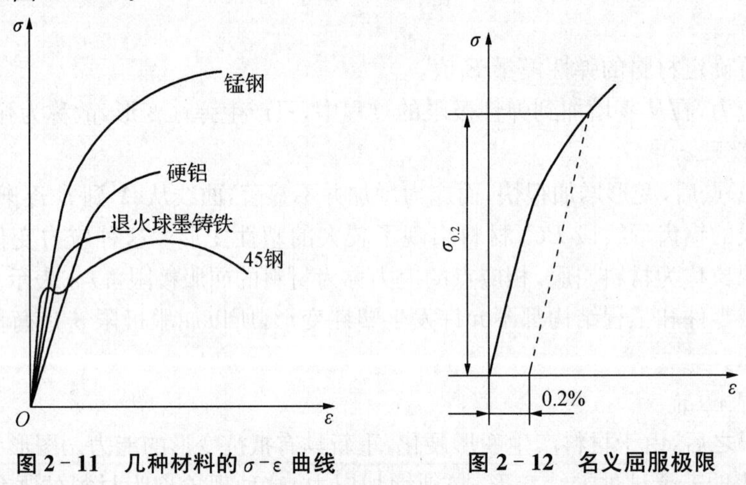

图 2-11　几种材料的 σ-ε 曲线　　图 2-12　名义屈服极限

2. 铸铁

灰口铸铁是工程上广泛应用的脆性材料，它在拉伸时的 σ-ε 图是一段微弯的曲线（图 2-13），可近似以直线（图中的虚线）代替。由图还可看出，灰铸铁拉伸时无屈服现象和“颈缩”现象，当变形很小时就突然断裂，所以强度极限 σ_b 是衡量脆性材料强度的唯一指标。由于铸铁等脆性材料抗拉强度很低，因此不宜作为承拉零件的材料。

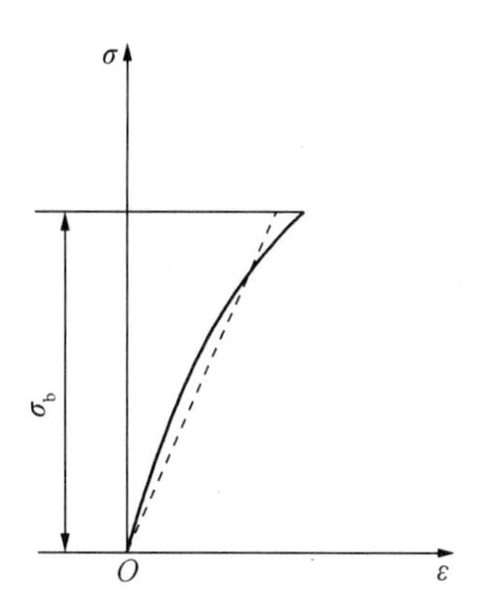

图 2-13　灰铸铁拉伸曲线

（三）低碳钢压缩时的力学性能

金属材料的压缩试件常做成短圆柱体，其长度 l 为直径 d 的 1.5～3 倍，以免试件在压缩过程中因丧失稳定而变弯。

图 2-14 是低碳钢压缩时的 $\sigma-\varepsilon$ 曲线，其中虚线是拉伸时的 $\sigma-\varepsilon$ 曲线。由图表明，在屈服极限 σ_s 以内，两曲线重合，即低碳钢在压缩时的比例极限 σ_p、屈服极限 σ_s 和弹性模量均与拉伸时大致相同，但在屈服极限以后，试件产生显著塑性变形，愈压愈扁，压力增加，其截面面积也不断增大，试件抗压能力也继续增高，曲线急剧上升，最后一直压到很薄也不发生破坏，不存在强度极限 σ_{by}。因此对于低碳钢可不做压缩试验，其压缩时的力学性能可直接引用拉伸试验的结果。

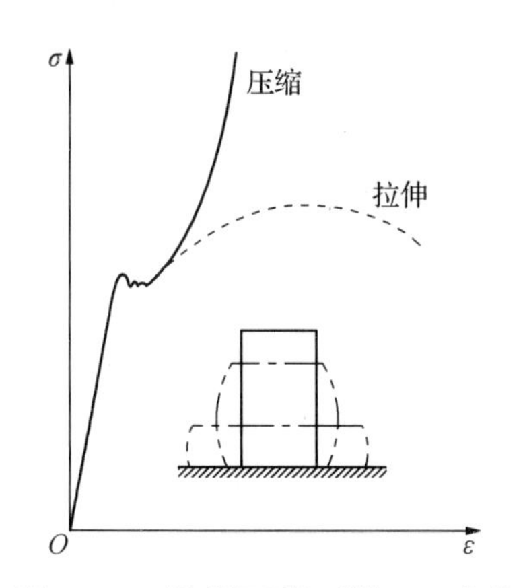

图 2-14　低碳钢压缩时的 $\sigma-\varepsilon$ 曲线

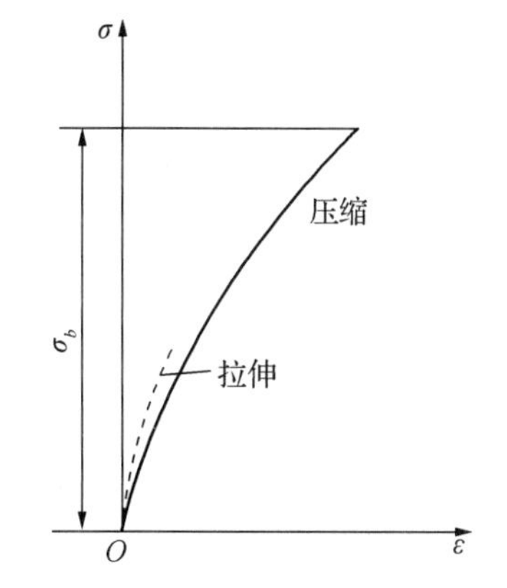

图 2-15　灰铸铁压缩时的 $\sigma-\varepsilon$ 曲线

（四）铸铁压缩时的力学性能

图 2-15 是灰铸铁压缩时的 $\sigma-\varepsilon$ 曲线，虚线是拉伸时的 $\sigma-\varepsilon$ 曲线。可以看出，铸铁压缩时，其 $\sigma-\varepsilon$ 曲线无明显的直线部分，也不存在屈服极限。但铸铁压缩强度极限 σ_{by} 远高于拉伸强度极限 σ_{bl}，有时可高达 4～5 倍。由于灰铸铁价格低廉，抗压能力强，宜用作承受压力构件的材料。常用于作机器底座、机床床身及导轨，夹具体、轴承座等受压零件。

综上所述，塑性材料和脆性材料的力学性能的主要区别是：

1. 塑性材料断裂前有显著的塑性变形，还有明显的屈服现象，而脆性材料在变形很小时突然断裂,无屈服现象。

2. 塑性材料拉伸和压缩时的比例极限,屈服极限和弹性模量都相同,因为塑性材料一般不允许达到屈服极限,所以它抵抗拉伸和压缩的能力相同。而脆性材料抵抗拉伸的能力远低于抵抗压缩的能力,因此脆性材料常用来制造承受压缩的构件。

表 2-1 列出了几种常用材料的主要力学性能,以便于比较和查阅。

表 2-1　几种常用材料的力学性能

材料名称或牌号	屈服点 σ_S(MPa)	抗拉强度 σ_b(MPa)	伸长率 δ(%)	断面收缩率 ψ(%)
Q235A 钢	216～235	373～461	25～27	—
35 钢	216～314	432～530	15～20	28～45
45 钢	265～353	530～598	13～16	30～40
40Cr	343～785	588～981	8～9	30～45
QT600-2	412	538	2	—
HT150	—	拉　98～275 压　637 弯　206～461	—	—

四、许用应力和安全系数

(一) 危险应力和工作应力

当塑性材料达到屈服极限 σ_s或脆性材料达到强度极限 σ_b时,材料将产生较大塑性变形或断裂。工程上把使材料丧失正常工作能力的应力,称为极限应力或危险应力,以 σ^0表示。因此,对于塑性材料,$\sigma^0=\sigma_s$;对于脆性材料,$\sigma^0=\sigma_b$。

构件工作时,由载荷引起的应力称为工作应力。杆件受轴向拉伸或压缩时,其横截面上的工作应力 $\sigma=N/A$。要保证构件能够安全工作,必须把构件的最大工作应力限制在构件材料的危险应力 σ^0以下。

(二) 许用应力和安全系数

从生产的经济性考虑问题,理想的情况是最好使构件的工作应力接近于材料的危险应力。但从确保安全的角度考虑问题,构件材料应有适当的强度储备。特别是那些重要构件,更应该有较大的强度储备。为此,可把危险应力 σ^0除以大于 1 的系数 S,作为材料的许用应力。许用应力以$[\sigma]$表示,即

$$[\sigma]=\sigma^0/S \tag{2-5}$$

式中,S 称为安全系数。对于塑性材料,许用应力$[\sigma]=\sigma^0/S_S$;对于脆性材料,许用应力$[\sigma]=\sigma^0/S_b$。S_S、S_b分别是按屈服极限或强度极限规定的安全系数。

正确地选取安全系数是工程中一件非常重要的事。如果安全系数偏大,则许用应力低,构件偏安全,但用料过多,会增加设备的重量和体积;如果安全系数偏小,则许用应力高,用料少,但构件偏危险。所以,安全系数的确定,是合理解决安全与经济矛盾的关键。

一般机械制造进行强度计算时,对塑性材料取 $S_S=1.5\sim2.0$;对脆性材料,由于均匀性

较差，且突然破坏有更大的危险性，所以取 $S_b=2.5$ 以上。

五、拉伸或压缩的强度计算

为了保证拉（压）杆不至于因强度不够而失去正常工作的能力，必须使用其最大正应力（工作应力）不超过材料在拉伸（压缩）时的许用应力[σ]，即

$$\sigma=\frac{N}{A}\leqslant[\sigma] \tag{2-6}$$

式(2-6)称为拉伸或压缩的强度条件。利用强度条件可以解决工程中以下三类强度计算问题：

（一）强度校核

强度校核就是验算杆件的强度是否足够。当已知杆件的截面面积 A、材料的许用应力[σ]，以及所受的载荷，即可用强度条件式(2-6)判断杆件能否安全工作。

（二）选择截面尺寸

若已知杆件所受载荷和所用材料（即已知轴力 N 和许用应力[σ]），根据强度条件式(2-6)可以确定该杆所需横截面面积，其值为

$$A\geqslant\frac{N}{[\sigma]} \tag{2-7}$$

（三）确定许可载荷

若已知杆件尺寸（即截面面积 A）和材料的许用应力[σ]，即据强度条件式(2-6)，可以确定该杆所能承受的最大轴力，其值为

$$N\leqslant[\sigma]A \tag{2-8}$$

由此及静力学平衡关系可确定机械或结构所能承受的最大载荷，即许可载荷。

下面举例说明强度条件的应用。

例 2-4　图 2-16 所示为铸造车间吊运铁水包的双套吊钩。吊钩杆部横截面为矩形，已知 $b=25$ mm，$h=50$ mm。杆部材料的许用应力 $[\sigma]=50$ MPa。铁水包自重 8 kN，最多能容 30 kN 重的铁水。试校核吊杆的强度。

解：

因为总载荷由两根吊杆来承担，因此每根吊杆的轴力应为

$$N=\frac{F}{2}=\frac{1}{2}\times(30+8)=19\text{ kN}$$

吊杆横截面上的应力为

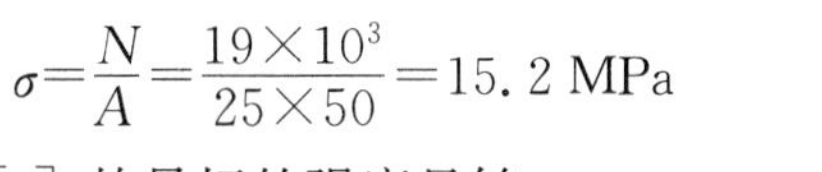

$$\sigma=\frac{N}{A}=\frac{19\times10^3}{25\times50}=15.2\text{ MPa}$$

图 2-16　例 2-4 图

可见 $\sigma<[\sigma]$，故吊杆的强度足够。

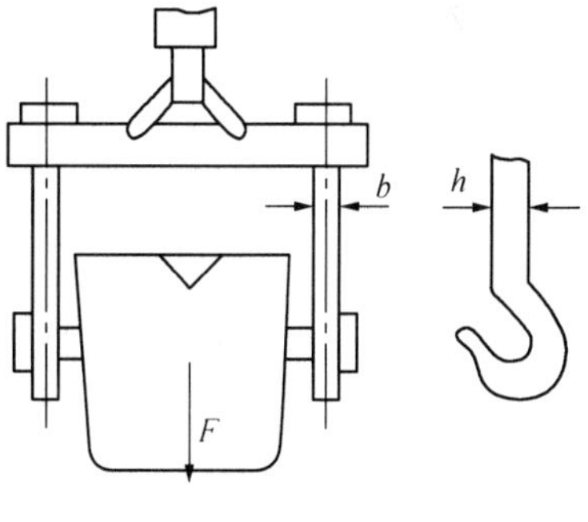

例 2-5　某车间工人自制一强简易吊车（图 2-17a)）。已知在铰接点 B 处吊起重物的最大重量 $Q=20$ kN。$AB=2$ m，$BC=1$ m。杆 AB 和 BC 均用圆钢制作，材料的许用应力为

$[\sigma]=58$ MPa,试确定两杆所需直径。

解:

(1) 先计算两杆内力大小

用截面法将两杆切开,因为两杆都是二力杆件,故内力均为轴力。设 AB 杆轴力为 N_1,BC 杆轴力为 N_2,画受力图(图 2-17b))。由静力学平衡方程得

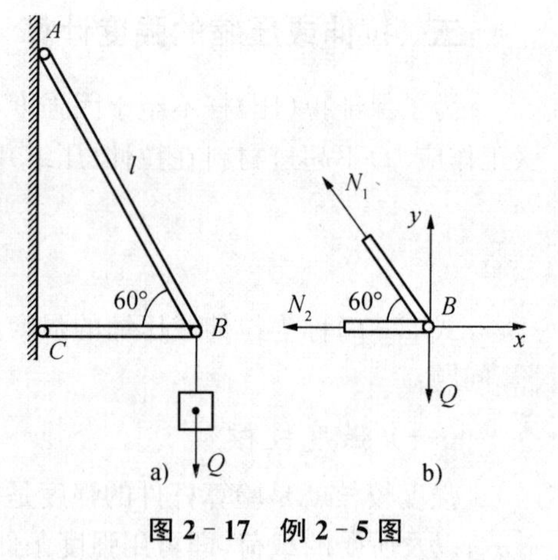

图 2-17　例 2-5 图

$$\sum F_y = 0$$

$$N_1 \sin 60° - Q = 0$$

$$N_1 = \frac{Q}{\sin 60°} = \frac{20}{0.866} = 23.1 \text{ kN}$$

$$\sum F_x = 0$$

$$-N_1 \cos 60° - N_2 = 0$$

$$N_2 = -N_1 \cos 60° = -23.1 \times 0.5 = -11.6 \text{ kN}$$

由计算结果可知,杆 1 受拉力,杆 2 受压力。

(2) 再确定杆的直径

根据式(2-7),两杆横截面面积应分别满足以下要求:

AB 杆:
$$A_1 = \frac{\pi d_1^2}{4} \geqslant \frac{N_1}{[\sigma]} = \frac{23.1 \times 10^3}{58} = 400 \text{ mm}^2$$

BC 杆:
$$A_2 = \frac{\pi d_2^2}{4} \geqslant \frac{N_2}{[\sigma]} = \frac{11.6 \times 10^3}{58} = 200 \text{ mm}^2$$

(式中杆 2 的内力是取的绝对值)

由此求出 AB 杆直径为

$$d_1 \geqslant \sqrt{\frac{400 \times 4}{3.14}} = 22.6 \text{ mm}$$

BC 杆直径为

$$d_2 \geqslant \sqrt{\frac{200 \times 4}{3.14}} = 16 \text{ mm}$$

根据计算结果,可以统一取两杆直径为 23 mm。

§2-2　剪切与挤压

一、剪切的概念和实例

用剪床剪钢板时,剪床的上下两个刀刃以大小相等、方向相反、作用线相距很近的两力 F 作用于钢板上(图 2-18),迫使钢板在两力间的截面 $m-n$ 处发生相对错动,这种变形称为剪切变形。产生相对错动的截面(如 $m-n$)称为剪切面。剪切面总是平行于外力作用线的。

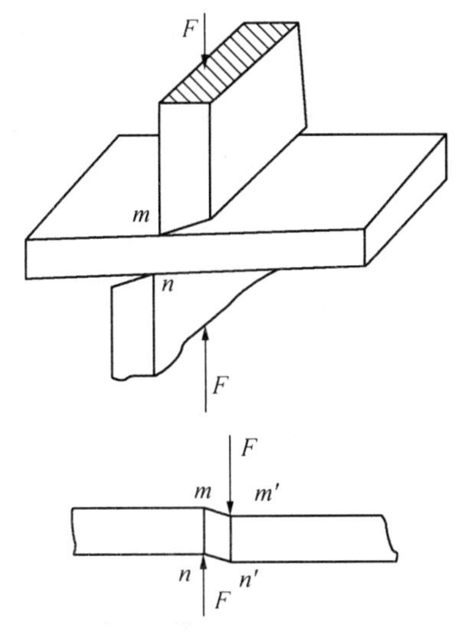

图 2－18　剪切

机器中的许多连接件，如连接轴与齿轮的键(图 2－19a))，连接两块钢板的螺栓(图 2－19b))或铆钉(图 2－20)等，都是承受剪切零件的实例。如果外力过大，这些受剪切的构件就有可能沿剪切面剪断。为了保证它们安全工作，必须计算剪切内力和应力，并进行强度计算。

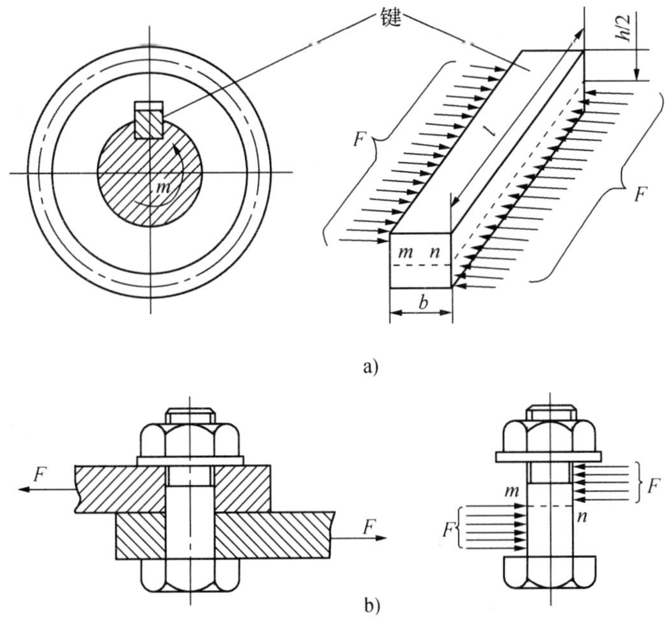

图 2－19　受剪切零件实例

二、剪切应力

图 2－20a)是用铆钉连接的两块钢板，钢板受外力 F 如图所示，这时铆钉杆部受剪切作用(图 2－20b))。如沿截面 $m-n$ 假想地将铆钉分成两部分，并取下面部分作为研究对象(图 2－20c))，由这一部分的平衡可知，在截面 $m-n$ 上必有一个与该截面平行的内力 Q，称

为剪力。根据平衡条件 $\sum F_x = 0$ 得

$$F - Q = 0$$

则
$$Q = F$$

求得剪力 Q 以后,应进一步计算剪切面上的应力。工程上为了简便,将应力在剪切面内近似认为均匀分布(图 2-20d)),设剪切面的面积为 A,则剪切面上的应力与剪切面相切,称为剪应力,平均剪应力 τ 的计算公式为

$$\tau = \frac{Q}{A} \tag{2-9}$$

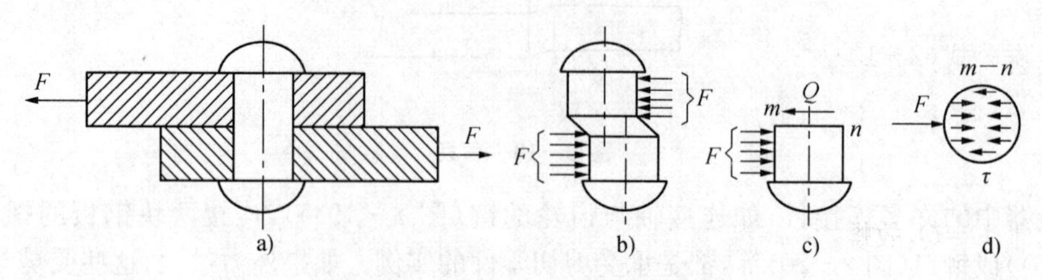

图 2-20　铆钉的受剪情况及剪应力

为了保证受剪构件在工作时安全可靠,应将构件的工作剪应力限制在材料的许用剪应力之内。由此可得剪切强度条件为

$$\tau = \frac{Q}{A} \leqslant [\tau] \tag{2-10}$$

式中$[\tau]$为材料许用剪应力,其大小等于材料的剪切极限应力除以安全系数。常用材料剪切许用应力$[\tau]$可从有关设计手册中查得,对于金属也可按如下的经验公式确定:

塑性材料　$[\tau]=(0.6\sim0.8)[\sigma]$

脆性材料　$[\tau]=(0.8\sim1.0)[\sigma]$

式中$[\sigma]$为材料的许用拉应力。

以上分析的受剪构件都只有一个剪切面,这种情况称为单剪切。实际问题中有些零件往往有两个面承受剪切,称为双剪切,例如图 2-21a)所示拖车挂钩的螺栓连接,就是双剪切的实例。螺栓杆部有 1—1 和 2—2 两个剪切面(图 2-21b))。用截面法截出中间部分(图 2-21c)),由平衡条件可知

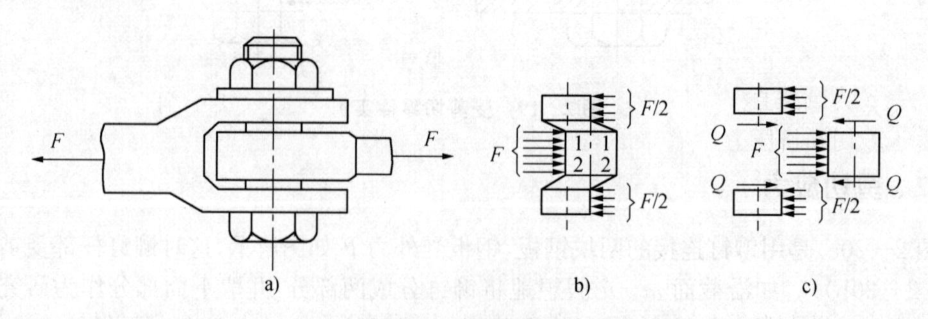

图 2-21　拖车挂钩

$$Q=\frac{F}{2}$$

若螺栓杆部的横截面积为 A，则剪应力为

$$\tau=\frac{Q}{A}=\frac{F}{2A}$$

与拉伸（压缩）强度条件一样，运用公式（2－10）也可解决工程上属于剪切的三类强度问题。

例 2－6　两块钢板用螺栓连接（图 2－19b））。已知螺栓杆部直径 $d=16$ mm，许用剪应力$[\tau]=60$ MPa，求螺栓所能承受的许可载荷。

解：

根据公式（2－10）可得

$$Q\leqslant[\tau]A$$

$$A=\frac{\pi d^2}{4}=\frac{1}{4}\times 3.14\times 16^2=200\ \mathrm{mm}^2$$

由于 $F=Q$，故螺栓所能承受的许可载荷为

$$F\leqslant[\tau]A=60\times 200=12\times 10^3\,\mathrm{N}=12\ \mathrm{kN}$$

三、挤压的概念和实例

机械中受剪切作用的连接件，在传力的接触面上，由于局部承受较大的压力，而出现塑性变形，这种现象称为挤压。例如在图 2－19a)所示的键连接中，键左侧的上半部分与轮毂相互挤压，键右侧的下半部分与轴槽相互挤压。构件上产生挤压变形的表面称为挤压面。

挤压作用引起的应力称为挤压应力（它就是挤压面上的压强），用符号 σ_{jy} 表示。挤压应力只分布于两构件相互接触的区域。工程中，近似认为挤压应力在挤压面上均匀分布。如 P 为挤压面上的作用力，A_{jy} 为挤压面面积，则

$$\sigma_{jy}=\frac{P}{A_{jy}} \tag{2-11}$$

关于挤压面面积 A_{jy} 的计算，要根据接触面的具体情况确定。挤压面为平面，挤压面面积就是传力的接触面面积。挤压面为半圆柱面，一般取通过圆柱直径的平面面积（即圆柱面的正投影面面积），作为挤压面的计算面积。计算式为

$$A_{jy}=d\cdot h$$

式中 d 为圆柱直径，h 为挤压部分高度（长度）。

由于剪切和挤压总是同时存在，为了保证连接件能安全正常工作，因此，对受剪构件还必须进行挤压强度计算。挤压的强度条件为

$$\sigma_{jy}=\frac{P}{A_{jy}}\leqslant[\sigma_{jy}] \tag{2-12}$$

式中$[\sigma_{jy}]$为材料的许用挤压应力，其数值由试验确定，可从有关手册查得，对于钢材一

般可取

$$[\sigma_{jy}] = (1.7 \sim 2.0)[\sigma]$$

式中$[\sigma]$为材料的许用拉应力。

例 2-7 图 2-22a)表示齿轮用平键与轴连接。已知轴的直径 d=70 mm,键的尺寸为 $b\times h\times l$=20 mm×12 mm×100 mm,传递的转矩 m=2 kN·m,键的许用应力$[\tau]$=60 MPa,$[\sigma_{jy}]$=100 MPa。试校核键的强度。

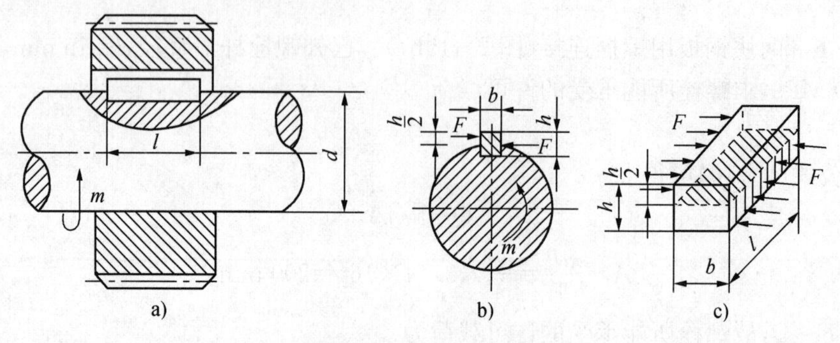

图 2-22 例 2-7 图

解:

(1) 计算键上的作用力 F

$$F\cdot\frac{d}{2}=m$$

$$F=\frac{2m}{d}=\frac{2\times2\times10^6}{70}=57.2\times10^3\,\text{N}$$

(2) 校核剪切强度

剪力 $Q=F=57.2\times10^3$ N,剪切面积 $A=bl=20\times100=2\times10^3\,\text{mm}^2$

$$\tau=\frac{Q}{A}=\frac{57.2\times10^3}{2\times10^3}=28.6\,\text{MPa}<[\tau]$$

(3) 校核挤压强度

挤压力 $P=F=57.2\times10^3$ N,挤压面积 $A_{jy}=hl/2=12\times100/2=600\,\text{mm}^2$

$$\sigma_{jy}=\frac{P}{A_{jy}}=\frac{57.2\times10^3}{600}=95.3\,\text{MPa}<[\sigma_{jy}]$$

因平键同时满足剪切和挤压强度条件,所以键连接能安全工作。

例 2-8 图 2-23a)所示的起重机吊钩,上端用销钉连接。已知最大起重量 F=120 kN,连接处钢板厚度 t=15 mm,销钉的许用剪应力$[\tau]$=60 MPa,许用挤压应力$[\sigma_{jy}]$=180 MPa,试计算销钉直径 d。

解:

(1) 取销钉为研究对象,画受力图(图 2-23b))。销钉受双剪切,有两个剪切面,用截面法可求出每个剪切面上的剪力为

$$Q=\frac{F}{2}=\frac{120}{2}=60\,\text{kN}$$

(2) 按剪切强度条件计算销钉直径

剪切面面积为 $A=\frac{\pi d^2}{4}$

由剪切强度条件公式(2-10)可知

$$\tau=\frac{Q}{A}=\frac{4Q}{\pi d^2}\leqslant[\tau]$$

故

$$d\geqslant\sqrt{\frac{4Q}{\pi[\tau]}}=\sqrt{\frac{4\times60\times10^3}{3.14\times60}}=35.7\ \text{mm}$$

(3) 按挤压强度条件计算销钉直径

挤压面面积为 $A_{jy}=td$，挤压力 $P=F$

由挤压强度条件公式(2-12)可知

$$\sigma_{jy}=\frac{P}{A_{jy}}=\frac{F}{td}\leqslant[\sigma_{jy}]$$

故

$$d\geqslant\frac{F}{t[\sigma_{jy}]}=\frac{120\times10^3}{15\times180}=44.4\ \text{mm}$$

为了保证销钉安全工作，必须同时满足剪切和挤压强度条件，故销钉最小直径应取45 mm。

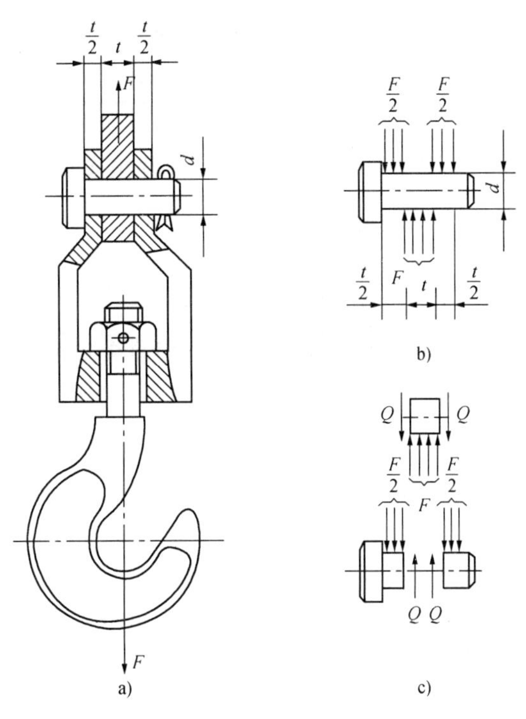

图 2-23　例 2-8 图

§2-3　扭　转

一、扭转的概念和实例

机械中的轴类零件往往承受扭转。例如汽车传动轴(图 2-24)，轴的两端在一对大小相等、方向相反、作用面与轴线垂直的力偶作用下，轴的各横截面都绕其轴线发生相对转动，这种变形称为扭转变形。

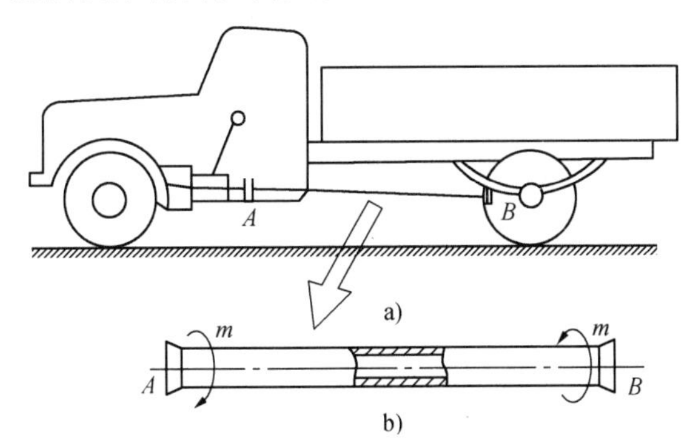

图 2-24　汽车传动轴受力情况

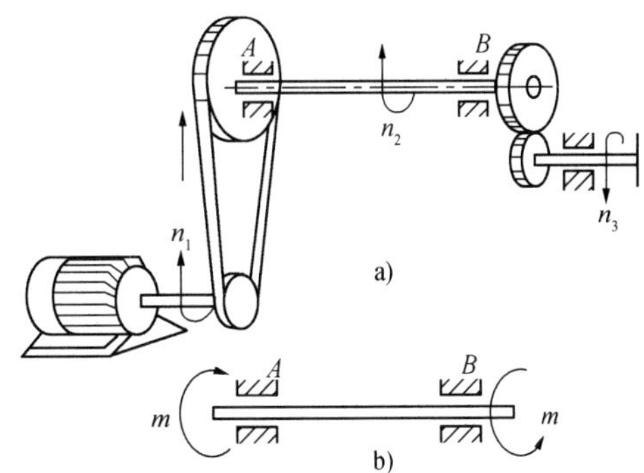

图 2-25　带传动轴和齿轮传动轴受力情况

在机械工程中，有些构件在发生扭转变形的同时，还产生其他变形。例如图 2-25a)所示的带传动轴和齿轮传动轴，除发生扭转变形以外，还发生弯曲变形，属于组合变形。本节讨论的只是这些构件的扭转变形部分(图 2-25b))。

工程上发生扭转变形的构件，大多是具有圆形或圆环形截面的直轴。本节只研究等截面圆轴扭转时的外力、内力、应力和变形，并讨论轴的强度计算问题。

二、扭矩和扭矩图

(一) 外力偶矩的计算

作用于轴上的外力偶矩，通常不是直接给出其数值，而是给出轴的转速 n(转/分)和所传递的功率 P(千瓦)，这时需要按照理论力学中推导的功率、转速、力矩三者的关系式来计算外力偶矩的数值，即

$$m = 9\,550\frac{P}{n}(\mathrm{N\cdot m}) \tag{2-13}$$

应当注意：在确定外力偶矩 m 的方向时，凡输入功率的齿轮、带轮作用的转矩为主动力矩，m 的方向与轴的转向一致；凡输出功率的齿轮、带轮作用的转矩为阻力矩，m 的方向与轴的转向相反。

(二) 扭转时的内力——扭矩

圆轴在外力偶矩作用下发生扭转变形时，其横截面上将产生内力。求内力的方法仍用截面法。以图 2-26a)所示受扭转圆轴为例，如假想地将圆轴沿任一横截面 1-1 切开，并取部分 A 作为研究对象(图 2-26b))。显然截面 1-1 上的内力合成的结果应是一个内力偶矩，以符号 M_n 表示，方向如图所示，其大小由部分 A 的平衡条件 $\sum m = 0$ 求得：

$$M_n - m = 0, \qquad M_n = m$$

M_n 称为截面 1-1 上的扭矩，它的单位与外力偶矩相同，常用单位为牛(顿)米(N·m)。

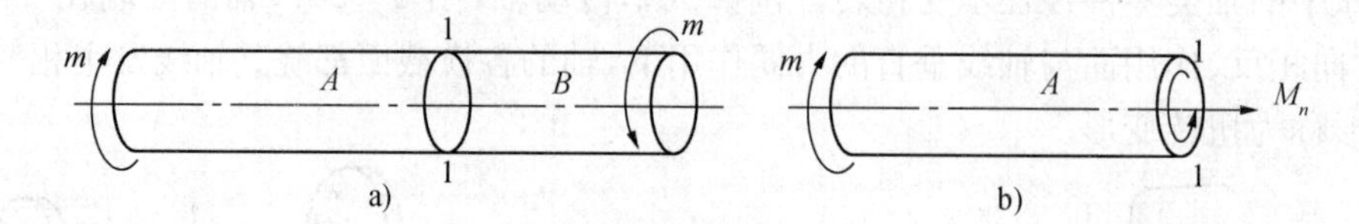

图 2-26 扭矩的计算

扭矩的正负号规定如下：用右手法则将扭矩表示为矢量，即右手的四指弯曲方向表示扭矩的转向，大拇指表示扭矩矢量的指向。若扭矩矢量的方向与横截面外法线方向一致，则扭矩为正(图 2-27a)、b))；反之为负(图 2-27c)、d))。因此，同一截面左右两侧的扭矩，不但数值相等，而且符号相同。

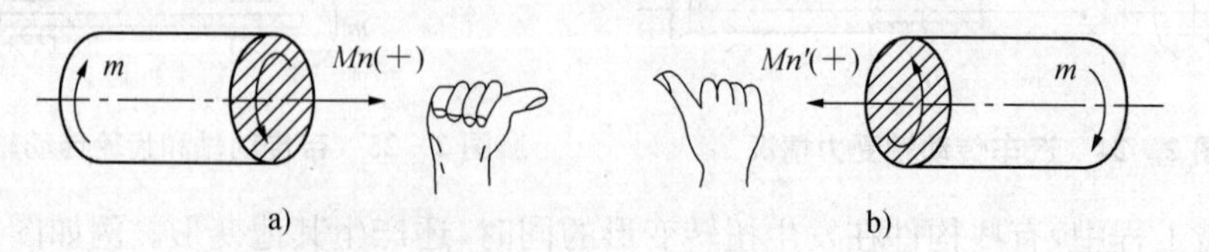

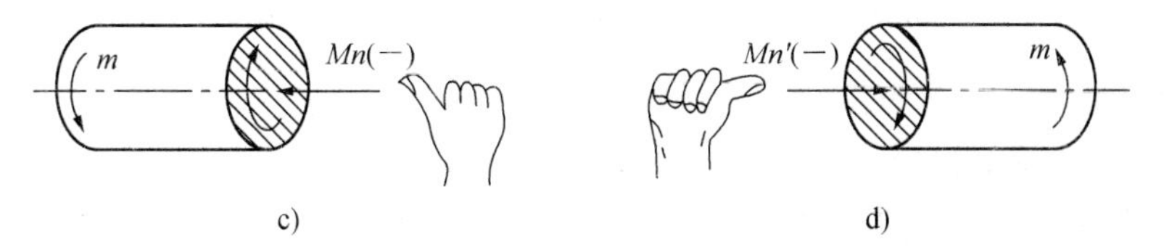

图 2-27　扭矩正负的判断

例 2-9　图 2-28a)所示的为一齿轮轴。已知轴的转速 $n=300$ r/min，主动齿轮 A 输入功率 $P_A=50$ kW，从动齿轮 B 和 C 输出功率分别为 $P_B=30$ kW，$P_C=20$ kW，试求轴上截面 1-1 和 2-2 处的内力。

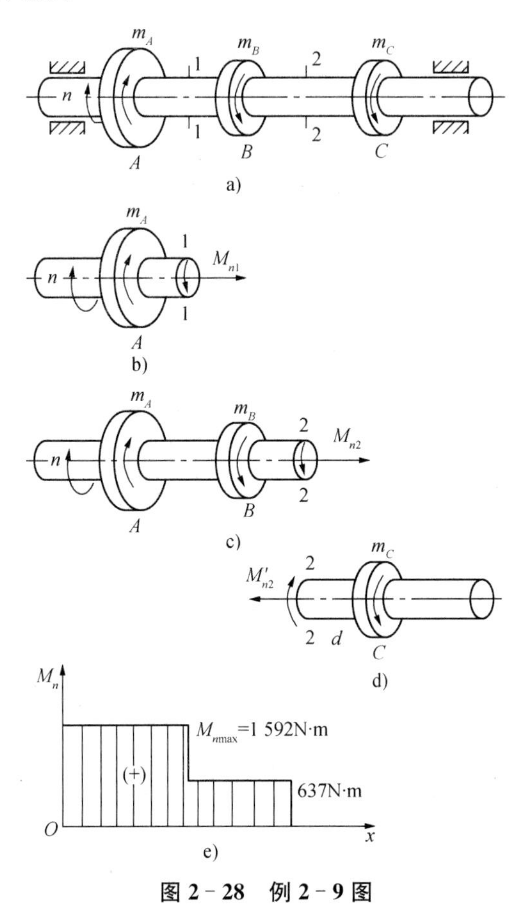

图 2-28　例 2-9 图

解：

(1) 计算外力偶矩

由公式(2-13)可得

$$m_A=9\ 550\frac{P_A}{n}=9\ 550\times\frac{50}{300}=1\ 592\ \text{N}\cdot\text{m}$$

主动力偶矩 m_A 的方向与轴的转向一致。

$$m_B=9\ 550\frac{P_B}{n}=9\ 550\times\frac{30}{300}=955\ \text{N}\cdot\text{m}$$

$$m_C=9\ 550\ \frac{P_C}{n}=9\ 550\times\frac{20}{300}=637\ \mathrm{N\cdot m}$$

从动力偶矩 m_B、m_C的方向与轴的转向相反。

(2) 计算各段轴的扭矩

假设轮 A 和轮 B 之间的截面 1－1 上的扭矩 M_{n1} 为正号(图 2－28b)),则根据平衡条件,有

$$M_{n1}-m_A=0$$

$$M_{n1}=m_A=1\ 592\ \mathrm{N\cdot m}$$

假设轮 C 和轮 B 之间的截面 2－2 上的扭矩 M_{n2} 也为正号(图 2－28c)),则根据平衡条件,有

$$M_{n2}+m_B-m_A=0$$

$$M_{n2}=m_A-m_B=1\ 592-955=637\ \mathrm{N\cdot m}$$

如果我们取截面 2－2 的右边部分为研究对象(图 2－28d)),则截面上的扭矩

$$M'_{n2}=m_C=637\ \mathrm{N\cdot m}$$

大小与 M_{n2} 相等,而方向相反。

(三) 扭矩图

为了显示整个轴上各截面扭矩的变化规律,以便分析最大扭矩(M_{max})所在截面的位置,常用横坐标表示轴各截面位置,纵坐标表示相应横截面上的扭矩。扭矩为正值时,图线画在横坐标的上方;反之,图线画在横坐标的下方,这种图线称为扭矩图。图 2－28e)为图 2－28a)所示轴的扭矩图。可见,轴上 BC 段各截面的扭矩最大,$M_{max}=1\ 592\ \mathrm{N\cdot m}$。

上例中,如果在设计时把齿轮 A 安排在轴的中间(即从动轮 B 和轮 C 安排在主动轮 A 的两侧),如图 2－29a)所示,用截面法可求得

$$M_{n1}=-m_B=-955\ \mathrm{N\cdot m}$$

$$M_{n2}=m_C=637\ \mathrm{N\cdot m}$$

扭矩图如图 2－29b)所示,最大扭矩$|M_{max}|=955\ \mathrm{N\cdot m}$。由此可见,传动轴上输入与输出功率的齿轮位置不同,轴的最大扭矩数值就不等,显然,从强度观点看后者比较合理。

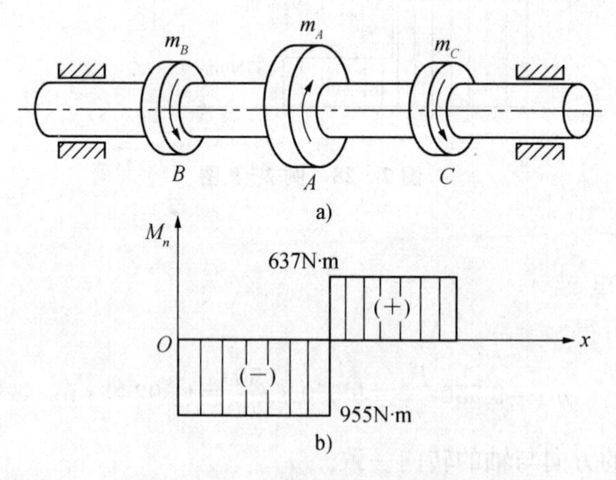

图 2－29　轴上零件的合理安排

三、等直圆杆扭转时横截面上的应力

（一）等直圆杆扭转变形

在研究等直圆杆扭转时横截面上的应力计算方法以前，先从观察变形现象着手，了解应力分布规律。

取一等直圆杆，在它的表面划出一组平行于轴线的纵向线和一组代表横截面的圆周线，形成许多矩形格子（图 2－30a））。将其左端固定，在轴的右端加一外力偶矩 m（其作用面与轴线垂直，如图 2－30b）所示）。这时，轴产生下列变形现象：

1. 所有圆周线的形状、大小及相互距离均无变化，只是它们绕轴线旋转了不同的角度。

2. 所有纵向线都倾斜了同一角度 γ，使原来的矩形格子变成平行四边形。

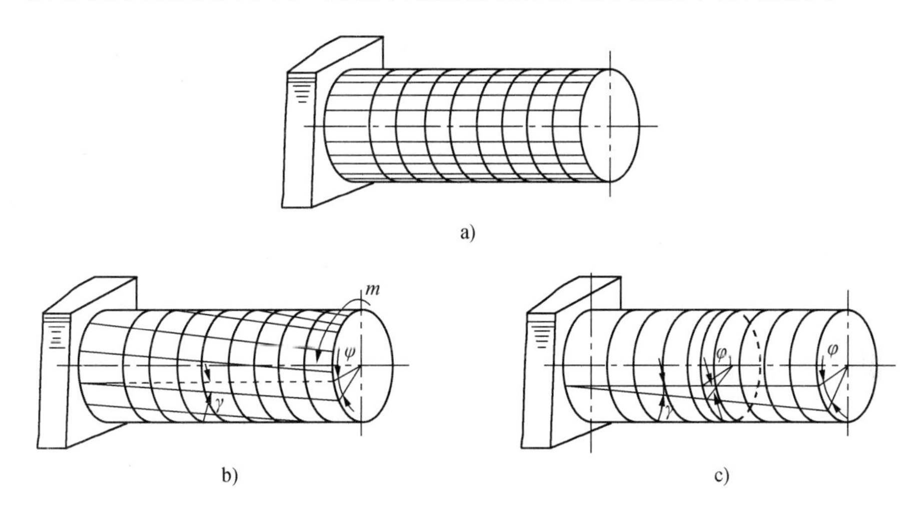

图 2－30　等直圆杆扭转变形现象

根据以上现象，可作出以下平面假设：等直圆杆在扭转变形时，各横截面仍为垂直于轴线的平面，只是绕轴线作相对转动。

由此假设可知，扭转变形后，等直圆杆横截面上的半径仍为直线，且其长度不变。

（二）等直圆杆扭转时的应力

根据平面假设，可得出如下两点推论：

1. 扭转变形时，相邻横截面之间发生了绕轴线的相对转动，这实质上是剪切变形，γ 就是剪应变。所以横截面上必有剪应力存在，且剪应力方向必垂直于半径。离截面中心愈远，错动的位置愈大，说明材料的应变愈大，因而剪应力也愈大。

2. 扭转变形时，因相邻横截面沿轴线方向的距离不变，所以横截面上没有正应力。

由此便得到等直圆杆扭转时，横截面上剪应力的分布规律（图 2－31）。横截面上某点的剪应力与该点至圆心的距离成正比，圆心处剪应力为零，圆周上剪应力最大（最大剪应力用符号 τ_{max} 表示），剪应力沿截面成直线规律分布。

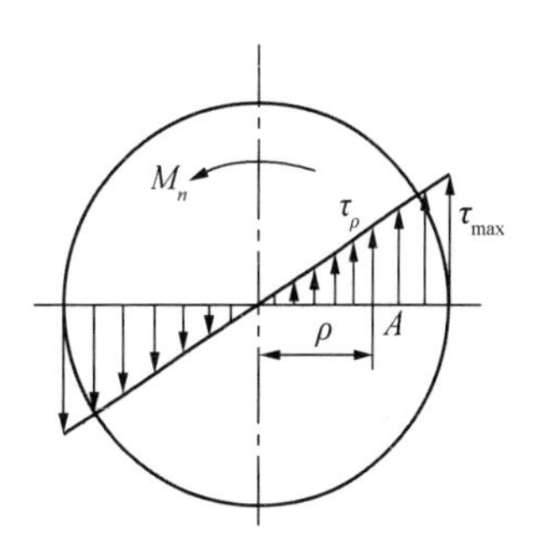

图 2－31　剪应力分布规律

由图 2-31 不难看出，横截面上任意一点 A 的剪应力 τ 与扭矩 M_n 及距离 $OA(=\rho)$ 成正比。应用静力学平衡条件、变形的几何条件及虎克定律，可以推导出计算截面上最大剪应力的公式：

$$\tau_{\max}=\frac{M_n R}{I_p} \tag{2-14}$$

式中：$\tau_{\max}$——横截面上最大剪应力

M_n——横截面上的扭矩

R——等直圆杆的半径

I_p——横截面的极惯性矩，它表示截面的几何性质，它的大小与截面形状和尺寸有关。单位是 mm^4 或 cm^4

为了应用方便，将 R 与 I_p 这两个几何量合并成一个量，因 $\tau_{\max}=\dfrac{M_n}{I_p/R}$，令 $I_p/R=W_n$，于是

$$\tau_{\max}=\frac{M_n}{W_n} \tag{2-15}$$

这就是等直圆杆扭转时横截面上的最大剪应力的计算公式。由式(2-15)可知，W_n 愈大，$\tau_{\max}$ 就愈小。因此，W_n 是表示横截面抵抗扭转能力的一个几何量，称为抗扭截面模量，其单位是 mm^3 或 cm^3。

圆杆抗扭截面模量计算公式

实心圆轴：$W_n=0.2D^3$

空心圆轴：$W_n=0.2D^3(1-a^4)$

式中：$a=d/D$，即空心圆轴内、外径的比值。

例 2-10 图 2-32 为一汽车方向盘，直径 $D=520$ mm，驾驶员每只手加在方向盘上的最大切向力 $F=F'=300$ N，方向盘下的转向轴为空心圆管，$D=32$ mm，$d=24$ mm，试计算轴内的最大剪应力 $\tau_{\max}$。

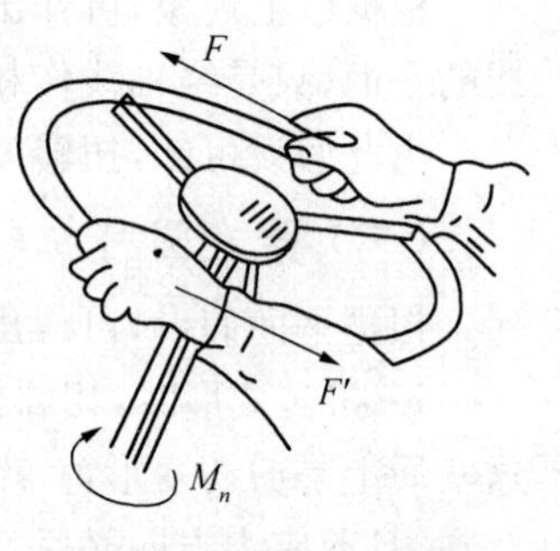

图 2-32 例 2-10 图

解：

驾驶员作用在方向盘上的外力偶矩为

$m=FD=300\times0.52=156(\text{N}\cdot\text{m})$

利用截面法可知转向轴任意横截面上的扭矩为

$Mn=m=156(\text{N}\cdot\text{m})$

转向轴的抗扭截面模量为

$W_n=\dfrac{\pi}{16}D^3(1-a^4)=\dfrac{\pi}{16}\times32^3\times\left[1-\left(\dfrac{24}{32}\right)^4\right]=4\ 400\ \text{mm}^3$

轴的最大剪应力为

$\tau_{\max}=\dfrac{M_n}{W_n}=\dfrac{156\times10^3}{4\ 400}=35.5\ \text{MPa}$

四、圆轴扭转的强度计算

为了保证圆轴正常工作，应使其横截面上最大工作剪应力 τ_{max} 不超过材料的许用剪应力[τ]。由此得圆轴扭转的强度条件为

$$\tau_{max} \leqslant [\tau]$$

许用剪应力[τ]由扭转试验测定，可从有关手册查得。在静载荷作用下，它与许用拉应力[σ]之间有如下关系：

对于塑性材料　　$[\tau] = (0.5 \sim 0.6)[\sigma]$

扭转强度条件也可用来解决强度校核、选择截面尺寸及确定许可载荷等三类强度计算问题。

例 2－11　图 2－24 所示解放牌汽车的传动轴 AB，由 45 号无缝钢管制成，外径 $D=$ 90 mm，壁厚 $t=2.5$ mm，传递的最大转矩为 $m=1.5$ kN·m，材料的许用剪应力$[\tau]=$ 60 MPa。

(1) 试计算其抗扭截面模量，并校核强度；

(2) 若改用相同材料的实心轴，并要求它和原来的传动轴的强度相同，试计算其直径 D_1；

(3) 比较空心轴和实心轴的重量。

解：

(1) 取传动轴 AB 为研究对象(图 2－24b))

各截面扭矩都相同，其大小为

$$M_n = m = 1.5 \text{ kN}\cdot\text{m}$$

空心轴内径 $d=D-2t=90-5=85$ mm，则

$$a=\frac{d}{D}=\frac{85}{90}=0.944\,4$$

故抗扭截面模量为

$$W_n=0.2D^3(1-a^4)=0.2\times 90^3\times(1-0.944\,4^4)=29\,800 \text{ mm}^3$$

由强度条件公式

$$\tau_{max}=\frac{Mn_{max}}{W_n}=\frac{1.5\times 10^3\times 10^3}{29\,800}=50.3 \text{ MPa}<[\tau]$$

所以传动轴 AB 的强度足够。

(2) 改用实心轴

当材料和扭矩相同时，要求它们的强度相同，即抗扭截面模量 W_n 相等

$$W_n=0.2D_1^3=29\,800 \text{ mm}^3$$

故实心轴的直径为

$$D_1=\sqrt[3]{\frac{29\,800}{0.2}}=53 \text{ mm}$$

(3) 空心轴和实心轴重量之比

当二者的材料及长度都相同时，其重量之比就是它们横截面面积之比

空心轴横截面面积

$$A=\frac{\pi}{4}(D^2-d^2)=\frac{\pi}{4}\times(8\,100-7\,225)=687\ \text{mm}^2$$

实心轴横截面面积

$$A_1=\frac{\pi}{4}{D_1}^2=\frac{\pi}{4}\times 2\,809=2\,206\ \text{mm}^2$$

二者的比值

$$\frac{A}{A_1}=\frac{687}{2206}=0.31=31\%$$

即空心轴的重量仅为实心轴重量的31%。由此可见，在条件相同的情况下，采用空心轴可以节省大量材料，减轻自重，提高承载能力。因此在汽车、船舶和飞机中的轴类零件大多数采用空心的。

§2-4 直梁弯曲

一、平面弯曲的概念和实例

（一）弯曲概念

在工程结构和机械零件中，存在大量的弯曲问题。例如图2-33所示桥式起重机横梁AB，在载荷F和自重q的作用下将变弯。又如图2-34所示车刀，在切削力P作用下也会变弯。可见，当直杆受到垂直于轴线的外力作用，其轴线将由直线变为曲线，称为弯曲。凡是以弯曲变形为主的杆件通常称为梁。

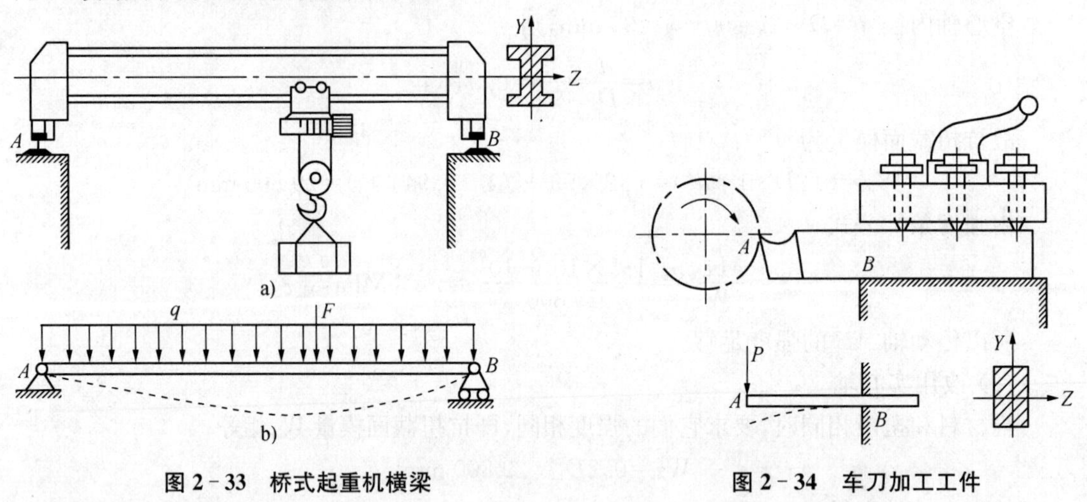

图2-33 桥式起重机横梁

图2-34 车刀加工工件

（二）平面弯曲

工程中使用的梁，其横截面的形状若具有一个对称轴y（见以上两图中的y-y轴），则对称轴与梁的轴线所构成的平面称为纵向对称面（图2-35）。当作用在梁上的所有外力（或力偶）都位于这个对称面内，梁变形以后的轴线将是在此对称面内的一条平面曲线，这种情况称为平面弯曲，若这些外力只是一对等值反向的力偶时，则称为纯弯曲。它是弯曲问题中最简单的情形，是杆件的一种基本变形形式。

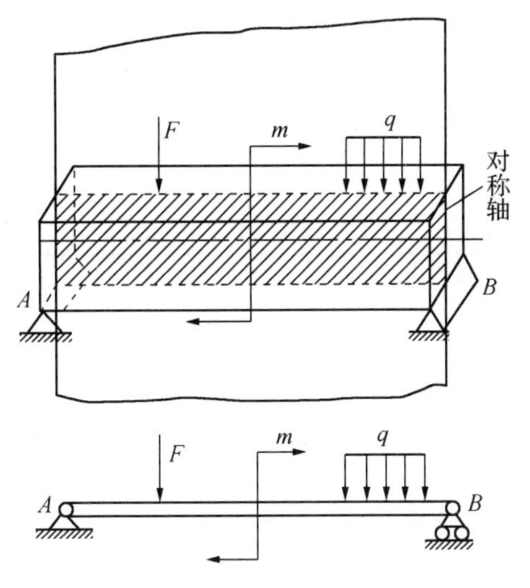

图 2－35　梁的对称面及载荷类型

（三）梁的类型

在工程实际中，梁的支座情况和载荷作用形式是复杂多样的，为了便于研究，对它们常作一些简化。通过对支座的简化，我们将梁分为下列三种基本形式：

1. 简支梁

如图 2－33 所示桥式起重机的横梁 AB，可以简化成一端为固定铰链支座，另一端为活动铰链支座的梁，这样简化的支座，其约束力与实际结构是等效的。这种梁称为简支梁。

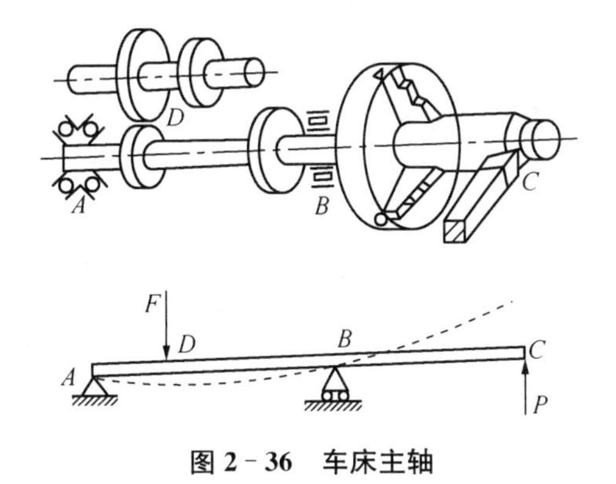

图 2－36　车床主轴

2. 悬臂梁

如图 2－34 所示的车刀，可简化成一端为固定端，一端为自由端的约束情况。因固定端可阻止梁移动和转动，故有一约束反力和一约束反力偶，也与实际结构等效。这种梁称为悬臂梁。

3. 外伸梁

如图 2－36 所示的车床主轴，它的支座可简化成与简支梁一样的形式，但梁的一端（或两端）向支座外伸出，并在外伸端有载荷作用。这种梁称为外伸梁。

作用在梁上的载荷，一般都可以简化为集中力 F、集中力偶 m 和均布载荷 q（单位是 N/m或 kN/m），如图 2－35 所示。若载荷已知，则以上三种梁的约束反力都可用静力学平衡方程求出。

二、梁的内力——剪力和弯矩

（一）剪力和弯矩的概念

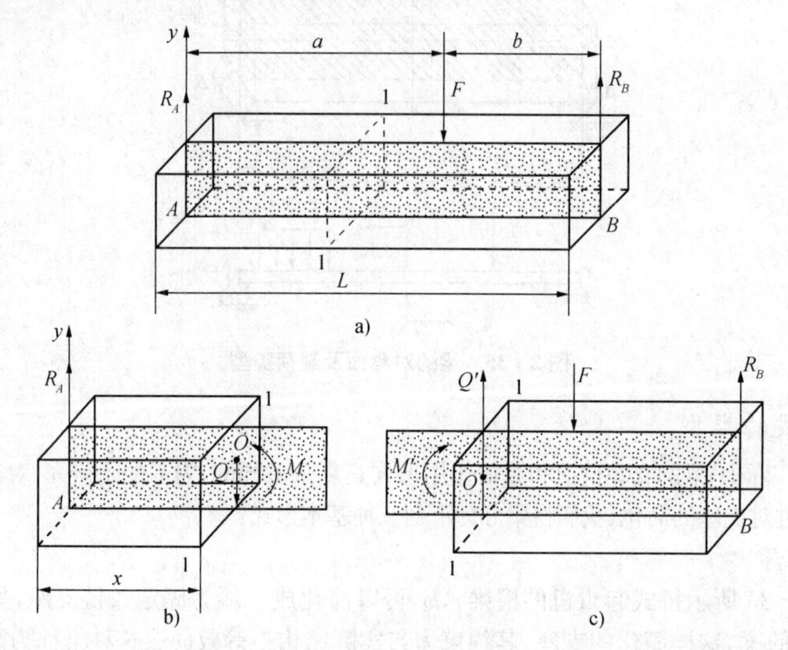

图 2－37 剪力和弯矩

以图 2－37a)所示的简支梁为例，来说明求弯曲内力方法。梁在载荷 F 与支座反力 R_A、R_B 作用下而平衡，此三力是作用在梁纵向对称面内的平面平行力系。假想沿截面 1－1 将梁分为左、右两部分。由于各部分均处于平衡状态，所以截面上必然有内力与左段（或右段）上的外力构成平衡力系。现取左段为研究对象（图 2－37b））。作用于左段上的力，除外力 R_A 外，在截面 1－1 上还有右段对它作用的内力。把内力和外力投影于 y 轴，其代数和应等于零。这就要求截面 1－1 上有一个与横截面相切的内力 Q。

再把左段上的所有外力和内力对截面 1－1 的形心（即截面的几何中心）O 取矩，其力矩代数和应等于零。这就要求在截面 1－1 上有一内力偶矩 M。内力偶矩 M 作用在梁的纵向对称面内，如图 2－37b)所示。

如果取梁的右段为研究对象，在右段的截面 1－1 处，必然也有一个内力 Q' 与一个内力偶矩 M'（图 2－37c））与右段所受外力构成平衡力系，根据作用与反作用公理，Q'、M' 与截面 1－1左侧的 Q、M 应分别等值、反向。

由以上分析可知，梁的横截面上的内力一般包含两种分量：

1. 切于横截面的力 $Q(Q')$，称为剪力。其作用线通过截面形心，与外力平行。
2. 力偶矩 $M(M')$，称为弯矩。它作用在梁的纵向对称面内。

（二）剪力和弯矩的计算

在计算梁横截面上的剪力和弯矩以前，一般先根据静力学平衡方程求出梁的支座反力。在图2-37a)所示简支梁中，由$\sum m_B(F)=0$和$\sum m_A(F)=0$，分别求得梁的支座反力$R_A=\frac{Fb}{L}$和$R_B=\frac{Fa}{L}$。

再取左段为研究对象（图2-37b)），由平行力系平衡方程，可计算截面1-1上的剪力和弯矩：

$$\sum F_y=0 \qquad R_A-Q=0$$

得

$$Q=R_A=\frac{Fb}{L} \tag{2-16}$$

取截面形心O为矩心

$$\sum m_O(F)=0 \qquad M-R_A\cdot x=0$$

得

$$M=R_A\cdot x=\frac{Fb}{L}\cdot x \tag{2-17}$$

若取右段为研究对象（图2-37c)），则右段的平衡条件

$$\sum F_y=0 \qquad R_B-F+Q'=0$$

得

$$Q'=F-R_B=F-\frac{Fa}{L}=\frac{Fb}{L} \tag{2-18}$$

取截面形心O为矩心

$$\sum m_O(F)=0 \qquad R_B(L-x)-F(a-x)-M'=0$$

得

$$M'=R_B(L-x)-F(a-x)=\frac{Fa}{L}(L-x)-F(a-x)=\frac{Fb}{L}\cdot x \tag{2-19}$$

由式(2-16)、(2-17)和(2-18)、(2-19)可见，无论研究左段或右段的平衡所算得的同一截面1-1上的剪力和弯矩大小相等，但方向相反。综上所述，可得如下结论：

1. 梁某一截面上剪力的大小，等于截面左边（或右边）所有外力的代数和；

2. 梁某一截面上弯矩的大小，等于截面左边（或右边）所有外力对截面形心力矩的代数和。

由于同一截面上的内力$Q(M)$与$Q'(M')$的方向相反，为了使它们具有相同的正负号，并由它们的正负号反映变形的情况，特对剪力和弯矩的正负号作如下规定：

1. 剪力Q

在所切横截面的内侧切取微段，凡企图使该微段顺时针方向旋转的剪力为正号（图2-38a)）；使微段逆时针方向旋转的剪力为负号（图2-38b)）。

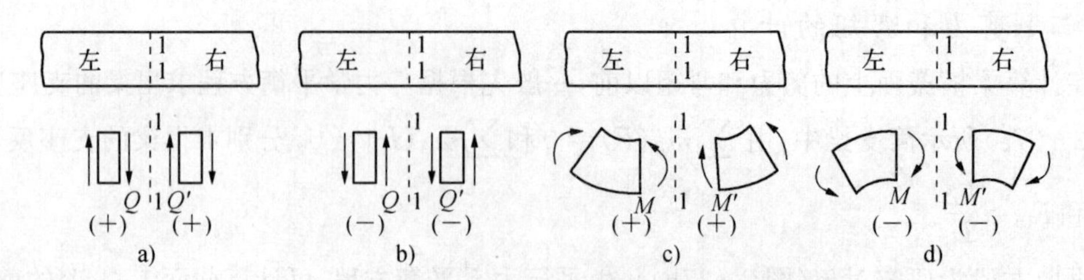

图 2-38　剪力和弯矩的正负号作如下规定

2. 弯矩 M

在横截面的内侧切取微段，凡使微段梁弯曲变形向下凹入的弯矩为正号(图 2-38c))；凡使微段梁弯曲变形向上凸起的弯矩为负号(图 2-38d))。

按以上规定，梁的任一个截面上的剪力和弯矩，无论用这个截面左边或右边的外力来计算，其大小和正负号都是一样的。例如图 2-37b)、c)中，梁上截面 1-1 两侧的剪力 Q 都为正号，弯矩 M 也为正号。

例 2-12　机床的手柄 AB 用螺纹固定在转盘上(图 2-39a))，其长度为 L，自由端受力 F 作用。试求手柄中点 D 的剪力和弯矩。并求最大弯矩值。

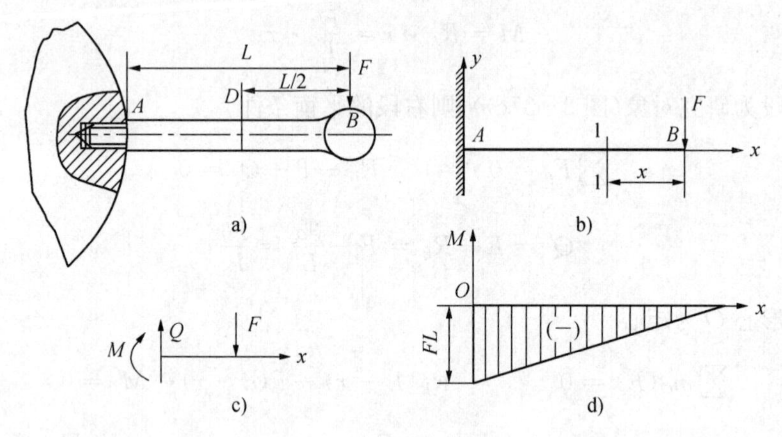

图 2-39　例 2-12 图

解：

(1) 画手柄 AB 的计算简图(图 2-39b))，手柄的 A 端简化为固定端。固定端有约束反力 m_A 和 R_A，一般应根据静力平衡方程先计算出来，本题可取截面的右半部分为研究对象，计算截面上的剪力和弯矩，故左端可省略求固定端 A 的约束反力这一步骤。

(2) 计算截面 1-1(距 B 端为 x 处)的剪力和弯矩。取截面右边部分为研究对象(图 2-39c))，暂设截面上的剪力 Q 和弯矩 M 均为正值

由平衡条件　$\sum F_y = 0 \quad Q - F = 0$

得　$Q = F$　①

$\sum m_c(F) = 0 \quad M + F \cdot x = 0$

得　$M = -F \cdot x$　②

(式中负号说明弯矩 M 实际方向与图示相反。按符号规定，M 为负弯矩。)

(3) 计算手柄中点 D(即 $x=L/2$)处的剪力和弯矩

由式① 可知,剪力是常量,不随截面位置变化,即 $Q=F$。

由式② 可知,弯矩是随截面位置不同而变化的。当 $x=\frac{L}{2}$时,$M=\frac{-FL}{2}$。

(4) 当 $x=L$ 时,即在固定端 A 处,手柄上的弯矩达到最大值,$|M_{max}|=FL$。

如果取截面的左段为研究对象,计算结果与取右段将完全一样,读者试自行验证。计算时一般选外力比较简单的那一段,可以使计算得到简化。

通常梁的长度相对于横截面的尺寸都比较大,称为长梁。长梁受力后,截面上所产生的剪力对梁强度的影响,远比弯矩的影响为小,因此,对于长梁大多不作剪力计算。下面,我们只对弯矩的计算和表示方法作进一步的讨论。

(三) 弯矩方程和弯矩图

由上例可知,一般情况下,弯矩是随着截面的位置不同而变化的。如取梁的轴线为 x 轴,以坐标 x 表示横截面的位置,则梁各横截面上的弯矩可表示为 x 的函数,即:

$$M = M(x)$$

这个函数表达了弯矩沿梁轴线变化的规律,称为梁的弯矩方程。例 2-12 中的式② $M=-F\cdot x$,就是图 2-39b)所示梁的弯矩方程。

为了能一目了然地看出梁在各截面上弯矩的大小和正负,可将弯矩方程以图的形式表示出来,称为弯矩图。

弯矩图的作法是:第一步,求得梁的支座反力;第二步,取一个任意截面列出弯矩方程;第三步,取平行于梁轴线的直线作为横坐标 x,代表截面位置,纵坐标 M 表示各横截面的弯矩,根据弯矩方程在坐标上按点描图。画图时,按一般习惯,将 M 的正值画在 x 轴的上方,负值画在 x 轴的下方。例如图 2-39d)就是图 2-39b)所示悬臂梁的弯矩图。

下面我们再通过几个典型例题来熟悉画弯矩图的方法,掌握作图时应该注意的事项。

例 2-13　齿轮轴如图 2-40a)所示,作用于齿轮上的径向力 F 通过轮毂传给轴,可简化为简支梁 AB 在 C 点受集中力 F 作用(图 2-40b)),试绘梁 AB 的弯矩图。

解:

(1) 计算梁的支座反力

本题与图 2-37 所示简支梁相似。由静力学平衡方程已求得支座反力为

$$R_A=\frac{Fb}{l} \qquad R_B=\frac{Fa}{l}$$

(2) 列出弯矩方程

由于力 F 作用于 C 点,梁在 AC 和 CB 两段内的弯矩不能用同一方程表示,应分段建立弯矩方程。

以梁的左端为坐标原点,选取坐标轴如图 2-40b)所示。在 AC 段内取距原点 x_1 的任意截面,截面以左只有外力 R_A。根据弯矩计算方法和符号规则,建立 AC 段的弯矩方程

$$M_1=R_A\cdot x_1=\frac{Fb}{l}\cdot x_1(0\leqslant x_1\leqslant a) \qquad ①$$

如在 CB 段内取距左端原点为 x_2 的任意截面,则截面以左有 R_A 和 F 两个外力。CB 段

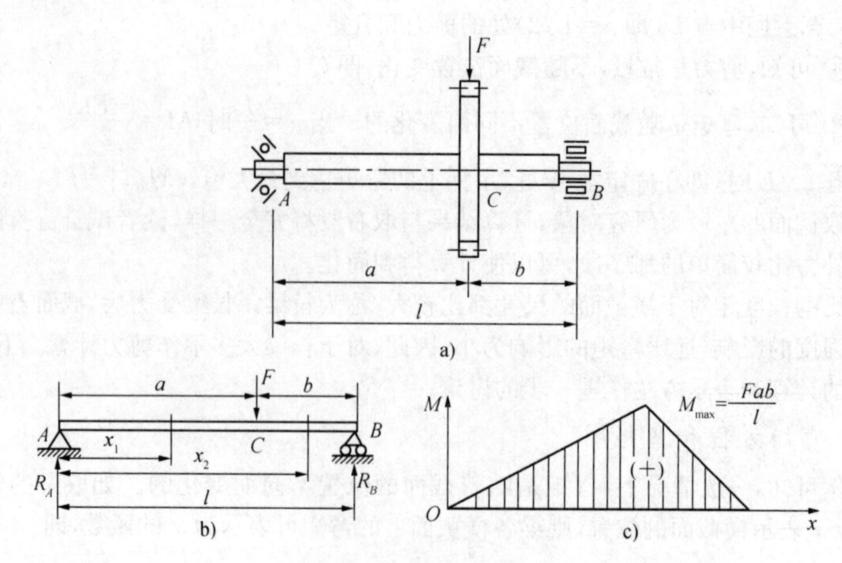

图 2-40 例 2-13 图

的弯矩方程为

$$M_2=\frac{Fb}{l}\cdot x_2-F(x_2-a)=\frac{Fa}{l}(l-x_2)\ (a\leqslant x_2\leqslant l) \quad ②$$

(3) 作弯矩图

由式① 可知,在 AC 段内,弯矩是 x_1 的一次方程,所以弯矩图是一条斜直线,只要确定其两点,就可定出这条斜直线。例如

$$x_1=0 \qquad M_1=0$$

$$x_1=a \qquad M_1=\frac{Fab}{l}$$

连接这两点,就得到 AC 段内的弯矩图(图 2-40c))。

同理,根据式② 可知,在 CB 段内弯矩也是一条斜直线。现确定直线上的两点,例如

$$x_2=a \qquad M_2=\frac{Fab}{l}$$

$$x_2=l \qquad M_2=0$$

连接这两点,就得到 CB 段内的弯矩图。

从弯矩图可看出,有集中力作用处(例如 C 点),弯矩图有转折点。最大弯矩发生于有集中力作用的截面 C 上,且 $M_{max}=\frac{Fab}{l}$。

例 2-14 图 2-41a)所示为一火车轮轴。两外伸端承受车厢的载重 F,设尺寸 a、l 均为已知,试绘其弯矩图。

解:

(1) 绘制计算简图

将车轮轴简化成受两集中力作用的外伸梁(图 2-41b))。

(2) 计算梁的支座反力

$R_A=R_B=F$

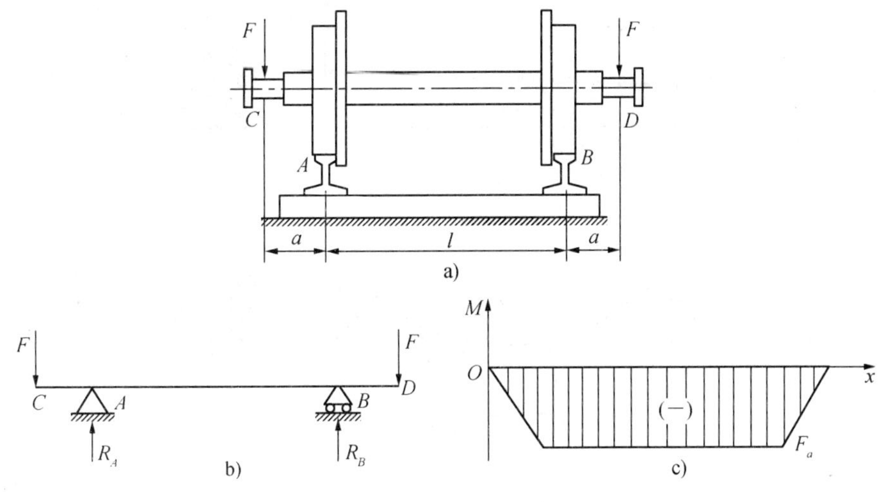

图 2－41 例 2－14 图

(3) 绘弯矩图

由上面例题可知，当梁上载荷为集中力时，弯矩图一定为直线图形，这种情形下，可以不列出弯矩方程，只需分段计算出各控制点 M 的大小，再分段描图。本题以集中力作用点为分界点，将梁分为 CA、AB、BD 三段，求出分界处四个截面(C、A、B、D)的弯矩如下：

C 截面：$x=0$， $M_C=0$

A 截面：$x=a$， $M_A=-Fa$

B 截面：$x=a+l$， $M_B=-F(a+l)+R_A l=-Fa$

D 截面：$x=2a+l$， $M_D=0$

然后按比例作出这些点，并将这些点连成折线即为弯矩图(图 2－41c))。

三、弯曲正应力

在梁的横截面上同时存在着弯曲剪应力和弯曲正应力。剪力产生的剪应力对梁的影响较小，可以忽略不计，这里，我们只研究弯曲正应力。为此，可取在横截面上只有弯矩而没有剪力的梁作为研究对象，例如图 2－41 所示梁的 AB 段，各截面上剪力为零，而弯矩为常量。只有弯曲作用而没有剪切作用的梁，就是纯弯曲梁。

与研究圆轴扭转变形时的应力相似，在研究纯弯曲梁的正应力时，也是先通过试验观察梁的变形，再经过分析得出横截面上正应力分布规律及计算公式。

(一) 纯弯曲变形

取一矩形截面直梁，在其表面画上横向线 1－1、2－2 和纵向线 ab、cd(图 2－42a))，然后在梁的纵向对称面内施加一对大小相等、方向相反的力偶 m，使梁产生纯弯曲变形(图 2－42b))。可观察到下列变形现象：

1. 横向线 1－1 和 2－2 仍为直线，且仍与梁轴线正交(即与交点切线垂直)，但两线已相对倾斜；

2. 纵向线变为弧线，而且靠近顶面的纵向线缩短(如 ab 段)，靠近底面的纵向线则伸长(如 cd 段)；

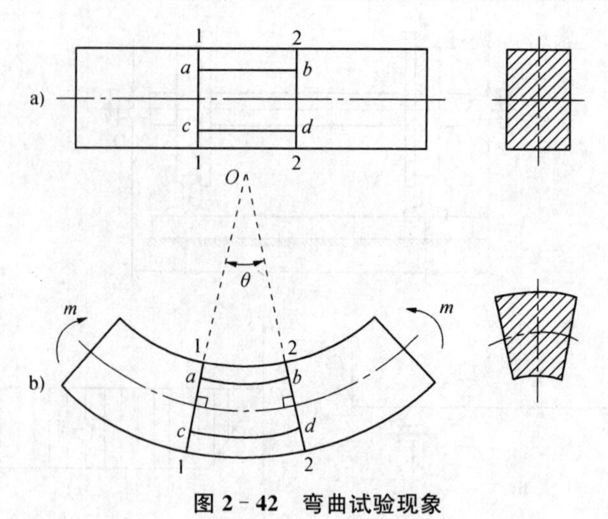

图 2-42　弯曲试验现象

3. 在纵向线的缩短区，梁的宽度增大；在纵向线的伸长区，梁的宽度减小，情况与轴向拉伸、压缩时的变形相似。

根据以上变形现象，由表及里推断梁内部的变形，可作出平面假设：梁的横截面在变形后仍为平面，但绕截面内某轴转了一个角度，且仍垂直于梁变形后的轴线。

横截面的相对转动将使梁凸边伸长，凹边缩短，而且伸长的和缩短的长度是逐渐变化的。由于变形的连续性，从伸长区过渡到缩短区，中间必有一层既不伸长也不缩短，这一长度不变的纵向层称为中性层，中性层与横截面的交线称为中性轴。梁弯曲变形时，所有横截面均绕各自的中性轴回转。

综上所述，当梁弯曲时，所有横截面仍保持平面，只是绕中性轴作相对转动，而纵向则处于拉伸或压缩的受力状态。

（二）正应力的分布规律

根据以上分析和结论，可以判断纯弯曲梁横截面上只有正应力，梁的凸边伸长，因此是拉应力；梁的凹边缩短，因此是压应力。截面上各点拉、压内力的大小，必按其到中性轴的距离成正比地分布。从而可得正应力的分布规律：横截面上各点正应力的大小，与该点到中性轴的距离成正比。在中性轴处长度不变，因此正应力为零，离中性轴最远的截面上、下边缘正应力最大。也就是说，正应力沿截面高度按直线规律分布（图 2-43a)）。离中性轴距离相同的各纵向层变形都相同，所以应力也相同。

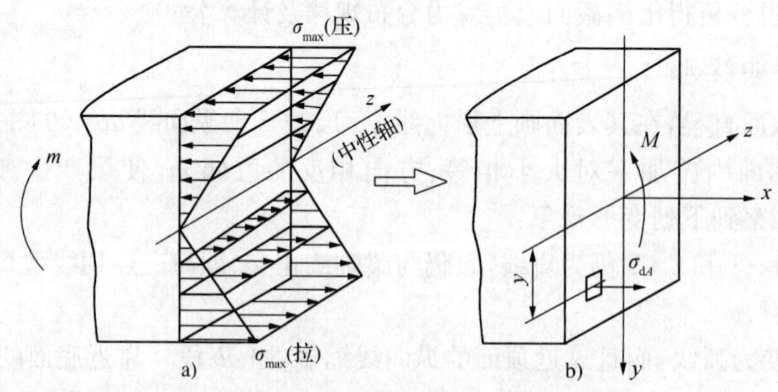

图 2-43　弯曲正应力分布规律

（三）最大正应力计算公式

弯曲时截面上产生的弯矩，可以看成是由整个截面上各点的正应力对中性轴的力矩所组成，如图 2－43b）所示。

知道了正应力的分布规律，就可以推导出计算直梁横截面上最大正应力的公式（推导过程从略）如下：

$$\sigma_{max} = \frac{M \cdot y_{max}}{I_z} \tag{2-20}$$

式中：M——截面上的弯矩；

y_{max}——截面上、下边缘离中性轴最远的点到中性轴的距离；

I_z——截面对中性轴 Z 的轴惯性矩，它与极惯性矩 I_p 相似，也是一个与横截面形状、尺寸有关的几何性质的量。单位是米^4（m^4）或毫米^4（mm^4）。

由式（2－20）可看出，对于等截面梁，梁内最大正应力发生的弯矩最大的横截面（这个截面称为危险截面）上，离中性轴最远的上、下边缘处。

式（2－20）中，I_z 和 y_{max} 都是与横截面尺寸有关的量，为了计算简便，可将它们合并成一个量，即令

$$W_z = \frac{I_Z}{y_{max}} \tag{2-21}$$

则

$$\sigma_{max} = \frac{M}{W_z} \tag{2-22}$$

式中，W_z 称为梁的抗弯截面模量，其值只与截面的几何形状及尺寸有关，单位为 m^3 或 mm^3。公式（2－22）与扭转最大剪应力计算公式 $\tau_{max}=\frac{M_n}{W_n}$（公式 2－15）相似。

显然，当弯矩 M 不变时，W_z 愈大，则 σ_{max} 愈小，所以 W_z 是反映梁横截面抵抗弯曲破坏能力的一个几何量。

（四）常用截面的 I、W 计算公式

工程中常用的梁截面图形的 I 和 W 计算公式列于表 2－2 中。

表 2－2　常用截面的 I、W 计算公式

截　面　图　形	轴　惯　性　矩	抗弯截面模量
（矩形截面，宽 b，高 h，坐标轴 y、z）	$I_z=\frac{bh^3}{12}$ $I_y=\frac{hb^3}{12}$	$W_z=\frac{bh^2}{6}$ $W_y=\frac{hb^2}{6}$

（续表）

截 面 图 形	轴 惯 性 矩	抗弯截面模量
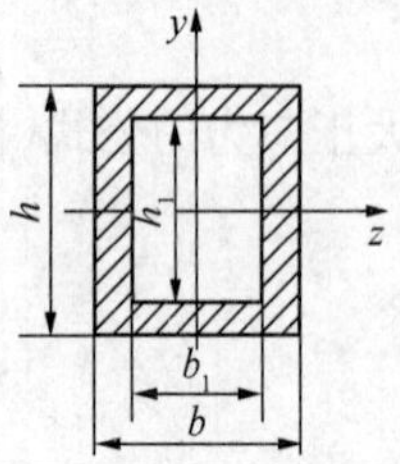	$I_z=\frac{bh^3-b_1h_1^3}{12}$ $I_y=\frac{hb^3-h_1b_1^3}{12}$	$W_z=\frac{bh^3-b_1h_1^3}{6h}$ $W_y=\frac{hb^3-h_1b_1^3}{6h}$
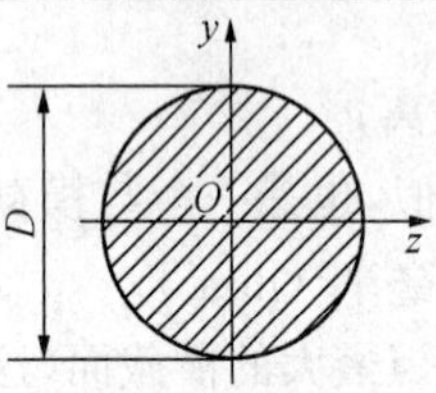	$I_z=I_y=\frac{\pi D^4}{64}\approx 0.05D^4$	$W_z=W_y=\frac{\pi D^3}{32}\approx 0.1D^3$
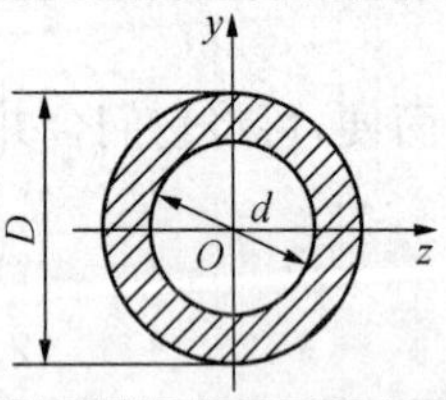	$I_z=I_y=\frac{\pi}{64}D^4(1-a^4)$ $\approx 0.05D^4(1-a^4)$ 式中 $a=\frac{d}{D}$	$W_z=W_y=\frac{\pi}{32}D^3(1-a^4)$ $\approx 0.1D^3(1-a^4)$ 式中 $a=\frac{d}{D}$

工程上常用的型钢有工字钢、角钢、槽钢等，都有规定的型号规格，它们的截面几何性质（包括轴惯性矩和抗弯截面模量等），可从有关手册的“型钢表”中查出。

例 2－15 图 2－44a)所示为一矩形截面简支梁，梁高 $h=100$ mm，梁宽 $b=60$ mm，梁长 $l=4$ m，梁上受到等距离分布的载荷 $F_1=F_2=F_3=2$ kN，试求危险截面上的最大正应力。

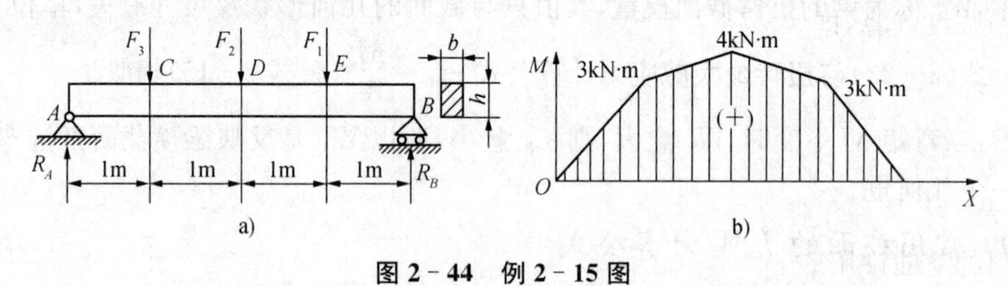

图 2－44 例 2－15 图

解：

（1）求支座反力

$$R_A=R_B=\frac{F_1+F_2+F_3}{2}=3\text{ kN}$$

（2）绘弯矩图，求最大弯矩

由于梁上除了在 A、B 两端有约束反力外，在 C、D、E 三处还有集中力作用，所以可将梁分成 AC、CD、DE、EB 四段，每段的弯矩图都是一条斜直线。在集中力作用处，弯矩图有转折。因此只要计算控制点（即集中力作用点）的弯矩值，用直线连接就可作出弯矩图。以 A 点为坐标原点，取坐标轴如图 2－44b)所示。

A 截面：$x=0$　　　$M_A=0$

C 截面：$x=1$ m　　$M_C=R_A\times 1=3$ kN · m

D 截面：$x=2$ m　　$M_D=R_A\times2-F_3\times1=4$ kN·m

E 截面：$x=3$ m　　$M_E=R_A\times3-F_3\times2-F_2\times1=3$ kN·m

B 截面：$x=4$ m　　$M_B=0$

按一定比例作出这些点，并将这些点连成折线，即为弯矩图(图 2-44b))。由弯矩图可知最大弯矩在梁的中点(截面 D 处)，其值为

$$M_{max}=M_D=4\ \text{kN}\cdot\text{m}$$

(3) 计算最大正应力

由表 2-2 可知矩形截面抗弯截面模量为

$$W_Z=\frac{bh^2}{6}=\frac{60\times100^2}{6}=100\times10^3\,\text{mm}^3$$

由公式(2-22)计算最大正应力，得

$$\sigma_{max}=\frac{M_{max}}{W_z}=\frac{4\times10^3\times10^3}{100\times10^3}=40\ \text{MPa}$$

四、弯曲强度计算

分析和实践均表明，对于一般细而长的梁，影响其强度的主要因素是弯曲正应力。因此，要使梁具有足够的强度，就应该使梁内的最大工作正应力 σ_{max} 不超过材料的许用应力 $[\sigma]$。对于由塑性材料制造的梁，$[\sigma]_l=[\sigma]_y=[\sigma]$，所以，梁的弯曲强度条件为

$$\sigma_{max}=\frac{M_{max}}{W_z}\leqslant[\sigma] \tag{2-23}$$

材料的弯曲许用应力，可近似地用单向拉伸(压缩)的许用应力来代替。

还应指出，对于铸铁等脆性材料，由于它们的抗拉和抗压强度不同，则应按拉伸和压缩分别进行强度计算，即要求最大弯曲拉应力不超过许用拉应力，最大弯曲压应力不超过许用压应力。

根据弯曲强度条件，可以用来解决强度校核、选择截面和确定许可载荷这三类问题。

例 2-16　螺栓压板夹具如图 2-45a)所示。已知压板长 $3a=180$ mm，压板材料的弯曲许用应力 $[\sigma]=140$ MPa，设对工件的压紧力 $Q=4$ kN，试校核压板的强度。

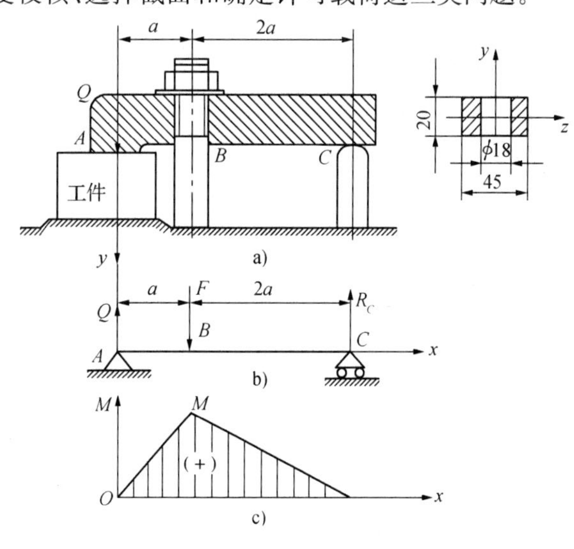

图 2-45　例 2-16 图

解：

压板可简化成图 2-45b)所示简支梁，由平衡方程

$$\sum m_B(F)=0 \text{ 和 } \sum F_y=0$$

可得

$F=6$ kN　　$R_C=2$ kN。

作弯矩图

最大弯矩在截面 B 处(图 2-45c))

$$M_{max}=Q\cdot a=4\times0.06=0.24\ \text{kN}\cdot\text{m}$$

根据截面 B 的尺寸求出抗弯截面模量

$$W_Z=\frac{(b-d)h^2}{6}=\frac{(45-18)\times 20^2}{6}=1\,800\ \text{mm}^3$$

梁的最大工作应力为

$$\sigma_{\max}=\frac{M_{\max}}{W_Z}=\frac{0.24\times 10^6}{1\,800}=133\ \text{MPa}$$

$$\sigma_{\max}<[\sigma]=140\ \text{MPa}$$

所以压板强度足够。

例 2-17 图 2-46a)为齿轮轴简图。已知齿轮 C 受径向力 $F=3$ kN,齿轮 D 受径向力 $P=6$ kN,轴的跨度 $L=450$ mm,材料的许用应力$[\sigma]=100$ MPa,试确定轴的直径。

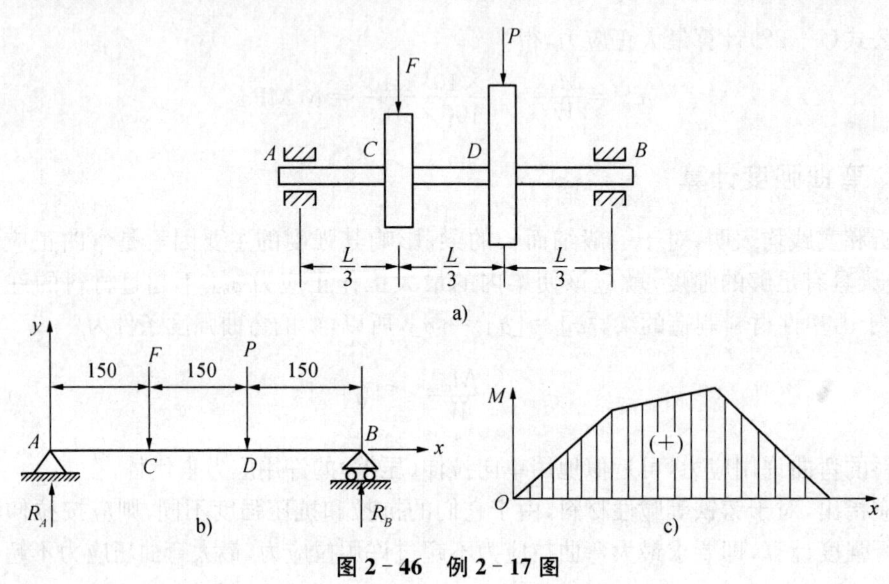

图 2-46 例 2-17 图

解:

(1) 绘制轴的计算简图

将齿轮轴简化成受二集中力作用的简支梁 AB(图 2-46b))。

(2) 计算梁的支座反力

$$\sum F_y=0$$

$$R_A+R_B-F-P=0 \qquad ①$$

$$\sum m_A(F)=0$$

$$R_B\times L-P\times\frac{2L}{3}-F\times\frac{L}{3}=0 \qquad ②$$

由式②解得

$$R_B=5\ \text{kN}$$

将 $R_B=5$ kN 代入式① 得

$$R_A=4\ \text{kN}$$

(3) 绘弯矩图

弯矩图由三段直线组成。设 A 点为坐标原点,计算控制点弯矩:

A 截面：$x=0$　　　$M_A=0$

C 截面：$x=\frac{L}{3}$　　　$M_C=R_A\times\frac{L}{3}=4\times0.15=0.6\ \text{kN}\cdot\text{m}$

D 截面：$x=\frac{2L}{3}$　　　$M_D=R_A\times\frac{2L}{3}-F\times\frac{L}{3}=0.75\ \text{kN}\cdot\text{m}$

B 截面：$x=L$　　　$M_B=0$

按比例作出这四点，并将这些点连成折线得弯矩图(图 2-46c))。从弯矩图上可看出，危险截面在 D 处，$M_{\max}=0.75\ \text{kN}\cdot\text{m}$

(4) 根据强度条件确定轴的直径

设轴的直径为 d，则其抗弯截面模量为：$W_Z\approx0.1d^3$

$$\sigma_{\max}=\frac{M_{\max}}{W_Z}\leqslant[\sigma]$$

$$0.1d^3\geqslant\frac{M_{\max}}{[\sigma]}$$

$$d\geqslant\sqrt[3]{\frac{M_{\max}}{0.1\times[\sigma]}}=\sqrt[3]{\frac{0.75\times10^6}{0.1\times100}}=42\ \text{mm}$$

取齿轮轴的直径 $d=45$ mm。

例 2-18　图 2-47a)为吊车梁简图。已知跨距 $L=6.4$ m，梁选用 14 号工字型钢，$W_Z=102\ \text{cm}^3$，横截面积 $A_{\text{工}}=21.5\ \text{cm}^2$，$[\sigma]=160$ MPa。

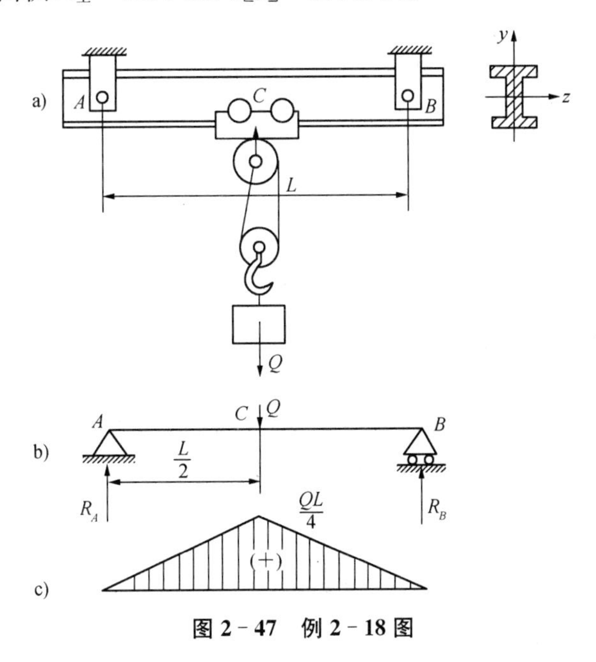

图 2-47　例 2-18 图

(1) 确定梁的许可载荷；

(2) 如果跨距、材料和载荷相同，但改用矩形截面梁($h=2b$)或圆形截面梁，试比较三种梁的重量。

解：

(1) 将吊车梁简化为承受一集中力 Q 的简支梁 AB(图 2-47b))，显然，当小车运行到

梁的中点 C 时，梁的弯矩最大。这时，两端支点的约束反力 $R_A=R_B=Q/2$，梁中点处的最大弯矩为

$$M_{\max}=R_A\times\frac{L}{2}=\frac{QL}{4}$$

把强度条件式(2－23)改写成

$$M_{\max}\leqslant W_Z[\sigma] \qquad 即\frac{QL}{4}\leqslant W_Z[\sigma]$$

于是有

$$Q\leqslant\frac{4W_Z[\sigma]}{L}=\frac{4\times102\times16}{640}=10\ \text{kN}$$

所以，根据工字钢梁的强度，梁的最大载荷(包括小车的重量)不应超过 10 kN。

(2) 在材料、长度相同时，梁重量之比等于截面面积之比。

选用 14 号工字钢，截面面积 $A_{工}=21.5\ \text{cm}^2$

选用矩形截面($h=2b$)，要求其承载能力与 14 号工字钢相同，即抗弯截面模量相同，$W=102\ \text{cm}^3$

$$W=\frac{bh^2}{6}=\frac{b(2\text{b})^2}{6}=\frac{2b^3}{3}=102\ \text{cm}^3$$

$$b=\sqrt[3]{\frac{3\times102}{2}}=5.32\ \text{cm}$$

$$h=2b=2\times5.32=10.64\ \text{cm}$$

$$A_{矩}=bh=5.32\times10.64=56.6\ \text{cm}^2$$

选用圆形截面(求 d)

$$W=0.1d^3=102\ \text{cm}^3$$

$$d=\sqrt[3]{\frac{102}{0.1}}=10\ \text{cm}$$

$$A_{圆}=\frac{\pi d^2}{4}=\frac{3.14\times10^2}{4}=78.5\ \text{cm}^2$$

三种梁的截面面积之比(即重量之比)为

$$A_{工}:A_{矩}:A_{圆}=21.5:56.6:78.5=1:2.63:3.65$$

即矩形截面梁的重量是工字形截面梁重量的 2.63 倍；而圆形截面梁的重量是工字形截面梁重量的 3.65 倍。显然，这三种方案中，工字形截面最合理。

习题 2

2－1 杆 AB 用 1、2、3 三根杆支撑如图。在 B 端受力 $\sqrt{2}F$ 作用，试求杆 1、2 和 3 的内力，并判断它们是拉力还是压力。

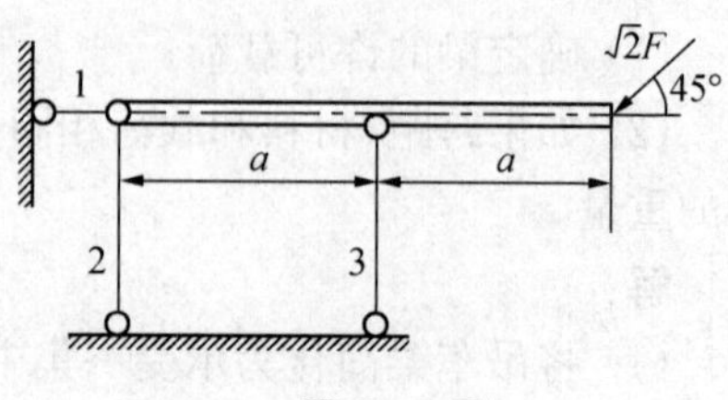

题 2－1 图

2-2　图示零件受拉力 $F=38$ kN，试问最大正应力 σ_{max} 发生在哪个截面上？并求其值。

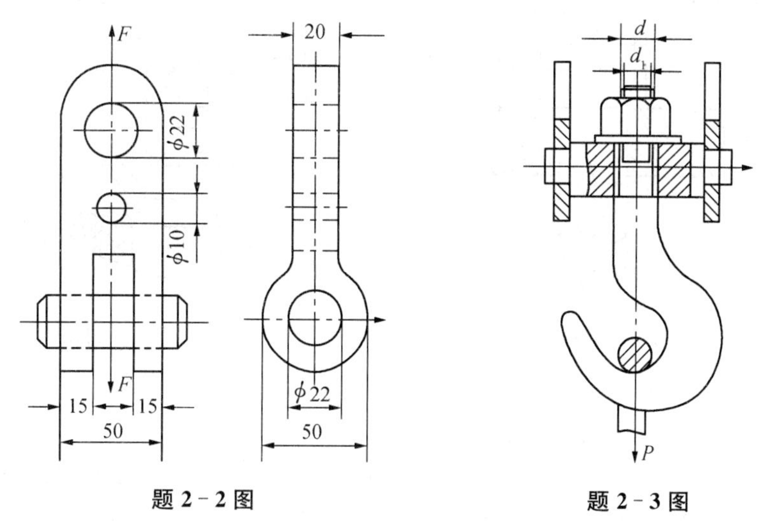

题 2-2 图　　　　题 2-3 图

2-3　图示起重机的吊钩最大载荷为 100 kN，螺纹部分的内径 $d_1\approx50$ mm，材料许用应力 $[\sigma]=80$ MPa。试核算在满载时螺纹部分的强度，并计算其能承受的许可载荷。

2-4　托架用 AB 和 BC 两杆铰接如图所示，已知 $a=300$ mm，$b=400$ mm，在 B 处放置一重量 $Q=80$ kN 的重物。现有两种材料：(1) 铸铁杆：$[\sigma]=100$ MPa；(2) 钢杆：$[\sigma]=80$ MPa，截面均为圆形。试选取托架中 AB 和 BC 两杆的材料，并计算两杆所需的直径（不考虑受压细长杆的压杆稳定性问题）。

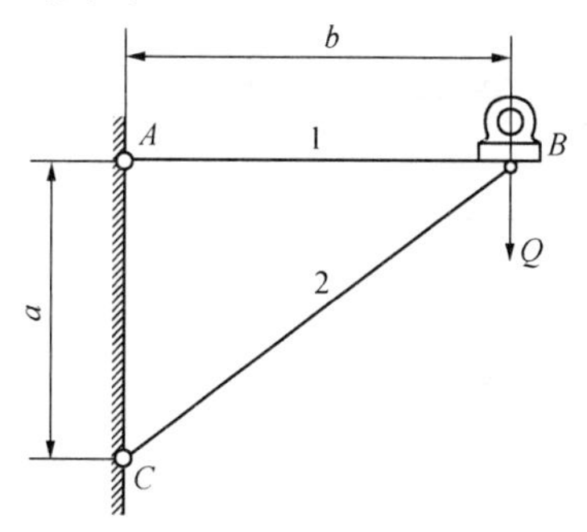

题 2-4 图

2-5　钢拉杆受轴向载荷 $F=40$ kN。材料的许应力 $[\sigma]=100$ MPa，横截面为如图所示矩形，其中 $b=2a$，试确定截面尺寸 a 和 b。

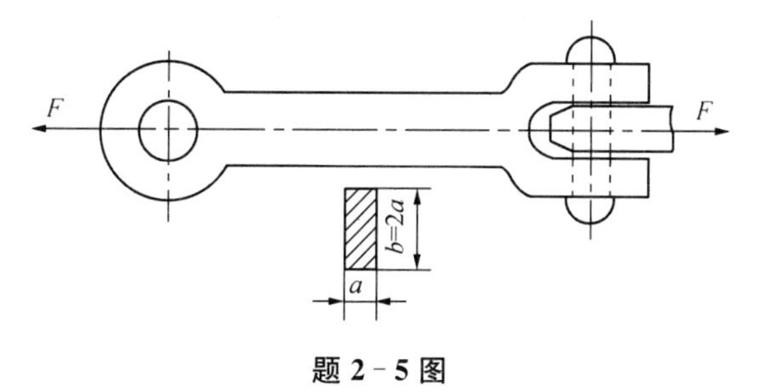

题 2-5 图

2-6　在图示受拉圆杆中，已知 $D=32$ mm，$d=20$ mm，$H=12$ mm，拉杆材料的许用应力$[\sigma]=120$ MPa，$[\tau]=70$ MPa，$[\sigma_{jy}]=170$ MPa，试计算构件的许可载荷。

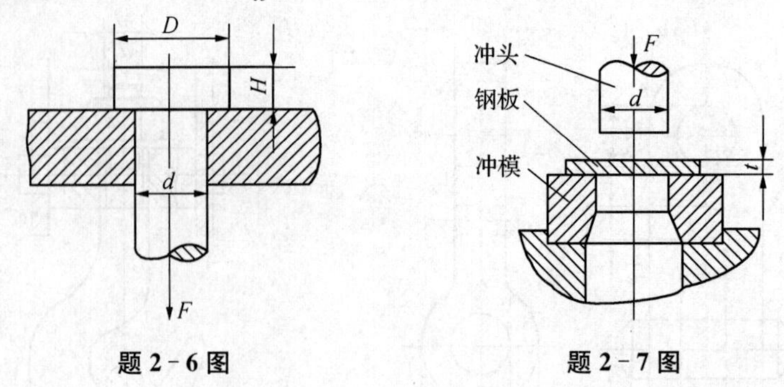

题 2-6 图　　题 2-7 图

2-7　如图，如需在冲床上将厚度 $t=5$ mm 的钢板冲出直径 $d=20$ mm 的圆孔，已知钢板的剪切强度极限 $\tau_b=300$ MPa，试求冲头所需的冲力 F。

2-8　图示齿轮和轴用平键连接，已知传递转矩 $M=3$ kN · m，键的尺寸 $b=22$ mm，$h=14$ mm，轴的直径 $d=85$ mm，键和齿轮材料的许用应力$[\tau]=40$ MPa，$[\sigma_{jy}]=90$ MPa，试计算键所需长度。

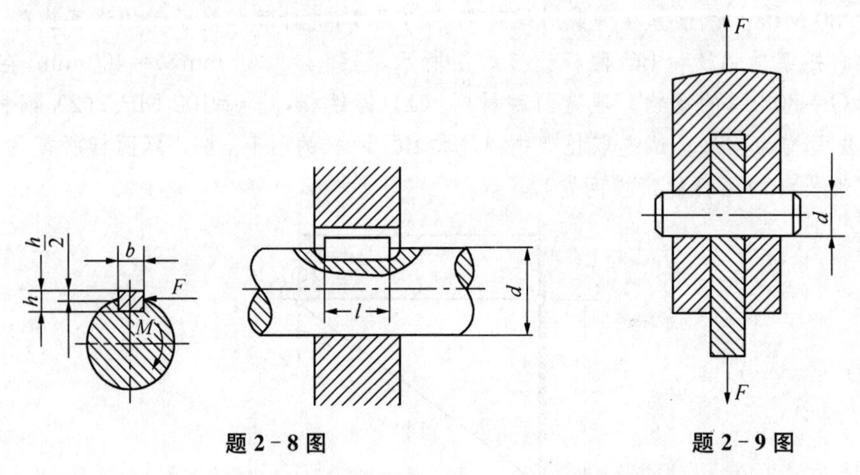

题 2-8 图　　题 2-9 图

2-9　试校核图示销钉连接的剪切强度。已知 $F=100$ kN，销钉直径 $d=30$ mm，材料许用应力$[\tau]=60$ MPa。若强度不够，应改用多大直径的销钉？

2-10　试绘制下列各轴的扭矩图。

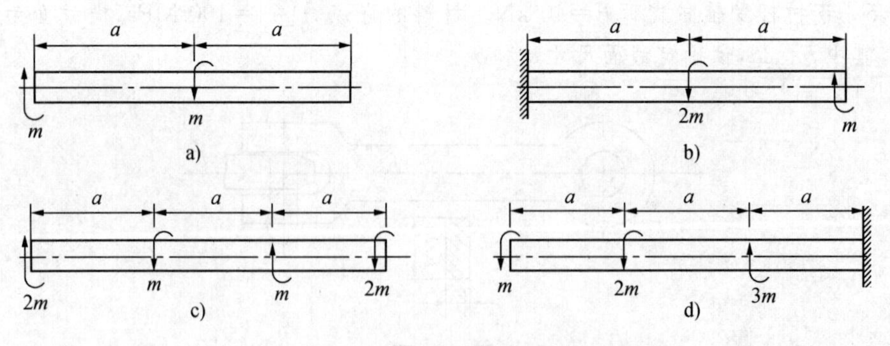

题 2-10 图

2－11　如图，转速 $n=1\,500$ r/min 的转轴，从主动轮输入功率 $P_1=15$ kW，由从动轮输出的功率 $P_2=9$ kW，$P_3=6$ kW，(1) 试求轴上各段的扭矩，并绘扭矩图；(2) 分析三轮的合理布置方案，并求出此方案的最大扭矩。

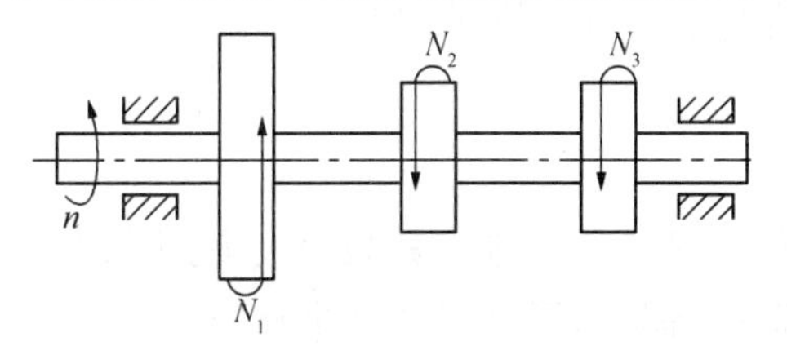

题 2－11 图

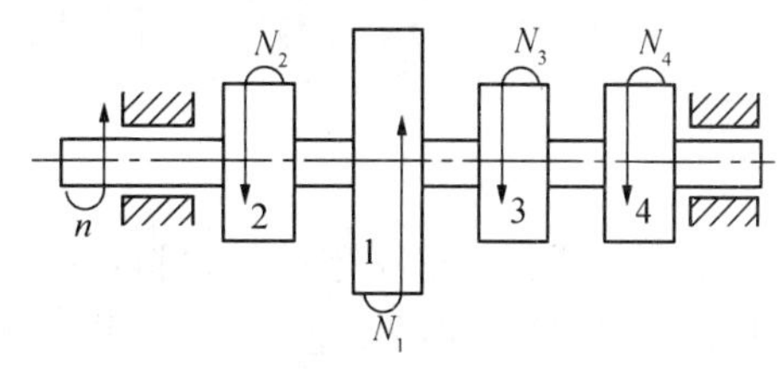

题 2－12 图

2－12　如图，某转轴转速 $n=250$ r/min，轮 1 为主动轮，输入功率 $P_1=7$ kW，从动轮输出的功率分别为 $P_2=3$ kW，$P_3=2.5$ kW，$P_4=1.5$ kW，轴的材料的许用应力$[\tau]=60$ MPa，试作此轴的扭矩图，并确定此轴的尺寸。

2－13　某机动快艇推进器轴的外径 $D=74$ mm，内径 $d=68$ mm，材料的许用应力$[\tau]=50$ MPa，若传递的转矩 $M=600$ N·m，试校核该轴的强度。

2－14　试绘出图示各梁的弯矩图。

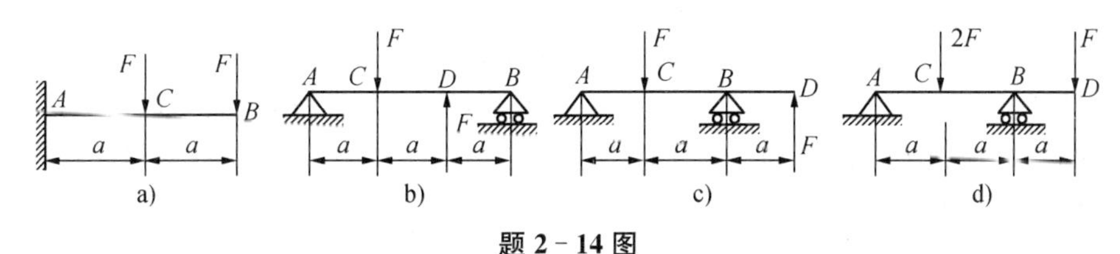

题 2－14 图

2－15　图示一夹具，压板 AB 的尺寸如图示，压板的许用应力$[\sigma]=110$ MPa，夹紧时，螺母对压板的压力为 6 kN，试确定压板的厚度 h。

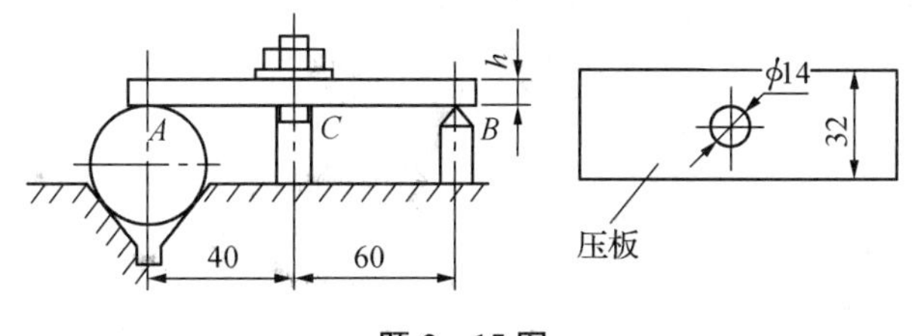

题 2－15 图

2－16　图示一矩形截面简支梁，跨度 $l=2$ m，在梁的中点作用集中力 $P=80$ kN，截面尺寸 $b=70$ mm，$h=140$ mm，许用应力$[\sigma]=140$ MPa，试校核梁的强度。

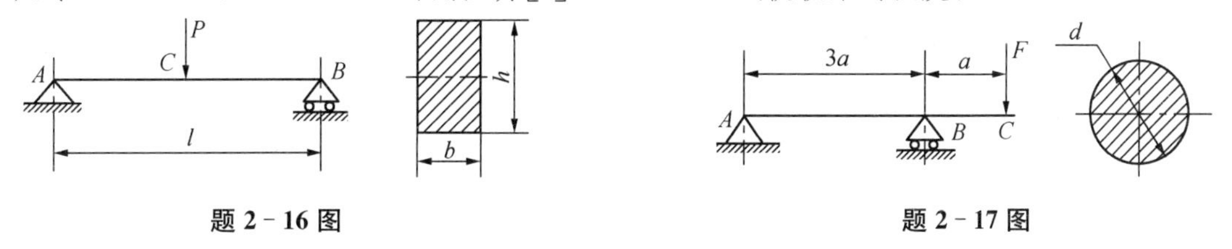

题 2－16 图　　　　题 2－17 图

2－17　图示一圆形截面外伸梁，已知 $a=0.4$ m，作用在梁上的载荷 $F=8.4$ kN，材料的许用应力$[\sigma]=160$ MPa，试计算出此梁所需的直径。

第三章　常见金属材料及热处理

用来制造各种机械零件的材料统称为机械工程材料。一般将其分为两大类:金属材料和非金属材料,在机械工业生产中,普遍使用是的钢铁、铜、铝等金属及合金材料,因为它们具有制造机器零件所需要的物理、化学性能及优良的力学性能和工艺性能。此外,工程塑料、橡胶、陶瓷等非金属材料的应用也日趋广泛,展示出良好的发展前景。对于各类金属材料,必须首先熟悉其主要性能及热处理方法,方能根据设计的各项要求,合理地选用所需的材料并确定热处理工艺。本章只介绍金属材料相关知识。

§3-1　金属材料的主要性能

在生产实际中,不同的材料有不同的性能和用途。同一种金属材料通过不同的热处理方法,也可以得到不同的性能。因此,在选择机械零件时,熟悉材料的性能是十分必要的。金属材料的性能包括力学性能、物理性能、化学性能和工艺性能。一般机械零件常以力学性能作为设计和选材的依据。

一、金属材料的力学性能

金属材料的力学性能是指金属材料在外加载荷(外力)作用下表现出来的特性。载荷按其作用形式的不同分为静载荷、冲击载荷和交变载荷等,因此,金属材料表现出的抵抗外力的能力和特性也不相同。下面研究几种主要的力学性能,即塑性、强度、硬度、韧性和疲劳强度等。

1. 塑性

塑性是材料在外力作用下产生永久变形(或称塑性变性)而不断裂的能力。常用的塑性指标有伸长率和断面收缩率,分别以 δ 和 ψ 来表示。

伸长率是试样(见图 3-1)断裂后的总伸长与原始标距长度的比值,即:

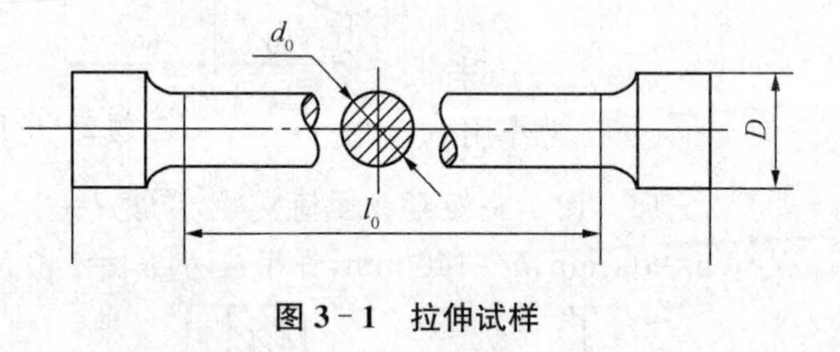

图 3-1　拉伸试样

$$\delta=\frac{l-l_0}{l_0}\times100\% \tag{3-1}$$

式中:δ——伸长率;

l_0——试样原始标距长度;

l——试样拉断后的标距长度。

断面收缩率是试样拉断后，断口横截面积的缩减量与原始横截面积的比值，即：

$$\psi = \frac{A_0 - A}{A_0} \times 100\% \tag{3-2}$$

式中：ψ——断面收缩率；

A_o——原始横截面积；

A——断口横截面积。

δ 或 ψ 越大，则塑性越好。金属压力加工，就是利用金属材料的塑性而实现的。如低碳钢的塑性好，可以进行冷冲压、冷拔和锻打等；而铸铁的塑性差，就无法进行压力加工。

2. 强度

强度是指材料在外力作用下抵抗永久变形和断裂的能力。抵抗外力的能力越大，则强度越高。根据受力状况的不同，材料的强度可分为抗拉、抗压、抗弯、抗扭和抗剪强度。一般以抗拉强度作为最基本的强度指标。

为了比较各种材料的强度，常用单位面积上的材料抗力来表示，称为应力。

塑性材料承受载荷到一定值后，载荷不再增加仍继续发生塑性变形的现象称为屈服。材料产生屈服时的最小应力称为屈服点，用 σ_S 表示，算式如下：

$$\sigma_S = \frac{F_S}{A_0} \tag{3-3}$$

式中：σ_S——屈服点（MPa）；

F_S——屈服时的外力（N）；

A_0——试样原始截面积（mm^2）。

对塑性较低的材料，没有明显的屈服现象时，一般规定试样出现 0.2%塑性变形时的应力作为屈服极限，称为条件屈服极限（强度），算式如下：

$$\sigma_{0.2} = \frac{F_{0.2}}{A_0} \tag{3-4}$$

式中：$\sigma_{0.2}$——条件屈服强度（MPa）；

$F_{0.2}$——塑性变形达 0.2%时的外力（N）；

A_0——试样原始截面积（mm^2）。

材料在拉力作用下，到断裂前所以承受的最大应力称为抗拉强度，用 σ_b 表示，计算式如下：

$$\sigma_b = \frac{F_b}{A_0} \tag{3-5}$$

式中：σ_b——抗拉强度（MPa）；

F_b——试样承受的最大外力（N）；

A_0——试样原始截面积（mm^2）。

材料的 σ_S（或 $\sigma_{0.2}$）和 σ_b 有着重要的意义，也是机械设计选材的主要依据之一。塑性材料一般用 σ_S（或 $\sigma_{0.2}$），脆性材料一般用 σ_b。显然，材料不能在超过其 σ_S 的载荷条件下工作，因为这会引起机械零件的永久变形；材料更不能在超过其 σ_b 的载荷条件下工作，因为这样将会导致机械零件的断裂破坏。

3. 硬度

硬度是指金属材料抵抗局部变形，特别是塑性变形、压痕或划痕的能力。材料的硬度高，其耐磨性也较好。

根据测定硬度方法的不同，有布氏、洛式和维氏三种硬度指标，工业生产中常用的是布氏硬度和洛氏硬度。

布氏硬度用 HB 表示，它的测试原理如图 3-2 所示。采用直径为 D 的球体（淬硬钢球或硬质合金球），以一定的压力 F 将其压入被测金属表面，并留下压痕。压痕的表面积越大，则材料的布氏硬度值越低。在实际测定中，只需量出压痕直径 d 的大小，然后查表即可得布氏硬度值。布氏硬度法主要适用于测定各种不太硬的钢及灰铸铁和有色金属的硬度，对于硬度大于 350 HB 的金属材料，上述测试方法不适用。

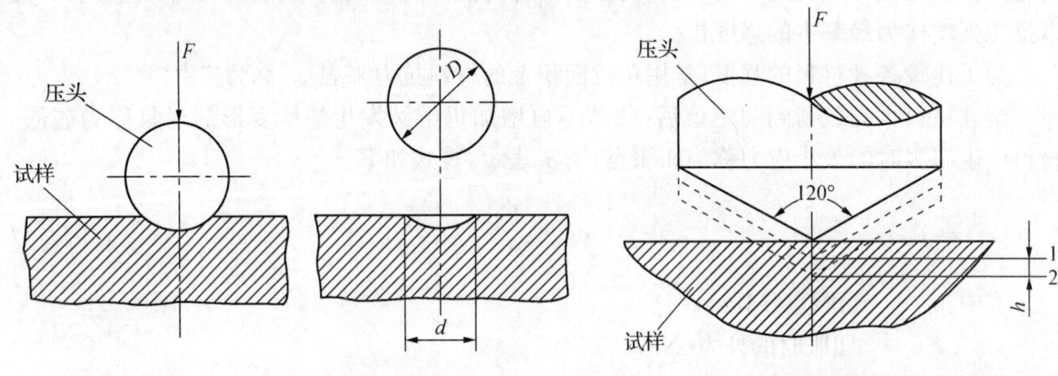

图 3-2 布氏硬度的测试原理　　图 3-3 洛氏硬度的测试原理

洛氏硬度是以试样被测点的压痕深度为依据。压痕越深，硬度越低。其测试原理如图 3-3 所示，这里以锥角为 120°的金刚石圆锥为压头。

在测试时，为了减少因试样表面不平而引起的误差，先加初载荷（压入到图示位置 1）再加主载荷（压入到图示位置 2）。当去除载荷后，根据试样表面的压痕深度 h 即可确定其洛氏硬度值。

测定洛氏硬度时，根据压头和加载的不同，在洛氏硬度试验机上用 A、B、C 三种标尺分别代表三种载荷值，测得的硬度分别用 HRA、HRB、HRC 表示，其中以 HRC 应用最广。洛氏硬度法操作简便，可直接从试验机上读出硬度值，常可直接检验从很软到很硬，厚度很薄，金属材料的成品或半成品的硬度。

4. 韧性

以上讨论的是静载荷下的力学性能指标，但机器中有很多零件要承受冲击载荷，我们不能用金属材料在静载荷下的性能来衡量它们抵抗冲击的能力。冲击载荷比静载荷的破坏力要大得多。在冲击载荷作用下，金属材料抵抗破坏的能力叫作韧性。

金属材料冲击韧性的大小，用冲击韧度 α_K 表示。当用冲击试验方法测定材料（图 3-4）的冲击吸收功时，α_K 值就等于冲断试样单位横截面积上的冲击吸收功的大小（图 3-5）。

$$\text{冲击韧度 } \alpha_K = \frac{A_K}{S} (\text{J/m}^2)$$

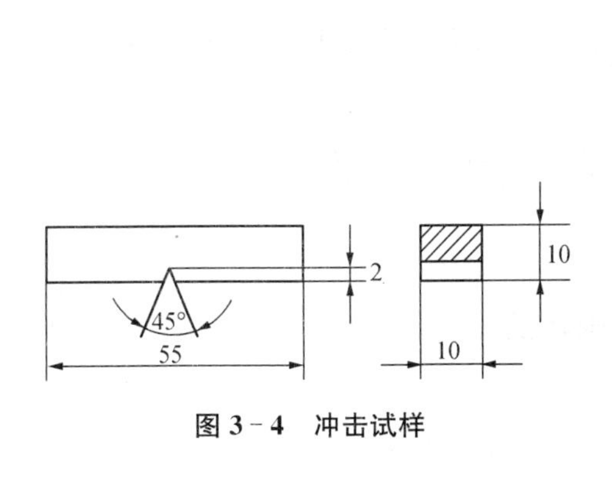

图 3－4　冲击试样

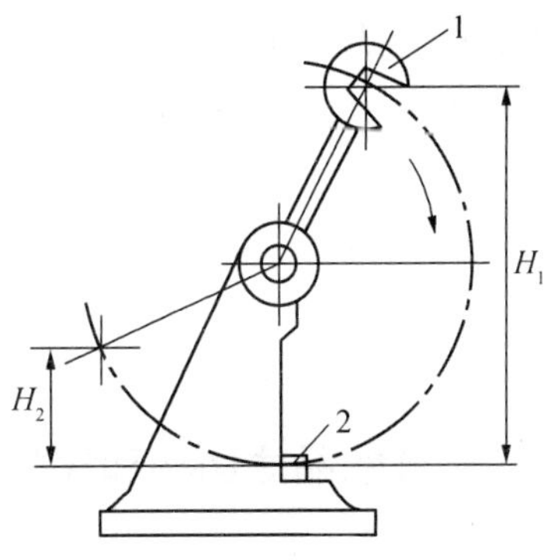

图 3－5　一次冲击试验原理图

1－摆锤　2－试样

实践证明，金属材料在受到冲击能量很大，冲击次数很少的冲击载荷作用时，α_K值越大，表示材料的韧性越好，在受到冲击时越不容易断裂。但在小能量多次冲击作用下，其冲击抗力主要取决于材料的强度和塑性指标。

5. 疲劳强度

疲劳现象：在反复交变载荷作用下，金属发生破坏时的应力比 σ_s 还低，此为疲劳现象。

疲劳极限：材料抵抗反复交变载荷而不被破坏的最大应力称为“疲劳极限”。疲劳极限指标为 σ_{-1}(MPa)。

提高疲劳极限的措施：

(1) 提高表面质量：提高表面粗糙度、表面强化、表面热处理、滚压、喷丸等等。

(2) 改善结构：设置圆角，避免应力集中。

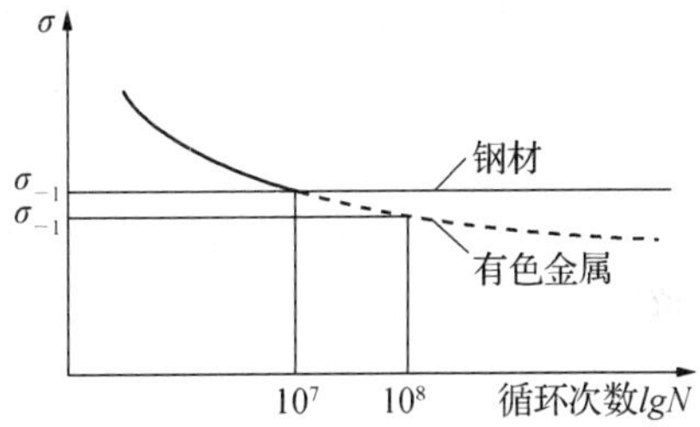

图 3－6　金属疲劳曲线示意图

二、金属材料的物理、化学性能和工艺性能

1. 物理性能

金属材料的主要物理性能包括密度、熔点、膨胀系数、导电性和导热性等。由于机械零件的用途不同，对其物理性能方面的要求也不尽相同。例如飞机零件要用密度小的铝合金制造，而电线、电缆的材料应具备良好的导电性等。

2. 化学性能

化学性能是金属材料在常温或高温时抵抗各种化学作用的能力，包括耐腐蚀性，抗氧化性和化学稳定性等。为了使机械设备能在具有腐蚀性介质的环境中工作，例如化工设备、医疗器械等，可采用具有抵抗空气、水、酸、碱类溶液或其他介质腐蚀能力的不锈钢制作。

3. 工艺性能

金属材料的工艺性能是指材料加工成形的难易程度。金属材料加工成为零件，常用的四种基本加工方法是：铸造、压力加工、焊接和切削加工（通常称前三种加工方法为热加工，而称切削加工为冷加工）。各种加工方法对材料都有不同的工艺性能要求。

在设计零件和选择工艺方法时，都要考虑金属材料的工艺性能。例如灰口铸铁的铸造性能很好，切削加工性也较好，所以广泛用来制造铸件，但它的可锻性极差，不能进行锻造，可焊性也较差。低碳钢的可锻性和可焊性都很好；而高碳钢则较差，切削加工性也不好。

§3－2　铁碳合金状态图

一、金属的晶体结构和铁的同素异构转变

1. 金属的晶体结构

从中学所学的化学课程中，我们已经知道，固态物质可分为晶体和非晶体两大类。而固态金属基本上都属于晶体物质，并且绝大多数金属的晶体结构都属于体心立方晶格（如 α－Fe、Cr、Mo、W、V 等）、面心立方晶格（如 γ－Fe、Cu、Al、Ni 等）和密排六方晶格（如 Mg、Zn、Be 等）。

2. 纯铁的同素异构转变

多数金属在固态下只有一种晶格类型。但 Fe、Ti、Co、Mn、Sn 等晶态固体并不只有一种晶体结构，而是随着外界条件（如温度、压力）的变化而有不同类型的晶体结构。即在固态下会发生晶格类型的转变，这种转变称为同素异构转变。其中纯铁的同素异构转变尤为重要，它是钢能够进行热处理改变其组织与结构，从而可改善力学性能和工艺性能的根本原因。它也是钢铁材料性能多种多样、用途广泛的主要原因之一。图 3－7 所示为纯铁的冷却曲线及其晶体结构的转变，即同素异构转变。

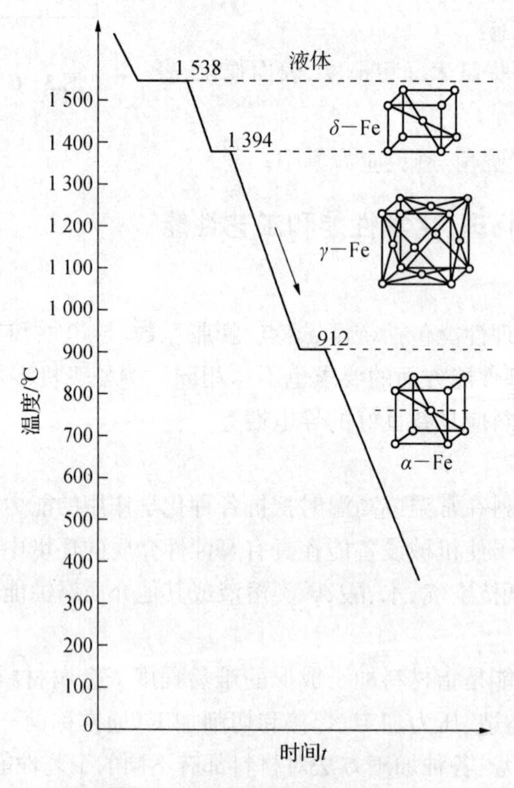

图 3－7　纯铁的同素异构转变

由图 3 - 7 可见，高温下的液态纯铁在冷却至 1 538℃时开始结晶，得到具有体心立方晶格的 δ - Fe；继续冷却到 1 394℃时，则转变为面心立方晶格的 γ - Fe；再冷却到 912℃时，又转变成体心立方晶格的 α - Fe，并直到室温不变。即铁在结晶后一直冷却到室温的过程中先后发生两次晶格类型的转变，其转变过程可表达为：

$$\underset{\text{体心立方晶格}}{\delta-\mathrm{Fe}} \xrightarrow{1\,394℃} \underset{\text{面心立方晶格}}{\gamma-\mathrm{Fe}} \xrightarrow{912℃} \underset{\text{体心立方晶格}}{\alpha-\mathrm{Fe}}$$

高温下的液态纯铁在冷却至 1 538℃时转变成原子规则排列的固态 δ - Fe，这一过程称为结晶。而纯铁的两次同素异构转变，在固态下从原子的一种规则排列转变为原子的另一种规则排列，这种原子的重新排列过程也类似于结晶过程，同样遵循着生核、长大的结晶基本规律。

二、铁碳合金相图

铁碳合金是以铁为基础的合金，也是钢和铁的统称，这是工业上应用最广泛的合金。为了认识铁碳合金的本质，并了解铁碳合金的成分、组织和性能之间的关系，以便在生产中合理的使用，首先必须了解铁碳合金相图，它对钢铁材料的选材及热加工工艺的制订都有重要的指导意义。

（一）铁碳合金的基本组织

在铁碳合金中，铁和碳互相结合的方式是：在液态时，铁和碳可以无限互溶；在固态时，碳可溶于铁中形成固溶体；当含碳量超过固态溶解度时，出现化合物（Fe_3C），此外，还可以形成由固溶体和化合物组成的混合物。现将在固态下出现的几种组织分述于下：

1. 铁素体

碳溶解在 α - Fe 中形成的间隙固溶体称为铁素体，用符号 F（或 α）表示。由于体心立方晶格的 α - Fe 的晶格间隙很小，所以碳在 α - Fe 中的溶解度很低，在 727℃时的最大溶碳量为 0.021 8%，随着温度的降低，溶碳量逐渐下降，在室温时仅为 0.000 8%。所以铁素体的性能接近于 α - Fe，具有良好的塑性和韧性，而强度、硬度都较低。

2. 奥氏体

碳溶解在 γ - Fe 中所形成的间隙固溶体称为奥氏体，用符号 A（或 γ）表示。由于面心立方晶格的 γ - Fe 晶格的间隙较大，故溶碳能力较强，在 1 148℃时，溶碳量可达 2.11%，随着温度的降低，溶碳量逐渐下降，到 727℃时为 0.77%。奥氏体的强度和硬度都不高，且具有良好的塑性，因此绝大多数钢在高温时（处于奥氏体状态）具有良好的锻造和轧制工艺性能。

3. 渗碳体

渗碳体（Cm）是铁和碳的金属化合物，它的分子式为 Fe_3C，其碳的质量分数（旧称含碳量）为 6.69%。渗碳体的熔点为 1 227℃，具有很高的硬度（800 HBS），但塑性很差（$\delta\approx0$），是一种硬而脆的组织。在钢中渗碳体以不同形态和大小的晶体出现于组织中，对钢的力学性能影响很大。

4. 珠光体

珠光体(P)由于具有珍珠般的光泽而得名,碳的质量分数为0.77%,它是奥氏体从高温缓慢冷却至727℃以下时,发生共析反应所形成的铁素体薄层和渗碳体薄层交替重叠的层状复相物。其力学性能也大体上是铁素体和渗碳体的平均值,故珠光体的强度较高,硬度适中,又有一定的韧性。

5. 莱氏体

莱氏体是碳的质量分数为4.3%的熔体,在1 148℃时发生共晶反应所形成的奥氏体和渗碳体所组成的共晶体,用 L_d 表示。继续冷却至727℃时,莱氏体内的奥氏体转变为珠光体,转变后的莱氏体称为变态莱氏体(统称莱氏体),用 L'_d 表示。莱氏体的力学性能与渗碳体相似,硬度很高,塑性很差。故含有莱氏体组织的白口铸铁较少应用。

(二) 铁碳合金相图

由于碳的质量分数大于6.69%的铁碳合金脆性很大,没有实用价值,因此讨论铁碳合金相图时,也只需要讨论碳的质量分数不大于6.69%部分的相图。在该含碳量范围内,铁和碳生成的稳定化合物只能是 Fe_3C,并可将其视为合金的一个组元。因此,这部分的 Fe-C 相图也可以认为是 Fe-Fe_3C 相图。

铁碳合金相图是通过实验实际测定得到的,将碳的质量分数在6.69%以内的铁碳合金系中各种不同成分的合金,分别在极其缓慢的冷却(或加热)条件下,测定其相变过程,得到一系列相变(临界)点,并标记在以温度为纵坐标,合金成分(含碳量的质量分数)为横坐标的图上,再把意义相同的相变点连接起来成为各处相界线,就得到了铁碳合金相图,如图3-8所示的即为 Fe-Fe_3C 简化相图。

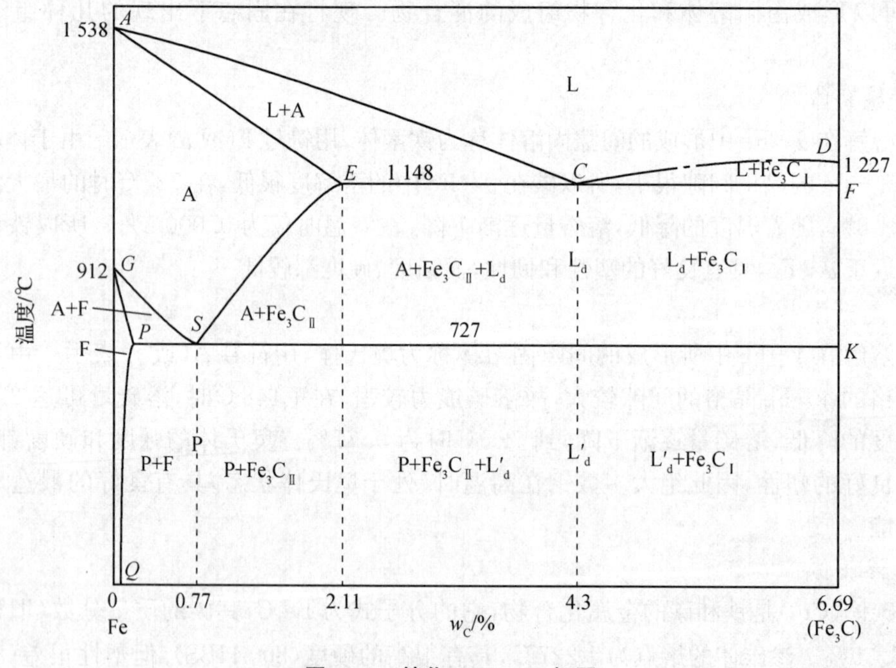

图3-8　简化 Fe-Fe_3C 相图

下面介绍一下相图中各线的意义:

(1) ACD 线为液相线，在此线以上的合金均呈液相，称为液相区，用符号“L”表示。

(2) AECF 线为固相线，合金冷却到此线以下全部结晶为固态，即此线以下均为固相区。在液相线和固相线之间为液相、固相并存区。其中在 AC 线以下，从液相中结晶出奥氏体，同时液相的成分沿 AC 线变化，故在 ACEA 区间为 L+A 两相区；在 CD 线以下从液相中结晶出渗碳体，同时液相的成分沿 DC 线变化，故在 CDFC 区间为 $L+Fe_3C$ 两相区；水平线 ECF 线(1 148℃)又称为共晶线(C 点称为共晶点)，碳的质量分数为 2.11%～6.69%的合金冷却至此线时，其液相成分均为 C 点成分，碳的质量分数为 4.3%，称为共晶成分，并发生共晶转变，从液体中同时结晶出奥氏体和渗碳体的混合物，称为莱氏体，用“L_d”表示。并可用下式表达：

$$L_{4.3\%W_C} \xrightarrow{1\,148℃} A_{2.11\%W_C} + Fe_3C_{6.69\%W_C} = L_d$$

综上分析可知，在 AE 线以下，结晶为单相奥氏体，在 CF 线以下为渗碳体和莱氏体。

(3) ES 线(又称 Acm 线)是碳在奥氏体中的固溶线，也是从奥氏体中析出渗碳体的开始线。析出渗碳体后奥氏体中碳的质量分数沿 ES 线变化，到达 727℃时，奥氏体中碳的质量分数与 S 点相同为 0.77%，因此在 ES 线的下方为 $A+Fe_3C$ 两相区；在 EC 线下方为 $A+L_d+Fe_3C$。

(4) GS 线又称 A_3 线，是由奥氏体中析出铁素体的开始线，析出铁素体后奥氏体的碳的质量分数沿 GS 线变化，到达 727℃时，其碳的质量分数也与 S 点相同为 0.77%。所以 GS 线以下为 F+A 两相区。

(5) PSK 线(727℃)又称 A_1 线，凡碳的质量分数为 0.021 8%～6.69%的合金，到达此线时，均要发生共析转变，从奥氏体中(包括莱氏体中的奥氏体)同时分解出铁素体和渗碳体的混合物，称为珠光体，用符号 P 表示。共析转变可用下式来表达：

$$A_{0.77\%W_C} \xrightarrow{727℃} F_{0.0218\%W_C} + Fe_3C_{6.69\%W_C} = P$$

所以 PSK(A_1)线又称为共析线，S 点称为共析点。

(6) PQ 线是碳在 α－Fe 中的固溶线。铁碳合金由 727℃冷却到室温时，将从铁素体中析出渗碳体，由于析出的渗碳体量非常少，一般情况下可忽略不计，不予表明。

有时为了区别起见，将从液态中直接析出的渗碳体称为一次渗碳体，记为 Fe_3C_{I}；将从奥氏体中析出的渗碳体称为二次渗碳体，记为 Fe_3C_{II}，将从铁素体中析出的渗碳体称为三次渗碳体，记为 Fe_3C_{III}。

(三) 铁碳合金按碳的质量分数及组织分类

在铁碳合金中，碳的质量分数为 0.021 8%～2.11%称为钢。其中碳的质量分数为 0.77%的钢称为共析钢，其室温组织为珠光体 P；碳的质量分数为 0.021 8%～0.77%的钢称为亚共析钢，室温组织为 F+P；碳的质量分数为 0.77%～2.11%的钢称为过共析钢，其组织为 $P+Fe_3C_{\mathrm{II}}$。碳的质量分数为 2.11%～6.69%时称为白口铸铁，其中碳的质量分数为 4.3%时称为共晶白口铸铁，其室温组织为变态莱氏体 L'_d(共晶反应生成的莱氏体 L_d，又经过共析转变，其中的奥氏体又转变成珠光体后称为变态莱氏体，用 L'_d表示)。碳的质量分数为 2.11%～4.3%时称为亚共晶白口铸铁，其组织为 $P+Fe_3C_{\mathrm{II}}+L'_d$；碳的质量分数为

4.3%～6.69%时称为过共晶白口铸铁，其组织为 $L'_d+Fe_3C_I$。

（四）典型铁碳合金的结晶过程

图 3－9 为共析钢的结晶过程示意图，在 1 点以上温度，合金为液相 L；当合金冷却至于 1～2 区间时，从液相中结晶出奥氏体，此时为 L＋A 双相；到 2 点时结晶完毕，所以 2～3 区间为单相奥氏体 A；到达 3 点时，奥氏体发生共析反应（等温转变），到 3′反应结束，故 3～3′为 A＋P；3′点以下，铁素体中将析出少量渗碳体，且与原珠光体中的渗碳体混在一起，不易分辨，所以到达室温时，即 3′～4 区间为 P。

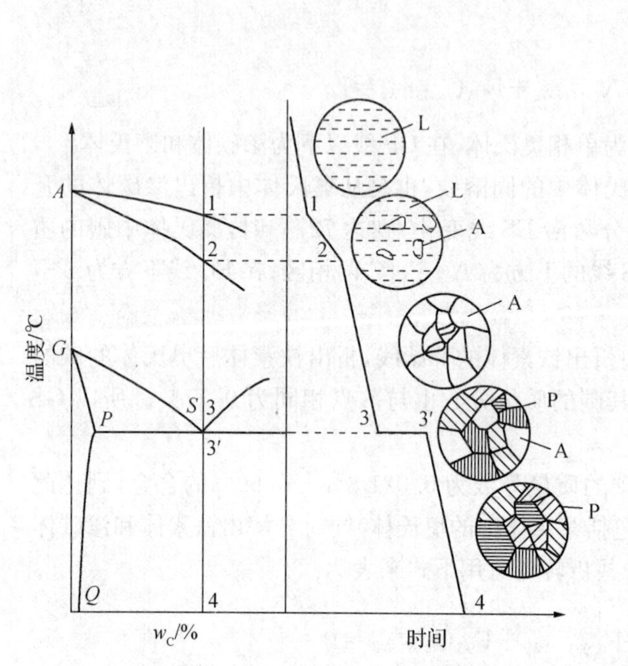

图 3－9　共析钢的结晶过程示意图

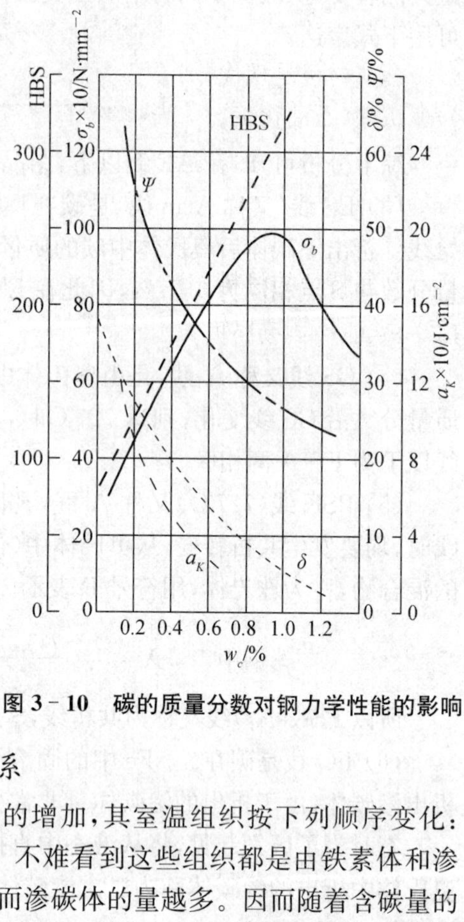

图 3－10　碳的质量分数对钢力学性能的影响

（五）铁碳合金成分、组织、性能之间的关系

从铁碳相图可知，铁碳合金随着碳的质量分数的增加，其室温组织按下列顺序变化：F→F＋P→P→P＋C_m→P＋C_m＋L'_d→L'_d→L'_d＋C_m。不难看到这些组织都是由铁素体和渗碳体两相所组成，而且含碳量越高，铁素体的量越少而渗碳体的量越多。因而随着含碳量的增加，钢的强度、硬度相应增加，而塑性、韧性则下降，见图 3－10。图中碳的质量分数大于 0.9%时，钢的强度有所下降，这是由钢中出现了网状渗碳体的缘故。

（六）铁碳相图的应用

铁碳相图在生产实践中具有重要的现实意义。

(1) 铁碳相图所表明的是铁碳合金的成分、组织和性能之间的关系，是选择钢铁材料的依据。

(2) 铁碳相图是制订铸、锻、热处理工艺的依据。

在铸造方面，根据相图中的液相线可以找出不同成分的铁碳合金的熔点，从而确定合适的熔化、浇注温度。此外从相图中还可以看出，接近共晶成分的合金不仅熔点低，而且凝固温度区间也较小，故具有良好的铸造性能，适宜用于铸造。

在锻造方面，钢经加热后获得奥氏体组织，它的强度低、塑性好，便于塑性变形加工。因此钢材轧制或锻造的温度范围都选择在相图上单一奥氏体组织范围内。

在热处理方面，热处理与铁碳相图有着更为直接的关系，各种不同的热处理方法的加热温度都是依照相图来选定的，详见后述。

§3-3 钢

金属材料是现代制造机械的最主要材料，在各种机床、矿山机械、冶金设备、动力设备、农业机械、石油化工、交通运输等机械设备中，金属制品约占80%～90%，在机器制造中所用的金属材料以合金为主，很少使用纯金属，原因是合金常比纯金属具有更好的机械性能和工艺性能。

合金是以一种金属为基础，加入其他金属或非金属，经过熔炼、烧结或其他方法制成的具有金属特征的材料。最常用的合金，有以铁为基础的铁碳合金，如碳素钢、合金钢、灰口铸铁等，还有以铜或以铝为基础的铜合金和铝合金，如黄铜、青铜、硅铝等。本节为大家介绍工业用钢。

钢，一般是指碳的质量分数<2.11%的铁碳合金。钢中除了铁和碳两种元素以外，还有由炼钢原料带入及炼钢过程中进入并残留下来的其他常存元素，或称为杂质。这些元素对钢的性能产生很大的影响。常存元素有：硅(Si)、锰(Mn)、硫(S)、磷(P)。

1. Mn的影响

Mn属于有益元素。其主要作用是：(1) 炼钢时用锰铁脱氧，使钢中的FeO还原成Fe；(2) 炼钢时Mn与S化合成MnS，减轻S的危害；(3) Mn溶于α-Fe中形成置换固溶体，强化铁素体。在碳钢中，Mn作为常存元素时，规定其含量<0.8%。在合金钢中还常将Mn作为合金元素特意加入钢中。

2. Si的影响

Si属于有益元素。其主要作用是：(1) 炼钢时用硅铁脱氧，使钢中的FeO还原成Fe；(2) Si溶于α-Fe中形成置换固溶体，强化F，但使δ、a_k降低。在碳钢中，Si作为常存元素时，规定其含量<0.4%。在合金钢中也常将Si作为合金元素特意加入钢中。

3. S的影响

S属于有害元素，应严格控制。其主要作用是：(1) 在冶炼时S由矿石和燃料带入。与Fe形成FeS，FeS与Fe形成低熔点共晶体，分布在A晶界上，在进行热锻时共晶体易过热甚至熔化，破坏了晶粒间的联系，使钢的强度、韧性下降，出现“热脆”；(2) 含S较高的钢加入适当的Mn形成MnS，使钢断屑好，可做易切削钢。一般在冶炼时加入锰来降低硫的有害作用。

4. P的影响

P属于有害元素，应严格控制。其主要作用是：(1) 在冶炼时P由矿石带入。溶于F，在组织中析出脆性很大的化合物Fe_3P，并偏聚在晶界上，使室温下钢的塑性、韧性明显降低，出现冷脆；(2) 产生焊接裂纹，降低焊接性能；(3) 断屑好，可做易切削钢；(4) 具有良好的抗蚀性能。(5) 利用冷脆性能可做炮弹用钢。

一、碳素钢

碳素钢(简称碳钢)冶炼方便,加工容易,价格便宜,其性能可以满足一般工程使用要求,所以是制造各种机器、工程结构和量具、刀具等最主要的材料。

碳钢的主要分类方法有:按碳的质量分数可分为低碳钢($W_C \leqslant 0.25\%$),中碳钢($0.25\% < W_C < 0.60\%$)和高碳钢($W_C > 0.60\%$);按质量(主要根据硫、磷含量)可分为普通钢、优质钢、高级优质钢和特级优质钢;按用途可分为碳素结构钢(用于制造各种机器零件和工程结构件)和碳素工具钢(用于制造各种刀具、量具和模具)。

(一) 碳素结构钢

1. 普通碳素结构钢

根据国家标准《碳素结构钢》(GB/T 700-2006)的规定,它的牌号由代表屈服强度的字母(Q)、屈服点 σ_s 的数值(MPa)、质量等级(A、B、C、D)和脱氧方法符号(F—沸腾,b—半镇静钢,Z—镇静钢,TZ—特殊镇静钢)等四个部分按顺序排列组成。通常多用镇静钢,故其符号 Z 一般省略不表示。碳素结构钢的规定牌号有 Q195、Q215、Q235 和 Q275 四种。它们的含碳量依次增多,其屈服点 σ_s 和抗拉强度 σ_b 相应增加,强度越高,而伸长率 δ 降低,塑性下降。

总的来说,这类钢的碳的质量分数较低(0.06%~0.38%),加上硫、磷等有害元素和其他杂质含量较多,故强度不够高。但塑性、韧性好,焊接性能优良,同时冶炼简便,成本低,使用时一般不进行热处理,适合工程用钢批量大的特点,故通常作为工程用钢,轧制成各种型钢广泛用于建筑工程、桥梁工程、船舶工程、车辆工程等。也可作为机器用钢,用于制造不重要的机器零件。

2. 优质碳素结构钢(GB/T 699-2015)

优质碳素结构钢的碳的质量分数一般在 0.05%~0.9%之间。与碳素结构钢相比,其硫、磷及其他有害杂质含量较少,因而强度较高,塑性和韧性较好,通常还经过热处理来进一步调整和改善其性能,因此应用广泛,适用于制造较重要的机器零件。这类钢的牌号用两位数字表示,该数字表示钢的平均碳的质量万分数,如牌号 45 表示其平均碳的质量分数为 0.45%。对于锰的质量分数(0.7%~1.2%)较高的优质碳素结构钢,则在对应牌号后加“Mn”表示,如 45Mn、65Mn 等。其性能较相应牌号的普通锰的质量分数(0.35%~0.80%)的优质碳素结构钢为好。

根据碳的质量分数、热处理和用途的不同,优质碳素结构钢还可分为下列三类。

(1) 渗碳钢　碳的质量分数为 0.15%~0.25%,常用的为 20 钢。渗碳钢属低碳钢,其强度较低,但塑性、韧性较好,切削加工性能和焊接性能优良。可直接用来制造各种受力不大,但要求具有较高韧性的零件以及焊接件和冷冲件,如拉杆、吊钩扳手、轴套等。但通常多进行表面渗碳(故名渗碳钢)、淬火和低温回火处理,以获得表面硬度高、耐磨,且芯部韧性好的“表硬里韧”的性能,适用于要求承受一定的冲击载荷和有摩擦、磨损的机器零件,如凸轮、滑块和活塞销等。

(2) 调质钢　碳的质量分数为 0.25%~0.50%,属于中碳钢、常用的牌号为 45、35 等。调质钢多进行调质处理(由此得名),即进行淬火和高温回火处理,以获得良好的综合力学性能(强度、塑性、韧性的良好配合),用于制作较重要的机器零件,如凸轮轴、曲轴、连杆、齿轮等。也可经表面淬火和低温回火处理，以获得较高的表面硬度和耐磨性，用于制作要求耐磨，但冲击载荷不大的零件，如车床主轴箱齿轮等。对于一些大尺寸和(或)要求较低的零件，也可以只进行正火处理，以简化热处理工艺。

(3) 弹簧钢　碳的质量分数为0.55%～0.9%，通常多进行淬火和中温回火，以获得高的弹性极限。主要用于制造弹簧等各种弹性元件以及易磨损的零件，如车轮、犁铧等。

3. 铸钢

铸钢是将熔化的钢水直接浇注到铸型中去，冷却后即获得零件毛坯(或零件)的一种钢材。国家标准"一般工程用铸造碳钢件"(GB/T 11352－2009)中规定，铸钢的牌号有：ZG 200—400、ZG 230—450、ZG 270—500、ZG 310—570和ZG 340—640五种。其中代号ZG表示铸钢，代号后面的两组数字分别表示屈服点σ_s(或$\sigma_{0.2}$)和抗拉强度σ_b的值，单位均为MPa。铸钢的碳的质量分数为0.2%～0.6%，锰的质量分数为0.8%～0.9%，硫、磷含量均小于0.035%。

一般中、小型零件的毛坯材料多使用锻钢(或轧制型钢)，因为它的力学性能优于相应牌号的铸钢。但对于大型零件和(或)形状复杂零件的毛坯，锻钢件则受到锻造工艺或设备的限制而难以得到，故多采用铸钢。

(二) 碳素工具钢

工具钢是用来制造各种刃具、量具和模具的材料。它应满足刀具在硬度、耐磨性、强度和韧性等方面的要求。例如，在金属切削过程中，随温度的升高，机床刀具不仅要求在常温时具有高的硬度，而且要求在高温时仍保持切削所需硬度的性能，即热硬性。

碳素工具钢是W_C－0.7%～1.3%的高碳钢。牌号用"T"表示钢的种类，后面的数字表示含碳的平均质量分数，用千分之几表示。常用的碳素工具钢有T8、T10、T10A、T12A(A表示高级优质钢)等。由于碳素工具钢的热硬性较差，热处理变形较大，仅适用于制造不太精密的模具、木工工具和金属切削的低速手用刀具(锉刀、锯条、手用丝锥)等。

二、合金钢

合金钢是在碳素钢中有意识地加入一些合金元素后而得到的钢种，常用的合金元素有Si、Mn、Cr、Ni等。它与碳素钢相比，热处理工艺性较好，力学性能指标更高，还能满足某些特殊性能要求。但合金钢的冶炼、加工都比较困难，价格也较贵，经济性差，所以一般在碳素钢不能满足工程使用要求时才使用合金钢。

合金钢可分为合金结构钢、合金工具钢和特殊性能钢三类。其中合金结构钢又可分为：低合金高强度结构钢、铸造低合金钢、合金结构钢和专用合金结构钢。

(一) 合金结构钢

1. 低合金高强度结构钢(GB/T 1591－2008)

它的牌号由代表屈服点的字母"Q"、屈服点数值(MPa)、质量等级(A、B、C、D、E)三个部分按顺序排列。国家标准GB/T 1591－2008中规定的牌号有Q345、Q390、Q420、Q460、Q500、Q550、Q620、Q690等八种。它们都是在碳素结构钢的基础上加入少量的不同合金元素而得到的低碳、低合金的钢种，其力学性能较相应的碳素结构钢有明显的提高，并且具有良好的塑性、韧性、耐蚀性和焊接性能等，故广泛应用于各种重要的工程结构。

2. 低合金铸钢(GB/T 14408－2014)

它的牌号由表示铸钢的字母"ZG"、表示低合金(铸钢)的字母"D"和屈服点数值、抗拉强度数值(MPa)按顺序排列。国家标准 GB/T 14408-2014 中规定牌号有 ZGD 270—480、ZGD 290—510、ZGD 345—570 等共 8 种。主要用于一般碳素铸钢不能满足使用要求的工程与结构的铸件。

3. 合金结构钢(GB 3077—2015)

合金结构钢的牌号用数字、合金元素符号和数字组成。前面的数字表示碳的质量分数的万分数,合金元素符号后面的数字表示该元素质量分数的百分数,当平均质量分数低于1.5%时,仅标出元素符号,如 60Si2Mn 表示碳的质量分数为 0.6%,硅的质量分数为 2%,锰的质量分数小于 1.5%。

合金结构钢与优质碳素结构钢一样,可按用途和热处理特点分为合金渗碳钢、合金调质钢和合金弹簧钢。由于合金结构钢的热处理工艺性较好,力学性能较高,故可用于制作截面尺寸更大、强度要求更高的重要机器零件。

4. 专用合金结构钢

滚动轴承钢(或其铸钢)是专门用于制造滚动轴承内、外套圈和滚动体的合金结构钢(也可用于制造量具、刃具、冷冲模以及要求与滚动轴承相似的耐磨零件)。中、小型轴承多采用 GCr15(或 ZGCr15)制造,其平均碳的质量分数达 1.0%,铬的质量分数为 1.5%。较大型轴承则采用 GCr15SiMn(或 ZGCr15SiMn),加入 Si、Mn 的作用是进一步提高钢的淬透性。牌号中的"G"是滚动轴承钢的代号,"ZG"为铸造滚动轴承钢。

(二) 合金工具钢

合金工具钢是在碳素工具钢的基础上中入少量合金元素(Si、Mn、Cr、W、V 等)制成的,由于合金元素的加入,提高了材料的热硬性,改善了热处理性能。合金工具钢常用来制造各种量具、模具或切削刀具等。

合金工具钢的牌号表示与合金结构钢相似,区别在于:牌号前面只用一位数字表示含碳的平均质量分数(用千分之几表示);钢中碳的质量分数大于或等于 1%时不予标出。例如,9CrSi 的平均 $W_C=0.9\%$,而 Cr12 的 $W_C>1\%$,故未予标出。

机床切削加工的刀具常用高速钢制造。高速钢是一种含钨、铬、钒等合金元素较多的合金工具钢。它有很高的热硬性,当切削温度高达 550℃左右时,硬度仍无明显下降。高速钢具备足够的强度和韧性,可以承受较大的冲击和振动。此外,高速钢还具有良好的热处理性能和刃磨性能。常用的高速钢牌号有 W18Cr4V 和 W6Mo5Cr4V2 等。

(三) 特殊性能钢

特殊性能钢是一种含有较多合金元素,并具有某些特殊物理性能和化学性能的钢。常用的有不锈钢、耐热钢及软磁钢等。

不锈钢中主要的合金元素是铬和镍,并具有良好的耐蚀不锈性能,适用于制造化工设备、医疗器械等。常用的不锈钢有 1Cr13、2Cr13、1Cr18Ni9Ti、1Cr18Ni9 等。

耐热钢是在高温下不发生氧化并具有较高强度的钢,适用于制造在高温条件下工作的零件,如内燃机气阀等。常用的耐热钢有 4Cr10Si2Mo、4Cr14Ni14W2Mo 等。

软磁钢又名硅钢片,它是在钢中加入硅并轧制而成的薄片状材料。硅钢片中含有一定数量的硅(目前采用的硅钢片,$W_{Si}=1\%\sim4.5\%$),碳、硫、磷、氧、氮等杂质的含量极少,具有很好的磁性。硅钢片是制造变压器、电机、电工仪表等不可缺少的材料。

§3-4　钢的热处理

在机器制造业中，为使零件获得良好的力学性能，或改善材料的工艺性能，常采用热处理的方法。钢的热处理就是将钢在固体状态下通过加热、保温和以不同的方式冷却，改变钢的内部组织结构，从而获得所需性能的一种工艺方法。

各种热处理工艺过程都包括加热、保温和冷却三个阶级，通常可用温度—时间坐标图表示，称为热处理工艺曲线，如图3-11所示。

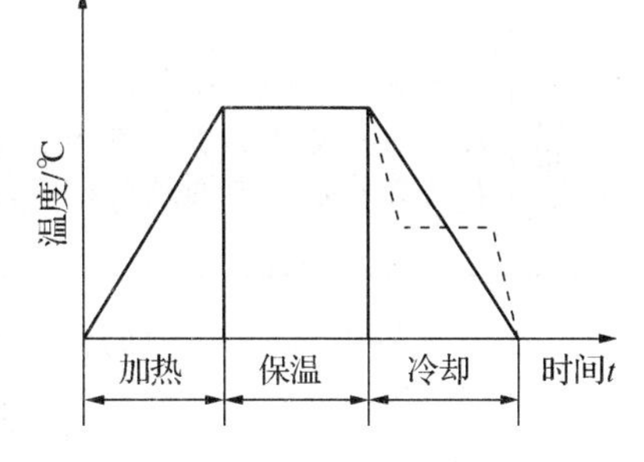

图3-11　热处理工艺曲线

根据热处理的目的，要求和工艺方法的不同，热处理的方法是多种多样的，这里主要介绍常用的普通热处理及表面热处理工艺。

一、普通热处理

钢的普通热处理包括退火、正火、淬火、回火四种主要工艺。

1. 退火与正火

退火和正火一般作为预备热处理(为达到工件最终热处理的要求而取得需要的预备组织所进行的预先热处理)，在对工件要求不太高的场合也可作为最终热处理。

退火是将钢件加热到适当温度(应根据工件的钢号，热处理的目的等因素确定)，保温一定时间，然后缓慢冷却(一般是随炉冷却，简称炉冷)的热处理工艺。

退火工艺的种类很多，下面将常用的几种退火工艺的名称、定义、工艺规范和应用范围等列于表3-1。

表3-1　常用的退火工艺(GB/T 12603-2005、GB/T 16923-2008)

工艺名称	定　义	加热温度	冷　却	应用范围
完全退火	将钢完全奥氏体化，随之缓慢冷却，获得接近平衡状态组织的退火工艺	Ac_3+(30～50)℃	炉冷	用于中碳钢和中碳合金钢的制件。也可以用于高速钢、高合金钢淬火返修前的退火。细化组织、降低硬度、改善切削加工性能、消除内应力
等温退火	将钢件或毛坯加热到高于Ac_3(或Ac_1)温度，保持适当时间后，较快地冷却到珠光体温度区间的某一温度并等温保持，使奥氏体转变为珠光体型组织，然后在空气中冷却的退火工艺	亚共析钢 Ac_3+(30～50)℃ 共析钢和过共析钢 Ac_1+(20～40)℃	较快冷却 等温保持 再空冷	用于中碳合金钢和某些高合金钢的大型铸、锻件及冲压件。也可为低合金钢件在渗碳、碳氮共渗前的预备热处理。目的与完全退火相同，但组织和硬度更为均匀

（续表）

工艺名称	定　义	加热温度	冷　却	应用范围
球化退火	使钢中碳化物球状化而进行的退火工艺	Ac_1＋(10～20)℃	炉冷	用于共析钢、过共析钢的锻、轧件以及结构钢的冷挤压件。其目的在于降低硬度、改善组织、提高塑性和改善机械加工性能
去应力退火	为去除由于塑性形变加工、焊接等造成的，以及铸件内存在的残余应力而进行的退火	Ac_1－(100～200)℃	炉冷	消除中碳钢和中碳合金钢由于冷热加工而形成的残余应力

正火是将钢材或钢件加热到 Ac_3（或 Ac_{cm}）以上 30℃～80℃，保温适当的时间后，在静止（或自然流通）的空气中冷却的热处理工艺。

各种退火和正火工艺的加热温度范围和工艺曲线见图 3－12。

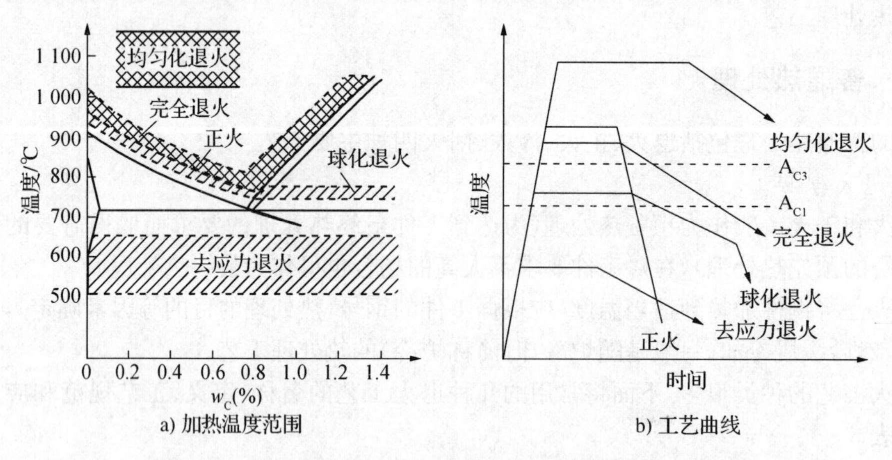

图 3－12　各种退火和正火工艺的加热温度范围和工艺曲线

正火与退火的主要区别是正火采用空冷，冷却速度较快，因此它与退火相比，具有如下特点：(1) 正火组织较细，力学性能较好，如强度、硬度较高，韧性也较好。(2) 正火工艺简单，生产周期短，效率高，成本低。(3) 正火工件的内应力较大，较易引起变形甚至开裂。

因此，正火主要用于低、中碳钢和低合金结构钢铸、锻件消除应力和淬火前的预备热处理，也可用于某些低温化学热处理件的预处理及某些结构钢的最终热处理。消除网状碳化物，为球化退火作准备。细化组织、改善力学性能和切削加工性能等。

总之，正火与退火在工艺、组织、性能、应用等方面均有许多相似之处，有时也可以互相替代，但由于正火比较经济，因而满足使用性能要求的前提下，应优先采用正火。

2. 淬火与回火

将钢件加热到 Ac_3 或 Ac_1 以上某一温度，保温一定时间，然后以适当速度冷却，获得马氏体（或贝氏体）组织的热处理工艺称为淬火。淬火的主要目的在于获得具有很高硬度和耐磨性的马氏体组织。各种工具、模具、量具、滚动轴承等都需要通过淬火来提高硬度和耐磨性。

淬火加热的温度根据淬火的钢材而定。碳素钢就是根据钢的含碳量而定，亚共析钢的

加热温度在 Ac_3 以上 30℃～50℃，共析钢、过共析钢在 Ac_1 以上 30℃～50℃，碳素钢的淬火加热温度范围如图 3－13 所示。对于合金钢的淬火加热温度亦可参照其临界点的温度，用类似的方法确定。

共析钢淬火时，由于冷却速度过快，奥氏体来不及形成铁素体和渗碳体的机械混合物，但面心排列的奥氏体晶格却能变成体心排列的晶格，而体心晶格中过饱和的碳因温度低也不能析出。所以淬火后获得的组织是过饱和的 α 固溶体，也就是马氏体。体心排列的晶格中由于有过饱和的碳存在，使晶格发生畸变，因而增加了塑性变形的抗力，所以马氏体具有很高的硬度。而且含碳愈高，硬度愈大。此外，马氏体晶格畸变也引起内应力的增加，脆性增大。

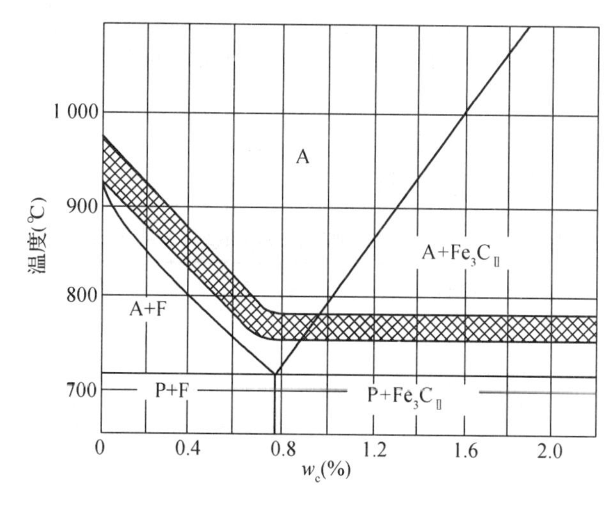

图 3－13　钢的淬火加热温度范围

淬火时所用的冷却剂，根据钢的种类不同而有所不同。水最便宜而且冷却能力较强，一般碳素钢多用它作冷却剂。油的冷却能力较低，合金钢多用它来进行淬火。

常用的淬火方法有下列几种：

(1) 单液淬火法　将加热的工件放入一种淬火介质中连续冷却至室温的操作方法。如碳钢在水中淬火。这种淬火法操作简单。

(2) 双液淬火法　将钢件奥氏体化后，先放入一种冷却能力较强的介质中，当钢件冷却到 300℃左右时，再放到另一种冷却能力较弱的介质中冷却。例如先水淬后油淬，就叫做双液淬火法。由于这种方法的马氏体转变是在冷却能力较低介质中进行的，故产生的内应力小，减少了变形和开裂的可能性；但不易恰当地掌握好钢件在水中的停留时间。

(3) 分级淬火法　将钢件加热后迅速投入温度稍高于 M_s 点的冷却介质中（如盐浴或碱浴槽中），停留 2～5 分钟，然后取出空冷，叫做分级淬火。它可克服单液和双液淬火法存在的工件内外温度不均的缺点，故可减小淬火应力，防止变形开裂。由于盐浴或碱浴冷却能力不大，一般只适应于对尺寸较小的工件进行处理，如刀具的淬火。

(4) 等温淬火法　将加热后的工件放在稍高于 M_s 点温度的盐浴槽中，保持足够长的时间，使过冷奥氏体转变为下贝氏体，然后在空气中冷却，叫做等温淬火。这种淬火方法也只应用于尺寸不大、形状复杂而要求较高的工件，如弹簧、小齿轮及丝锥等。

钢淬火后的马氏体组织虽有硬而耐磨的特点，但也存在着性脆、组织不稳定、内应力大等问题。因此，淬火后应及时进行回火。

所谓回火是指钢件淬硬后，再加热到 Ac_1 点以下某一温度，保温一定时间，然后冷却到室温的热处理工艺。回火的目的是：

(1) 降低淬火钢的脆性，提高韧性。

(2) 稳定组织，使工件在使用过程中不发生组织转变和形状、尺寸的变化。

(3) 消除淬火内应力，防止工件在使用过程中的变形和开裂倾向。

(4) 通过不同的回火工艺，可调整钢的强度和硬度搭配，即获得不同的力学性能，以满足不同的使用要求。

按加热温度的不同，回火可分为低温回火、中温回火和高温回火三种，具体的加热温度、组织、性能和应用见表 3-2。

回火是赋予工件以最终性能的最后热处理工序，淬火和回火是钢最重要的复合热处理工艺，也是最经济、最有效的综合强化手段。

表 3-2　回火的种类、加热温度、组织、性能及应用

回火种类	组　织	加热温度	性　能	应　用
低温回火	回火马氏体	250℃以下	具有高的硬度(58～64 HRC)和高的耐磨性以及一定的韧性	用于受强烈摩擦磨损、要求硬而耐磨的零件，如各种工具(刀具、量具、模具)，夹具的定位元件，滚动轴承的内、外套圈和滚动体
中温回火	回火托氏体	250℃～500℃	硬度稍微下降(35～45 HRC)，具有高的弹性极限、屈服点和适当的韧性	主要用于弹簧等各种弹性零件
高温回火	回火索氏体	500℃～650℃	具有良好的综合力学性能(足够的强度、塑性和韧性的配合)，硬度为 200～300 HBS	用于各种重要的机械零件，如机床的主轴、曲轴、连杆、齿轮等(淬火与高温回火的复合热处理称为调质)

二、表面热处理

仅对工件表层进行热处理，以改变其组织和性能的工艺称为表面热处理。同时，保证芯部具有良好的力学性能，从而可得到表面具有高硬度、高耐磨性而芯部具有足够的塑性和韧性的“表硬内韧”的工件，以满足在冲击载荷及在强烈摩擦、磨损条件下工作的需要。

目前常用的表面热处理方法有两种，即表面淬火和表面化学热处理。

(一) 表面淬火

表面淬火是将工件的表面层淬硬到一定深度，而芯部仍保持未淬火状态的一种局部淬火方法。它主要是改变零件的表面层组织。常用的表面淬火方法有：

1. 火焰表面淬火

火焰表面淬火是利用氧、乙炔或氧、煤气混合气体燃烧的火焰对零件进行快速加热，使工作表面很快达到淬火温度后，立即喷水或乳化液进行冷却的方法，如图 3－14 所示。

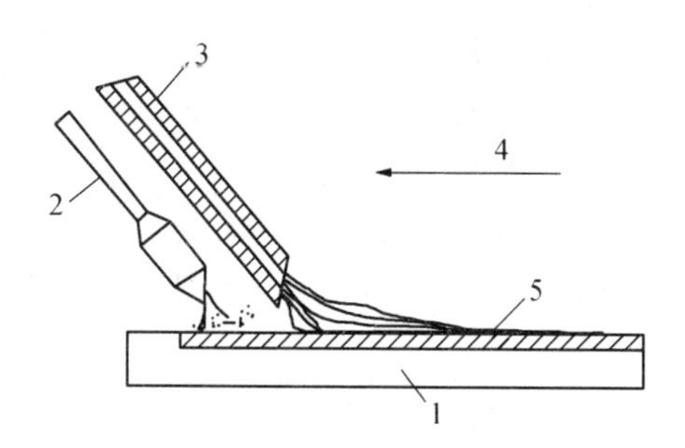

图 3－14　火焰表面淬火

1－工件　2－烧嘴　3－喷水管　4－移动方向　5－淬硬层

2. 感应加热表面淬火

其加热原理是在一个导体线圈（感应器）中通过一定频率的交流电，线圈内即产生一个频率相同的交变磁场。若把工件放入线圈内，工件上就会产生与线圈电流频率相同、方向相反的感应电流，此电流在工件内自成回路，称为涡流。涡流能使电能变成热能，使工件加热。涡流主要集中在零件表面，频率越高，涡流集中的表面层越薄，这种现象称为集肤效应。利用这一原理，把工件放入感应器中，引入感应电流，使工件表面层迅速加热，随之喷水冷却而淬硬，这种热处理方法称为感应加热表面淬火，如图 3－15 所示。

根据电流频率的不同，可分为高频（100 kHz～1 000 kHz）表面淬火，中频（1 kHz～10 kHz）表面淬火和工频（普通工业电 50 Hz）表面淬火。高频淬火可得到 0.5～2 mm 深的淬硬层，中频淬火可得到 3～5 mm 深的淬硬层，工频淬火可达到大于 10～15 mm 深的淬硬层。

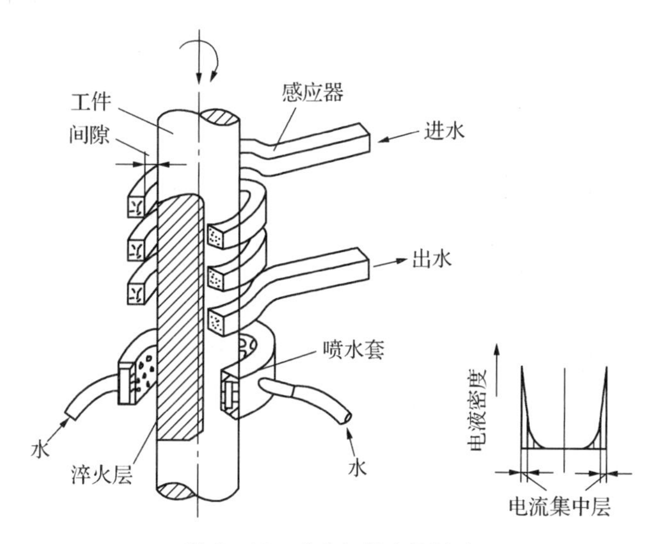

图 3－15　感应加热表面淬火

感应加热速度快，生产效率高，产品质量好，易于实现机械化和自动化，所以在工业上获得日益广泛的应用，对大批量流水线生产更为有利。但因设备较贵，维修、调整困难，形状复杂零件的感应器不易制造，故不宜用于单件生产。

（二）钢的化学热处理

化学热处理是将工件放在一定的介质中加热和保温，使介质中的活性原子渗入工件表层，以改变表层化学成分和组织，从而达到使工件表面具有某些特殊性能的一种热处理工艺。

化学热处理的种类很多，有渗碳，碳氮共渗，渗铝，渗铬等等。由于渗入元素不同，使工件表面具有的性能也不同，例如渗碳的目的在于使表面获得高硬度和耐磨性，而芯部仍保持一定强度和较高的塑性与韧性。

现以气体渗碳为例，简介其工艺如下：

将钢件放入密封很好的渗碳炉中，通入气体渗碳剂（如煤油或甲醇加丙酮等），加热到900℃～950℃，保温一段时间，使用工件表面层增碳后再进行淬火加低温回火。

气体渗碳时分为三个阶段：

（1）渗碳剂在900℃～950℃的高温下分解出活性碳原子。

（2）活性碳原子被工件表面吸收，溶入于表层的奥氏体中。

（3）在高温下溶解在奥氏体中的碳原子由表面不断向深处扩散。扩散层所达到的深度叫做渗碳层厚度。在一定的渗碳温度下，加热时间愈长，渗碳层愈厚。根据零件要求的不同，渗碳层的厚度一般在0.5～2 mm之间。

§3-5 铸铁及有色金属

一、铸铁

如前所述，在铁碳相图中，W_C为2.11%～6.69%的铁碳合金称为白口铸铁（断口呈银白色），其中的碳极大部分是以渗碳体形式存在，这类铸铁由于硬而脆，很难进行切削加工，因此很少直接用来制造机器零件，实用价值不大。实际上，在铸铁中的碳，如果经过石墨化过程，就可以以石墨（碳的一种同素异构物，用符号“G”表示）的形式存在，实践证明，当碳、硅等促进石墨化元素的含量较高的铁水在缓慢冷却时，就可以自液相中直接析出石墨，这一过程就称为铸铁的石墨化。这类铸铁由于其中的碳以石墨形式存在，加之其中的硫、磷和其他杂质的含量较高，所以与钢相比，它的力学性能较低，但它具有优良的铸造性能和切削加工性能以及耐压、耐磨和减振性能，并且生产工艺简单，成本低廉，因此在工程中得到广泛的应用，在各种机械设备中，它的用量一般均占总重量的50%以上，有的甚至高达90%。这类铸铁按石墨的形态不同，又可分为灰铸铁、球墨铸铁、可锻铸铁和蠕墨铸铁。这里只介绍应用较多的灰铸铁和球墨铸铁。

（一）灰铸铁（GB/T 9439－2010）

灰铸铁因断口呈暗灰色而得名，按国家标准《灰铸铁件》（GB/T 9439－2010）的规定，灰铸铁的牌号有：HT100（H145）、HT150（H175）、HT200（H195）、HT250（H215）、HT300（H235）和HT350（H255）六种。其中“HT”为灰铸铁的代号，代号后面的数字表示其抗拉强度值（MPa）。

灰铸铁中的石墨呈片状，它相当于在钢的基体上有了许多微小裂缝，对基体产生割裂和削弱作用，因此灰铸铁的力学性能远不如钢，如抗拉强度较低（抗压强度则较高，约为抗拉强度的3～5倍），塑性和韧性很差（伸长率$\delta<0.5\%$），是一种典型的脆性材料。但由于石墨具有自润滑、储油、吸振和断屑等作用，因此灰铸铁具有良好的耐磨性、抗振性、切削加工性和铸造工艺性等，同时灰铸铁的生产设备和工艺简单，价格低廉，因而是应用最多的一种铸铁，主要用于对强度、塑性、韧性要求不高而形状较复杂的承压零件和（或）要求有良好的减振性和耐磨性的零件。

（二）球墨铸铁（GB/T 1348－2009）

球墨铸铁是在灰铸铁的铁水中加入球化剂（稀土镁合金等）和孕育剂（硅铁）进行球化—孕育处理后得到的。其石墨呈球状，故名球墨铸铁。按国家标准《球墨铸铁件》（GB/T 1348－2009）中的规定，球墨铸铁的牌号有：QT 350－22、QT 400－18、QT 400－15、QT 450－10、QT 500－7、QT 550－5、QT 600－3、QT 700－2、QT 800－2和QT 900－2十种，其中“QT”为球墨铸铁的代号，代号后面的两组数字分别表示抗拉强度σ_b（MPa）和伸长率δ（%）。

球墨铸铁具有灰铸铁的许多优点，如良好的减振性、耐磨性、低的缺口敏感性等，都是钢所不及的；同时组织中的球状石墨对基体的削弱和造成应力集中都较小，因此其力学性能又优于灰铸铁，在抗拉强度、屈服比（σ_s/σ_b）、疲劳强度等方面都可以与钢媲美（冲击韧度则不如钢），价格又比钢便宜，所以常用来代替部分铸钢和锻钢（以铁代钢、以铸代锻）制造曲轴、机床主轴、汽车拖拉机底盘零件以及齿轮、阀体等。

二、有色金属及其合金

有色金属具有黑色金属所不具备的许多特殊的物理和化学性能，又有一定的力学性能和较好的工艺性能，所以也是不可缺少的工程材料，但有色金属产量少、价格贵，应节约使用。各种纯有色金属的力学性能都较差，所以工程上使用的多为有色金属合金。如铝合金、铜合金、轴承合金、锌合金、镁合金和钛合金等。各种有色金属合金根据其适用于变形（压力加工）或铸造进一步分成变形有色金属合金和铸造有色金属合金。其中铸造有色金属的牌号表示方法（GB/T 8063－1994）如下：铸造有色合金牌号由“Z”和基体金属的化学元素符号、主要合金化学元素符号（其中混合稀土元素符号统一用RE表示）以及表明合金化元素质量分数的数字组成。合金化元素符号按其名义质量分数递减的次序排列，合金化元素质量分数小于1%时，一般不标明含量。在牌号后面标注大写字母“A”表示优质。如ZA1Si7MgA、ZMgZn4RE1Zr。下面对工程上最常用的铝合金、铜合金和轴承合金作简要介绍。

（一）铝合金

铝及其合金具有密度小（约为铜合金、铁合金的1/3），比强度（强度与密度之比）高、抗蚀性好以及优良的塑性和冷热加工工艺性能等一系列优点，且价格较低、资源丰富，故广泛用于航空、航天、电气、汽车等工程领域，是工程中用量最大的有色金属。

1. 变形铝合金（GB/T 3190－2008、GB/T 16474－2011）

变形铝合金一般可直接采用国际四位数字××××体系牌号；而未命名为国际四位数字体系牌号的变形铝合金，则采用四位字符牌号×O××（×表示数字，O表示字母）。两者第一位数字 2~8 均分别表示以铜(2)、锰(3)、硅(4)、镁(5)、镁和硅(6)、锌(7)和其他合金元素(8)为主要合金元素的铝合金;第二位数字或字母表示原始合金的改型情况(0 或 A 表示原始合金,1~9 或 B~Y 表示改型合金);牌号最后两位数字用来区分和识别同一组中的不同合金。下面将部分常用的变形铝合金的牌号、成分、性能特点及主要应用列于表 3-3。

表 3-3 常用变形铝合金的牌号、成分、性能特点及主要应用(GB/T 3190—2008)

牌号	化学成分/%										性能特点及主要应用
	Si	Fe	Cu	Mn	Mg	Ni	Zn	Ti	Cr	Al	
2A01	0.5	0.5	2.2~3.0	0.2	0.2~0.5		0.1	0.15		余量	通过淬火、时效处理,抗拉强度可达 400 MPa,比强度高,故称硬铝;缺点是不耐海洋、大气腐蚀。主要用于制造飞机骨架、螺旋桨叶片、铆钉等
2A11	0.7	0.7	3.8~4.8	0.4~0.8	0.4~0.8		0.1	0.15		余量	
2A12	0.5	0.5	3.8~4.9	0.3~0.9	1.2~1.8	0.1	0.3	0.15		余量	
2A50	0.7~1.2	0.7	1.8~2.6	0.4~0.8	0.4~0.8	0.1	0.3	0.15		余量	力学性能与硬铝相近,并有良好的热塑性,适于锻造,故称锻铝。主要用于制造航空、仪表工业中形状复杂、质量轻、强度要求高的锻件及冲压件,如压气机叶轮、飞机操纵臂等
2A70	0.35	0.9~1.5	1.9~2.5	0.2	1.4~1.8	0.9~1.5	0.3	0.02~0.1		余量	
2A14	0.6~12	0.7	3.9~4.8	0.4~1.0	0.4~0.8	0.1	0.3	0.15		余量	
5083	0.4	0.4	0.10	0.5~1.0	4.3~5.2		0.25	0.15	0.05~0.25	余量	具有优良的塑性,良好的耐蚀性,故名防锈铝。但不能热处理强化。用于制造有耐蚀性要求的容器,如焊接油箱、铆钉、蒙皮以及受力小的零件
5A05	0.5	0.5	0.10	0.3~0.6	4.8~5.5		0.2			余量	
5A12	0.3	0.3	0.05	0.4~0.8	8.3~9.6	0.1	0.2	0.05~0.15		余量	

2. 铸造铝合金

对于共晶成分附近的铝合金,因其组织中存在低熔点共晶体,故流动性好,塑性相对较差,只适于铸造,故称为铸造铝合金。它的牌号按铸造有色金属合金牌号的表示方法。此外也可用代号表示,代号由字母"ZL"及其后的三位数字组成:"ZL"表示铸铝,ZL 后面的第一个数字 1、2、3、4 分别表示铝硅、铝铜、铝镁、铝锌系列,后面第二、第三两个数字表示顺序号。

铝硅合金是最常见的铸造铝合金,硅的质量分数为 4.5%~13%,俗称硅铝明。当只有铝硅两种成分时称为简单硅铝明,如 ZA1Si12(代号 ZL102),其抗拉强度较低,约为 150MPa;若再加入铜、镁、锌等合金元素,则称为特殊硅铝明,如 ZA1Si5Cu1Mg(ZL105)、ZA1Si5Zn1Mg(ZL115)等。其抗拉强度可提高到 200MPa 以上。

(二) 铜合金

铜合金一般具有良好的耐蚀性和导电、导热性能,又有较高的力学性能,所以也是工程中应用很普遍的一种有色金属。它可分为黄铜、青铜和白铜。这里仅介绍应用较多的黄铜和青铜。

1. 黄铜

黄铜又可分为普通黄铜、特殊黄铜和铸造黄铜。

(1) 普通黄铜 它是铜、锌两元合金,其中锌的含量对铜的性能的影响见图 3-16。

由图可见,锌的质量分数为 32%时,黄铜的塑性(δ)最好,锌的质量分数为 45%时,黄铜

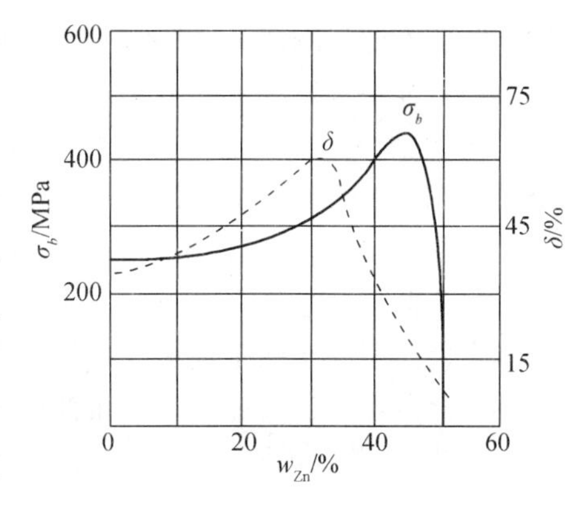

图 3-16　锌含量对黄铜力学性能的影响

的强度(σ_b)最高。兼顾两者,所以锌的质量分数一般在 30%～40%之间,普通黄铜的常用牌号有 H70、H68、H62、H58 等,其中 H70(H68)锌的质量分数为 30%(32%),所以又称为三七黄铜;H62(H59)锌的质量分数约为 40%,故称为四六黄铜。三七黄铜具有较高的强度和冷、热变形能力,适于热轧、冷轧或冷拉成各种棒材、板材、带材、管材、线材等型材,制作复杂的冲压件、散热器外壳、轴套、弹壳等。四六黄铜强度高于三七黄铜,但塑性较差,只适合于热变形加工,制作热轧、热压零件。

(2) 特殊黄铜　在普通黄铜的基础上再加入少量的其他合金元素而得到的铜合金称为特殊黄铜。根据加入的元素为铝、铅、硅、锰、锡等分别称为铝黄铜(HA159－3－2)、铅黄铜(HPb59－1)、硅黄铜(HSi80－3)、锰黄铜(HMn58－2)和锡黄铜(HSn90－1)等。这些合金元素的加入可提高合金的强度、硬度和耐磨性,增加抗蚀性,改善切削加工性能和铸造性能等。因此特殊黄铜的性能均优于普通黄铜。

(3) 铸造黄铜　将上述黄铜合金熔化后浇注到铸型中去而获得零件毛坯的材料称为铸造黄铜,常用牌号有:ZCuZn38、ZCuZn40Pb2、ZCu40Mn2、ZCuZn16Si4 等。

铸造黄铜的力学性能虽不如相应牌号的黄铜,但可以直接获得形状复杂零件的毛坯,并显著减少机械加工的工作量,因此仍获得广泛应用。

2. 青铜

加入元素分别为锡、铝、硅、铍、锰、铅、钛等的铜合金统称为青铜。当加入元素为锡时相应称为锡青铜,依此类推。青铜按工艺特点可分为压力加工青铜和铸造青铜两类。

下面主要介绍锡青铜,它的锡的质量分数一般为 3%～14%,其中锡的质量分数小于 8%时塑性好,适合于压力加工,称为压力加工锡青铜;锡的质量分数大于 10%时塑性差,只能用于铸造,称为铸造锡青铜。压力加工青铜牌号的表示方法为:Q+主加元素符号和含量+其他加入元素含量,如 QSn4—3 表示含锡 $W_{Sn}=4\%$、含锌 $W_{Zn}=3\%$,其余为铜的锡青铜。铸造锡青铜的牌号按铸造有色金属合金牌号的表示方法,如 ZCuSn5Pb5Zn5、ZCuSn10Pb5、ZCuSn10Zn2 等。锡青铜对大气、海水具有良好的耐蚀能力,且凝固时尺寸收缩小以及良好的耐磨性等,因而获得广泛应用,常用于制造轴承、蜗轮等耐磨零件,还常用于制作大鼎、大钟和大佛等。由于锡青铜价格较昂贵,因此在许多场合也常用铅青铜(ZCuPb30)、铝青铜(ZCuAl9Mn2)等作为代用品。

3. 轴承合金

轴承合金是用来制造滑动轴承(轴瓦和轴承衬)的专用合金。当轴在轴承中运转工作时,轴承的表面要承受一定的交变载荷,并与轴发生强烈的摩擦。为了减少轴承对轴的磨损,保证轴的运转精度和机器的正常工作,轴承合金应具备如下性能:足够的强度、硬度和耐磨性;足够的塑性和韧性;较小的摩擦系数和磨合能力;良好的导热性、抗蚀性和低的膨胀系数等。

为了满足上述要求,轴承合金的理想组织应由塑性好的软基体和均匀分布在软基体上的硬质点构成(或者相反)。软基体组织塑性高,能与轴(颈)磨合,并承受冲击载荷;软组织被磨凹后可储存润滑油，以减少摩擦和磨损，而凸起的硬质点则起支承作用。具备这种组织的典型合金是锡基轴承合金和铅基轴承合金。

锡基轴承合金是 Sn－Sb－Cu 系合金，实质上是一种锡合金。其牌号有 ZSnSb12Pb10Cu4、ZSnSb12Cu6Cd1、ZSnSb11Cu6、ZSnSb8Cu4 和 ZSnSb4Cu4 等。适于制造最重要的轴承，如汽轮机、涡轮机、内燃机等的高速、重载轴承。

铅基轴承合金是 Pb－Sb－Sn－Cu 系合金，实质上是一种铅合金，它的性能略低于锡基轴承合金。但由于锡基轴承合金的价格昂贵，所以对某些要求不太高的轴承常用价廉的铅基轴承合金，如汽车、拖拉机的曲轴轴承、电动机轴承等一般用途的工业轴承。

此外，一些要求不高的低速、轻载轴承还可使用铜基轴承合金和铝基轴承合金。

习题 3

3－1　什么叫金属材料的力学性能？它主要包括哪几种？

3－2　材料的强度指什么？试述 σ_s、σ_b、$\sigma_{0.2}$ 的含义。

3－3　试比较布氏、洛氏硬度测量法，它们各适于测定哪些材料的硬度？

3－4　什么叫同素异构转变？试举例说明。

3－5　最常见的金属晶体结构有哪些？

3－6　铁碳合金的基本组织有哪几种？它们各有什么特点？

3－7　抄画 $Fe-Fe_3C$ 状态图，A_1，A_3 和 A_{cm} 各表示什么意义？

3－8　请分析随钢中含碳量的增加，其组织性能的变化规律。

3－9　什么是退火与正火工艺？两者的特点和用途有什么不同？

3－10　淬火的目的是什么？常用有哪些方法？

3－11　淬火后为什么还要回火？锯条，弹簧和轴各应进行哪种热处理为合适？

3－12　哪些类型的零件需要表面热处理？常用的表面热处理方法有哪几种？

3－13　按用途分，碳钢可分为哪几类？主要用途各是什么？

3－14　生产中应用最多的是哪一类铸铁？它具有哪些特点？

3－15　轴承合金应满足哪些要求？常用的轴承合金有哪几类？

3－16　试识别下列材料，并说明其意义：

Q235、T12A、ZG200－400、45、60Si2Mn、W18Cr4V、2Cr13、HT150、QT600－3、GCr15、H68、QSn4－3、T3

第四章　零件公差与配合

§4－1　尺寸公差与配合

一、互换性概述

所谓互换性是指机械产品中同一规格的一批零件或部件，任取其中一件，不需作任何挑选、调整或辅助加工（如钳工修配），就能进行装配，并能保证满足机械产品的使用性能要求的一种特性。

零（部）件具有互换性便于组织流水作业和自动化装配，也便于组织协作和专业化生产，实现产品的优质、高产、低成本。因此，互换性是现代化大工业生产必不可少的条件。而极限与配合的标准制（化）是实现互换性的一个基本条件（GB/T 1800.1－2009）。

二、极限与配合标准制

（一）基本术语和定义

1. 有关要素的术语定义

（1）要素

构成零件几何特征的点、线、面。

（2）尺寸要素

由一定大小的线性尺寸或角度尺寸确定的几何形状。

（3）实际（组成）要素（代替原实际尺寸）

由接近实际（组成）要素所限定的工件实际表面的组成要素部分。

（4）提取组成要素

按规定的方法，由实际（组成）要素提取有限数目的点所形成的实际（组成）要素的近似替代。

（5）拟合组成要素

按规定的方法，由提取组成要素形成的并具有理想形状的组成要素。

2. 孔和轴

孔：通常指工件的圆柱形内尺寸要素，也包括非圆柱形内尺寸要素（由两平行平面或切面形成的包容面）。如图 4－1 所示零件的各内表面上，D_1、D_2、D_3、D_4尺寸都称为孔。

轴：通常指工件的圆柱形外尺寸要素，也包括非圆柱形外尺寸要素（由两平行平面或切面形成的被包容面）。如图 4－1 所示零件的各外表面上，d_1、d_2、d_3各尺寸都称为轴。

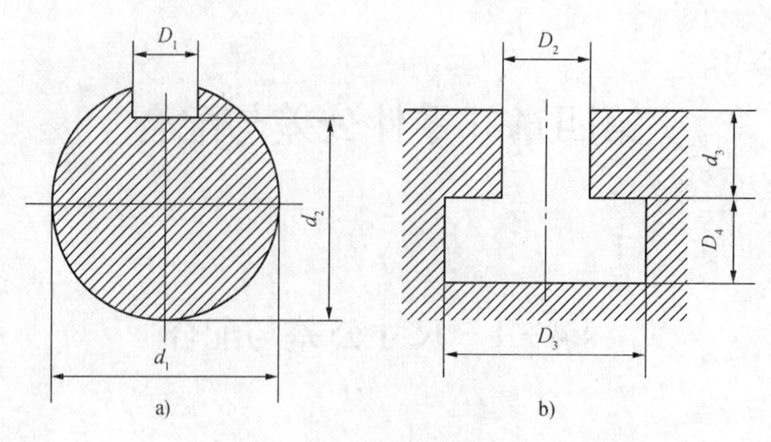

图 4-1 孔与轴

3. 尺寸

(1) 尺寸(亦称线性尺寸,或称长度尺寸)

尺寸是用特定单位表示线性尺寸值的数值。尺寸表示长度的大小,包括直径、长度、宽度、高度、厚度以及中心距、圆角半径等。它由数字和长度单位(如 mm)组成。不包括用角度单位表示的角度尺寸。

(2) 公称尺寸(D,d)(代替原基本尺寸,标准规定,大写字母表示孔的有关代号,小写字母表示轴的有关代号。后同)

公称尺寸是由图样规范确定的理想形状要素的尺寸。也是用来与极限偏差(上极限偏差和下极限偏差)一起计算得到极限尺寸(上极限尺寸和下极限尺寸)的尺寸(如图 4-2a)所示)。它是确定偏差位置的起始尺寸。

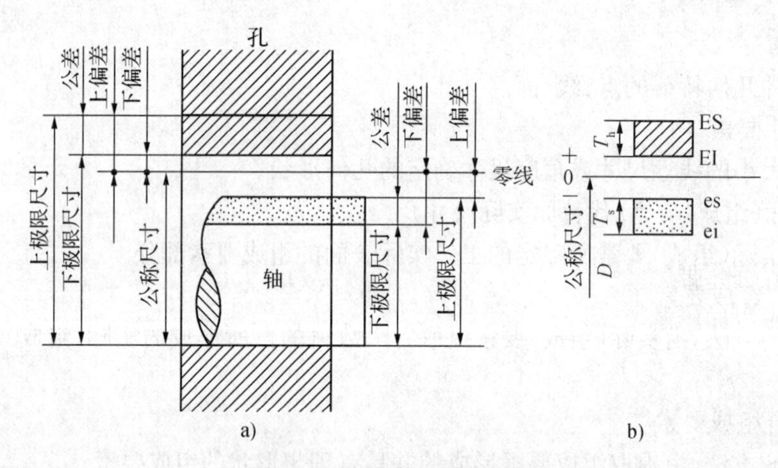

图 4-2 极限与配合示意图

公称尺寸是从零件的功能出发,通过强度、刚度等方面的计算或结构需要,并考虑工艺方面的其他要求后确定的,公称尺寸可以是一个整数或一个小数值,例如 32;15;8.75;0.5 等等,它一般应按 GB/T 2822-2005《标准尺寸》选取并在图样上标注。

(3) 提取组成要素的局部尺寸(D_a,d_a)(代替原局部实际尺寸)

一切提取组成要素上两对应点之间距离的统称。(为方便起见,可将提取组成要素的局

部尺寸简称为提取要素的局部尺寸）

（4）极限尺寸

极限尺寸是指尺寸要素允许的尺寸的两个极端。提取组成要素的局部尺寸应位于其中，也可达到极限尺寸。

尺寸要素允许的最大尺寸称为上极限尺寸；尺寸要素允许的最小尺寸称为下极限尺寸。孔或轴的上极限尺寸分别以 D_S 和 d_s 表示。下极限尺寸分别以 D_I 和 d_i 表示。

对于孔：　$D_I \leqslant D_a \leqslant D_S$；

对于轴：　$d_i \leqslant d_a \leqslant d_s$。

4. 偏差和公差

（1）尺寸偏差（简称偏差）

尺寸偏差是某一尺寸减其公称尺寸所得的代数差。

极限尺寸减其公称尺寸所得到的代数差称为极限偏差。分为上（极限）偏差和下（极限）偏差。偏差可以为正、负或零值。

孔：　上偏差 $\mathrm{ES} = D_S - D$；下偏差 $\mathrm{EI} = D_I - D$；

轴：　上偏差 $\mathrm{es} = d_s - d$；下偏差 $\mathrm{ei} = d_i - d$。

（2）尺寸公差（简称公差）

尺寸公差是允许尺寸的变动量。它等于上极限尺寸减下极限尺寸之差，或上极限偏差减下极限偏差之差（公差是一个没有符号的绝对值。即没有正、负值之分，也不允许为零）。

孔公差：　$T_h = D_S - D_I = \mathrm{ES} - \mathrm{EI}$

轴公差：　$T_s = d_s - d_i = \mathrm{es} - \mathrm{ei}$

5. 公差带图解

以基本尺寸为零线（零偏差线），用适当的比例画出两极限偏差，以表示尺寸允许变动的界限及范围，称为公差带图解，简称公差带图。如图 4 - 2b）所示。这种图解既简单易画，又清楚易看。

零线　在公差带图解中，表示基本尺寸的一条直线，并以其为基准确定偏差和公差。通常零线沿水平方向绘制，正偏差位于其上，负偏差位于其下。偏差值多以微米（μm）为单位。

公差带　在公差带图解中，由代表上偏差和下偏差或最大极限尺寸和最小极限尺寸的两条直线所限定的一个区域。它是由公差大小和相对于零线的位置两个要素确定的。

6. 配合

（1）配合

公称尺寸相同的，相互结合的孔和轴公差带之间的关系。根据孔和轴公差带之间的关系不同，配合分为间隙配合、过盈配合和过渡配合三大类。

（2）间隙和过盈

孔的尺寸减去相配合的轴的尺寸所得代数差，此差值为正时称为间隙，用 X 表示。为负时称为过盈，用 Y 表示。

(3) 配合种类

根据相配合的孔、轴公差带不同的相对位置关系,可把配合分成三类:

① 间隙配合

具有间隙(包括最小间隙为零)的配合。此时,孔的公差带在轴的公差带之上。见图4-3a)所示。

由于孔、轴的实际尺寸允许在各自公差带内变动,所以孔、轴配合的间隙也是变动的。当孔为D_S而相配轴为d_i时,装配后形成最大间隙X_{max};当孔为D_I而相配合轴为d_s时,装配后形成最小间隙X_{min}。用公式表示为:

$$X_{max} = D_S - d_i = ES - ei$$

$$X_{min} = D_I - d_s = EI - es$$

X_{max}和X_{min}统称为极限间隙。实际生产中,成批生产的零件其实际尺寸大部分为极限尺寸的平均值,所以形成的间隙大多数在平均尺寸形成的平均间隙附近,平均间隙以X_{av}表示,其大小为:

$$X_{av} = \frac{X_{max} + X_{min}}{2}$$

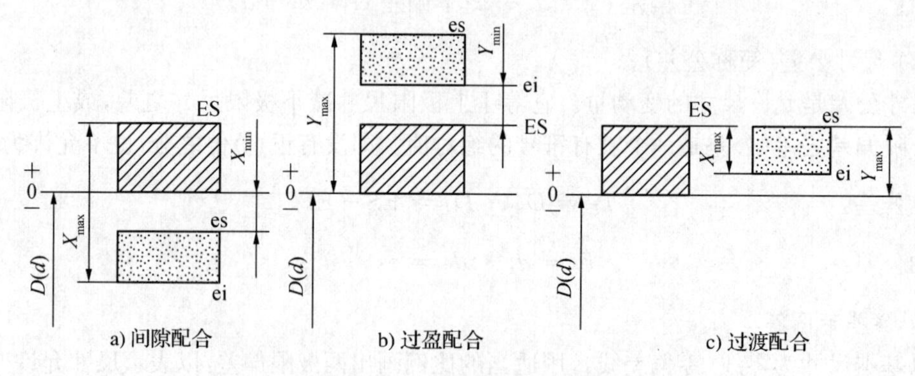

图4-3 三类配合的公差带

② 过盈配合

具有过盈(包括最小过盈为零)的配合。此时,孔的公差带在轴的公差带的下方。如图4-3b)所示。

当孔为D_I而相配合轴为d_s时,装配后形成最大过盈Y_{max};当孔为D_S而相配合轴为d_i时,装配后形成最小过盈Y_{min}。用公式表示为:

$$Y_{max} = D_I - d_s = EI - es$$

$$Y_{min} = D_S - d_i = ES - ei$$

Y_{max}和Y_{min}统称为极限过盈。同上,在成批生产中,最可能得到的是平均过盈附近的过盈值,平均过盈用Y_{av}表示,其大小为:

$$Y_{av} = \frac{Y_{max} + Y_{min}}{2}$$

③ 过渡配合

可能具有间隙或过盈的配合。此时,孔的公差带与轴的公差带相互交叠。见图4－3c)。当孔为 D_S 而相配合的轴为 d_i 时,装配后形成最大间隙 X_{max};而孔为 D_I 相配合轴为 d_s 时,装配后形成最大过盈 Y_{max}。用公式表示为:

$$X_{max} = D_S - d_i = ES - ei$$

$$Y_{max} = D_I - d_s = EI - es$$

与前两种配合一样,成批生产的零件,最可能得到的是平均间隙或平均过盈附近的值,其大小为:

$$X_{av}(Y_{av}) = \frac{X_{max} + Y_{max}}{2}$$

按上式计算所得的值为正时是平均间隙,为负时是平均过盈。

④ 配合公差(T_f)

组成配合的孔、轴公差之和。它是允许间隙或过盈的变动量。

$$\left.\begin{aligned}&\text{对于间隙配合}\ T_f = X_{max} - X_{min}\\&\text{对于过盈配合}\ T_f = Y_{min} - Y_{max}\\&\text{对于过渡配合}\ T_f = X_{max} - Y_{max}\end{aligned}\right\} = T_h + T_S$$

上式说明配合精度取决于相互配合的孔和轴的尺寸精度。若要提高配合精度,则必须减少相配合孔、轴的尺寸公差,这将会使制造难度增加,成本提高。所以设计时要综合考虑使用要求和制造难易这两个方面,合理选取,从而提高综合技术经济效益。

(二) 极限制与基准制

1. 极限制

经标准化的公差与偏差制度称为极限制。

(1) 标准公差

在本标准极限与配合制中所规定的任一公差称为标准公差,并用“国际公差”的符号“IT”表示。标准公差取决于公称尺寸的大小和标准公差等级,其值可查表 4－1,并由它确定公差带的大小。其中,标准公差等级是用以确定尺寸精确程度(精度)的等级,共分 20 级。分别用 IT01、IT0、IT1～IT18 表示,等级(精度)依次降低,公差依次增大。属于同一公差等级对于所有基本尺寸的一组公差(虽数值不同)被认为具有同等精确程度。

表 4－1　标准公差数值

公称尺寸(mm)	公差等级																			
	(μm)													(mm)						
	IT01	IT0	IT1	IT2	IT3	IT4	IT5	IT6	IT7	IT8	IT9	IT10	IT11	IT12	IT13	IT14	IT15	IT16	IT17	IT18
≤3	0.3	0.5	0.8	1.2	2	3	4	6	10	14	25	40	60	0.10	0.14	0.25	0.40	0.60	1.0	1.4
>3～6	0.4	0.6	1	1.5	2.5	4	5	8	12	18	30	48	75	0.12	0.18	0.30	0.48	0.75	1.2	1.8
>6～10	0.4	0.6	1	1.5	2.5	4	6	9	15	22	30	58	90	0.15	0.22	0.36	0.58	0.90	1.5	2.2

（续表）

公称尺寸（mm）	公差等级																			
	(μm)													(mm)						
	IT01	IT0	IT1	IT2	IT3	IT4	IT5	IT6	IT7	IT8	IT9	IT10	IT11	IT12	IT13	IT14	IT15	IT16	IT17	IT18
>10～18	0.5	0.8	1.2	2	3	5	8	11	18	27	43	70	110	0.18	0.27	0.43	0.70	1.10	1.8	2.7
>18～30	0.6	1	1.5	2.5	4	6	9	13	21	33	52	84	130	0.21	0.33	0.52	0.84	1.30	2.1	3.3
>30～50	0.6	1	1.5	2.5	4	7	11	16	25	39	62	100	160	0.25	0.39	0.62	1.00	1.60	2.5	3.9
>50～80	0.8	1.2	2	3	5	8	13	19	30	46	74	120	190	0.30	0.46	0.74	1.20	1.90	3.0	4.6
>80～120	1	1.5	2.5	4	6	10	15	22	35	54	87	140	220	0.35	0.54	0.87	1.40	2.20	3.5	5.4
>120～180	1.2	2	3.5	5	8	12	18	25	40	63	100	160	250	0.40	0.63	1.00	1.60	2.50	4.0	6.3
>180～250	2	3	4.5	7	10	14	20	29	46	72	115	185	290	0.46	0.72	1.15	1.85	2.90	4.6	7.2
>250～315	2.5	4	6	8	12	16	23	32	52	81	130	210	320	0.52	0.81	1.30	2.10	3.20	5.2	8.1
>315～400	3	5	7	9	13	18	25	36	57	89	140	230	360	0.57	0.89	1.40	2.30	3.60	5.7	8.9
>400～500	4	6	8	10	15	20	27	40	63	97	155	250	400	0.63	0.97	1.55	2.50	4.00	6.3	9.7

注：公称尺寸小于 1 mm，无 IT14～IT18。

（2）基本偏差

用以确定公差带相对于零线位置的那个极限偏差称为基本偏差。它可以是上极限偏差或下极限偏差，一般为靠近零线的那个偏差。为了满足各种产品的不同要求，标准规定了孔和轴各有 28 种不同的基本偏差，并分别用代号大写和小写拉丁字母表示，见图 4－4。

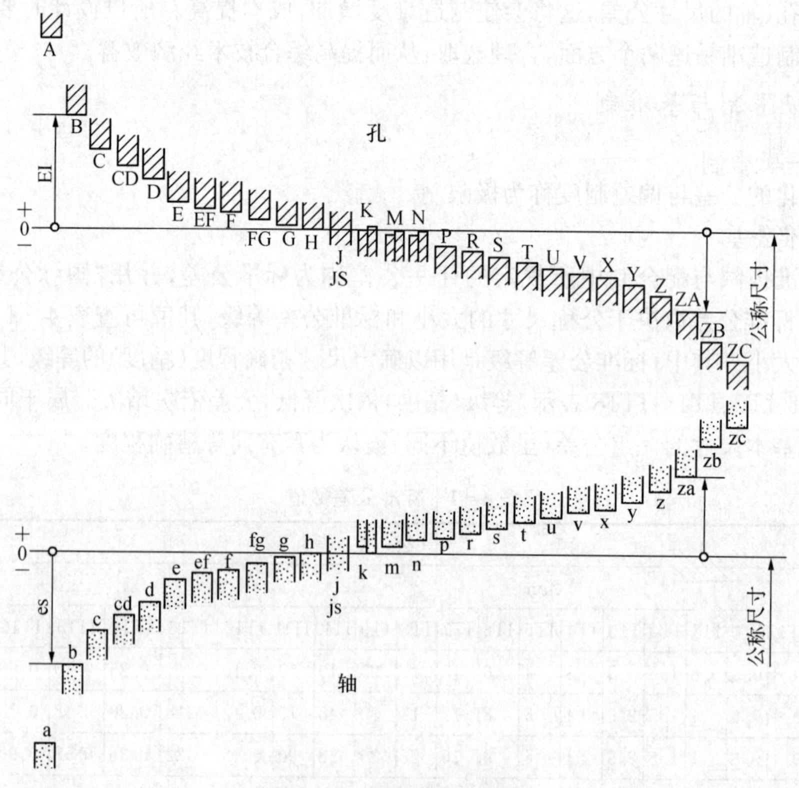

图 4－4　基本偏差系列图

由图可见，轴的基本偏差从 a 到 h 为上偏差，且为负值，其绝对值依次减小；从 j 到 zc 为下偏差，且为正值(j 例外)，其值依次增大。具体数值可查附录Ⅰ轴的基本偏差数值。孔的基本偏差从 A 到 H 为下偏差，且为正值，其值依次减小；从 J 到 ZC 为上偏差，且为负值(J 例外)其绝对值依次增大。具体数值可查附录Ⅰ孔的基本偏差数值。图中 h 和 H 的基本偏差均为零，分别代表基准轴和基准孔。js 和 JS 对称于零线，其上偏差均为$+\frac{IT}{2}$；下偏差均为$-\frac{IT}{2}$。

基本偏差系列图只画出了公差带中基本偏差的一端(一个极限偏差)。公差带的另一开口端(另一极限偏差)可由确定公差带大小的标准公差来决定。这就是说，在某一基本尺寸下，给定了基本偏差和公差等级，也就确定了一个公差带(位置和大小)。因此两者代号的组合如 H8、f7 等称为公差带代号。

(3) 孔和轴的极限偏差值

对于某一公称尺寸的孔或轴，由其基本偏差代号查附录Ⅰ，可得到其基本偏差值；由公差等级查表 4-1，可得到标准公差值。当基本偏差为上极限偏差时，则下极限偏差＝基本偏差－标准公差；当基本偏差为下极限偏差时，则上极限偏差＝基本偏差＋标准公差。

例 4-1 已知孔、轴的配合为 ϕ50H7/p6，试确定孔与轴的极限偏差值。

解：由公称尺寸 ϕ50(属于尺寸分段＞40～50)和孔的公差带代号 H7，由表 4-1 查得公差值 $T_h=25\ \mu m$，从附录Ⅰ可查得孔的基本偏差为下偏差 EI＝0。则上偏差 ES＝＋25 μm；

由基本尺寸 ϕ50 和轴的公差带代号 p6，由表 4-1 查得公差值 $T_s=16\ \mu m$，从附录Ⅰ可查得轴的基本偏差为下偏差 ei＝＋26 μm，则上偏差 es＝＋42 μm。

2. 基准制

基准制是指以两个相配合的零件中的一个零件为基准件，并确定其公差带位置，而改变另一个零件(非基准件)的公差带位置，从而形成各种配合的一种制度。国家标准中规定有基孔配合制和基轴配合制。

(1) 基孔配合制

基本偏差为一定的孔的公差带，与不同基本偏差的轴公差带形成各种(标准)配合的一种制度(体系)，如图 4-5a)所示。

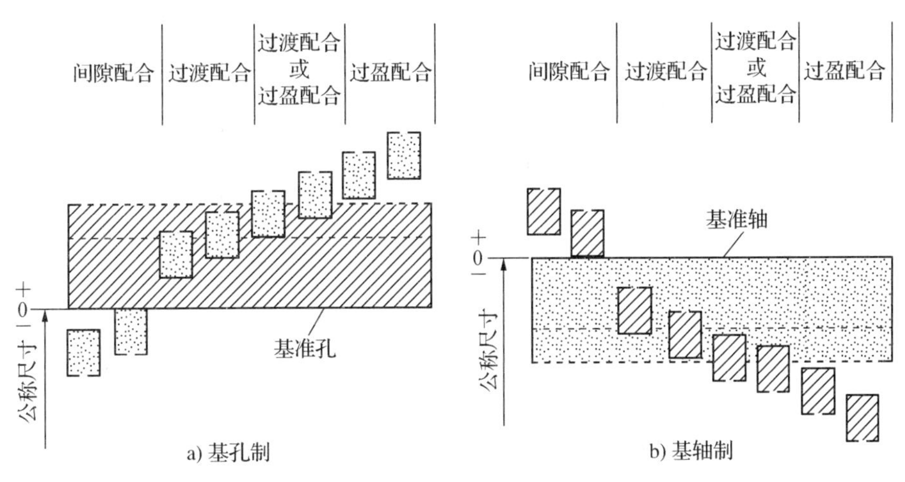

图 4-5 基准制

基孔配合制中的孔称为基准孔，基准孔的下极限尺寸与公称尺寸相等，即孔的下偏差为0，其基本偏差代号为H，基本偏差为：EI=0。

（2）基轴配合制

基本偏差为一定的轴的公差带，与不同基本偏差的孔的公差带形成各种配合的一种制度（体系），如图4-5b)所示。

基轴配合制中的轴称为基准轴，基准轴的上极限尺寸与公称尺寸相等，即轴的上偏差为0，其基本偏差代号为h，基本偏差为：es=0。

（3）配合代号

用孔、轴公差带代号组合表示，写成分数形式：分子为孔的公差带代号，分母为轴的公差带代号。

例如：H8/f7，在一定的公称尺寸下可表达为 $\phi 50\mathrm{H8/f7}$ 或 $\phi 50\,\frac{\mathrm{H8}}{\mathrm{f7}}$。

在配合代号中，凡分子中字母（孔的基本偏差代号）为H者，表示基孔制配合。凡分母中字母（轴的基本偏差代号）为h者，表示基轴制配合。凡分子中字母为H，而分母中字母又为h者，则必须根据具体图样中的情况，才能确定基孔制或基轴制配合。

（4）优先配合和常用配合

国家标准将孔、轴公差带分为优先、常用和一般用途公差带，并由孔、轴的优先和常用公差分别组成基孔制和基轴制的优先配合和常用配合，以便选用（表4-2、表4-3）。必要时也可按标准规定的材料公差和基本偏差组成孔、轴公差带及配合。

表4-2　基孔制优先、常用配合

基准孔	轴																				
	a	b	c	d	e	f	g	h	js	k	m	n	p	r	s	t	u	v	x	y	z
	间隙配合								过渡配合			过盈配合									
H6						$\frac{H6}{f5}$	$\frac{H6}{g5}$	$\frac{H6}{h5}$	$\frac{H6}{js5}$	$\frac{H6}{k5}$	$\frac{H6}{m5}$	$\frac{H6}{n5}$	$\frac{H6}{p5}$	$\frac{H6}{r5}$	$\frac{H6}{s5}$	$\frac{H6}{t5}$					
H7						$\frac{H7}{f6}$	▼$\frac{H7}{g6}$	▼$\frac{H7}{h6}$	$\frac{H7}{js6}$	▼$\frac{H7}{k6}$	$\frac{H7}{m6}$	▼$\frac{H7}{n6}$	▼$\frac{H7}{p6}$	$\frac{H7}{r6}$	▼$\frac{H7}{s6}$	$\frac{H7}{t6}$	▼$\frac{H7}{u6}$	$\frac{H7}{v6}$	$\frac{H7}{x6}$	$\frac{H7}{y6}$	$\frac{H7}{z6}$
H8					$\frac{H8}{e7}$	▼$\frac{H8}{f7}$	$\frac{H8}{g7}$	▼$\frac{H8}{h7}$	$\frac{H8}{js7}$	$\frac{H8}{k7}$	$\frac{H8}{m7}$	$\frac{H8}{n7}$	$\frac{H8}{p7}$	$\frac{H8}{r7}$	$\frac{H8}{s7}$	$\frac{H8}{t7}$	$\frac{H8}{u7}$				
				$\frac{H8}{d8}$	$\frac{H8}{e8}$	$\frac{H8}{f8}$		$\frac{H8}{h8}$													
H9			$\frac{H9}{c9}$	▼$\frac{H9}{d9}$	$\frac{H9}{e9}$	$\frac{H9}{f9}$		▼$\frac{H9}{h9}$													
H10			$\frac{H10}{c10}$	$\frac{H10}{d10}$				$\frac{H10}{h10}$													
H11	$\frac{H11}{a11}$	$\frac{H11}{b11}$	▼$\frac{H11}{c11}$	$\frac{H11}{d11}$				▼$\frac{H11}{h11}$													
H12		$\frac{H12}{b12}$						$\frac{H12}{h12}$													

注：1. $\frac{H6}{n5}$、$\frac{H7}{p6}$ 在公称尺寸≤3mm和 $\frac{H8}{r7}$ 在≤100mm时，为过渡配合。

2. 标注▼的配合为优先配合。

表 4－3　基轴制优先、常用配合

基准轴	孔																				
	A	B	C	D	E	F	G	H	Js	K	M	N	P	R	S	T	U	V	X	Y	Z
	间隙配合								过渡配合			过盈配合									
h5						F6/h5	G6/h5	H6/h5	Js6/h5	K6/h5	M6/h5	N6/h5	P6/h5	R6/h5	S6/h5	T6/h5					
h6						F7/h6	◤G7/h6	◤H7/h6	Js7/h6	◤K7/h6	M7/h6	◤N7/h6	◤P7/h6	R7/h6	◤S7/h6	T7/h6	◤U7/h6				
h7					E8/h7	◤F8/h7		◤H8/h7	Js8/h7	K8/h7	M8/h7	N8/h7									
h8				D8/h8	E8/h8	F8/h8		H8/h8													
h9				◤D9/h9	E9/h9	F9/h9		◤H9/h9													
h10				D10/h10				H10/h10													
h11	A11/h11	B11/h11	◤C11/h11	D11/h11				◤H11/h11													
h12		B12/h12						H12/h12													

注：标注◤的配合为优先配合。

3. 公差与配合在图样上的标注

在零件图上尺寸公差可按下面三种形式之一标注：

（1）在公称尺寸的右边注出公差带代号，见图 4－6a）。

（2）在公称尺寸的右边注出极限偏差值，见图 4－6b）。

（3）在公称尺寸的右边注出公差带代号和相应的极限偏差，且极限偏差应加上圆括号。见图 4－6c）。

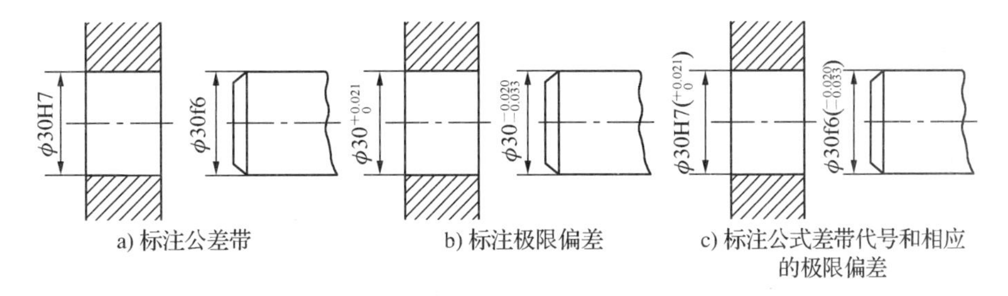

a) 标注公差带　b) 标注极限偏差　c) 标注公式差带代号和相应的极限偏差

图 4－6　零件图上尺寸公差的标注法

需要注意：① 当标注极限偏差时，上下偏差的小数点必须对齐，小数点后面的位数也必须相同（位数少者加零补足）。② 当上偏差或下偏差为“零”时，用数字“0”标出，并与下偏差或上偏差的小数点前的个位数对齐。③ 当公差相对于公称尺寸对称地配置，即两个偏差绝对值相同时（基本偏差为 JS 或 js 时），偏差只需注写一个值，并应在偏差与基本尺寸之间注出符号“±”，且两者数字的高度相同，如 ϕ50±0.012。

在装配图上，两零件有配合要求时，应在公称尺寸的右边注出相应的配合代号，并按图 4－7 所示的三种形式之一标注。

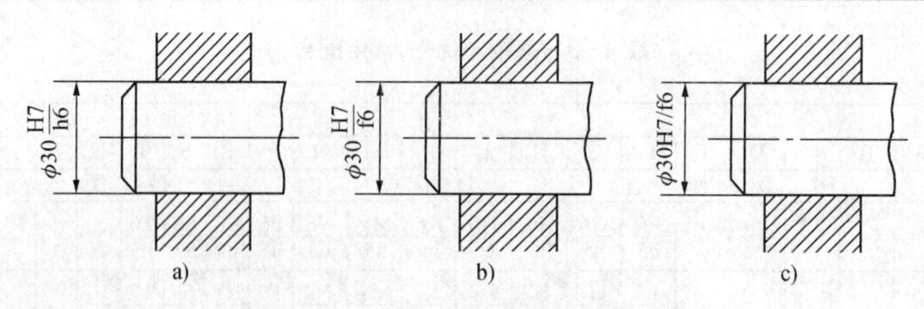

图 4-7　在装配图上配合的标注方法

§4-2　几何公差

一、概述

制造零件时，零件上各要素(点、线、面)的实际几何形状和它们之间的相对位置不可能做得完全理想，即不可避免地存在一定的误差。

例如：图 4-8a)表示一理想的圆柱体；而图 4-8b)则表示其实际形状存在着圆柱度误差和圆度误差，这类误差称为形状误差。

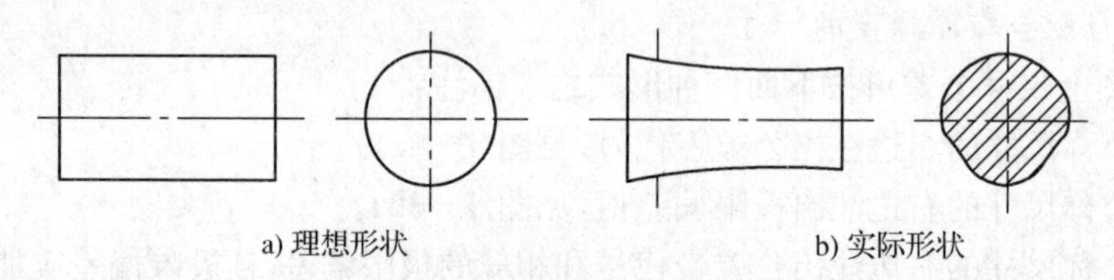

图 4-8　零件的形状误差

又如：图 4-9a)表示为一阶梯轴的理想位置——三个轴段同轴线；而图 4-9b)则表示其实际位置存在着同轴度误差——左轴颈的轴线发生偏移或倾斜，这种误差称为位置误差。

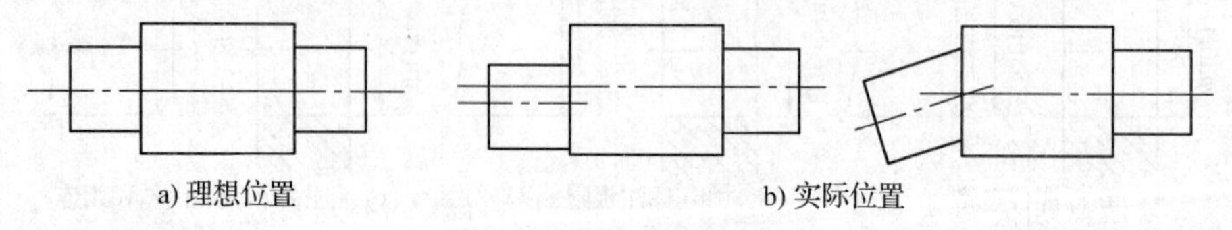

图 4-9　零件的位置误差

由此可见，零件加工后，即使尺寸合格，也可能因为形状误差和(或)位置误差过大而使产品无法装配或达不到所要求的性能，为此还应分别规定形状误差、方向误差、位置误差及跳动量的允许变动全量，相应称为形状公差、方向公差、位置公差及跳动公差，简称几何公差(GB/T 1182-2008)。

二、几何公差的项目符号及标注

(一) 公差的项目和符号

几何公差共有 14 个项目，各项目的名称和符号见表 4-4。

表 4－4　几何特征的名称和符号(GB/T 1182—2008)

公　差	项　目	符　号
形状	直线度	⏤
	平面度	⏥
	圆度	○
	圆柱度	⌭
形状或方位	线轮廓度	⌒
	面轮廓度	⌓

公　差		项　目	符　号
位置	方向	平行度	∥
		垂直度	⊥
		倾斜度	∠
	位置	位置度	⌖
		同心度 同轴度	◎
		对称度	⌯
	跳动	圆跳动	↗
		全跳动	⌰

（二）几何公差的标注

在技术图样上标注几何公差，应有公差框格、被测要素和基准（只对位置公差）三项内容。

1. 公差框格

公差框格用来给出形位公差要求，并用细实线水平（或垂直）绘制。

框格由两格或多格组成，框格中的内容从左到右按以下次序填写，见图 4－10。

(1) 几何特征的符号

(2) 公差值　如公差带为圆形或圆柱形时，则在公差值前加注“ϕ”，如是球形时则加注“$S\phi$”；

(3) 基准字母　用一个或多个字母表示基准要素或基准体系。

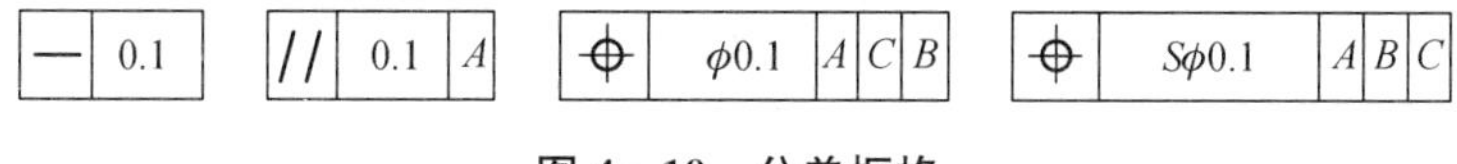

图 4－10　公差框格

此外，还应遵循下列简化规定：

(1) 当一个以上要素作为被测要素时，如 6 个要素，应在框格上方标明，如“6×”，见图 4－11a)。

(2) 如对同一要素有一个以上的公差项目要求时，为方便起见，可将一个框格放在另一个框格的下面。见图 4－11b)。

(3) 如对同一要素的公差值在全部被测要素内的任一部分有进一步的限制时,该限制部分的限制条件(长度或面积)应放在公差值的后面,用斜线相隔。这种限制要求可以直接放在表示全部被测要素公差要求的框格下面,见图 4－11c)。

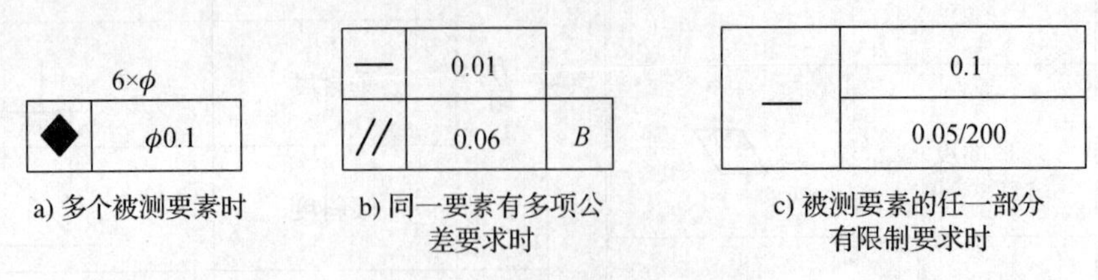

a) 多个被测要素时　b) 同一要素有多项公差要求时　c) 被测要素的任一部分有限制要求时

图 4－11　公差框格的简化规定

2. 被测要素

一般用带箭头的指引线将框格与被测要素直接相连,见图 4－12、4－13、4－14。

现将具体的标注方式介绍如下:

(1) 当公差涉及轮廓或表面时,将箭头置于要素的轮廓线或轮廓线的延长线上。但必须与尺寸线明显地分开,见图 4－12。

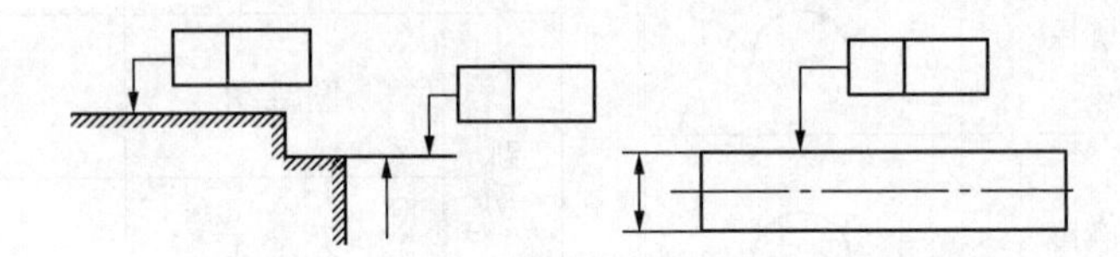

图 4－12　被测要素的标注方式(一)——公差涉及轮廓或表面时

(2) 当公差涉及轴线或中心平面时,则带箭头的指引线应与尺寸线的延长线重合,见图 4－13。

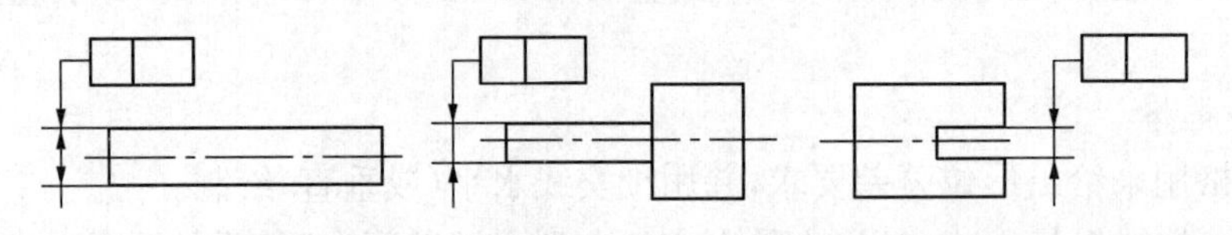

图 4－13　被测要素的标注方式(二)——公差涉及轴线或中心平面时

(3) 对几个表面有同一数值的公差带要求时,其表示方法见图 4－14。

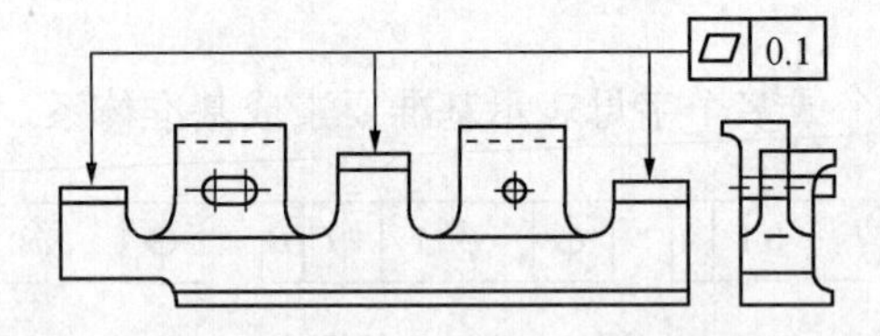

图 4－14　被测要素的标注方式(三)——对几个表面有同一数值的公差带要求时

3. 基准

相对于被测要素的基准,用基准字母表示,并画出基准符号,字母标注在基准方格内,用细实线与一个涂黑的或空白的三角形相连,见图 4－15。

表示基准的字母也应注在公差框格内:

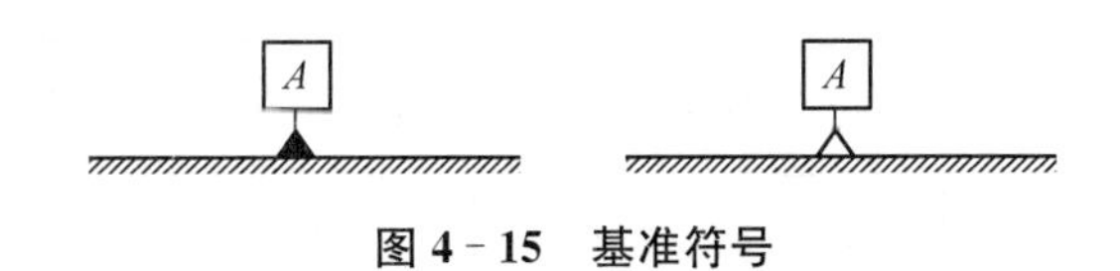

图 4-15　基准符号

(1) 单一基准要素用大写字母表示,见图 4-16a)。

(2) 由两个要素组成的公共基准体系,用由横线隔开的两大写字母表示,见图 4-16b)。

(3) 由两个或三个要素组成的基准体系,如多基准组合,表示基准的大写字母应按基准的优先次序从左至右分别置于各格中,见图 4-16c)。

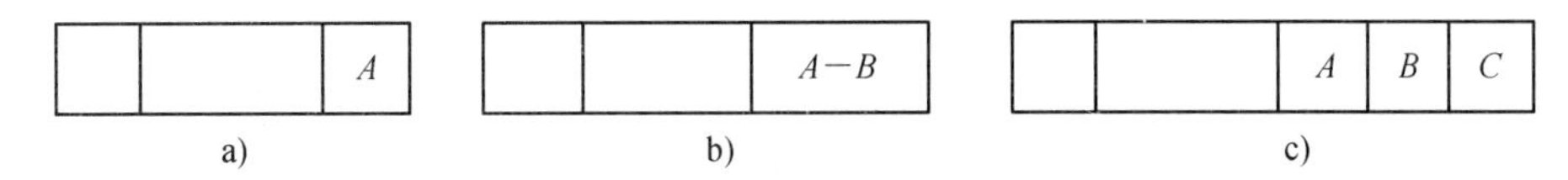

图 4-16　表示基准的字母在公差框格中的填写

基准符号的基准三角形应置放于:

(1) 当基准要素是轮廓线或表面时,在要素的外轮廓线上方或它的延长线上方,但应与尺寸线明显错开,见图 4-17。

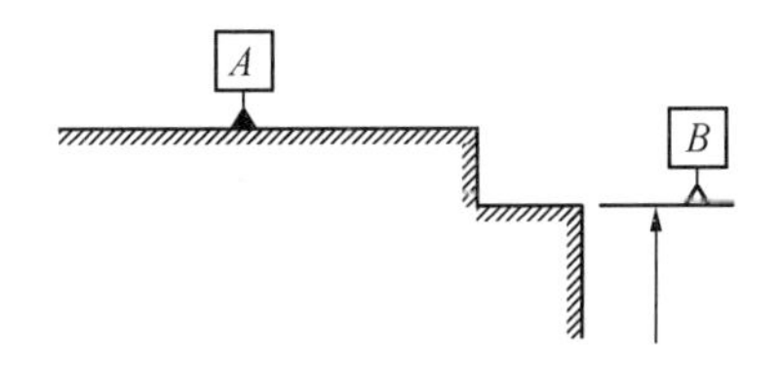

图 4-17　基准符号中的基准三角形的放置方法(一)

(2) 当基准要素是轴线或中心平面时,则基准符号中的细实线连线与尺寸线一致,见图 4-18。

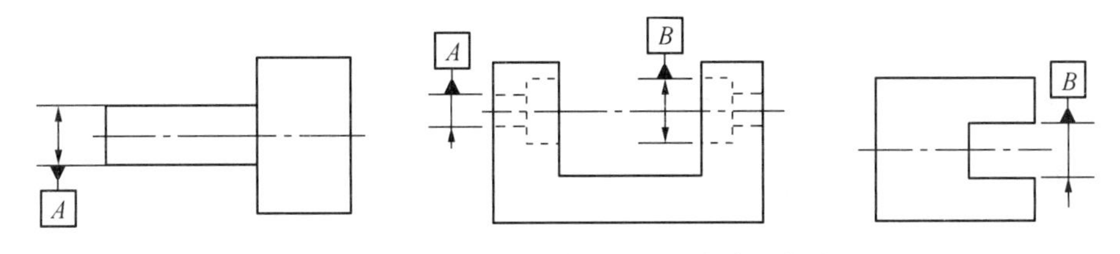

图 4-18　基准符号中的基准三角形的放置方法(二)

4. 几何公差的公差等级和公差值

国家标准 GB/T 1184-1996 中对形位(几何)公差各项目规定了 1~12 共 12 个公差等级,等级数越大,公差值也越大,精度则越低。具体的公差值见国标(GB/T 1184-1996)。设计时,应根据零件的功能要求,并考虑加工的经济性和零件的结构、刚度等情况,按表中数系确定要素的公差值。

5. 几何公差的标注实例

例 4-2　曲轴的几何公差标注如图 4-19。

解释:

(1) 曲轴轴颈的轴线和曲拐部分轴线之间的平行度为 ϕ0.02 mm,基准是 A、B 两轴颈

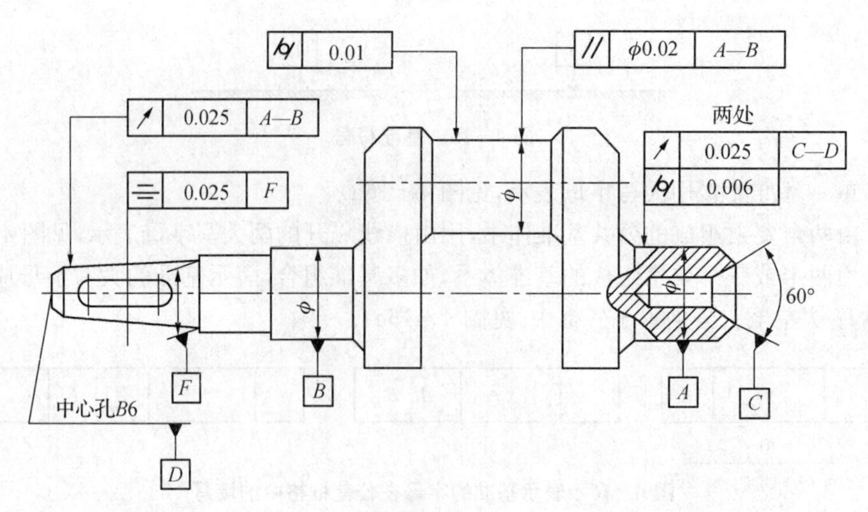

图 4-19 曲轴

的实际轴线所构成的公共轴线。

(2) 曲拐部分圆柱度为 0.01 mm。

(3) 曲轴左端锥体部分的圆跳动为 0.025 mm，基准是 A、B 两轴颈的实际轴线所构成的公共轴线。

(4) 曲轴左端锥体部分之键槽的对称度为 0.025 mm，基准是锥体的轴线。

(5) 右端轴颈的圆跳动为 0.025 mm，基准是 C、D 两中心孔的锥面部分的轴线所构成的公共轴线。

(6) 右端轴颈的圆柱度为 0.006 mm。

§4-3 表面粗糙度

一、表面粗糙度概念、参数及其数值

零件上经过机械加工的表面，看起来很光滑，若用显微镜观察，则会看到表面有明显的高低不平的粗糙痕迹，见图 4-20。

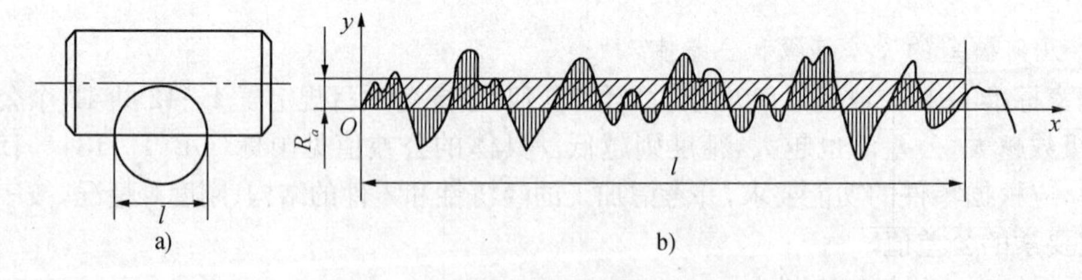

图 4-20 零件表面粗糙度的概念

这种零件加工表面上具有的间距较小的峰谷所组成的微观几何特性称为表面粗糙度(GB/T 131-2006、GB/T 1031-2009)。

评定表面粗糙度的参数有两种：轮廓的算术平均偏差 *Ra*、轮廓的最大高度 *Rz*。

这里仅介绍生产中最常用的参数 *Ra*，它是指在取样长度 *l*（用于判别具有表面粗糙度特征的一般基准线长度）内，轮廓偏差 *y*（表面轮廓上点至基准线的距离）绝对值的算术平均值，见图 4－20。

国家标准“表面粗糙度参数及其数值”中规定了 *Ra* 的数值及其对应的取样长度 *l* 和评定长度 *ln*，见表 4－5。

表 4－5　表面粗糙度参数 *Ra* 的数值（摘自 GB/T 1031－2009）

Ra/μm	0.012	0.025	0.050	0.100	0.2	0.4	0.8	1.6	3.2	6.3	12.5	25	50	100
l/mm	0.08	0.25			0.8				2.5		8.0			25
ln/mm	0.40	1.25			4.0				12.5		40			125

注：本表只列入应优先采用的第一系列的 *Ra* 值。

二、表面粗糙度符号、代号及其意义

图样上表示零件表面粗糙度的符号及其意义见表 4－6。

表 4－6　表面粗糙度的符号及其意义（摘自 GB/T131－2006）

符　号	意义及说明
	基本符号，表示表面可用任何方式获得。当不加注粗糙度参数值或有关说明（例如：表面处理、局部热处理状况等）时，仅适用于简化代号标注
	表示用去处材料的方法获得。例如：车、铣、钻、磨、剪切、抛光、电火花加工、气割等
	表示用不去处材料的方法获得。例如：铸、锻、冲压、热轧、冷轧、粉末冶金等，或者表示保持原供应状况（包括保持上道工序的状况）的表面
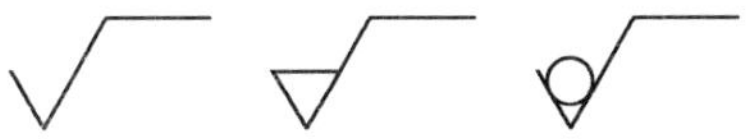	在上述三个符号的长边上均需加一道横线，用于标注有关参数或说明

表面粗糙度的代号及意义见表 4－7。*Ra* 在代号中用数值表示，单位为微米。

表 4－7　表面粗糙度的代号及意义

代　号	意　义
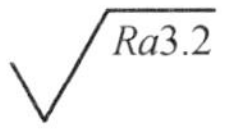 *Ra*3.2	用任何方法获得的表面粗糙度，*Ra* 的上限值为 3.2 μm
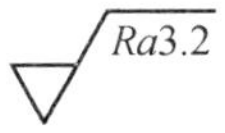 *Ra*3.2	用去处材料的方法获得的表面粗糙度，*Ra* 的上限值为 3.2 μm
 *Ra*3.2	用不去处材料的方法获得的表面粗糙度，*Ra* 的上限值为 3.2 μm

三、表面粗糙度在图样上的标注方法

(一) 表面粗糙度符号、代号一般标注在可见轮廓线、尺寸界线、引出线或它们的延长线上。符号的尖端必须从材料外指向表面,见图 4-21a)。必要时,表面粗糙度符号也可用带黑点(图 4-21b))或箭头(图 4-21c))的指引线引出标注。

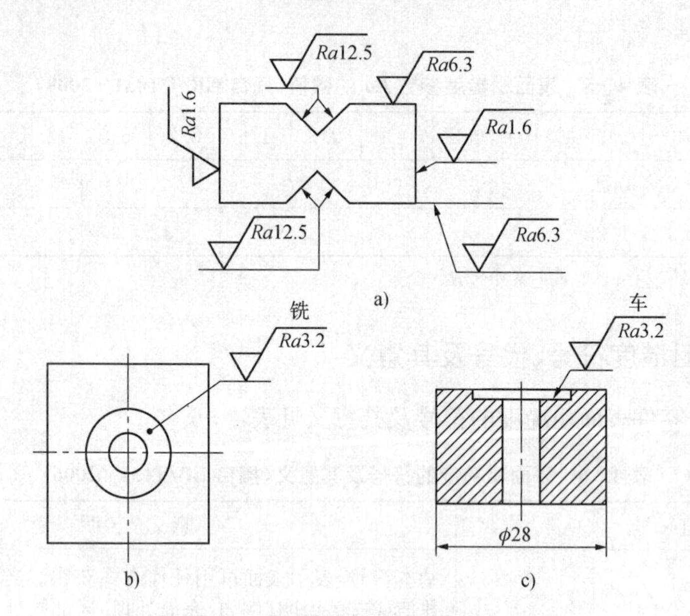

图 4-21 表面粗糙度的标注方法(一)

(二) 表面粗糙度符号可标注在几何公差框格的上方,见图 4-22。

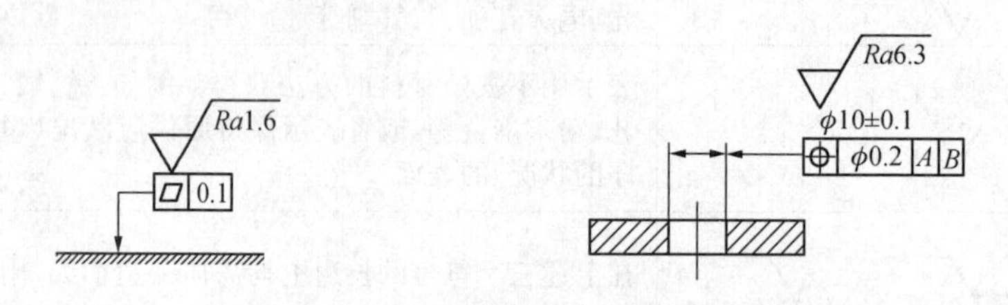

图 4-22 表面粗糙度标注方法(二)

(三) 当零件多个表面具有相同的表面粗糙度要求时,其符号、代号可在图样的标题栏附近统一标注,用圆括号内给出无任何其他标志的基本符号,见图 4-23。

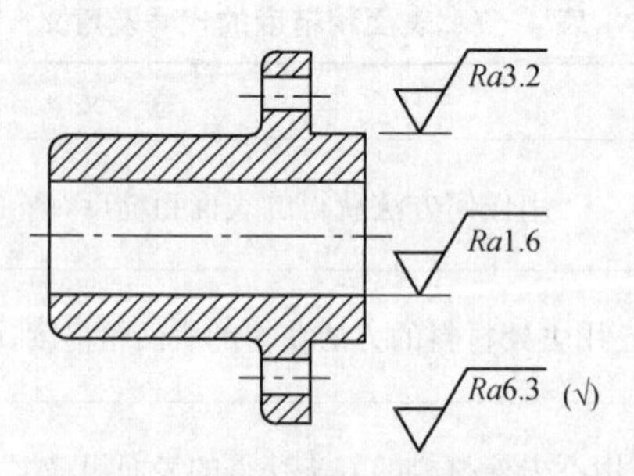

图 4-23 表面粗糙度的统一标注

四、表面粗糙度 Ra 值的选用

零件的表面粗糙度是零件表面质量的重要指标之一，它对表面间的摩擦与磨损、接触刚度、配合性质、密封性、抗蚀性、疲劳强度、涂漆性能以及零件的外观等使用功能都有着显著的影响。

因此，为了保证产品质量和降低产品成本，应对零件的每一个表面均确定出合理的表面粗糙度。

其原则是在保证零件使用功能的前提下，选用尽量大的表面粗糙度 Ra 值，以降低成本。

具体选择时，可根据零件表面的功能要求，参考有关资料，用类比法确定，并相应采用较经济的加工方法。今将 Ra 值的选用列入表 4－8，供设计时参考。

表 4－8　Ra 值的选用

$Ra/\mu m$	表面特征	主要加工方法	应用举例
$\bigcirc\!\!\!\!\!\checkmark$	毛坯粗糙表面	未经机械加工	不接触的内、外非工作表面
50	明显可见刀痕	粗车、粗铣、粗刨、钻、粗纹锉刀和粗砂轮加工	要求最低的加工表面，应用较少
25	可见刀痕		
12.5	微见刀痕	粗车、刨、立铣、平铣、钻	不重要的接触面，如沉孔表面、螺栓孔表面等
6.3	可见加工痕迹	精车、精铣、精刨、铰、镗、粗磨等	相对运动速度较低的配合面，如低速滑动轴承配合面，普通机床导轨面等；主要接触面，如齿轮泵体与盖的结合面，机器部件间的安装表面等
3.2	微见加工痕迹		
1.6	看不见加工痕迹		
0.80	可辨加工痕方向	精车、精铰、精拉、精镗、精磨等	有较高的相对运动速度的配合面，如高速滑动轴承配合面，高速齿轮齿面等；气密性要求较高的接触面，如油泵偶件等
0.40	微辨加工痕方向		
0.20	不可辨加工痕方向		
0.10	暗光泽面	研磨、抛光、超级精细研磨等	精密量具、块规的工作表面；极重要零件的高速摩擦表面，如气缸的内表面；坐标镗床、精密螺纹磨床等精密机械的主轴颈等
0.05	亮光泽面		
0.025	镜状光泽面		
0.012	雾状镜面		
0.006	镜面		

注：对于有耐蚀要求、美观要求或其他特殊功能要求者应取较小的 Ra 值，不在此表所列范围。

习题 4

4－1　根据已经提供的数据，填写下列各空白处：

零件图上的要求					
序　号	公称尺寸	极限尺寸	极限偏差	公差	尺寸标注
1	轴 $\phi30$		es＝－0.040 ei＝－0.092		
2	轴 $\phi40$		es＝ ei＝		$\phi40_{-0.034}^{-0.009}$
3	轴 $\phi50$	50.015 49.990	es＝ ei＝		
4	孔 $\phi60$		ES＝ EI＝0	0.060	
5	孔 $\phi70$	70.015 69.985	ES＝ EI＝		
6	孔 $\phi90$		ES＝ EI＝＋0.036	0.035	
7	孔 $\phi125$		ES＝＋0.148 EI＝	0.063	

4－2　对下列三对孔与轴的配合，画出公差带图，指出各属何基准制，哪类配合？并计算它们的极限间隙或极限过盈，平均间隙或平均过盈以及配合公差。

(1) 孔 $\phi30_{0}^{+0.021}$，轴 $\phi30_{+0.022}^{+0.035}$

(2) 孔 $\phi40_{+0.009}^{+0.034}$，轴 $\phi40_{-0.016}^{0}$

(3) 孔 $\phi50_{0}^{+0.025}$，轴 $\phi50\pm0.008$

4－3　确定下列各孔、轴公差带的极限偏差，并画出公差带图，说明属何基准制，哪类配合？

(1) ϕ20H9/h9　(2) ϕ30H7/g6　(3) ϕ60H6/p5　(4) ϕ100H7/js6
(5) ϕ90M8/h8　(6) ϕ30G7/h6　(7) ϕ60P6/h5　(8) ϕ50R8/h7

4－4　什么叫公差？公差与偏差有何区别？试计算 $\phi20_{+0.025}^{+0.045}$ 及 $\phi20_{-0.050}^{-0.030}$ 的公差各为多少？

4－5　标准公差的作用是什么？标准公差共分为几个等级？如何用代号表示？

4－6　基本偏差的作用是什么？国家标准中规定有几种基本偏差？轴和孔的各个基本偏差代号如何表示？

4－7　将下列几何公差要求以框格符号的形式标注在零件图上。

(1) 如题 4-7(1)图所示零件

① $\phi48_{-0.025}^{0}$轴心线对 $\phi25_{-0.021}^{0}$轴心线的同轴度公差为 ϕ0.02。

② 左侧端面对 $\phi25_{-0.021}^{0}$轴心线的端面圆跳动公差为 ϕ0.03。

③ $\phi25_{-0.021}^{0}$外圆柱面的圆柱度公差为 0.01。

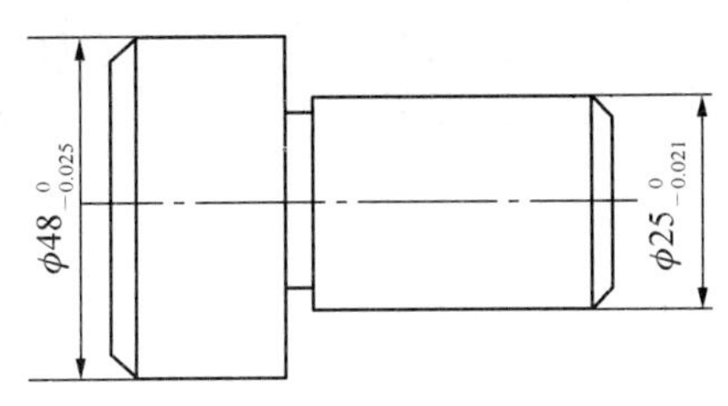

题 4-7(1)图

(2) 如题 4-7(2)图所示零件

① 左端面的平面度公差为 0.01。

② 右端面对左端面的平行度公差为 0.04。

③ ϕ70H7 孔的轴线对左端面的垂直度公差为 ϕ0.02。

④ ϕ210h7 圆柱面对 ϕ70H7 孔的轴线的径向圆跳动公差为 0.03。

⑤ 4—ϕ20H8 孔的轴线对左端面和 ϕ70H7 孔的轴线的位置度公差为 ϕ0.15。

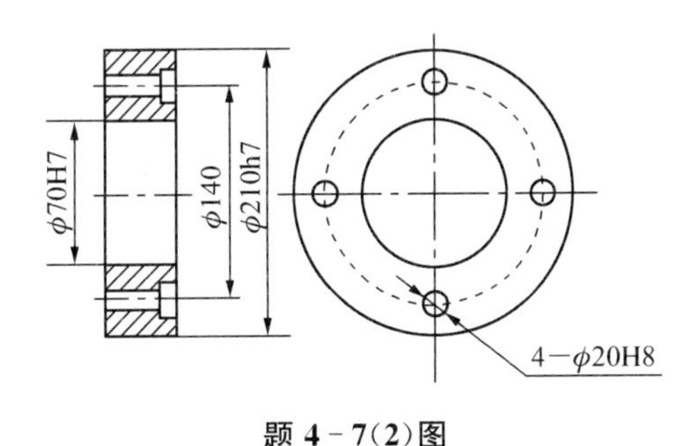

题 4-7(2)图

4-8　说明如图所示零件各几何公差代号的含义。

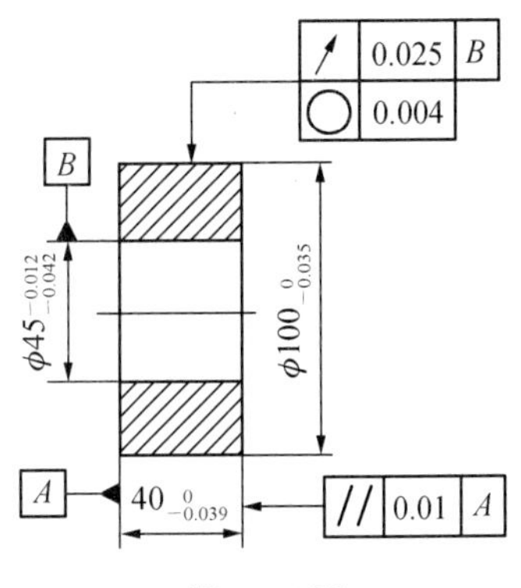

题 4-8 图

4-9　国家标准规定表面粗糙度符号有哪几种？

4-10　解释图(圆柱齿轮)中的各轮廓表面粗糙度符号的含义。

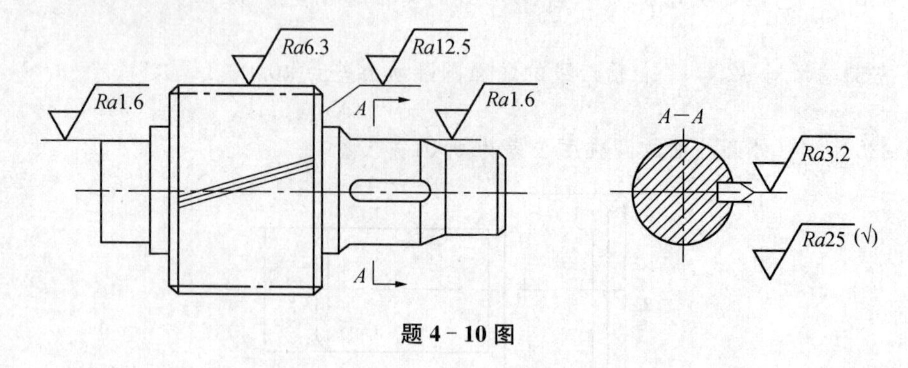

题 4-10 图

第五章　常用机构的分析与设计

引　言

在人们的日常生活和生产过程中，机械起着非常重要的作用。回顾机械发展的历史，从杠杆、滑轮到起重机、内燃机、汽车、拖拉机，以及机械手、机械人等，都说明机械的进步标志着生产力的不断发展。因此，机械的发展程度无疑是国家工业水平的重要标志之一，对于现代工程技术人员来说，学习机械基础知识是很有必要的。

一、机器与机构

尽管机器的种类繁多，其构造、性能和用途也各不相同，但它们都具有一些共同特性，任何机器都是为实现某种功能而设计制作的。

如图 5-1 所示的单缸内燃机，是由气缸体 1、活塞 2、连杆 3、曲轴 4、齿轮 5 和 6、凸轮 7、(排气阀)顶杆 8 和(进气阀)顶杆 9 等组成。其基本功能是使燃气在缸内经过进气—压

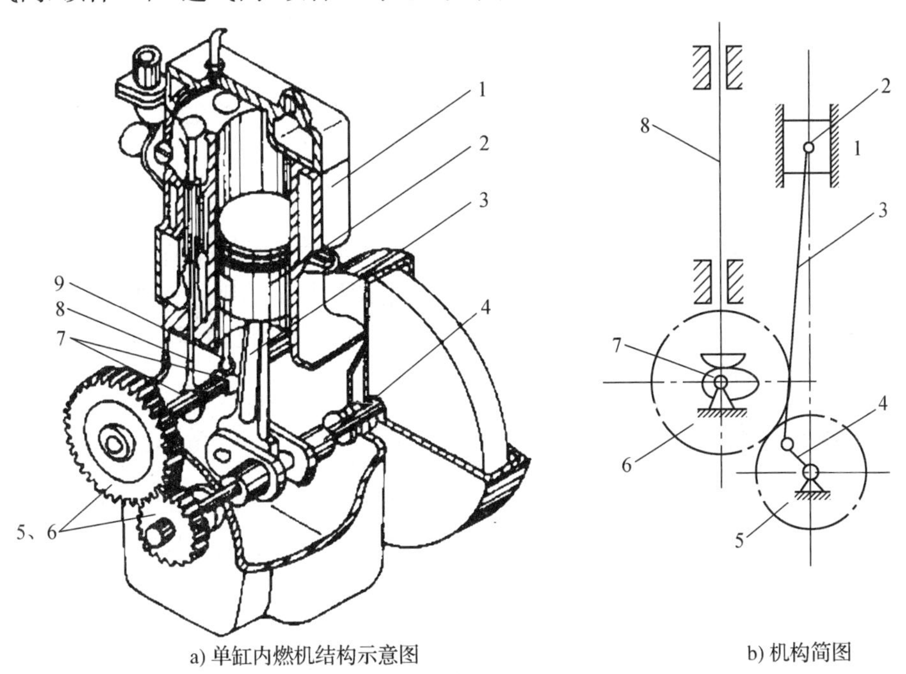

a) 单缸内燃机结构示意图　　b) 机构简图

图 5-1　单缸内燃机及机构简图

1-气缸体　2-活塞　3-连杆　4-曲轴　5、6-齿轮　7-凸轮　8、9-顶杆

缩—膨胀—排气的循环过程，将燃气燃烧的热能不断地转换为机械能，推动活塞运动，并通过连杆带动曲轴转动。为了保证曲轴连续转动，要求定时将燃气送入气缸和将废气排出，这是通过进气阀和排气阀完成的，而进、排气阀的启闭则是通过齿轮、凸轮、顶杆等部分的协同运动来实现的。

又如图 5－2 所示的颚式破碎机，其主体是由机架 1、偏心轴 2、动颚 3 和肘板 4 组成。偏心轮与带轮 5 固连，当电动机 V 带驱动带轮运转时，偏心轴则绕轴 A 转动，使动颚作平面运动，轧碎动颚与定颚 6 之间的矿石。

从以上两例的分析可知，机器具有以下共同特征：

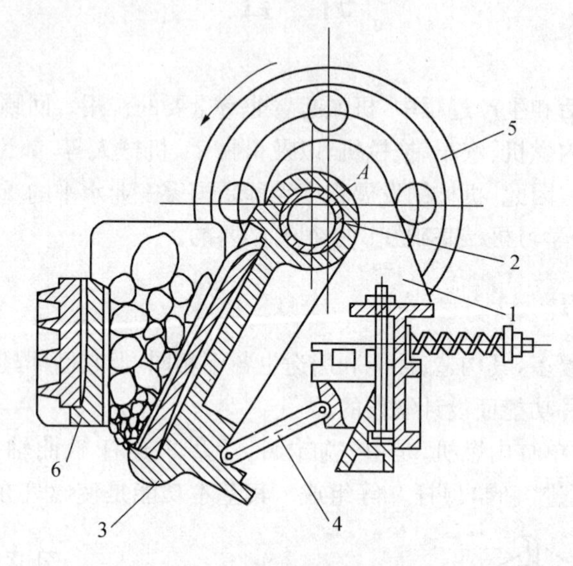

图 5－2　颚式破碎机

1－机架　2－偏心轴　3－动颚　4－肘板　5－带轮　6－定鄂

(1) 它们是人为实体的组合；

(2) 各实体间具有确定的相对运动；

(3) 它们能代替或减轻人类的劳动，完成有效的机械功或实现能量转换。

凡同时具有以上三个特征的称为机器；仅具有前两个特征的则称为机构。由图 5－1 可知，内燃机为机器，其中包含着曲柄滑块机构、凸轮机构和齿轮机构等。在工程上，常以“机械”一词作为机器和机构的统称。

二、构件与零件

组成机构的具有独立运动的实体称为构件。如图 5－1 中，曲柄滑块机构就是由连杆、曲轴、活塞和气缸体四个构件组成。构件通常是由几个零件构成的刚性整体，也可以是一个零件，如图 5－3 所示，连杆是一个构件，它又是由连杆体 1、连杆盖 2、轴套 3、轴瓦 4 和 5、螺栓 6、螺母 7 以及开口销 8 等零件构成的。

由此可见，构件与零件的主要区别在于：构件是机器的运动单元，它作为一个整体参与运动；零件是机器的制造单元。

1-连托体
2-连托盖
3-轴套
4、5-轴瓦
6-螺栓
7-螺母
8-开口销

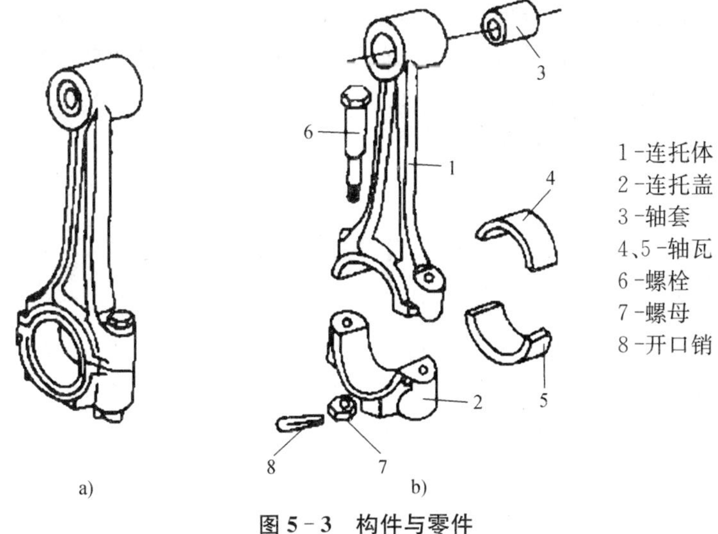

图 5-3　构件与零件

三、运动副

运动副是指两个构件直接接触，并能产生一定相对运动的连接。

若两构件间以面接触时，称为低副。在低副中，如两构件间只能相对转动，称为转动副，如图 5-1 中，连杆与活塞、连杆与曲轴、曲轴与气缸体之间均构成转动副。如两构件间只能相对移动，称为移动副，如图 5-1 中，活塞与气缸体之间构成的运动副。

若两构件间以点或线接触，称为高副。如图 5-1 中，两齿轮之间构成的齿轮副，凸轮与进（排）气阀的推杆之间构成的凸轮副等。

运动副通常用规定的符号来表示。图 5-4 为转动副的表示方法；图 5-5 为移动副的表示方法。两构件组成高副（如齿轮副、凸轮副等）时的表示方法可见图 5-1b）。

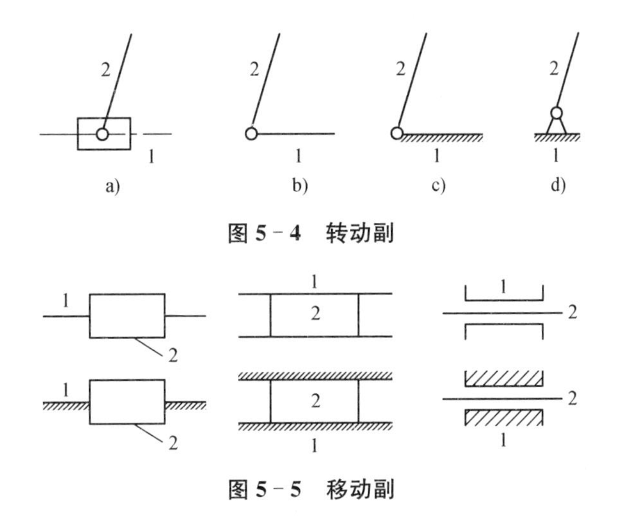

图 5-4　转动副

图 5-5　移动副

四、机构运动简图

在分析已有的机械或设计新机械时，为了简明地表示出机械中所含机构的种类、构件的组成、运动副、运动情况以及工作原理等,可仅根据那些与运动有关的因素,用一些简单的规定符号,绘制成机械图形,这种易画、易看的简明图形称之为机构(运动)简图。如图 5 - 1b)就是图 5 - 1a)的机构(运动)简图。

关于"机构运动简图符号",可参见附录Ⅱ。

§5 - 1 平面连杆机构

各构件之间均以低副相连接的机构称为连杆机构。由于它能实现多种运动形式的转换,并具有结构简单、制造容易、使用寿命长等一系列优点,因此在许多机械上都可以看到它的应用。其主要的功用是实现给定的运动规律或实现给定的运动轨迹。本章只讨论连杆机构中最简单、最基本的也是应用最广泛的平面四杆机构。

一、平面四杆机构的基本类型及应用

铰链四杆机构和曲柄滑块机构是平面四杆机构的基本形式,下面分别予以介绍。

(一) 铰链四杆机构

在平面四杆机构中,四个运动副都是转动副时称为铰链四杆机构,见图 5 - 6。其中固定不动的杆 4 称为机架,与杆 4 相对的杆 2 称为连杆,与机架相连的杆 1 和杆 3 都称为连架杆。如果连架杆能作整周转动时,称为曲柄,若不能作整周转动,而只能在一定角度范围内往复摆动时,则称为摇杆。因此,根据两连架杆的运动情况的不同,可将铰链四杆机构分为曲柄摇杆机构、双曲柄机构和双摇杆机构三种基本类型。

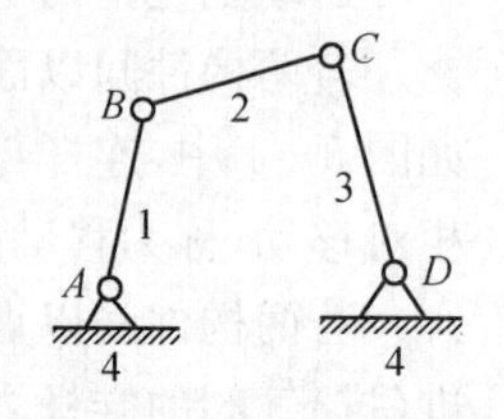

图 5 - 6 铰链四杆机构

1. 曲柄摇杆机构

在铰链四杆机构中,若一个连架杆为曲柄,另一个连架杆为摇杆时称为曲柄摇杆机构。如图 5 - 7 所示的雷达天线机构和图 5 - 8 所示的缝纫机踏板机构等都是它的应用实例。前者是将曲柄的回转运动转换成摇杆—雷达天线的往复运动;而后者是将摇杆—缝纫机踏板的往复摆动转换成曲柄—飞轮的连续回转运动。

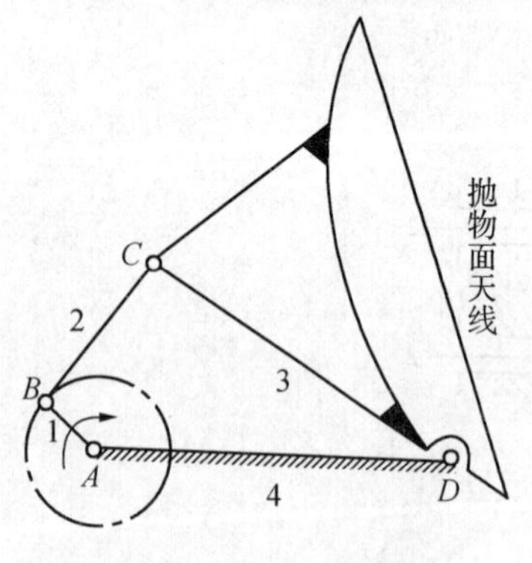

图 5 - 7 雷达天线机构

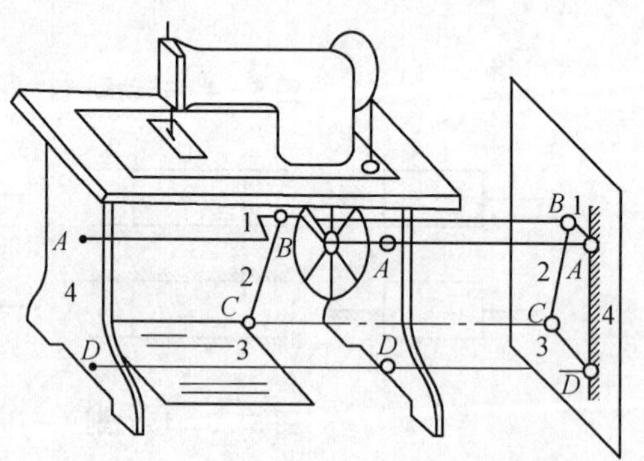

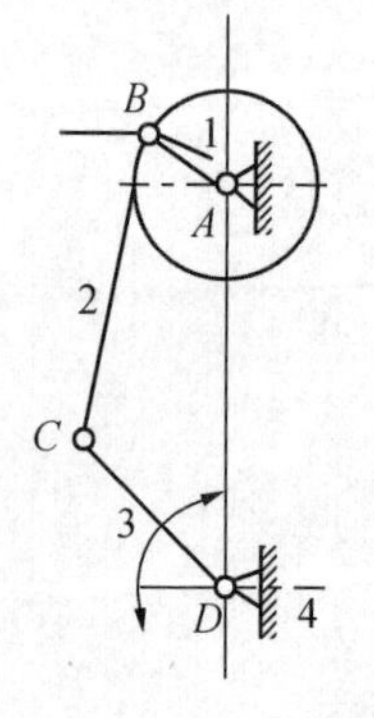

图 5 - 8 缝纫机踏板机构

2. 双曲柄机构

在铰链四杆机构中，若两连架杆均为曲柄时称为双曲柄机构。如图 5－9 所示的惯性筛机构和图 5－10 所示的机车车轮的联动机构等都是它的应用实例。前者是将曲柄 1 的等速转动转换为曲柄 3 的变速转动，再通过杆 5 拉动筛子 6 往复移动，并产生具有较大变化的加速度，从而使被筛物料因惯性而被筛分；而后者是将等速转动转换为相同角速度的同向转动。由于其四杆组成一平行四边形，所以又称为(正)平行四边形机构，它是双曲柄机构的一种特殊情况。

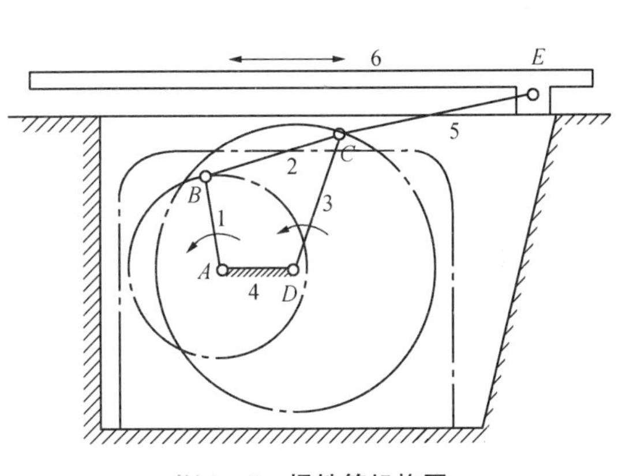

图 5－9 惯性筛机构图

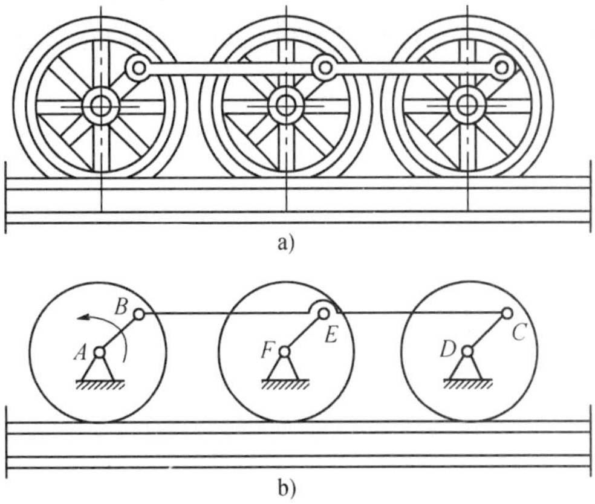

图 5－10 机车车轮的联动机构

3. 双摇杆机构

在铰链四杆机构中，若两连架杆均为摇杆时称为双摇杆机构。如图 5－11 所示的鹤式起重机机构和图 5－12 所示的飞机起落架机构等都是它的应用实例。在鹤式起重机中，当摇杆 AB 摆动时，另一摇杆 CD 随之摆动，而连杆 BC 上的 E 点和悬挂在 E 点处的重物则作近似的水平直线移动，从而避免重物移动时因不必要的升降而消耗能量，因而在港口的码头上都能见到它的身影。在飞机起落架机构中，当飞机着陆前夕，摇杆 AB 摆动至与连杆 BC 处于一直线(图中实线位置，该位置称为机构的死点位置，详见后述)，可顶住摇杆 CD 下方的胶轮接触跑道地面时产生的巨大冲击力；当飞机起飞离开跑道以后，摇杆 AB 逆时针向上摆动，通过连杆 BC 带动摇杆 CD 逆时针摆动至水平位置(图中虚线位置)，收缩在飞机机腹的下方，有利于安全飞行。

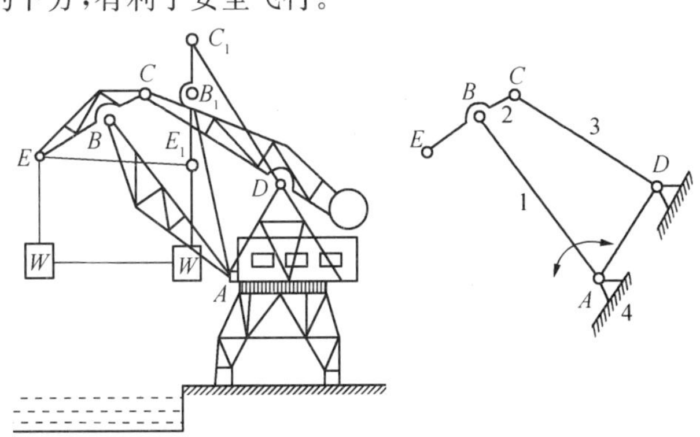

图 5－11 鹤式起重机图

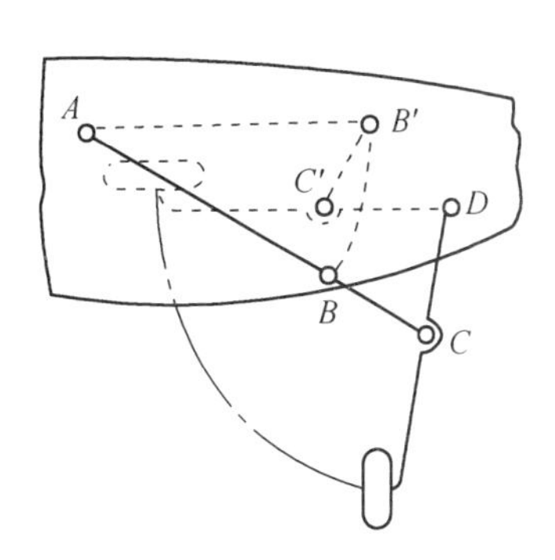

图 5－12 飞机起落架

（二）曲柄滑块机构

图 5－13 所示的具有一个移动副和三个转动副的机构称为曲柄滑块机构。它是由曲柄摇杆机构演变而来的(当摇杆为无限长时)，其中与机架 4 构成移动副的块状构件 3 称为滑块，当曲柄 1 连续转动时，滑块 3 将沿导路作往复直线运动。图中曲柄回转中心 A 到滑块导路中心线的距离 e 称为偏距，当 $e \neq 0$ 时称为偏置式曲柄滑块机构，见图 5－13a)；当 $e=0$ 时称为对心式曲柄滑块机构，见图 5－13b)。在对心式曲柄滑块机构中，在曲柄回转一周的过程中，曲柄与连杆两次共线，且与导路的中心线重合，对应滑块移动的两个极限位置 C_1、C_2之间的距离 s 称为滑块的行程。显然它与曲柄的长度 r 之间有如下关系：

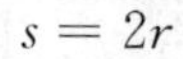

$$s = 2r$$

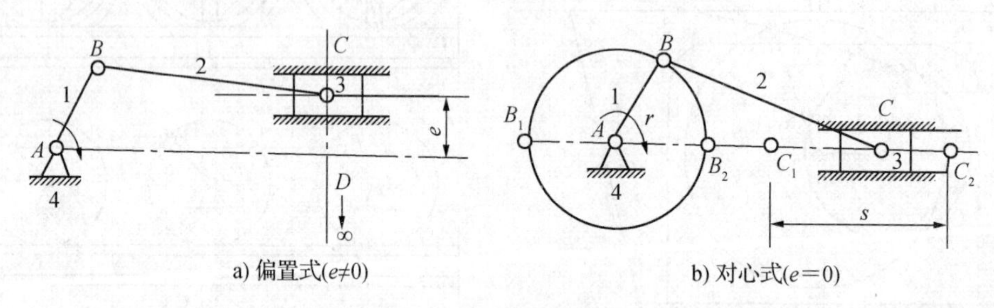

a) 偏置式($e \neq 0$)　　b) 对心式($e=0$)

图 5－13　曲柄滑块机构

由于对心式曲柄滑块机构较偏置式曲柄滑块机构具有工作行程大，受力情况好等优点，因此在工程实际中得到更多的应用。它与曲柄摇杆机构相似，主动件可以是曲柄，也可以是滑块。当主动件为曲柄时，可以将连续的回转运动转换为往复直线运动，如应用于插床、冲床、剪床等机器中；当主动件为滑块时，可以将往复直线运动转换为连续的回转运动，如应用于活塞式内燃机、蒸汽机等机器中。

二、平面四杆机构的基本性质

在了解平面四杆机构的基本形式的基础上，为了正确选择、合理使用和设计平面四杆机构，还必须进一步了解平面四杆机构的几个基本性质。

（一）曲柄存在的条件

由前述可知，铰链四杆机构的三种基本类型的主要区别在于有无曲柄。而曲柄是否存在则取决于机构中各杆件的相对长度关系和选取哪一个杆件为机架。

下面用图 5－14a)所示的曲柄摇杆机构来讨论曲柄存在的条件。

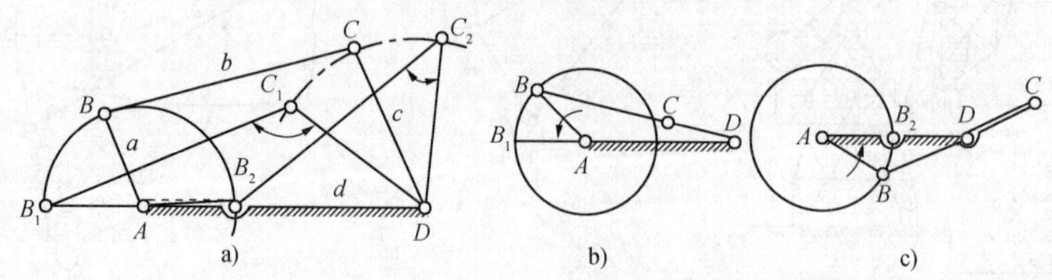

a)　　b)　　c)

图 5－14　曲柄存在的条件

设 AB 为曲柄，BC 为连杆，CD 为摇杆，AD 为机架，各杆的长度分别为 a、b、c、d，且 $a<d$。

如果构件 AB 是曲柄，那么它应能绕 A 轴作整周转动，也就是说它应能顺利绕过两个极限位置 AB_1 和 AB_2，即应有 $\angle B_1C_1D\leqslant 180°$，构成 $\triangle B_1C_1D$；$\angle B_2C_2D\leqslant 180°$，构成 $\triangle B_2C_2D$。

在图 5-14b）中，构件 AB 在尚未到达极限位置 AB_1 时，$\angle BCD=180°$；在图 5-14c）中，构件 AB 在尚未到达极限位置 AB_2 时，$\angle BCD=0°$。因此构件 AB 就不能通过 AB_1 和 AB_2 作整周转动，即不能成为曲柄。以上就是曲柄存在的几何条件，下面把这个几何条件定量化。

在 $\triangle B_1C_1D$ 中，由两边之和大于第三边得

$$a+d\leqslant b+c\text{（取等号时为线段）}\quad ①$$

在 $\triangle B_2C_2D$ 中，由两边之差小于第三边得

$$b-c\leqslant d-a\text{（取等号时为线段）}$$

或

$$c-b\leqslant d-a$$

亦即

$$a+b\leqslant d+c\quad ②$$

$$a+c\leqslant d+b\quad ③$$

由式①+式②、式①+式③、式②+式③可得

$$\left.\begin{array}{l}a\leqslant c\\a\leqslant b\\a\leqslant d\text{（同设）}\end{array}\right\}\quad(5-1)$$

同理，当设 $a\geqslant d$ 时，可得

$$\left.\begin{array}{l}d\leqslant a\\d\leqslant b\\d\leqslant c\end{array}\right\}\quad(5-2)$$

由式(5-1)、式(5-2)和式①、②、③可得出铰链四杆机构中，曲柄存在的条件为：

(1) 连架杆和机架中必有一杆是最短杆；

(2) 最短杆与最长杆长度之和小于或等于其余两杆长度之和。

从上述曲柄存在的两个条件可以得到如下推论：铰链四杆机构到底属于哪一种基本形式，除与各杆的相对长度有关外，还与机架杆件的确定有关，即：

(1) 若取最短杆为机架，机构为双曲柄机构；

(2) 若取最短杆相邻杆为机架，则构成曲柄摇杆机构；

(3) 若取最短杆相对杆为机架，则构成双摇杆机构。

如最短杆与最长杆长度之和大于其余两杆长度之和，则机构中不存在曲柄，因此无论以何杆为机架，均构成双摇杆机构。

（二）急回特性和行程速比系数

在图 5-15 所示的曲柄摇杆机构中，设曲柄 AB 为主动件。如前所述，曲柄在转动一周的过程中将两次与连杆共线，即重叠一直线 AB_1C_1D 和延伸一直线 AB_2C_2D 位置。当曲柄由 AB_1 位置顺时针转过角度 $\phi_1=180°+\theta$ 而到达 AB_2 位置时，摇杆相应由 C_1D 摆动到 C_2D，此为工作行程，设经历的时间为 t_1。当曲柄继续转过角度 $\phi_2=180°-\theta$ 而回到 AB_1 位置时，摇杆也将由 C_2D 摆回至 C_1D，此为返回行程（空行程），设经历的时间为 t_2。摇杆两极限位置 C_1D 和 C_2D 之间的夹角 ψ 称为摇杆的摆角，与之相对应的曲柄两极限位置 AB_1 和 AB_2 之间所夹的锐角 θ 称为极位夹角。设曲柄 AB 为匀角速度转动，则 $\phi_1/\phi_2=t_1/t_2$，由于 $\phi_1>\phi_2$ 所以对应 $t_1>t_2$。而从动摇杆在 t_1、t_2 时间内的摆角均为 ψ，所以其往复摆动的平均角速度分别为 $\omega_{1m}=\psi/t_1$ 和 $\omega_{2m}=\psi/t_2$，且有 $\omega_{2m}>\omega_{1m}$，这种摇杆返回行程的平均角速度大于工作行程的平均角速度的性质称为曲柄摇杆机构急回特性，并用行程速比系数 K 来表明机构急回特性的大小，即：

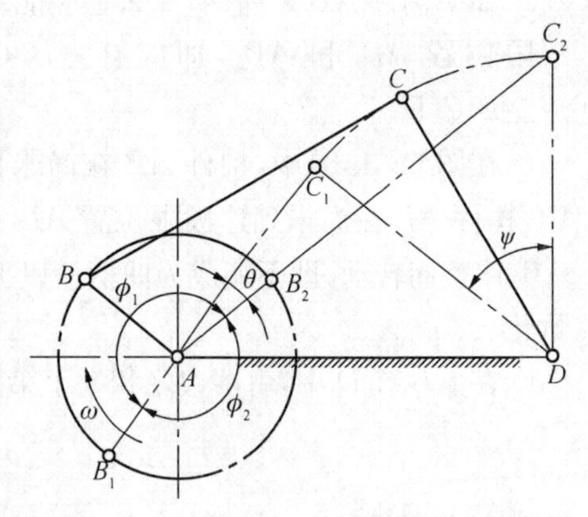

图 5-15　曲柄摇杆机构的急回特性

$$K=\frac{\omega_{2m}}{\omega_{1m}}=\frac{\psi/t_2}{\psi/t_1}=\frac{t_1}{t_2}=\frac{\phi_1}{\phi_2}=\frac{180°+\theta}{180°-\theta} \tag{5-3}$$

由上式可知，当极位夹角 $\theta=0°$ 时，$K=1$，机构无急回特性，而 θ 角越大，K 值也越大，机构的急回特性越显著。

在设计牛头刨床等要求具有急回特性的机械时，通常根据设计要求，预先选定 K 值，然后由上式计算出 θ 值，再根据 θ 值和其他限制条件进行设计（详见后述）。由式(5-3)可得

$$\theta=180°\times\frac{K-1}{K+1} \tag{5-4}$$

对于曲柄滑块机构，其行程速比系数 K 定义为返回行程和工作行程的平均线速度 v_{2m} 和 v_{1m} 之比。同理可证明，上面的两式也适用于曲柄滑块机构。

（三）压力角与传动角

在实际生产中，不但要求连杆机构满足运动方面的要求，而且还要求它具有良好的传力性能，即要求传力轻便、效率高。

在图 5-16 所示的铰链四杆机构中，若忽略各构件的自重和运动副的摩擦，则主动连架杆 1 通过连杆 2 作用在从动连架杆 3 上 C 点处的力 F 是沿着杆 BC 方向的，它与 C 点的绝对速度 v_c 方向（垂直于杆 CD）之间所夹的 α 称为压力角。显然力 F 在 v_c 方向的分力 $F_t=F\cos\alpha$ 是使从动连架杆 3 绕 D 点转动的有效分力；而垂直于速度 v_c 方向（即沿杆 CD 方向）的法向分力 $F_n=F\sin\alpha$ 只能对杆 CD 产生拉力，因而是无效分力。由此可见，连杆机构是否具有良好的传力性能，可以用压力角 α 的大小来衡量：压力角 α 越小，则 F_t 越大，传力性能越好。

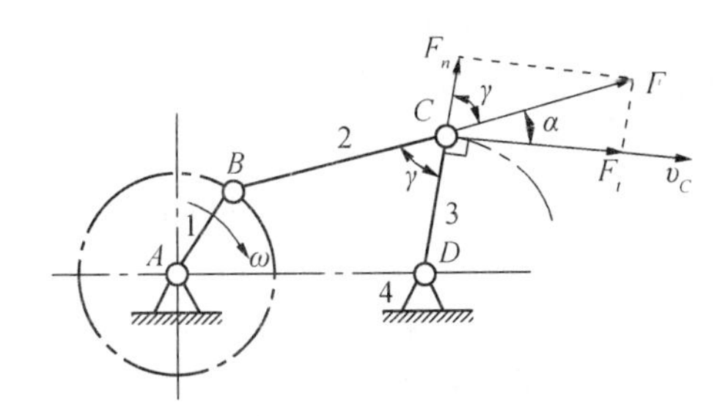

图 5-16　压力角与传动角

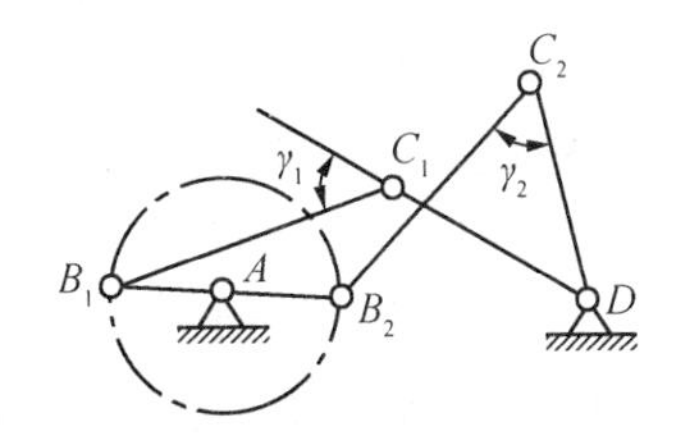

图 5-17　最小传动角 $\gamma_{\min}$ 的确定

压力角 α 的余角 γ 称为传动角，即 $\gamma=90°-\alpha$。由图可见，传动角 γ 就是连杆 2 与连架杆 3 之间所夹的锐角，度量很方便，因此在工程中常用传动角 γ 的大小来表明传力性能：传动角 γ 愈大，传力性能愈好。

显然，压力角和传动角的大小是随连杆机构的位置改变而变化的，为了保证良好的传力性能，一般要求机构在一个运动循环中的最大压力角为：$\alpha_{\max}\leqslant 50°$，或最小传动角为：$\gamma_{\min}\geqslant 40°$，传递的功率大时，要减小 α 或增大 γ 的取值。

不难证明，曲柄摇杆机构中，曲柄与机架两次共线时的传动角 γ_1 和 γ_2 中必有一个为 $\gamma_{\min}$，见图 5-17。

需要注意，上述压力角与传动角的概念都是对从动件而言。

（四）死点位置

图 5-18 所示为缝纫机的踏板机构——曲柄摇杆机构。其中 CD 为主动件，由图可见，机构在一个工作循环中，连杆 BC 和曲柄 AB 两次处于共线位置，此时主动摇杆 CD 通过连杆 BC 作用在曲柄 AB 上的力将通过铰链中心 $A(\alpha=90°,\gamma=0)$，对曲柄 AB 的力矩为零，故不能推动曲柄转动。机构的这两个位置称为死点位置。

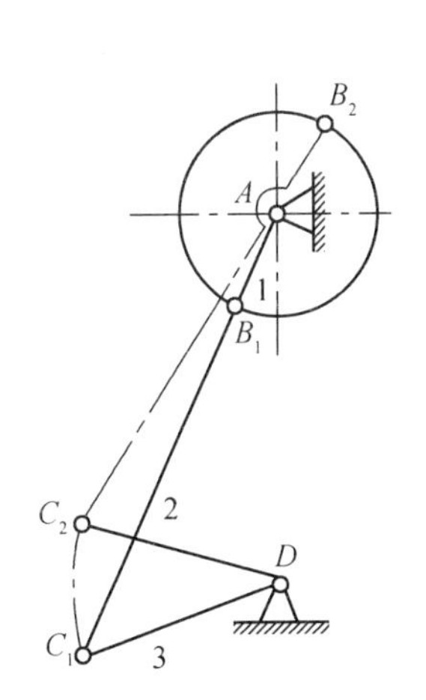

图 5-18　曲柄摇杆机构的死点位置

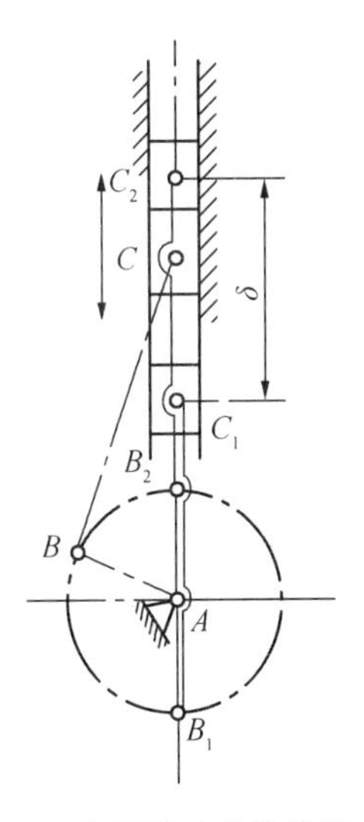

图 5-19　曲柄滑块机构的死点位置

同理，在曲柄滑块机构——活塞式内燃机工作时（滑块为主动件），也有两个死点位置，见图 5-19。

为了使机构能顺利通过死点位置而正常工作，可以在从动曲柄轴上安装飞轮，以便利用其惯性来渡过死点位置，如缝纫机和手扶拖拉机上的飞轮。也可采用多组相同机构交错排列的方法，使处于死点位置的时间错开，如常见的多缸内燃机等。

在工程中也有利用死点位置来实现一定的工作要求的。如图 5-12 所示的双摇杆机构—飞机起落架机构中，当飞机着陆时，机构处于图中实线位置，此时着陆胶轮接触地面产生的冲击力为主动力，即摇杆 CD 为主动件，而连杆 BC 与从动摇杆 AB 处于一直线，即机构处于死点位置，从而始终保持支撑状态，使飞机得以安全着陆。

三、连杆机构的运动设计

平面四杆机构的运动设计有实现预定运动规律和实现预定运动轨迹两类问题，这里只介绍第一类问题的设计，并采用简单易行的图解法。

（一）按给定连杆的三个位置（或两个位置）设计平面四杆机构

设已知连杆的三个位置 B_1C_1、B_2C_2 和 B_3C_3，见图 5-20，设计此四杆机构。

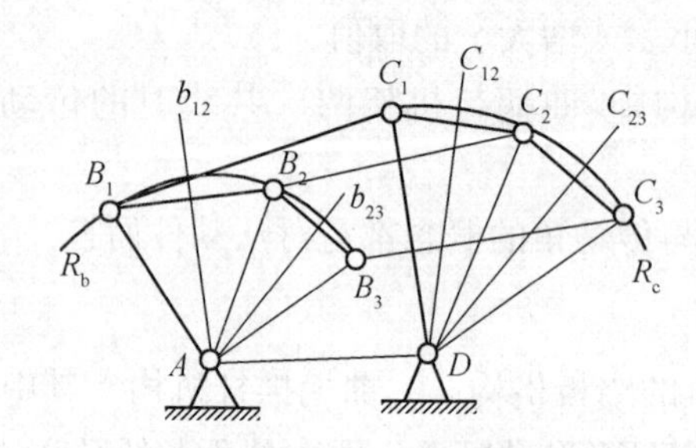

图 5-20　按给定连杆的三个位置设计平面四杆机构

由于连杆的三个位置为已知，则 A 点必位于 B_1B_2 和 B_2B_3 的垂直平分线的交点上，同理可确定 D 点的位置。只要按比例进行作图，就能得到所需机构。

如果已知连杆的两个位置，则可以得到无穷多组解，再利用其他附加条件，就可得到确定的机构。

（二）按给定的行程速比系数 K 设计平面四杆机构

设已知摇杆 CD 的长度 l_{CD}、摆角 ψ 和行程速比系数 K，试设计此曲柄摇杆机构。

设计此类问题的一般步骤如下：

（1）按给定的 K 值，由式(5-4)求出极位夹角 θ。

（2）按给定的摇杆长度 l_{CD} 和摆角 ψ，选取适当的长度比例尺 μ_L，画出摇杆的两个极限位置 C_1D 和 C_2D，见图 5-21。

（3）作直角$\triangle C_1C_2P$，使$\angle C_1C_2P=90°$，$\angle C_2C_1P=90°-\theta$，并以斜边 C_1P 为直径作直角$\triangle C_1C_2P$ 的外接圆 O。

（4）在圆 O 上任取一点 A，作为曲柄与机架的铰接点，并连接 AC_1 和 AC_2，则$\angle C_1AC_2=\angle C_1PC_2=\theta$，即此时 AC_1 和 AC_2 的位置分别为曲柄和连杆处于延伸一直线和重叠一直线的位置。因此可得：

$$AC_1 = AB_1 + B_1C_1 = AB + BC \quad ①$$

$$AC_2 = B_2C_2 - AB_2 = BC - AB \qquad ②$$

由式①+②可得
$$BC = \frac{AC_1 + AC_2}{2} \qquad ③$$

由式①−②可得
$$AB = \frac{AC_1 - AC_2}{2} \qquad ④$$

由于 AC_1 和 AC_2 已作出，并可量取其长度，所以根据③、④两式即可直接由作图或通过计算得到 AB 和 BC 的长度。于是可在 AC_1 线上定出 B_1 点，在 AC_2 线的延长线上定出 B_2 点，则可得到所需的曲柄摇杆机构。并可进一步得到各构件的实际长度为：

$$l_{AB} = \mu_L AB, l_{BC} = \mu_L BC, l_{CD} = \mu_L CD, l_{AD} = \mu_L AD。$$

上述铰链点 A 是在圆 O 上任意选取的，因此问题可以有无穷多解。若再给出一些附加条件，如给定机架 AD 的长度 l_{AD}，则 A 点的位置可确定。

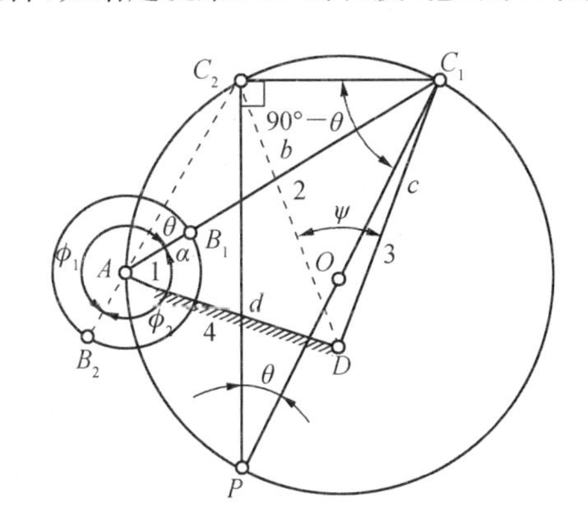

图 5－21　按行程速比系数 K 设计平面四杆机构

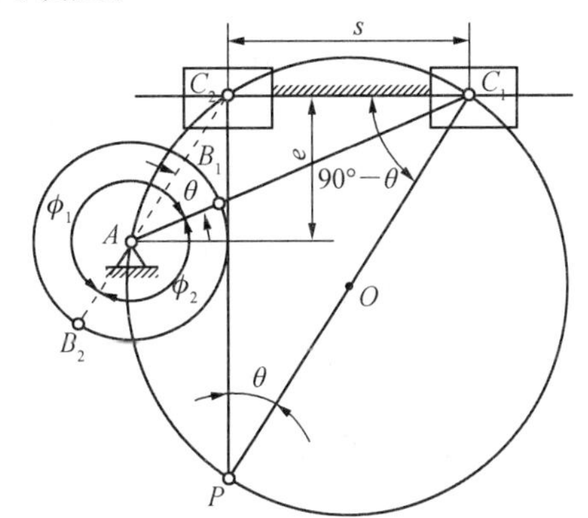

图 5－22　按行程速比系数 K 设计曲柄滑块机构

同理，对于曲柄滑块机构，若已知滑块的行程 s 和行程速比系数 K，也可设计出此机构的多种解。若再给出附加条件如机构的偏距 e，则问题也可得到确定的解，见图 5－22。

§5－2　凸轮机构

一、概述

图 5－23a)所示的凸轮机构是一活塞式内燃机的进气机构。当凸轮从图示位置逆时针转动时，凸轮轮廓将推动气门推杆迅速上升至最高位置，使进气阀门在短时间内完全打开，从而满足了对气缸的快速进气要求；凸轮继续转动时，气门推杆在弹簧力的作用下将下降到最低位置并保持一段时间，将进气阀门关闭，直到下一个循环再进气为止。

上述凸轮机构中，控制进气阀门启闭的推杆的运动规律(位移 s 与时间 t 的关系曲线，详见后述)见图 5－23b)。机构的运动简图见图 5－23c)。

图 5－24 所示为组合机床等机器中常用的行程控制凸轮机构。凸轮 1 固定在机器运动

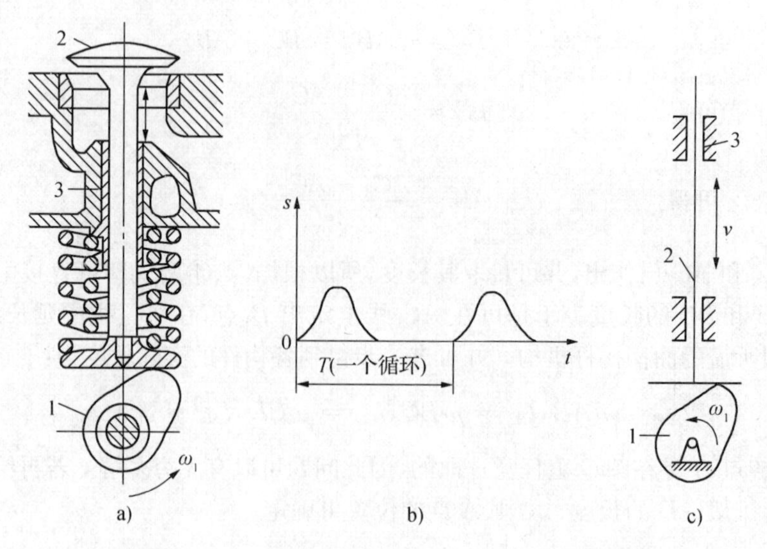

图 5-23 控制内燃机进(排)气阀门的凸轮机构

1-凸轮 2-阀门 3-机架

的部件下并随之一起移动，当到达预定位置时，其轮廓将接触并推动电气行程开关(或液压行程阀)的推杆 2，使之产生电信号(或液压信号)，从而使移动部件变速、变向或停止运动等，以实现机器的自动工作循环等要求。

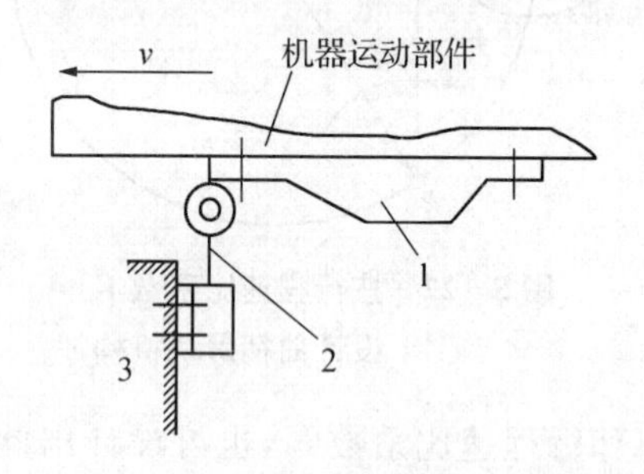

图 5-24 机器中用于行程控制的凸轮机构

1-凸轮 2-行程开关推杆 3-机架

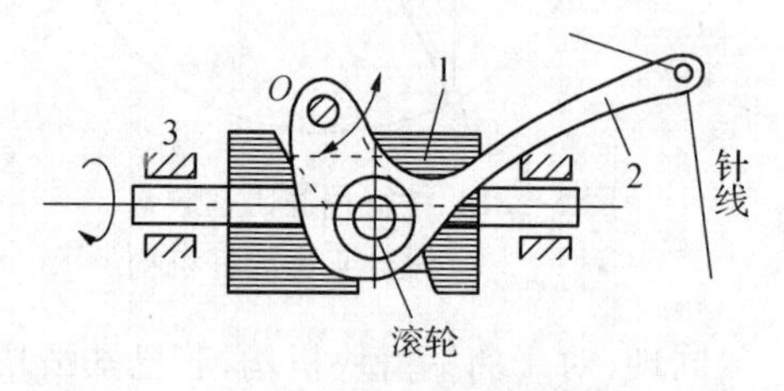

图 5-25 缝纫机中的挑线凸轮机构

1-凸轮 2-挑线板 3-机架

图 5-25 所示为缝纫机中的挑线凸轮机构。当带有凹槽的凸轮 1 匀速转动时，通过槽中的滚子驱使从动件 2(挑线板)绕轴 O 摆动，并使穿在挑线板右上方小孔中的线被拉紧并不断向前输送，用以缝制服装。

从以上例子可知，凸轮机构一般由凸轮、从动件和机架组成。它的作用是将凸轮的转动或移动转换为从动件的连续或间歇的移动或摆动。

凸轮机构的主要优点是：只要设计适当的凸轮轮廓，便可使从动件得到所需的运动规律；结构简单、设计简便、工作可靠。

主要缺点是：凸轮机构为高副传动，接触应力大，易磨损，多用于传力不大的控制机构。

凸轮机构的分类方法较多，常见的有以下几种：

(一) 按凸轮的形状分

1. 盘形凸轮

仅具有轮廓尺寸变化并绕其轴线旋转的盘形构件，称为盘形凸轮。

2. 移动凸轮

当盘形凸轮的回转半径趋向于无穷大时，便演化为移动凸轮。

3. 圆柱凸轮

将移动凸轮卷成圆柱体便演化成圆柱凸轮，这种凸轮称为端面凸轮。圆柱凸轮还有一种形式为圆柱面凹槽式。

（二）按从动件的结构形式分

按从动件的结构形式通常可分为尖顶从动件、滚子从动件、平底从动件等几种，它们各自的特点和应用见表5-1。

（三）按从动件的运动形式分

按从动件的运动形式可分为移动从动件（称为推杆）凸轮机构和摆动从动件（称为摆杆）凸轮机构，见表5-1。

（四）按移动从动件的导路与凸轮转轴的相对位置分

当移动从动件的导路中心线通过凸轮转轴中心时称为对心式凸轮机构；中心线不通过凸轮转轴中心时称为偏置式凸轮机构。

本章主要讨论工程中最常见的对心式尖顶和滚子移动从动件盘形凸轮机构，对其他类型凸轮机构只进行简要介绍。

表5-1 凸轮机构从动件的形式、特点和应用

从动件结构形式	从动件运动形式		主要特点及应用
	移 动	摆 动	
尖顶从动件			结构最简单，且尖顶能与各种形状的凸轮轮廓保持接触，可实现任意的运动规律。但尖顶易磨损，故只适用于低速、轻载的凸轮机构。
滚子从动件			滚子与凸轮为滚动摩擦，磨损小、承载能力较大，但运动规律有一定的限制，且滚子与转轴之间有间隙，故不适用于高速的凸轮机构。
平底从动件			结构紧凑、润滑性能和动力性能好，效率高，故适用于高速。但凸轮轮廓曲线不能呈凹形，因此运动规律受到较大的限制。

二、从动件的常用运动规律

从动件的运动规律就是从动件的位移(s)、速度(v)和加速度(a)随时间(t)变化的规律。当凸轮作匀速转动时，其转角δ与时间t成正比($\delta=\omega t$)，所以从动件运动规律也可以用从动件的运动参数随凸轮转角的变化规律来表示，通常用运动线图直观地表述这些关系。

以对心式尖顶推杆盘形凸轮为例。如图5-26a)所示，以凸轮轮廓曲线的最小向径r_0

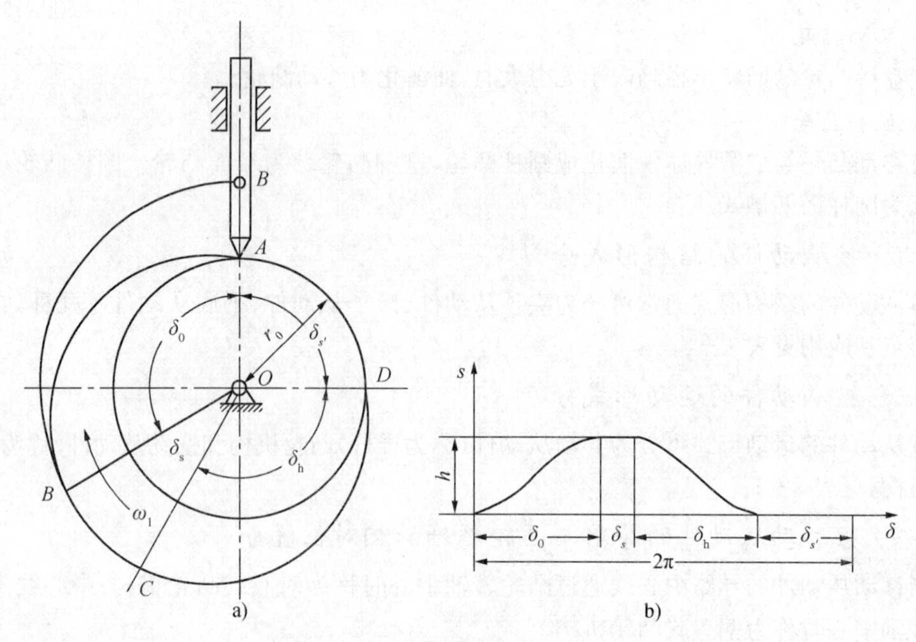

图 5-26　凸轮机构的运动过程

为半径所作的圆称为凸轮的基圆。以点 A 为凸轮轮廓曲线的起始点。当凸轮与从动件 A 点接触时，从动件处于最低位置（即从动件处于距凸轮轴心 O 最近位置）。当凸轮以匀角速度 ω_1 顺时针转动 δ_0 时，凸轮轮廓 AB 段的向径逐渐增加，推动从动件以一定的运动规律达到最高位置 B（此时从动件处于距凸轮轴心 O 最远位置），这个过程称为推程。这时从动件移动的距离 h 称为升（行）程，对应的凸轮转角 δ_0 称为推程运动角。当凸轮继续转动 δ_S 时，凸轮轮廓 BC 段向径不变，此时从动件处于最远位置停留不动，相应的凸轮转角 δ_S 称为远休止角。当凸轮继续转动 δ_h 时，凸轮轮廓 CD 段的向径逐渐减少，从动件在重力或弹簧力的作用下，以一定的运动规律回到起始位置，这个过程称为回程。对应的凸轮转角 δ_h 称为回程运动角。当凸轮继续转动 $\delta_S{}'$ 时，凸轮轮廓 DA 段向径不变，此时从动件处于最近位置停留不动，相应的凸轮转角 $\delta_S{}'$ 称为近休止角。当凸轮再继续转动时，从动件重复上述运动循环。将从动件的位移 s 与凸轮转角 δ 之间的关系在坐标系中表示出来，就可得到位移曲线（见图 5-26b））。相应可得到速度曲线和加速度曲线。

由以上分析可知，从动件的运动规律取决于凸轮轮廓曲线的形状，就是说，从动件的不同运动规律要求凸轮具有不同的轮廓曲线。所以，设计凸轮轮廓曲线时，首先要根据工作要求选定从动件的运动规律，再按从动件的位移曲线求出相应的凸轮轮廓曲线。

下面介绍几种常用的从动件运动规律。

（一）等速运动规律

在设计凸轮机构时，通常由工作要求等条件可确定如下参数：

（1）凸轮的转向和角速度 ω，且 ω 为常数；

（2）凸轮的升程 h 及对应的凸轮转角 δ_0；

（3）完成升程所需的时间 t_0。

当从动件的速度 v 设定为常数时，称为等速运动规律。此时可得从动件的运动方程为：

位移方程
$$s = vt = \frac{h}{t_0}t \tag{5-5}$$

速度方程
$$v = \frac{ds}{dt} = \frac{h}{t_0} = 常数 \tag{5-6}$$

加速度方程
$$a = \frac{dv}{dt} = 0 \tag{5-7}$$

为了便于凸轮的设计和制造，通常把从动件的运动规律表达为凸轮转角 δ 的函数，因为 $\delta=\omega t, \delta_0=\omega t_0$，所以 $t=\delta/\omega, t_0=\delta_0/\omega$，将 t 和 t_0 代入上面各式，则可得到以转角 δ 表示的运动方程为：

$$s = \frac{h}{\delta_0}\delta \tag{5-8}$$

$$v = \frac{h}{\delta_0}\omega \tag{5-9}$$

$$a = 0 \tag{5-10}$$

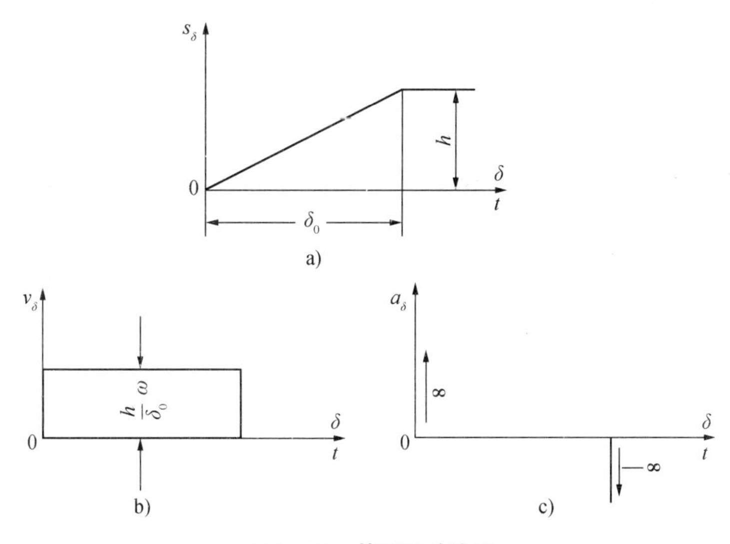

图 5－27　等速运动线图

上面三个运动方程的函数图像，即位移线图、速度线图和加速度线图，分别见图 5－27a)、b)、c)。由图可见，这种运动规律在行程的开始位置时，其速度由 0 突变为 $v=\frac{h}{\delta_0}\omega$，其加速度为 $a=\frac{v-0}{\Delta t}$，而 $\Delta t\to 0$，则 $a\to\infty$；同理，在行程终点位置，其加速度为 $-\infty$，因此在这两处的理论惯性力也为 ∞。虽然两构件均为弹性体，实际上不会产生无穷大的惯性力，但机构仍将受到强烈的冲击，这种冲击称为刚性冲击。故等速运动规律只适用于低速的凸轮机构。

（二）等加速等减速运动规律

采用这种运动规律时，通常取从动件的前半个升程 $\left(\frac{h}{2}\right)$ 为等加速运动，后半个升程为等减速运动，且两者的绝对值相等。

在等加速运动区间$\left(0\leqslant\delta\leqslant\frac{\delta_0}{2}\right)$，从动件的运动方程为：

$$s=\frac{2h}{\delta_0{}^2}\delta^2 \tag{5-11}$$

$$v=\frac{4h\omega}{\delta_0{}^2}\delta \tag{5-12}$$

$$a=\frac{4h}{\delta_0{}^2}\omega^2=\text{常数} \tag{5-13}$$

在等减速运动区间$\left(\frac{\delta_0}{2}\leqslant\delta\leqslant\delta_0\right)$，从动件的运动方程为

$$s=h-\frac{2h}{\delta_0{}^2}(\delta_0-\delta)^2 \tag{5-14}$$

$$v=\frac{4h\omega}{\delta_0{}^2}(\delta_0-\delta) \tag{5-15}$$

$$a=-\frac{4h}{\delta_0{}^2}\omega^2=\text{常数} \tag{5-16}$$

以上各式的证明从略。

上述运动规律的运动线图及其作法见图 5-28，由于其位移线图是由两段反向抛物线组成，所以这种运动规律又称为抛物线运动规律。同时，从加速度线图上可见，在行程开始、终止以及$\frac{h}{2}$三个位置时，加速度有突变，所以也会对机构产生冲击，但加速度的突变量为一定值而不是无穷大，所以较刚性冲击要小，称为柔性冲击。因此这种运动规律可用于中速凸轮机构。

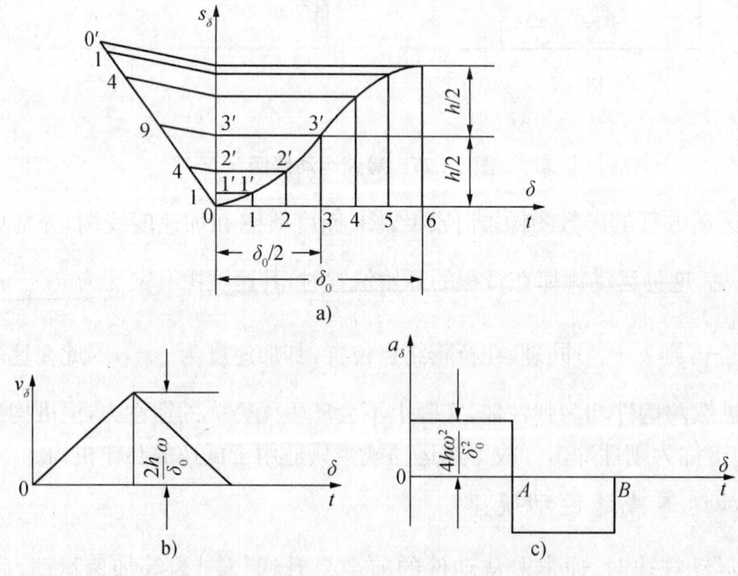

图 5-28　等加速等减速运动线图

三、盘形凸轮轮廓曲线的设计

根据选定的从动件运动规律来设计盘形凸轮的轮廓曲线时，通常有图解法和解析法两种设计方法。由于图解法简便易行，而且直观，在精度要求不很高时，一般能满足使用要求，所以这里仅介绍图解法。

用图解法设计盘形凸轮轮廓曲线的基本原理是相对运动原理，下面就以图 5-29a)所示对心尖顶推杆盘形凸轮机构为例来加以说明。图中机构正处于起始位置。当凸轮 1 以角速度 ω 逆时针方向转过一个角度 ϕ_1 而到达一个新位置时，见图 5-29b)，推杆 2 在凸轮轮廓曲线的推动下向上移动了一段距离 s_1。同理，当凸轮继续转过角度 ϕ_2、ϕ_3…时，可得到推杆的对应位移 s_2、s_3…。

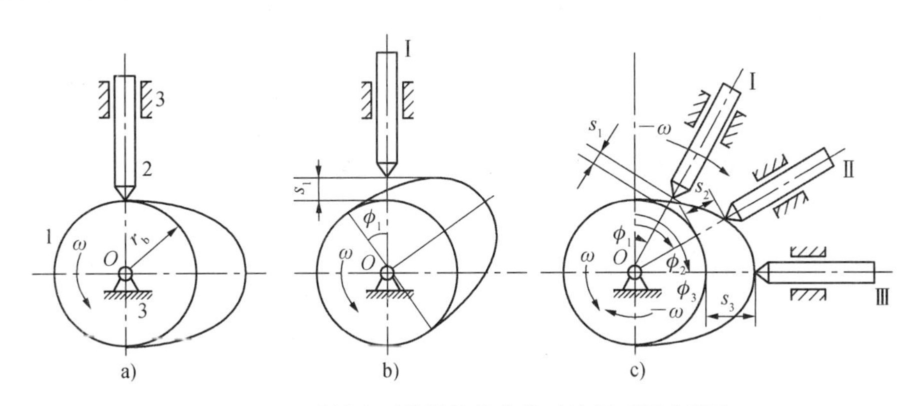

图 5-29　设计盘形凸轮轮廓曲线时的相对运动原理

由此可见，为了得到凸轮在转过不同角度 ϕ 时，推杆的对应位移 s，就要画出凸轮在一系列不同位置时的轮廓曲线，而凸轮的轮廓曲线的形状一般比较复杂，因此增加了绘图的难度。为此我们设想给整个凸轮机构加上一个“$-\omega$”的公共角速度绕凸轮轴心 O 旋转(反转)，则凸轮始终处于静止状态，而推杆与机架一起以“$-\omega$”的角速度绕凸轮的轴心 O 转动，同时推杆又在凸轮轮廓曲线的推动下沿导路移动。则推杆的位移 s 与凸轮转角 ϕ 的关系可由图 5-29c)表示。

在上述做法中，由相对运动原理可知，凸轮机构中各构件间的相对运动关系和相对位置关系均保持不变，如图 5-29b)和 5-29c)中的实线位置Ⅰ，两者完全一样。由于推杆和导路反转过程中的各个不同位置比较容易画出，因此就可以很方便地求出凸轮转过任意一个角度 ϕ 时，推杆的位移 s，如图 5-29c)中的位移 s_1、s_2、s_3 等。因此，若已知推杆的运动规律 $s-\phi$ 曲线，就可以很方便地求出推杆的一系列位置，而推杆的一系列顶点位置的连线，就是所要求的凸轮的轮廓曲线。这种用相对运动原理来设计凸轮轮廓曲线的方法，称为反转法。

下面就介绍用反转法设计几种常用的盘形凸轮机构的凸轮轮廓曲线。

(一) 对心尖顶推杆盘形凸轮机构

例 5-1　设计一对心尖顶推杆盘形凸轮机构的凸轮轮廓曲线。已知推杆的升程和回程均为等速运动规律，升程 $h=10$ mm，升程角 $\delta_0=135^\circ$，远休止角 $\delta_S=75^\circ$，回程角 $\delta_h=60^\circ$，近休止角 $\delta_{S'}=90^\circ$，且凸轮以匀角速度 ω 逆时针转动，凸轮基圆半径 $r_b=20$ mm。

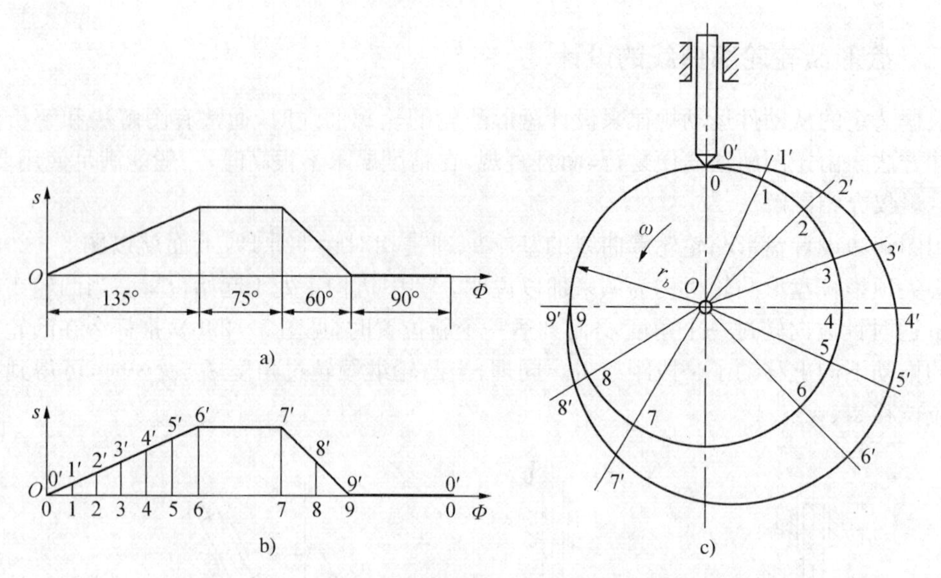

图 5-30　对心尖顶推杆盘形凸轮机构轮廓曲线的设计

作图：

(1)选取适当的比例尺作 $s-\phi$ 曲线，见图 5-30a)，图中长度比例尺 $\mu_l=1$ mm/mm，角度比例尺 $\mu_\phi=6°$/mm。

(2) 将位移曲线的升程角和回程角分别分成若干等分(等分数越多，则设计出的凸轮轮廓就越精确)，这里将升程角分成 6 等分，每等分 22.5°，回程角分成 2 等分，每等分 30°，于是可得等分点 1、2…9、0 和对应位移 11′、22′…99′、00′，见图 5-30b)。

(3) 以 $r_b=20$ mm 为半径画出基圆，见图 5-30c)；然后按"$-\omega$"方向从 O 点起，按 $s-\phi$ 曲线上划分的角度，顺次作出凸轮相应运动角时的径向线 $O0$、$O1$、$O2$…$O9$，并在各径向线上分别量取 00′、11′、22′…99′与 $s-\phi$ 曲线中的对应位移相等，再光滑地连接 0′、1′、2′…6′(升程段轮廓曲线)和 7′、8′、9′(回程段轮廓曲线)以及作圆弧 6′7′(远休止段轮廓曲线)和 9′0′(近休止段轮廓曲线)，则各段曲线所围成的封闭图形，即为所需设计的凸轮轮廓曲线。

(二) 偏置尖顶推杆盘形凸轮机构

例 5-2　试设计一偏置式尖顶推杆盘形凸轮的轮廓曲线，已知其偏距 $e=8$ mm，其他已知条件均同例 5-1。

分析：本题由于有了偏距，因此推杆在反转过程中各个位置的轴线始终与凸轮轴心 O 保持 e。故可以以凸轮轴心 O 为圆心，以偏距 e 为半径画一个圆，称为偏距圆。则推杆的轴线必然处处与偏距圆相切，见图 5-31。然后在这些切线上从基圆开始向外量取推杆在各个位置时的位移量，从而得到凸轮轮廓线上的各点，用光滑曲线将它们连接起来，就得到了凸轮轮廓曲线。

作图：

(1) 画出基圆、偏距圆以及推杆的初始位置(与偏距圆切于 K_0 点)。

(2) 从 K_0 点开始，沿 $-\omega$ 方向，在偏距圆上量取 135°(升程角)并六等分得等分点 K_1、K_2…K_6；再量取 75°(远休止角)得点 K_7；再量取 60°(回程角)并二等分得等分点 K_8、K_9；余下 90°为近休止角。

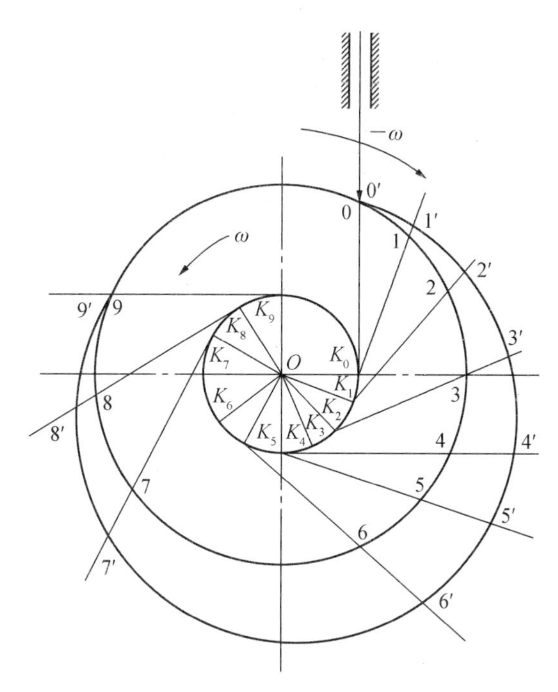

图 5-31　偏置尖顶推杆盘形凸轮廓线的设计

(3) 通过各等分点 K_0、K_1、K_2…K_9 作偏距圆的切线，设分别与基圆相交于 0、1、2…9 各点，这些切线就是推杆在反转过程中的位置线。

(4) 在各切线上依次分别向外量取位移量 00′、11′、22′…99′与 $s-\phi$ 曲线中的对应位移相等，得 0′、1′、2′…9′各点，并将这些点顺次连成光滑曲线(其中 6′7′和 9′0′为两段圆弧)，则该封闭曲线即为所需设计的凸轮轮廓曲线。

需要注意的几个问题：

(1) 也可以先从基圆上(而不是从偏距圆上)的 0 点(推杆初始位置与基圆的交点，也是推杆与凸轮的初始接触点)起，沿“$-\omega$”方向进行分度，得 1、2…9 各点，然后从上述各点分别作偏距圆的切线，并在各切线上分别向外截取推杆的位移量 s_1、s_2…s_9，得到点 1′、2′…9′，并光滑连接之，即可得到相同的凸轮轮廓曲线。

(2) 无论在偏距圆上分度或在基圆上分度，在分度后作偏距圆的切线时，各切线都应与偏距圆在同方向顺次相切。

(3) 应从基圆与各切线的交点起，在各切线上向外量取位移量，而不能像例 5-1 对心尖顶推杆时那样，在 $O1$、$O2$、…上向外量取位移量。

(4) 对于偏置式滚子推杆或平底推杆盘形凸轮的轮廓曲线设计可先求得上述理论轮廓线，并通过理论轮廓线上的各点作滚子圆或平底位置线，再作其包络线，即可得到凸轮的实际轮廓线。

四、设计凸轮机构应注意的问题

设计凸轮机构时，不仅要保证从动件实现预定的运动规律，还要求传力时受力良好，结构紧凑。因此，在设计凸轮机构时应注意以下问题：

(一) 压力角的选择

1. 压力角与作用力的关系

图 5－32 所示为对心尖顶推杆盘形凸轮机构在推程任意位置的受力情况。凸轮轮廓对从动件的作用力 F 与从动件上该力作用点的速度方向间所夹的锐角，称为凸轮机构在该位置的压力角。压力角越大，有害分力 F_t 越大，机构效率越低，当压力角增大到一定程度时，机构会出现自锁现象。

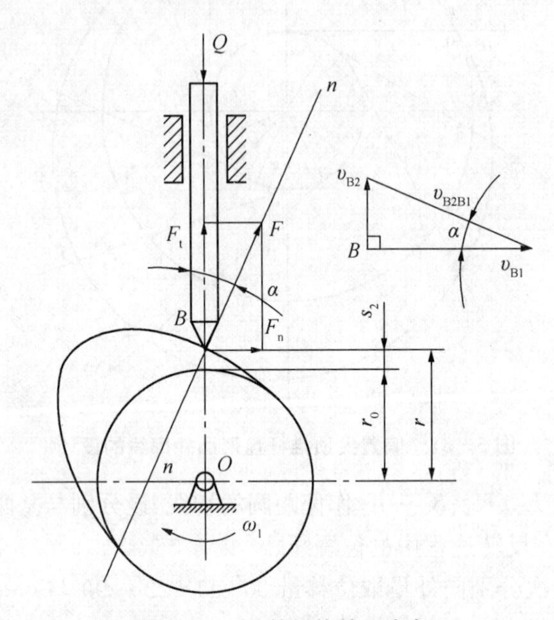

图 5－32　凸轮机构的压力角

由以上分析可以看出：从改善受力情况、提高效率、避免自锁的观点来看，压力角愈小愈好。

2. 压力角与机构尺寸的关系

由凸轮转动与从动件移动的速度关系可导出凸轮的角速度 ω、从动件移动速度 v、位移 s 与凸轮基圆半径 r_b 及机构压力角 α 之间的关系为：

$$r_b = \frac{v}{\omega \cdot \mathrm{tg}\alpha} - s \tag{5-17}$$

(推导过程从略)

由上式可知，若给定从动件的运动规律，则 ω、v、s 均为已知，当压力角越大时，则基圆半径越小，相应机构尺寸也越小。因此，从机构尺寸紧凑的观点看，其压力角越大越好。

3. 压力角的许用值

综上所述，在一般情况下，既要求凸轮机构有较高的效率和良好的受力情况，又要求其机构尺寸紧凑(即基圆半径较小)，因此，压力角不能过大，也不宜过小，应有一许用值[α]，工程上推荐的许用压力角为：

推程(工作行程)：

移动从动件：$[\alpha]=30°$

摆动从动件：$[\alpha]=45°$

回程：因受力较小，且无自锁问题，许用压力角可大些：$[\alpha]=80°$

（二）基圆半径的确定

在设计凸轮机构时，基圆半径过小，会引起压力角过大而造成一系列不良后果。因此，基圆半径的确定，应考虑满足最大压力角小于许用值的要求。

由公式(5－17)可根据许用压力角确定凸轮基圆半径。用这一方法所确定的基圆半径一般都比较小，而且计算较麻烦。所以，在实际设计中，凸轮的基圆半径通常是根据具体的结构条件选择。一般可取凸轮的基圆直径等于或大于轴径的1.6～2倍。

§5－3　间歇运动机构

将主动件的连续回转运动，转换为从动件时停时动的机构，称为间歇运动机构。在间歇运动机构中，若从动件为周期性停歇单向运动，又称为步进机构。间歇运动机构广泛应用在各种自动和半自动的机器上，如牛头刨床上的横向进给，自动机床中的刀架转位和进给等。间歇运动机构的类型很多，本节介绍常用的棘轮机构、槽轮机构和凸轮间歇机构的基础知识。

一、棘轮机构

如图5－33a)所示，典型的棘轮机构由棘轮、棘爪和机架组成。棘轮4制有单向棘齿，用键与轴1连接，棘爪3铰接摆杆2上，摆杆空套在棘轮轴上，可以自由摆动。棘爪为主动件，棘轮为从动件。当摆杆逆时针方向摆动时，棘爪插入棘轮齿槽内，推动棘轮转过一定角度；当摆杆顺时针方向摆动时，棘爪在棘轮齿顶滑过，止回棘爪5阻止棘轮顺时针方向转动而静止不动。这样，摆杆连续往复摆动，棘轮实现单向的间歇运转。

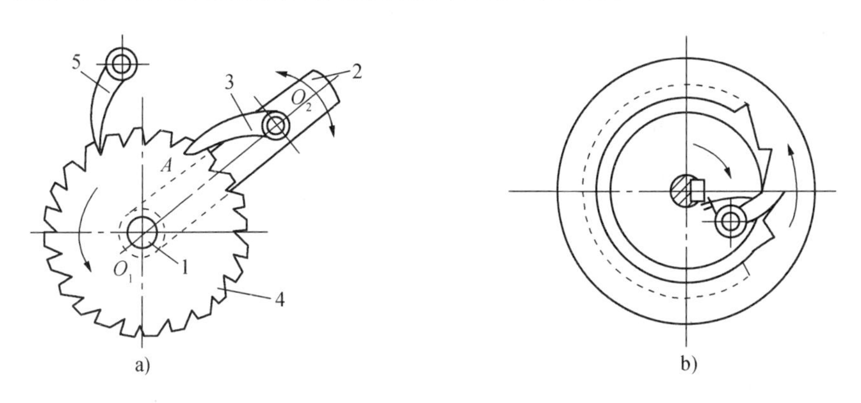

图5－33　棘轮机构

1-轴　2-摆杆　3-棘爪　4-棘轮　5-止回棘爪

棘轮机构分为外齿棘轮机构(图5－33a))和内齿棘轮机构(图5－33b))。棘轮机构还可分为单向驱动(图5－33)和双向驱动棘轮机构(图5－34)。双向驱动的棘轮机构采用矩形齿，棘爪在图示位置，推动棘轮逆时针转动；棘爪转180°后，推动棘轮顺时针转动。

调节棘轮转角，可采用改变摆杆摆角的大小，如图5－33a)所示；也可采用改变覆盖罩的位置,如图 5-35 所示。

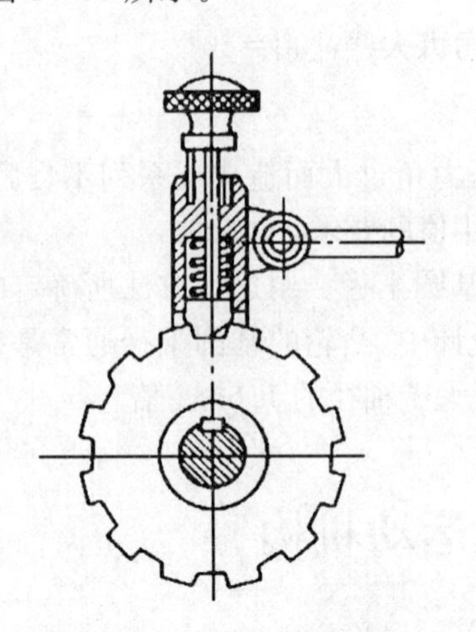

图 5-34 双向驱动棘轮机构

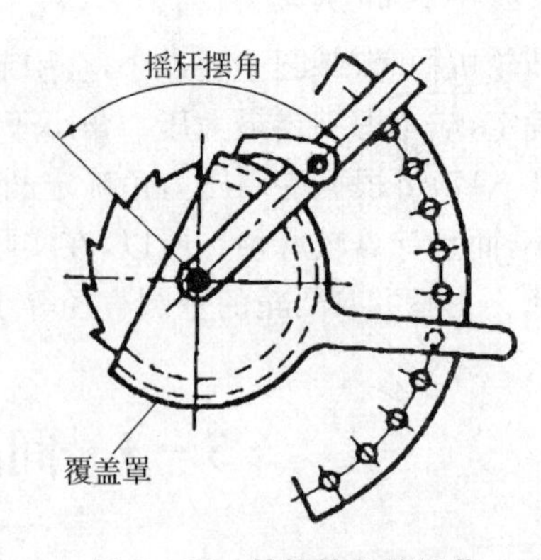

图 5-35 棘轮转角的调节

棘轮机构结构简单,制造方便,棘轮的转角可在一定范围内调节,但运转时易产生冲击和噪声,适用于低速和转角不大的场合。常用在各种机床和自动机械的进给机构、转位机构中,如牛头刨床的横向进给机构(图 5-36)。当主动曲柄 1 作匀速转动时,连杆 2 带动摇杆 3 往复摆动,摇杆上的棘爪 4 推动棘轮 5 作单向间歇运动。棘轮装在进给丝杠 6 上,它使与工作台 7 固连的螺母件横向间歇运动,带动工作台作横向送进运动。

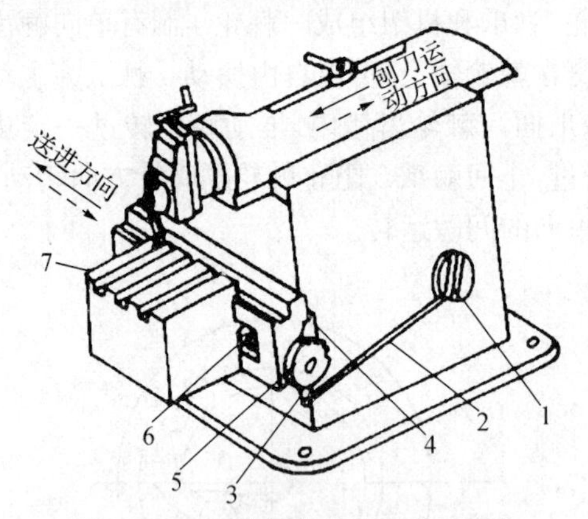

图 5-36 牛头刨床的横向进给机构

1-曲柄 2-连杆 3-摇杆 4-棘爪
5-棘轮 6-进给丝杠 7-工作台

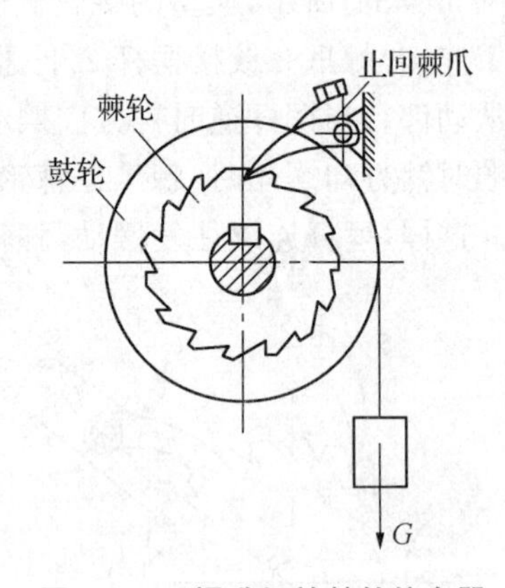

图 5-37 提升机的棘轮停车器

棘轮机构还常用作卷扬机、提升机及运输机等防止逆转的停止器。图 5-37 所示为提升机的棘轮停车器。

二、槽轮机构

槽轮机构主要由带圆销 A 的主动拨盘 1、具有径向槽的从动槽轮 2 和机架组成,图 5-38所示为外槽轮机构。当拨盘 1 以角速度 ω_1 作匀速转动时,圆销 A 由左侧进入轮槽,拨动槽轮顺时针转动,然后由右侧脱离轮槽,槽轮停止不动,槽轮内凹弧 S_2 被拨盘的外凸弧 S_1 锁住。直到圆销 A 再进入槽轮的另一径向槽时,槽轮才开始转动,这样就将拨盘的连续转动转换为槽轮的间歇运动。

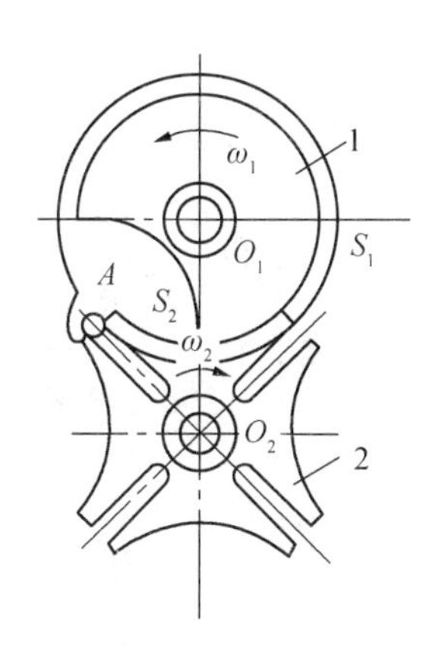

图 5-38　外槽轮机构

1-主动拨盘　2-从动槽轮

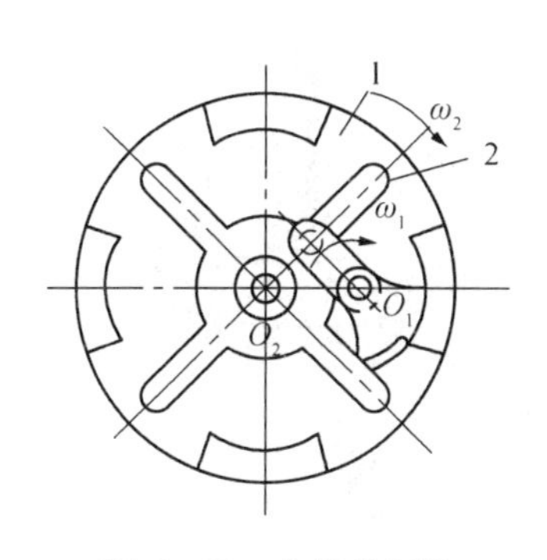

图 5-39　内槽轮机构

1-主动拨盘　2-从动槽轮

图 5-39 所示为内槽轮机构，当主动拨盘 1 转动时，从动槽轮 2 以相同转向转动。结构紧凑，运动也较平稳。

槽轮机构结构简单，转位方便，但转角大小不能调节，且有冲击，只适用于各种转速不太高的自动机械的转位或分度机构。图 5-40 所示是槽轮机构应用于六角车床刀架转位，刀架 3 装有六把刀具，与刀架连接在一起的槽轮 2 开有六个径向槽，拨盘 1 上装有一个圆销。拨盘每转一周，圆销 A 进入槽轮一次，驱使槽轮（即刀架）转过 60°，将下一工序的刀具转换到工作位置。

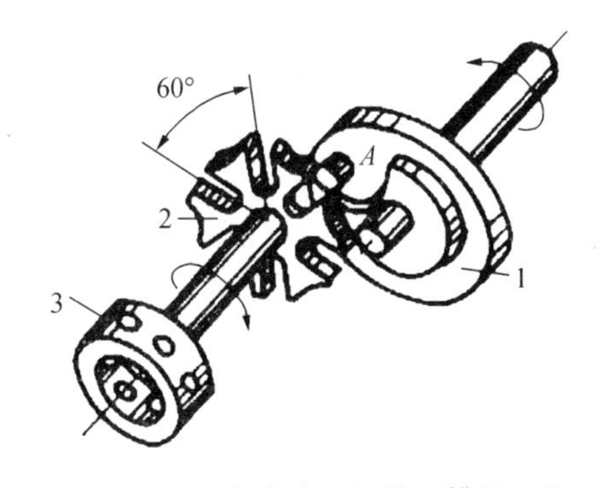

图 5-40　六角车床刀架转位槽轮机构

1-拨盘　2-槽轮　3-刀架

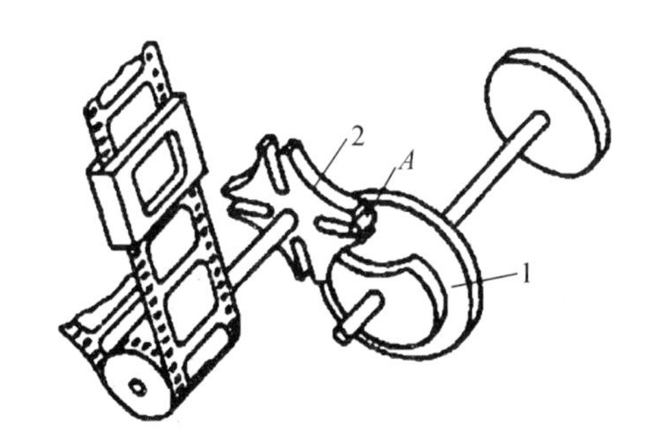

图 5-41　电影放映机中的槽轮机构

1-拨盘　2-槽轮

图 5-41 所示为电影放映机中的槽轮机构。槽轮 2 上有 4 个径向槽，当拨盘 1 转过一周，圆销 A 将拨动槽轮转过 1/4 周，影片移过一个幅面，并停留一定的时间，满足了人眼视觉暂留图像的要求。

三、凸轮间歇机构

凸轮间歇机构是凸轮机构的发展，它有两种类型。

1. 圆柱凸轮间歇机构

图 5-42 所示为圆柱凸轮间歇机构。圆柱凸轮 1 在 β 角范围内为曲线沟槽，它迫使滚

子 3 推动从动盘 2 转动，在($2\pi-\beta$)范围内为光滑圆柱面，从动轮停止不动，并被棱边锁住。圆柱凸轮间机构适用于轴线相交的间歇传动。

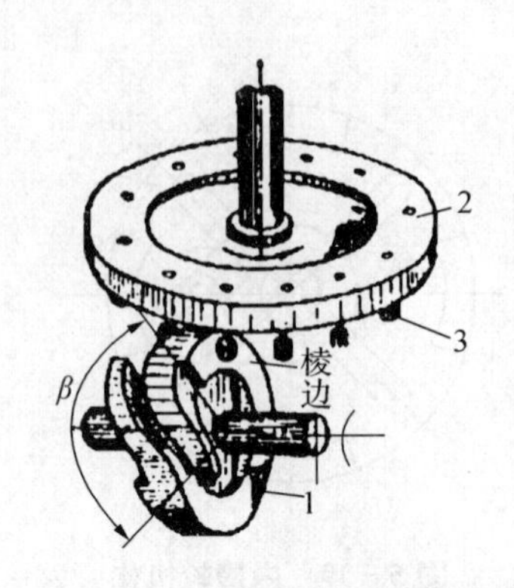

图 5-42　圆柱凸轮间歇机构

1-圆柱凸轮　2-从边盘　3-滚子

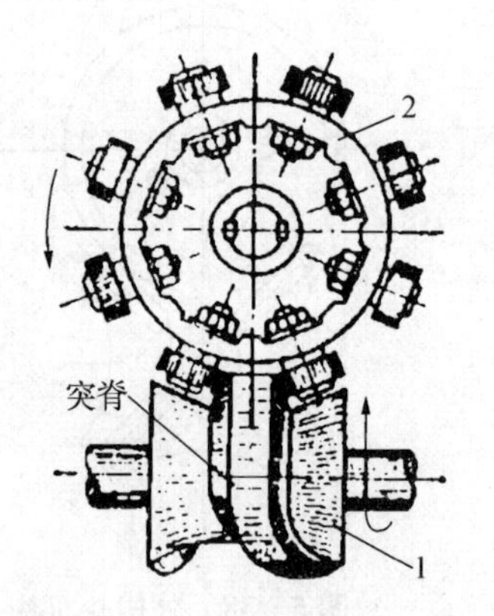

图 5-43　蜗杆凸轮间歇机构

1-凸轮　2-转盘

2. 蜗杆凸轮间歇机构

图 5-43 所示为蜗杆凸轮间歇机构。凸轮 1 相当于蜗杆，有一条突脊；转盘 2 相当于蜗轮，圆周有若干滚子。运动传递过程和锁住情况与圆柱凸轮间歇机构相同。蜗杆凸轮间歇机构适用于两轴线交错的间歇传动。

由于凸轮轮廓可根据从动件要求的运动规律设计，只要合理设计凸轮轮廓，便可避免从动轮在运动始、末位置发生冲击，以适应高速转位要求，转位精度也较高；但加工和调整都比较困难。

习题 5

5-1　掌握下列概念：

(1) 机器、机构、机械

(2) 构件、零件

(3) 运动副、高副、低副、转动副、移动副

(4) 运动简图

(5) 机架、连杆、连架杆、曲柄、摇杆、滑块

(6) 曲柄摇杆机构、双曲柄机构、双摇杆机构、曲柄滑块机构

(7) 偏距 e、偏置式曲柄滑块机构、对心式曲柄滑块机构

(8) 急回特性和行程速比系数 K

(9) 压力角 α、传动角 γ、极位夹角 θ

(10) 死点位置

5-2　在图示平面四杆机构中，已知各构件的长度分别为 $l_{AB}=55$ mm，$l_{BC}=40$ mm，$l_{CD}=50$ mm，$l_{AD}=25$ mm，试说明分别以构件 AB、BC、CD 和 AD 为机架时，各得到何种机构？

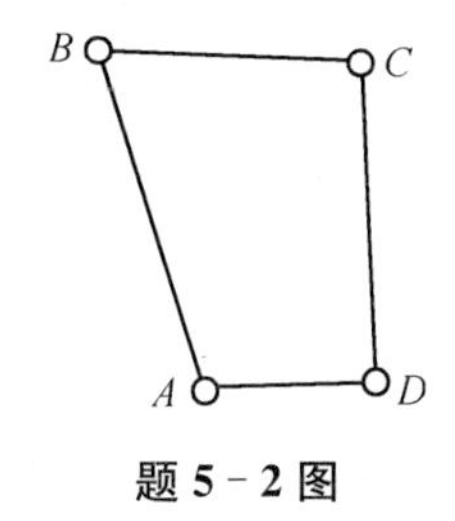

题 5－2 图

5－3　已知铰链四杆机构 $ABCD$ 中，三个构件的尺寸分别为 $l_{BC}=50$ mm，$l_{CD}=40$ mm，$l_{AD}=30$ mm，现要构成以 AB 为曲柄的曲柄摇杆机构，试确定 l_{AB} 的长度应为多少？

5－4　图示偏置式曲柄滑块机构的偏距 $e=10$ mm，曲柄长度 $l_{AB}=20$ mm，连杆长度 $l_{BC}=60$ mm，试求：

(1) 滑块的行程长度 s。

(2) 曲柄为原动件时的最大压力角 α_{max}。

(3) 滑块为原动件时，机构的死点位置、极位夹角 θ 以及行程速比系数 K 值。

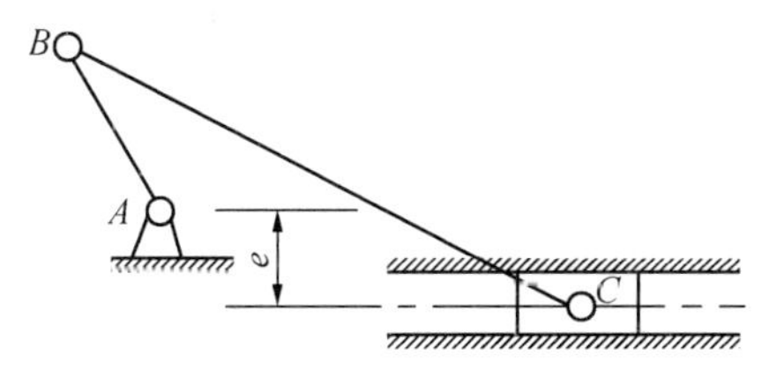

题 5－4 图

5－5　试设计一偏置式曲柄滑块机构，已知滑块的行程 $s=50$ mm，行程速比系数 $K=1.4$，导路偏距 $e=30$ mm。

5－6　试设计一曲柄摇杆机构，已知摇杆 CD 的长度 $l_{CD}=50$ mm，摇杆的摆角 $\psi=30°$，行程速比系数 $K=1.4$，机架 AD 的长度 $l_{AD}=40$ mm。

5－7　图示为一对心尖顶推杆单圆弧盘形凸轮(偏心轮)机构，尺寸如图示，若凸轮以等角速度 ω 顺时针转动，试作出从动件位移曲线 $s-\delta$(以图示位置为起点)。

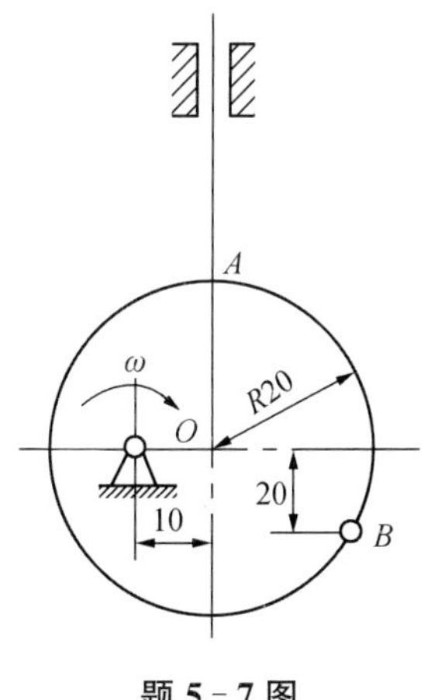

题 5－7 图

5-8 设计一对心尖顶推杆盘形凸轮机构。已知凸轮以等角速度 ω 逆时针方向转动，凸轮基圆半径 r_b=40 mm，从动件升程 h=20 mm，推杆的运动规律如下：

运动阶段	推　程	远休止	回　程	近休止
运动角	150°	30°	120°	60°
运动规律	等加速等减速	静止	等速	静止

5-9 设计一偏置尖顶推杆盘形凸轮机构。已知凸轮以等角速度 ω 顺时针方向转动，凸轮基圆半径 r_b=50 mm，从动件升程 h=30 mm，推杆的运动规律如下：

运动阶段	推　程	远休止	回　程	近休止
运动角	120°	0	150°	90°
运动规律	等加速等减速	静止	等加速等减速	静止

5-10 间歇运动机构具有什么功能？

5-11 棘轮机构的工作原理是什么？有哪些特点？

5-12 槽轮机构的工作原理是什么？有哪些特点？

第六章　机械传动分析

§6-1　带传动

一、带传动的概述

(一) 带传动的工作原理及分类

由带和带轮组成的传递运动和动力的传动称为带传动,见图6-1。根据工作原理的不同,带传动可分为摩擦型和啮合型两大类。

依靠张紧在带轮上的带与带轮之间的摩擦力来传递运动与动力的称为摩擦带传动。摩擦带传动按带的横截面形状的不同,又可分为平带传动(图6-1a))、V带传动(图6-1b))和圆带传动(图6-1c))。依靠带齿与轮齿相啮合来传动运动与动力的称为啮合带传动,如同步带传动(图6-1d))。

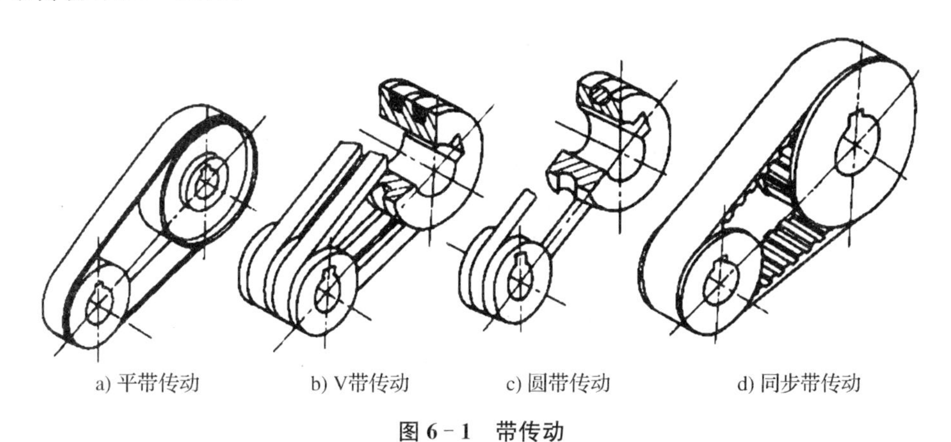

a) 平带传动　　b) V带传动　　c) 圆带传动　　d) 同步带传动

图6-1　带传动

(二) 摩擦带传动的特点及应用

1. 摩擦带传动的主要优点

(1) 胶带具有弹性,能缓冲、吸振,因此传动平稳,噪音小;

(2) 传动过载时能自动打滑,起安全保护作用;

(3) 结构简单,制造、安装、维修方便,成本低廉;

(4) 可用于中心距较大的传动。

2. 摩擦带传动的主要缺点

(1) 不能保证恒定的传动比;

(2) 轮廓尺寸大,结构不紧凑;

(3) 不能传递很大的功率,且传动效率低;

(4) 带的寿命较短;

(5) 对轴和轴承的压力大,提高了对轴和轴承的要求;

(6) 不适用于高温、易燃的场合。

3. 摩擦带传动的应用

根据上述特点,带传动适用于在一般工作环境条件下,传递中、小功率,对传动比无严格要求,且中心距较大的两轴之间的传动。

在摩擦传动中,不难证明,在同样大小张紧力的条件下,V带传动较平带传动能产生更大的摩擦力(约为平带的3倍),因而传动能力大,结构较紧凑,且允许较大的传动比,因此得到更为广泛的应用。本章为大家介绍最常用的普通V带传动。

二、V带传动中的几何参数、载荷参数和运动参数

(一) V带传动中的几何参数和几何关系

1. V带的节宽、高度、相对高度和楔角

当V带垂直于底边弯曲时,在带中保持原长度不变的任意一条周线称为节线,见图6-2。由全部节线构成的面称为节面。带的节面宽度称为节宽,用b_p表示;带的横截面中梯形轮廓的高度称为带的高度,用h表示,带的高宽比(h/b_p)称为相对高度。V带两侧面的夹角称为楔角,用α表示。

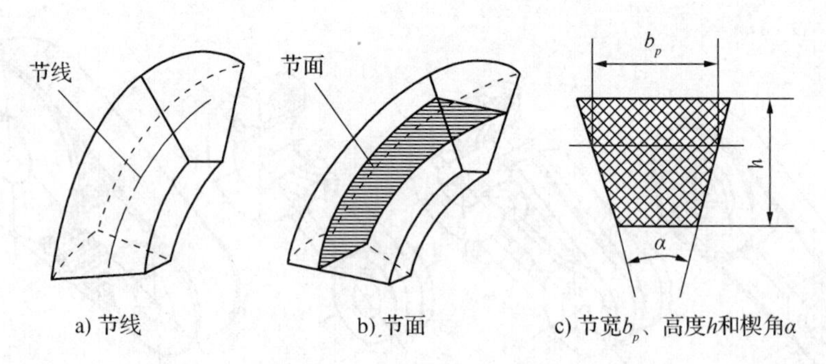

图6-2　V带的节线、节面

2. V带轮的基准宽度和基准直径

V带轮中,表示槽形轮廓宽度的一个无公差的规定值,其值即为标准V带的截面基本尺寸中所列的节宽的规定值(理论值),称为带轮的基准宽度,用b_d表示,见图6-3。带轮轮槽基准宽度处的带轮直径称为基准直径,用d_d表示。

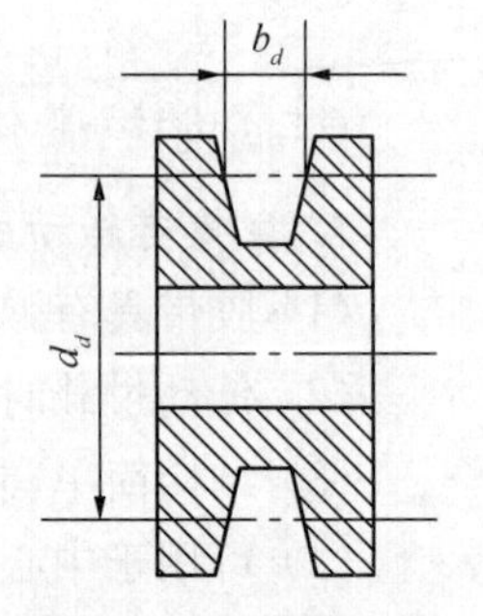

图6-3　V带轮的基准宽度b_d和基准直径d_d

3. V带的基准长度

V带在规定的张紧力下，位于测量带轮基准直径上的周线长度称为V带的基准长度，用 L_d 表示，见图6-4。

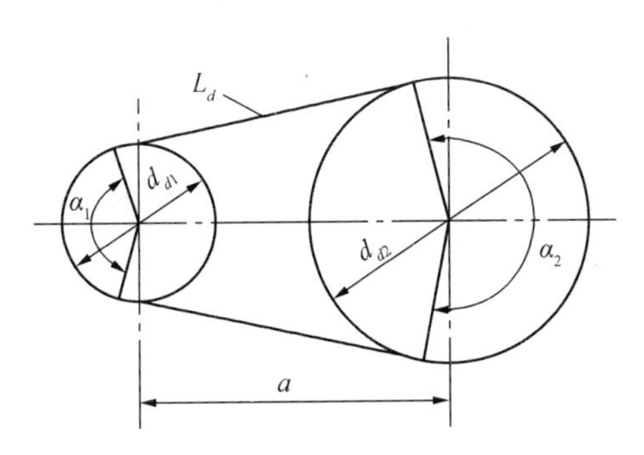

图6-4　V带传动中的几何参数和几何关系

4. 中心距

当带处于规定的张紧力时，两带轮轴线间的距离称为中心距，用 a 表示，见图6-4。

5. 包角

带与带轮接触弧所对的圆心角称为包角，用 α 表示，见图6-4。

上述几何参数间有如下关系：

$$L_d \approx 2a + \frac{\pi(d_{d2} + d_{d1})}{2} + \frac{(d_{d2} - d_{d1})^2}{4a} \tag{6-1}$$

$$\alpha_1 \approx 180^\circ - 57.3^\circ \times \frac{d_{d2} - d_{d1}}{a} \tag{6-2}$$

（二）V带传动中的载荷参数和应力分析

1. V带传动中的载荷参数

（1）离心拉力 F_c

带随带轮作弧线运动时，由于离心力产生的拉力称为离心拉力，用 F_c 表示。其值可由下式求得：

$$F_c = qv^2 \tag{6-3}$$

式中：F_c——离心拉力(N)

q——V带单位长度的质量(kg/m)，可由表6-1中查取

v——带的速度(m/s)

（2）初拉力 F_0、紧边拉力 F_1、松边拉力 F_2 和有效拉力 F

带运行前张紧在带轮上的拉力称为初拉力，亦称预紧力，用 F_0 表示，见图6-5a)。此时带两边的拉力相等，都是 F_0。

带运行时，由于主动带轮对带的摩擦力 F_f 与带的运动方向相同，所以主动边(下边)进一步被拉紧，其拉力由 F_0 增加为 F_1，成为拉力较大的一边，称为紧边，其拉力 F_1 称为紧边拉力；而从动轮对带的摩擦力 F_f 与带的运动方向相反，所以从动边被放松，其拉力由 F_0 减少为 F_2，成为拉力较小的一边，称为松边，其拉力 F_2 称为松边拉力，见图6-5b)。显然，有效

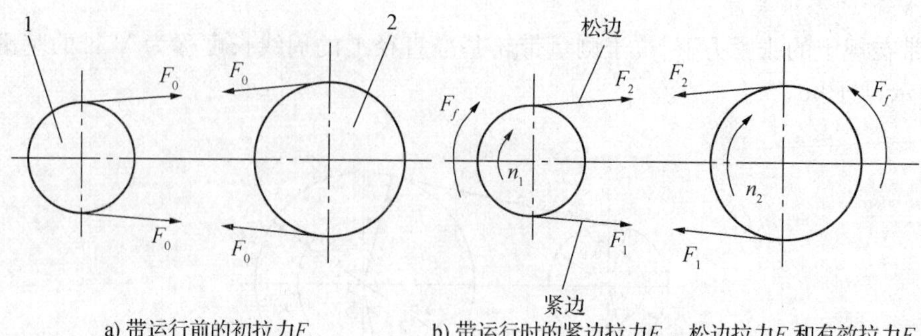

a) 带运行前的初拉力F_0　　b) 带运行时的紧边拉力F_1、松边拉力F_2和有效拉力F

图 6-5　带的受力分析

拉力 F 就等于带和带轮接触面上的摩擦力 F_f。因此有

$$F = F_1 - F_2 = F_f \tag{6-4}$$

带传动所能传递的功率 P 为

$$P = Fv \tag{6-5}$$

式中：P——带传递的功率(W)

F——带的有效拉力(N)

v——带运行的速度(m/s)

由上式可知，在一定的带速下，如需传递较大的功率，则必须增大有效拉力，即要求带和带轮之间有更大的摩擦力以维持传动。然而在一定的传动条件下，这个摩擦力有一个极限值，也就是带所能传递的最大有效拉力 F_{max}，它反映了带的传动能力，其值可以从欧拉公式求得(证明从略)

$$F_{max} = 2(F_0 - qv^2)\frac{e^{f\alpha} - 1}{e^{f\alpha} + 1} \tag{6-6}$$

由上式可知，影响带传动能力的主要因素有：

① 初拉力 F_0　它是影响带传动工作能力的最主要的因素，初拉力 F_0 过小，带传动能力不足，工作时容易发生跳动和打滑；但 F_0 过大，带的拉应力相应增加，将加快带的磨损，并降低带的疲劳寿命，可见选择合适的初拉力非常重要。

② 包角 α　由式(6-6)可知，F_{max} 随包角 α 的增加而增大，这是因为包角越大，则带与带轮的接触弧越长，能够产生较大的摩擦力，即有效拉力。所以在带传动的设计计算中，一般要求小带轮包角 $\alpha_1 \geqslant 120°$。

③ 摩擦系数 f　由式(6-6)可知，F_{max} 随摩擦系数 f 的增大而相应增加。这是因为摩擦系数大，则摩擦力大，有效拉力 F 就大。

④ 带的单位长度质量 q 和带速 v　q 和 v 大，则离心力大，使 F_{max} 减小。

2. 带传动的应力分析

(1) 拉应力 σ

设胶带的横截面积为 A，则由紧边拉力 F_1 产生的紧边拉应力 σ_1 和由松边拉力 F_2 产生的松边拉应力 σ_2 分别为

$$\sigma_1 = \frac{F_1}{A} \tag{6-7a}$$

$$\sigma_2 = \frac{F_2}{A} \tag{6-7b}$$

（2）离心应力 σ_c

由胶带的离心拉力 F_c 产生的离心应力 σ_c 作用于全部带长的各个截面上，且大小相等，可用下式求得：

$$\sigma_c = \frac{F_c}{A} = \frac{qv^2}{A} \tag{6-8}$$

（3）弯曲应力 σ_b

带绕过带轮时，在包角所对的接触弧上的胶带将发生弯曲并产生弯曲应力。若近似认为带的材料符合虎克定律，则由材料力学可得出弯曲应力的计算公式为：

$$\sigma_{b1} = \frac{2hE}{d_{d1}} \tag{6-9a}$$

$$\sigma_{b2} = \frac{2hE}{d_{d2}} \tag{6-9b}$$

式中：σ_{b1}，σ_{b2}——分别为带在小带轮和大带轮上的弯曲应力（MPa）

h——带的顶面到节面的距离（mm）

E——带材料的弹性模量（MPa）

d_{d1}，d_{d2}——分别为小带轮和大带轮的基准直径（mm）

为了避免产生过大的弯曲应力，V 带传动的设计过程中，对每种型号 V 带传动都规定了相应的最小带轮直径。

把上述三种应力叠加，即得到带的应力分布图，见图 6-6。由此可得到如下两点结论：

① 作用于带上某处的应力是随其运行位置而不断变化的，即带是处于交变应力状态下工作的，因此，当带的应力循环次数达到一定数值后，带将发生疲劳破坏。

② 带在运行一周中，最大应力 σ_{max} 发生在带的紧边开始绕上小带轮处（切点处），其值为：

$$\sigma_{max} = \sigma_1 + \sigma_c + \sigma_{b1} \tag{6-10}$$

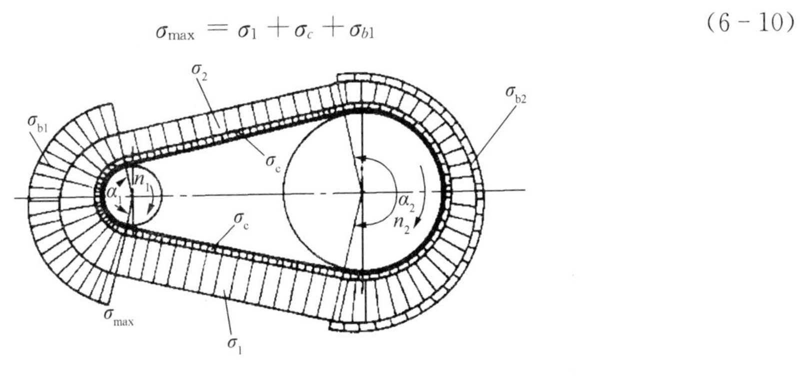

图 6-6 带的应力分布图

（三）带传动中的运动参数和弹性滑动

1. 带轮转速 n

单位时间内带轮的转数称为转速，单位为 r/min。主动带轮和从带轮的转速分别用 n_1 和 n_2 表示。

2. 带速 v、主动带轮和从动带轮的圆周速度 v_1 和 v_2

带运行时的节线速度称为带速，用 v 表示。带轮运转时，在基准直径上的圆周速度称为带轮的圆周速度，主动带轮和从带轮的圆周速度分别用 v_1 和 v_2 表示。带轮的圆周速度与带轮的转速、基准直径关系如下：

$$v=\frac{\pi d_d n}{60\times 1\,000} \tag{6-11}$$

3. 滑动率 ε

带传动工作时，设主动轮（小带轮）以恒定的圆周速度 v_1 运转并带动带的紧边以相同的速度 v_1 运动，进入接触弧的起点 A，见图 6－7。当带随带轮继续由 A 向 B 方向运转时，即由紧边转向松边时，其拉力也将由 F_1 逐渐减小为 F_2，使带的单位长度的伸长量随之减少，故带在与带轮一起前进的同时又相对于带轮产生向后的收缩，使带速由 v_1 下降到 v_2（松边带速），这种现象称为弹性滑动。在从动轮（大带轮）上，由带带动大带轮以圆周速度 v_2 由 C 向 D 方向运转，带的拉力将由 F_2 上升到 F_1，使带单位长度的伸长量增加，带将相对于带轮产生向前的弹性滑动，带速由 v_2 上升到 v_1。

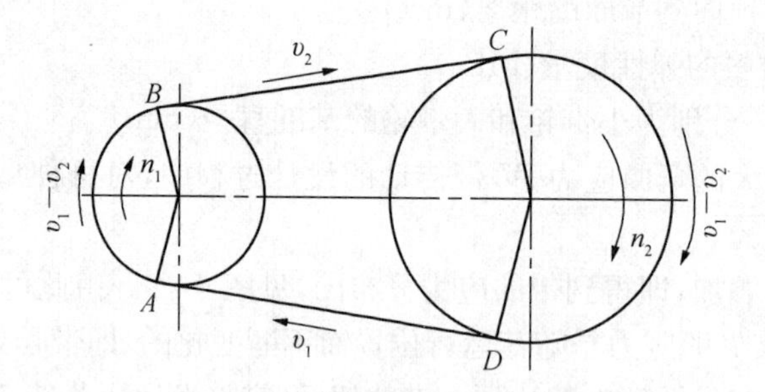

图 6－7 带的弹性滑动

弹性滑动是不可避免的，因为带传动工作时，要传递圆周力，带的两边拉力必然不等，产生的弹性变形量也不同，所以必然会发生弹性滑动。由于带的弹性滑动使从动轮的圆周速度 v_2 低于主动轮的圆周速度 v_1，其相对降低率称为滑动率，用“ε”表示。即：

$$\varepsilon=\frac{v_1-v_2}{v_1}\times 100\% \tag{6-12}$$

当传递的圆周力大于带与带轮间的极限摩擦力时，带与带轮间将出现明显的相对滑动，甚至从动轮根本不动，这种现象称为打滑。打滑是由于过载引起的，是可以避免的。

4. 传动比 i

主动带轮与从动带轮角速度 ω_1 与 ω_2 之比称为传动比，用 i 表示。

$$i=\frac{\omega_1}{\omega_2}=\frac{n_1}{n_2}=\frac{d_{d1}}{d_{d2}(1-\varepsilon)} \tag{6-13}$$

由于带传动正常工作时，其滑动率 ε 很小，仅 1%～2%，因此在一般设计计算中，可不予考虑。

三、V 带和 V 带轮的结构

（一）V 带的结构和尺寸

V 带是横截面为等腰梯形（或近似为等腰梯形）的传动带。其结构见图 6－8，它由包布、顶胶、抗拉体和底胶等部分构成。顶胶和底胶采用弹性好的胶料，易于产生弯曲变形；包布采用胶帆布，较耐磨，起保护作用；抗拉体有帘布芯和绳芯两种，用来承受带的拉力。

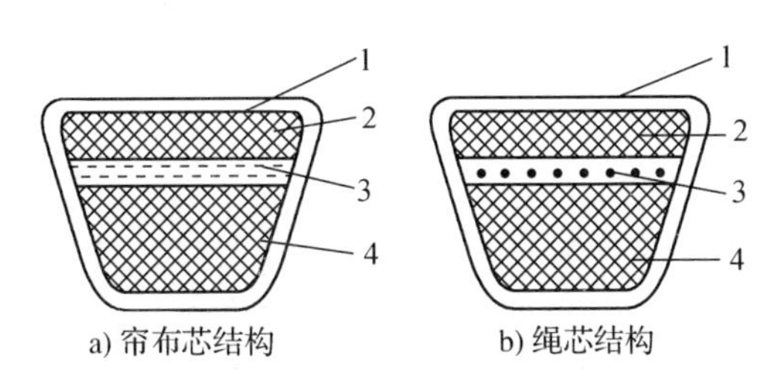

图 6－8　V 带的结构

1－包布　2－顶胶　3－抗拉体　4－底胶

V 带的尺寸已经标准化，其标准有：

1. 截面尺寸

V 带根据截面尺寸由小到大的顺序排列，共有 Y、Z、A、B、C、D、E 七种型号，其截面尺寸的规定见表 6－1。

表 6－1　V 带截面型号和基本尺寸

截　型	节宽 b_p /mm	顶宽 b /mm	高度 h /mm	质量 g /kg・m^{-1}	楔角 α /°
Y	5.3	6.0	4.0	0.02	40
Z	8.5	10.0	6.0	0.06	
A	11.0	13.0	8.0	0.10	
B	14.0	17.0	11.0	0.17	
C	19.0	22.0	14.0	0.30	
D	27.0	32.0	19.0	0.62	
E	32.0	38.0	25.0	0.90	

2. V 带基准长度

V 带的基准长度系列见表 6－2。

表 6-2　V带的基准长度(L_d)和带长修正系数(K_L)

L_d	Y	Z	A	L_d	Z	A	B	C	D	L_d	A	B	C	D	E
200	0.81			900	1.03	0.87	0.82			4 000	1.19	1.13	1.02	0.91	
224	0.82			1 000	1.06	0.89	0.84			4 500		1.15	1.04	0.93	0.90
250	0.84			1 120	1.08	0.91	0.86			5 000		1.18	1.07	0.96	0.92
280	0.87			1 250	1.11	0.93	0.88			5 600		1.20	1.09	0.98	0.95
315	0.89			1 400	1.14	0.96	0.90			6 300			1.12	1.00	0.97
355	0.92			1 600	1.16	0.99	0.92	0.83		7 100			1.15	1.03	1.00
400	0.96	0.87		1 800	1.18	1.01	0.95	0.86		8 000			1.18	1.06	1.02
450	1.00	0.89		2 000		1.03	0.98	0.88		9 000			1.21	1.08	1.02
500	1.02	0.91		2 240		1.06	1.00	0.91		10 000			1.23	1.11	1.07
560		0.94		2 500		1.09	1.03	0.93		11 200				1.14	1.10
630		0.96	0.81	2 800		1.11	1.05	0.95	0.83	12 500				1.17	1.12
710		0.99	0.83	3 150		1.13	1.07	0.97	0.86	14 000				1.20	1.15
800		1.00	0.85	3 550		1.17	1.09	0.99	0.89	16 000				1.22	1.18

3. V 带的规定标记

V 带的标记形式为：

(截型)+(基准长度)+(标准号)

例如：截型为 A 型，基准长度为 1 400 mm 的普通 V 带，其标记为：

A 1400 GB/T 1171-2006。

(二) V 带轮的结构

V 带轮由轮毂、轮辐、轮缘三部分组成。轮辐是连接轮缘和轮毂的部分。根据带轮的直径不同，轮辐的结构可制成实心式、孔板式和轮辐式三种，如图 6-9 所示。

a) 实心式

b) 孔板式

c) 轮辐式

图 6-9　轮辐结构

其应用如下：

(1) 当 $d_d>(2.5\sim3)d$(d_d为带轮的基准直径，d 为带轮轴孔的直径)时，宜采用 S 型实心式带轮，见图 6-10a)。

(2) 当 $3d<d_d<300$ mm 时，可选用 H 型孔板式带轮，见图 6-10b)；或 P 型辐板式带轮，见图 6-10c)。

(3) 当 $d_d>300$ mm 时，宜选用 E 型轮辐式带轮，见图 6-10d)。

图中带轮轮缘宽度 B、轮毂孔径 d 及轮毂长度 L 的尺寸见 GB/T10412-2002。

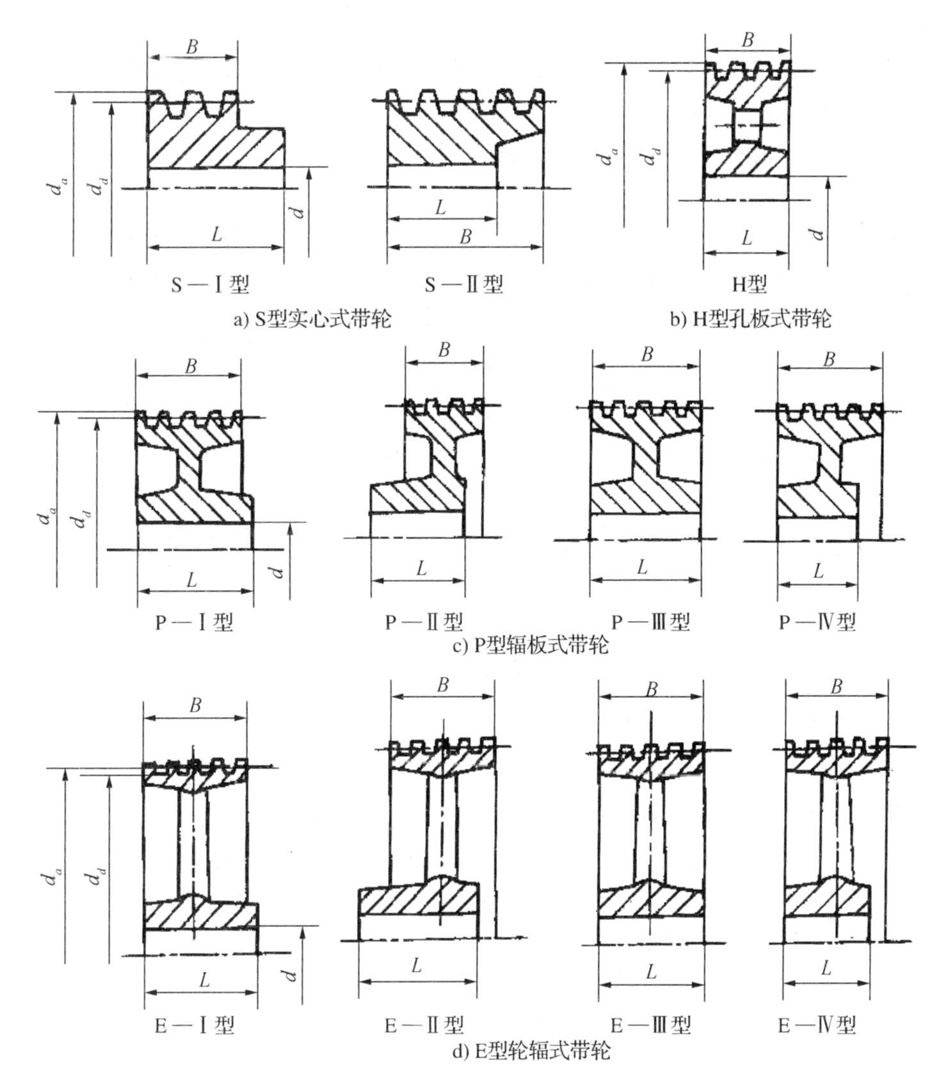

图 6-10 V 带轮的结构形式

四、带传动的安装、张紧与维护

1. 带传动的安装

安装带传动时应注意以下事项：

(1) 两带轮的轴线应当平行，两带轮的端面要在同一个平面内。

(2) 安装前检查带与带轮的型号是否一致，多根 V 带的实际长度应当把偏差控制在规定的范围内。

(3) 安装前先缩小中心距，待 V 带进入轮槽后，再调整带的松紧程度。如果撬入 V 带，应从大轮处进入，务必小心夹手。

2. 带传动的张紧

为了使带得到一定的初拉力，安装后调整带的张紧力。一般用手压下带的外侧，以能压下 15 mm 左右为宜。

常用带传动的张紧方法有：

(1) 移动式　如图6-11a)所示，通过改变两带轮的中心距离来调整带的张力。该方法应用较多，也较简便。

(2) 摆动式　如图6-11b)所示，和移动式的调整方法一样。该方法在机床上应用较多。

(3) 安装张紧轮　如图6-12所示，当中心距不能调整时，采用安装张紧轮的方法来调整传动带的张力。张紧轮应当放在靠近大带轮一侧，避免小带轮的包角变小。

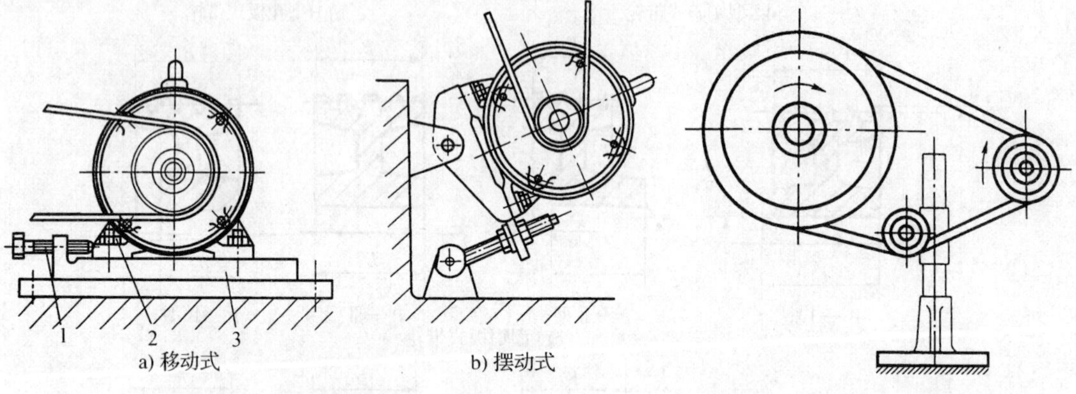

图6-11　调整带传动的中心距　　图6-12　张紧轮调整张紧力

3. 带传动的维护

(1) 带传动装置必须安装防护罩。生产中常出现没有防护罩而发生带伤人的事故。

(2) V带主要材料是橡胶，应避免橡胶带与酸、碱、油等化学物质接触。

(3) V带的使用寿命较短，发现V带出现裂纹、过度变长，应及时更换。

(4) 及时调整带的张力，保证带传动的正常工作。

§6-2　链传动

链传动由主动链轮1、从动链轮2和传动链3组成(图6-13)。链传动是靠链轮的轮齿与链条的链节啮合来传递运动和动力的。

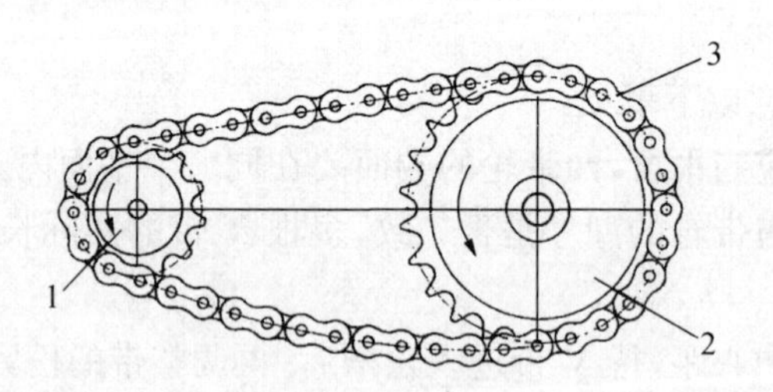

图6-13　链传动

1-主动链轮　2-从动链轮　3-传动链

1. 链传动的类型

链传动按照用途分为三大类型。

(1) 传动链　传递运动和动力。应用于一般的机械传动。

(2) 输送链　输送货物。应用于各种输送装置和机械化装卸设备,如自动扶梯、自动生产线的运输带。

(3) 起重链　应用于起重机械的牵引或提升重物。

2. 链传动的特点

与带传动相比较,链传动具有以下特点:

(1) 链传动的平均传动比准确,没有弹性滑动和打滑。

(2) 承载能力较大,传动效率较高。适合于低速重载的传动。

(3) 由钢材制成的链节能在高温、水或油等恶劣的条件下工作。

(4) 高速运动时噪音较大,磨损后容易发生脱链。

链传动广泛应用于农业、矿山、起重等机械中。传递的功率一般不超过 100 kW,链速不超过 15 m/s,传动比≤8。

在链传动中,应用最广泛的是滚子链,本节主要介绍滚子链。

一、滚子链及链轮

1. 滚子链

滚子链的一个链节由内链板 1、外链板 2、销轴 3、套筒 4 和滚子 5 所组成(图 6-14)。其中外链板与销轴、内链板与套筒之间为过盈配合,滚子与套筒、套筒与销轴之间为间隙配合,由此构成屈伸自如的活动铰链。

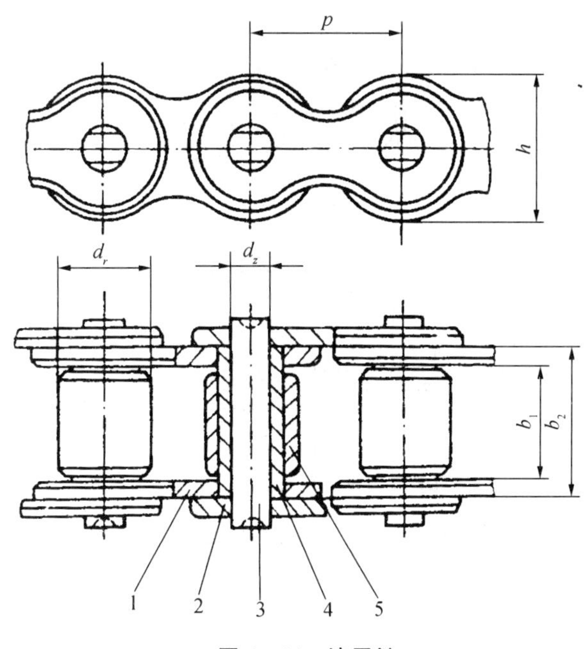

图 6-14　滚子链

1-内链板　2-外链板　3-销轴　4-套筒　5-滚子

链条是由若干个链节组成的环形。当链节数为偶数时，链条两端恰好为一个内链板和一个外链板，故可直接相连，但需用开口销或弹簧卡片锁紧（图 6－15）。当链节数为奇数时，链条两端将同时是内链板或外链板，需采用过渡链节方可连接（图 6－16）。过渡链节受拉时，折弯的链板受附加弯矩的作用，故实际中链节数多为偶数。

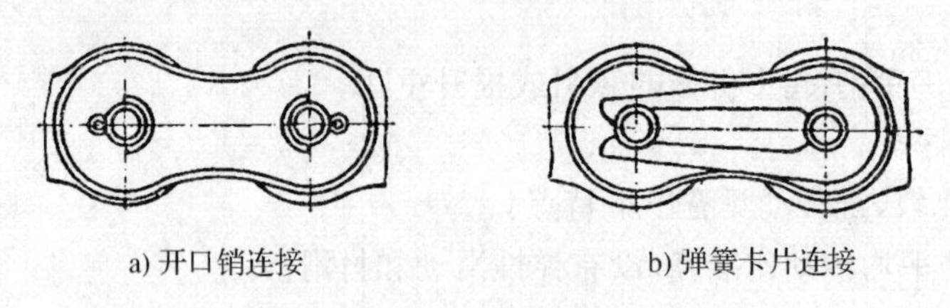

a) 开口销连接　　b) 弹簧卡片连接

图 6－15　链条连接

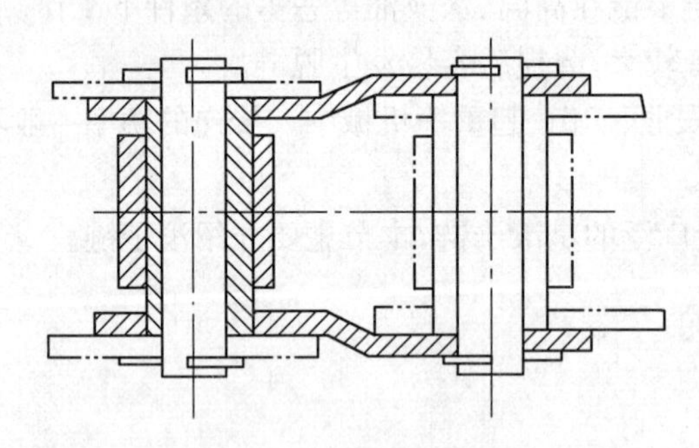

图 6－16　过渡链节连接

当传递较大载荷时，链传动也可采用双排链或多排链（图 6－17）。考虑各排链受力均匀的问题，排数最多为四排。

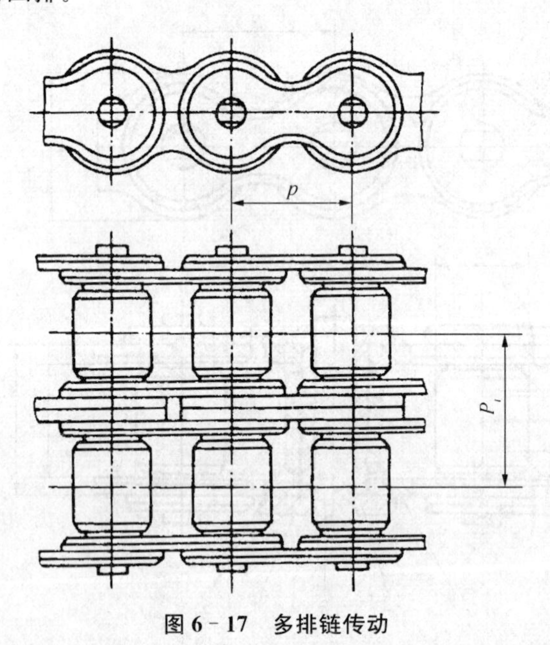

图 6－17　多排链传动

滚子链已标准化。滚子链的主要参数是链条的节距，节距是指相邻两销轴的中心距，以 p 表示。节距越大，链条各零件的尺寸越大，承载能力越大。标准规定滚子链分 A、B 两个系列，常用的是A系列。A系列部分滚子链的规格和尺寸见表6-3。

表6-3　滚子链的规格和尺寸

链号	节距	排距	滚子外径	内链节内宽	销轴直径	内链节外宽	内链板高度	单排权限拉伸载荷	单排每米质量
	p/mm	p_t/mm	d_{1max}/mm	b_{1min}/mm	d_{2max}/mm	b_{2max}/mm	h_{2max}/mm	Q_{min}/N	q/(kg·m^{-1})
08A	12.70	14.38	7.95	7.85	3.96	11.18	12.07	13 800	0.60
10A	15.875	18.11	10.16	9.40	5.08	13.84	15.09	21 800	1.00
12A	19.05	22.78	11.91	12.57	5.94	17.75	18.08	31 100	1.50
16A	25.40	29.29	15.88	15.75	7.92	22.61	24.13	55 600	2.60
20A	31.75	35.76	19.05	18.90	9.53	27.46	30.18	86 700	3.80
24A	38.10	45.44	22.23	25.22	11.10	35.46	36.20	124 600	5.60
28A	44.45	48.87	25.40	25.22	12.70	37.19	42.24	169 000	7.50
32A	50.80	58.55	28.58	31.55	14.27	45.21	48.26	222 400	10.10
40A	63.50	71.55	39.68	37.85	19.84	54.89	60.33	347 000	16.10
48A	76.20	87.83	47.63	47.35	23.80	67.82	72.39	500 400	22.60

注：过渡链节的极限拉伸载荷取表中数值的80%。

滚子链的标记为：链号—排数—整链链节数　标准编号。例如：08A-2-60 GB/T 1243-2006表示链号为08（节距p=12.70 mm）、A系列、双排、链节数为60的滚子链。

2. 链轮

为保证链轮齿面具有足够的强度和耐磨性，链轮的材料通常选择优质碳素钢15、20、35、40等或合金钢15Cr、20Cr、35SiMn、40Cr等，并经过热处理。链轮的齿形已标准化，并用标准刀具加工。链轮的结构可根据尺寸的大小确定，小直径的链轮可做成实心式，直径大一些的链轮可做成孔板式，大直径的链轮可做成组合式（图6-18）。

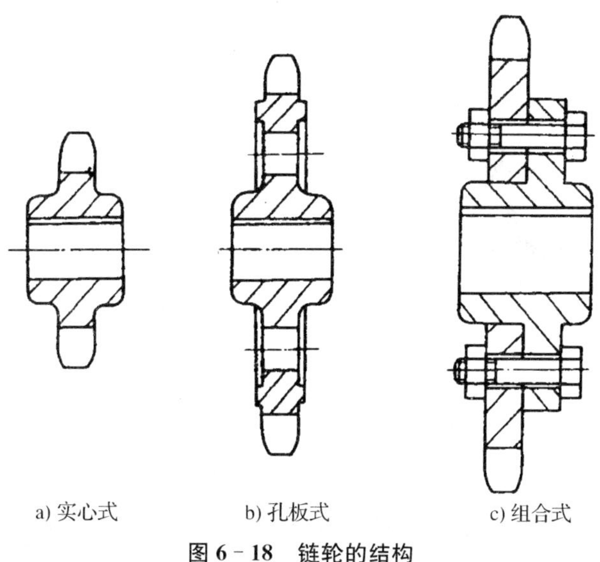

a) 实心式　　b) 孔板式　　c) 组合式

图6-18　链轮的结构

二、滚子链的主要失效形式

链传动的失效主要是链条的失效。主要失效形式如下：

1. 链板的疲劳破坏

链条在工作时，链板受拉，且紧边与松边拉力不等，因此在一个运动循环中，链板截面的拉应力是变化的。随着应力循环次数的增加，链板将因疲劳出现裂纹，直至断裂。

2. 滚子和套筒的疲劳点蚀

研究表明：链传动在工作时，主动链轮以等角速度回转，瞬时链速、从动链轮的瞬时角速度和瞬时传动比均是周期性变化的。再加上链条与链轮啮合时，链节绕入链轮轮齿的瞬间将产生冲击，故在啮合过程中，滚子与套筒之间产生的接触应力也是周期性变化的，当损伤累积到一定程度时，接触表面将产生微裂纹，随着裂纹的扩展，出现表面金属微粒脱落，这种现象称为疲劳点蚀。

3. 链条铰链的磨损

链条工作时，销轴与套筒之间存在着较大的正压力，又有相对转动，因此必产生磨损。磨损后链节距增长，链条松边垂度增大，由此引起振动和动载荷。当链节距增大到一定程度，还会引起脱链。

4. 链条的静力拉断

在低速（$v<0.6$ m/s）重载或偶然过载的情况下，链条所受拉力超过了本身的静强度极限时，链条将被拉断。

三、链传动的安装与维护

安装链传动时，要求两链轮应位于同一铅垂平面内，且轴线平行，两链轮的中心线最好水平或接近水平，紧边在上、松边在下。

为了防止链传动松边垂度过大，引起啮合不良和链条振动，应采取张紧措施。常用的张紧方法有：当中心距可调时，可调大中心距；当中心距不可调时，可采用张紧轮张紧，张紧轮应安装在松边外侧靠近小轮的位置上（图 6－19）。

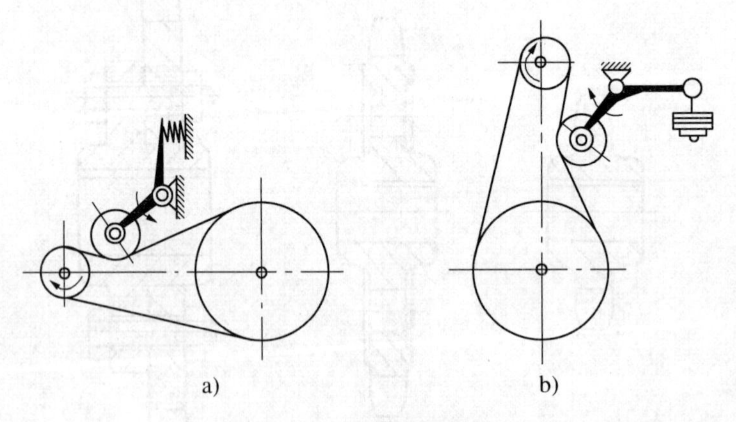

图 6－19　张紧轮的安装

良好的润滑可改善链传动的工作状况，提高传动效率，延长链传动的寿命。链传动的润滑方式由链速和链号来确定，常用的润滑方式有人工润滑，每班一次；滴油润滑，每分钟 5～20 滴；油浴润滑，链条浸油深度 6～12 mm；飞溅润滑，链条速度 3 m/s，链条浸油深度 12～25 mm；喷油润滑，链条速度＞8 m/s 场合。如图 6－20 所示。

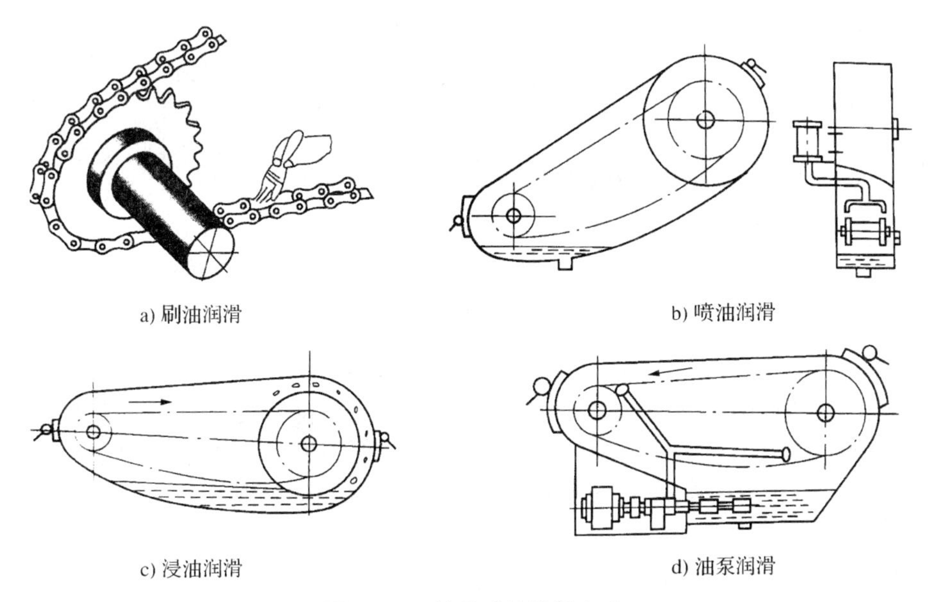

图 6－20　链传动的润滑方式

常用的润滑油牌号为 L－AN32、L－AN46、L－AN68 全损耗系统用油。温度较低时，应选择黏度较小的润滑油，如 L－AN32。对于开式传动和低速重载传动，选择黏度较大的润滑油，并在润滑油中加入添加剂，以增加润滑油与接触表面间的亲和力，减轻接触面的压强。常用的添加剂有 MoS_2、WS_2 等。

§6－3　齿轮传动

一、齿轮传动的特点和分类

1. 齿轮传动的特点

齿轮传动是现代机器中应用最广的一种机械传动。它的主要特点是：

(1) 能保证恒定的瞬时传动比；

(2) 传动效率高，一般可达 0.95～0.98，高的可达 0.99；

(3) 传递的功率和速度范围大(功率从几千分之一瓦到十万千瓦，速度从很低到 300 m/s)；

(4) 工作可靠，寿命长，可达一、二十年，结构紧凑，外廓尺寸小；

(5) 高精度齿轮对制造和安装精度要求高，故成本高，而低精度齿轮工作时有噪音和振动；

(6) 不适于轴间距离很大的传动。

2. 齿轮传动的分类

齿轮传动类型较多，按照两轴的相对位置和齿向，可分为(图 6－21)：

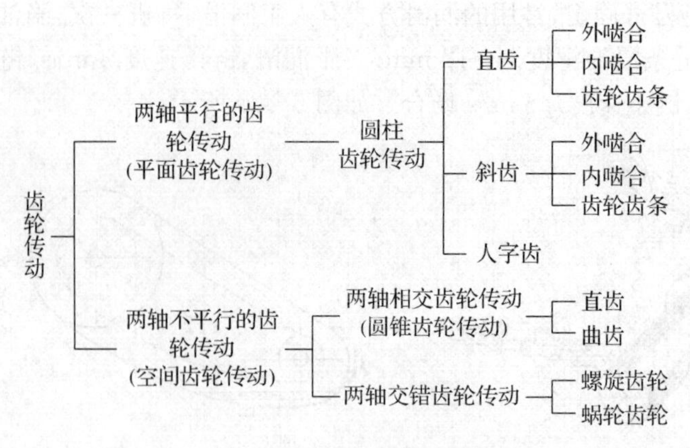

图 6-21　齿轮传动的分类

按齿轮传动的工作条件,可分为闭式齿轮传动和开式齿轮传动。闭式齿轮传动是将齿轮封闭在刚性的箱体中,并保证良好的润滑,因此对速度较高或较重要的齿轮传动,一般常采用,但结构较复杂,制造成本较高。而开式齿轮传动是没有防护箱体,齿轮易受灰尘及有害物质侵袭,且润滑条件差,齿轮易磨损,所有开式传动只能用于速度不高及不太重要的地方。

常用齿轮传动的特点见表 6-4。

表 6-4　常用齿轮传动的特点

啮合类别		图　例	说　明
两轴平行	外啮合直齿圆柱齿轮传动		1. 轮齿与齿轮轴线平行 2. 传动时,两轴回转方向相反 3. 制造最简单 4. 速度较高时容易引起动载荷与噪声 5. 标准直齿圆柱齿轮传动,一般圆周速度常在 2～3 m/s 以下
	外啮合斜齿圆柱齿轮传动		1. 轮齿与齿轮轴线倾斜成某一角度 2. 相啮合的两齿轮其轮齿倾斜方向相反,倾斜角大小相同 3. 传动平稳,噪声小 4. 工作中会产生轴向力,轮齿倾斜角越大,轴向力越大 5. 适用于圆周速度较高(v>2～3 m/s)的场合
	人字齿轮传动		1. 轮齿左右倾斜方向相反,呈"人"字形,因此可以消除斜齿轮单向倾斜而产生的轴向力 2. 制造成本高

（续表）

啮合类别		图　例	说　明
两轴平行	内啮合圆柱齿轮传动		1. 它是外啮合齿轮传动的演变形式。大齿轮的齿分布在圆柱体内表面，成为内齿轮 2. 大小齿轮的回转方向相同 3. 轮齿可制成直齿，也可制成斜齿。当制成斜齿时，两轮轮齿倾斜方向相同，倾斜角大小相等
	齿条传动		1. 这种传动相当于大齿轮直径为无穷大的圆柱齿轮传动 2. 齿轮作回转运动，齿条作直线运动 3. 轮齿一般是直齿，也有制成斜齿的
两轴相交	直齿圆锥齿轮传动		1. 轮齿排列在圆锥体表面上，其方向与圆锥的母线一致 2. 一般用在两轴线相交成 90°、圆周速度小于 2 m/s 的场合
	螺旋（曲齿）圆锥齿轮传动		1. 螺旋圆锥齿轮的轮齿是弯曲的 2. 一对螺旋圆锥齿轮同时啮合的齿数比直齿圆锥齿轮多。啮合过程不易产生冲击，传动较平稳，承载能力较强。在高速和大功率的传动中广泛应用 3. 设计加工比较困难，需要专用机床加工，轴向推力比较大
两轴相错	螺旋齿轮传动		1. 单个螺旋齿轮与斜齿轮并无区别。相应地改变两个螺旋齿轮的轮齿倾斜角，即可组成轴间夹角为任意值（0～90°）的螺旋齿轮传动 2. 斜齿轮传动是轴间夹角为 0 的螺旋齿轮传动的特例，蜗杆传动是轴间夹角为 90°的螺旋齿轮传动的特例 3. 螺旋齿轮传动承载能力较小，且磨损较严重

二、渐开线齿廓曲线

对齿轮传动的基本要求是：

1. 传动准确平稳

即要求在传动过程中，瞬时传动比（即两轮角速度的比值 ω_1/ω_2）必须恒定不变。否则，当主动轮以等角速度回转时，从动轮角速度的变化会产生惯性力，引起冲击和振动，甚至导致轮齿的损坏。

2. 承载能力高

即要求齿轮有足够的强度、刚度,能传递较大动力。

要使齿轮传动每一瞬间的速比都保持恒定不变,经证明,两齿轮齿廓形状必须符合“齿廓啮合基本定律”这一条件,即两齿廓必须满足不论两齿在何点接触,过接触点的齿廓公法线必须与连心线交于一点 P,即节点。在理论上满足这一定律的曲线有很多,但目前生产中常采用的有渐开线、摆线和圆弧曲线等。其中渐开线齿廓齿轮具有易于制造和安装等优点,故生产中常采用渐开线齿轮,以下是渐开线的形成原理和特点。

(一) 渐开线的形成

如图 6-22 所示,当一直线 AB 在一圆周上作纯滚动时,该直线上任意一点 K 的轨迹称为该圆的渐开线。这个圆称为基圆,半径为 r_b,而直线 AB 称为渐开线的发生线。

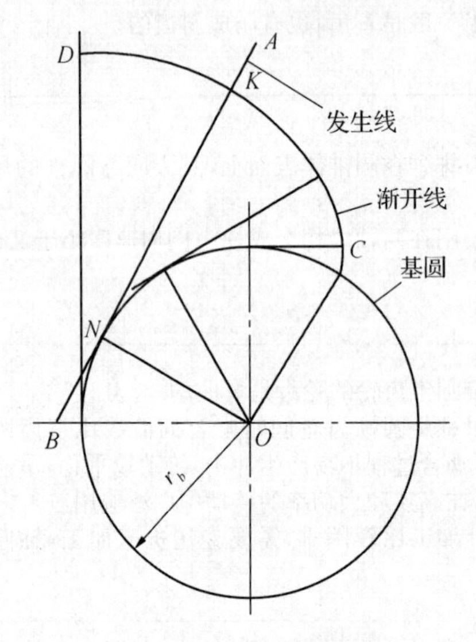

图 6-22 渐开线的形成

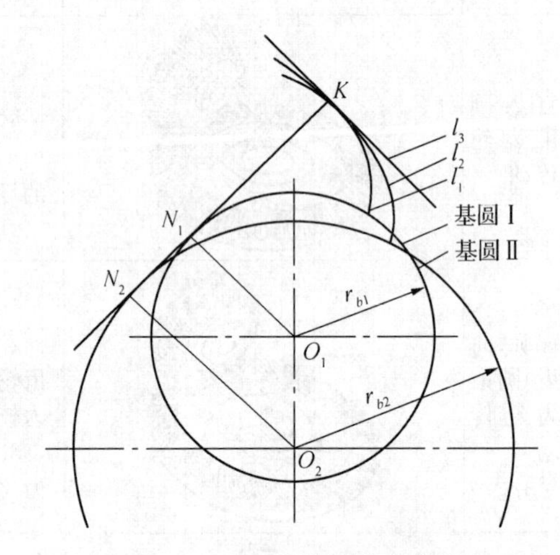

图 6-23 不同基圆齿廓曲线

(二) 渐开线的性质

由上述渐开线的形成过程可知,渐开线具有下列性质:

1. 渐开线在基圆上滚过的一段长度 NK 等于基圆上被滚过的一段弧长 NC,即 $NK=NC$。

2. 渐开线上任意一点 K 的法线必切于基圆。发生线与在圆的切点 N 即为渐开线上 K 点的曲率中心,线段 KN 为 K 点的曲率半径。

3. 渐开线的形状决定于基圆的大小。如图 6-23 所示,基圆愈小,渐开线愈弯曲;基圆愈大,渐开线愈平直;当基圆半径趋于无穷大时,渐开线成为一条直线。(齿条齿廓就是直线齿廓)

4. 基圆内无渐开线。

(三) 渐开线齿廓的压力角

如图 6-24 所示,渐开线齿廓上任意一点 K 的正压力 F 的方向与渐开线绕基圆圆心 O 转动时该点速度 v_k 的方向间所夹锐角,称为齿廓在 K 点的压力角,用 α_K 表示。

如图示，在三角形 KON 中，$\angle NOK=\alpha_K$

$$\cos\alpha_K=\frac{ON}{OK}=\frac{r_b}{r_K} \qquad (6-14)$$

即

$$\alpha_K=\cos^{-1}\frac{r_b}{r_K}$$

由上式知：对同一基圆的渐开线，因为基圆半径 r_b 是常数，则渐开线上各点压力角将随 r_K 变化，即愈远离基圆，r_K 越大，压力角愈大；愈靠近基圆，r_K 越小，压力角愈小，基圆上压力角为零。

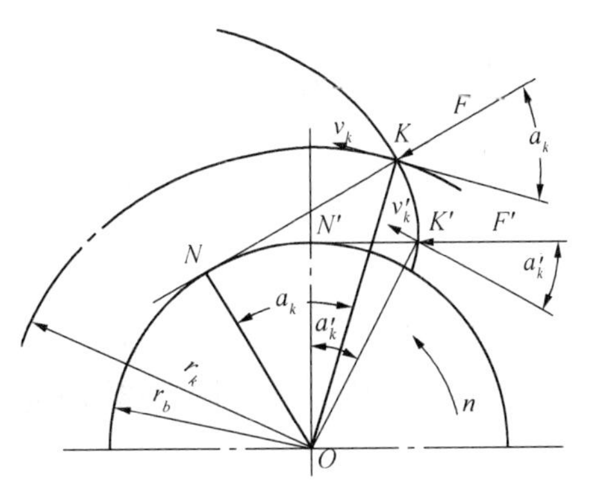

图 6-24　渐开线齿廓上的压力角

三、渐开线直齿圆柱齿轮传动

（一）齿轮各部分名称、符号

如图 6-25 所示为直齿圆柱齿轮的一部分。其各部分名称及符号如下：

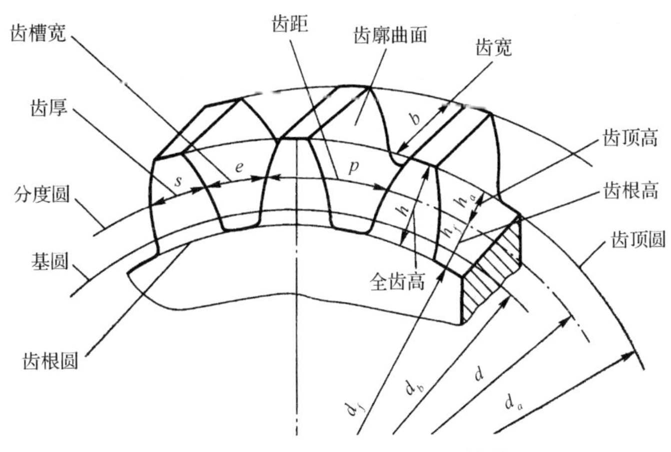

图 6-25　齿轮各部分名称和符号

1. 齿顶圆

过所有齿顶端部的圆称为齿顶圆，其直径用 d_a 表示。

2. 齿根圆

过所有齿根部的圆称为齿根圆，其直径用 d_f 表示。

3. 基圆

渐开线圆柱齿轮上的一个假想圆，形成渐开线齿廓的发生线在此假想圆的圆周上作纯滚动时，此假想圆称为基圆。其直径用 d_b 表示。

4. 分度圆

圆柱齿轮的分度圆柱面与端平面的交线，其直径用 d 表示。对标准齿轮而言，是指齿厚 s 与齿槽宽 e 相等之处的那个圆。

5. 齿厚

指端平面上，一个齿的两侧端面齿廓之间分度圆弧长，用 s 表示。

6. 齿槽宽

指端平面上，一个齿槽之间的分度圆弧长，用 e 表示。

7. 齿距

相邻两齿同侧齿廓之间在分度圆上的弧长，用 p 表示。即 $p=s+e$，对于标准直齿圆柱齿轮，则 $s=e=\frac{p}{2}$。

8. 齿顶高

齿顶圆与分度圆之间的径向距离，称为齿顶高，用 h_a 表示。

9. 齿根高

齿根圆与分度圆之间的径向距离，称为齿根高，用 h_f 表示。

10. 全齿高

指齿顶圆至齿根圆之间的径向距离，用 h 表示，即 $h=h_a+h_f$。

11. 齿宽

齿轮有齿部分沿分度圆柱面的母线方向量得的宽度，用 b 表示。

（二）直齿圆柱齿轮的基本参数及几何尺寸的计算

齿轮各部分尺寸很多，但决定齿轮尺寸和齿形的基本参数只有五个，即齿轮的模数 m、压力角 α、齿顶高系数 h_a^*、齿数 z 及顶隙系数 c^*。上述参数除齿数外均已标准化。

1. 模数 m

分度圆直径 d 与齿距 p 及齿数 z 之间关系为：

$$\pi d = pz \quad 或 \quad d = \frac{p}{\pi}z$$

式中 π 为无理数，计算 d 时很不方便。为便于齿轮的设计与制造，人为地把 p/π 规定为一些简单的有理数，如 1、2、2.5、3、4…，即齿距除以圆周率 π 所得的商，以毫米计，称为模数，用 m 表示，即

$$m = p/\pi \text{ mm} \tag{6-15}$$

所以

$$d = mz \text{ mm} \tag{6-16}$$

模数是齿轮几何尺计算中的重要基本参数。分度圆直径不变，模数越大，齿数越少，如图 6-26 所示。显然，模数(m)越大，则齿距(p)越大，轮齿就越大，轮齿的抗弯曲能力也越高，传递的扭矩也越大，如图 6-27 所示。故模数是轮齿抗弯曲能力的重要标志。我国已经颁布了齿轮模数的标准系列(表 6-5)。在设计齿轮时，模数必须取标准值。

表 6-5　渐开线圆柱齿轮模数(摘自 GB/T 1357-2008)(mm)

第一系列	1　1.25　2　2.5　3　4　5　6　8　10　12　16　20　25　32　40　50
第二系列	1.75　2.25　2.75　(3.25)　3.5　(3.75)　4.5　5.5　(6.5)　7　9　(11)　14　18　22　28　36　45

注：① 本标准适用于渐开线圆柱齿轮，对于斜齿轮是指法向模数。
② 优先采用第一系列，括号内的模数尽可能不用。
③ 对于直齿锥齿轮、斜齿锥齿轮，亦可参考本表选取，但指的是大端端面模数。

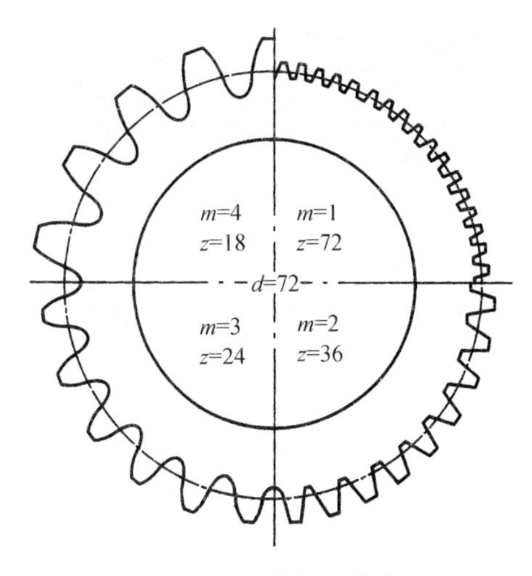

图 6-26　模数与齿数

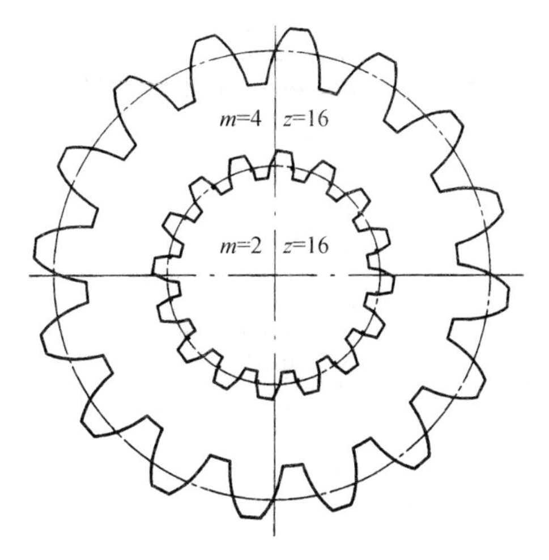

图 6-27　模数与分度圆

2. 压力角 α

如前所述，渐开线上各点的压力角是变化的。压力角太大对传动不利，为设计、制造方便，我国标准规定分度圆上齿廓的压力角 $\alpha=20°$。此外，有些国家也采用 14.5°、15°、25°等标准。若不加指明，压力角都是指分度圆上的标准压力角 α。

3. 齿顶高系数 h_a^* 和顶隙系数 c^*

如果用模数来表示齿高，则齿顶高和齿根高之间的关系式为：

$$h_a = h_a^* m \tag{6-17a}$$

$$h_f = (h_a^* + c^*)m \tag{6-17b}$$

式中 h_a^* 和 c^* 分别称为齿顶高系数和顶隙系数。它们的标准值列于表 6-6 中。顶隙 $c=c^*m$，是指在齿轮副中，一个齿轮的齿根圆柱面与配对齿轮的齿顶圆柱面之间，在连心线上量度的距离。

表 6-6　渐开线圆柱齿轮的齿顶高系数和顶隙系数

系　数	正常齿制	短齿制
h_a^*	1.0	0.8
c^*	0.25	0.3

由此可推出齿顶圆直径 d_a 和齿根圆直径 d_f 的计算式为：

$$d_a = d + 2h_a = (z + 2h_a^*)m \tag{6-18a}$$

$$d_f = d - 2h_f = (z - 2h_a^* - 2c^*)m \tag{6-18b}$$

外啮合标准直齿圆柱齿轮几何尺寸的计算公式列于表 6-7 中。

表 6-7　外啮合标准直齿圆柱齿轮的几何尺寸计算

序　号	名　称	代　号	计算公式	备　注
1	模数	m	根据强度计算或结构需要而定	m 为标准值
2	压力角	α	$\alpha=20°$	
3	分度圆直径	d	$d_1=mz_1$　$d_2=mz_2$	
4	齿顶高	h_a	$h_a=m$	正常齿
5	齿根高	h_f	$h_f=1.25m$	正常齿
6	全齿高	h	$h=h_a+h_f=2.25m$	正常齿
7	顶隙	c	$c=0.25m$	正常齿
8	齿顶圆直径	d_a	$d_a=m(z+2)$	
9	齿根圆直径	d_f	$d_f=m(z-2.5)$	
10	基圆直径	d_b	$d_{b1}=d_1\cos\alpha$　$d_{b2}=d_2\cos\alpha$	
11	齿距	p	$p=\pi m$	
12	齿厚	s	$s=\pi m/2$	分度圆上
13	齿槽宽	e	$e=\pi m/2$	分度圆上
14	中心距	a	$a=(d_1+d_2)/2=(z_1+z_2)m/2$	
15	基节	p_b	$p_b=p\cos\alpha$	
16	节圆直径	d'	$d'=d$	标准安装时

（三）渐开线直齿圆柱齿轮的啮合特性

1. 渐开线齿廓满足齿廓啮合基本定律，即保证恒定瞬时传动比的特性（可证明如下）

如图 6-28 所示，当两渐开线齿廓在任一点 K 接触时，根据渐开线性质 2 可知，过 K 点的两齿廓公法线 N_1N_2 必与两基圆相切，即 N_1KN_2 为两轮基圆的一条内公切线，且与连心线交于 P 点。由于基圆的大小、位置不变，所以当假设两轮转过某一角度后在 K' 点啮合，则过 K' 点的公法线必与 N_1N_2 重合，又因两定圆在某一方向只有一条内公切线，故 N_1N_2 为一定直线，则 N_1N_2 与连心线O_1O_2 的交点 P 亦必为一定点。即证符合齿廓啮合基本定律，故渐开线齿廓能保证恒定瞬时传动比。

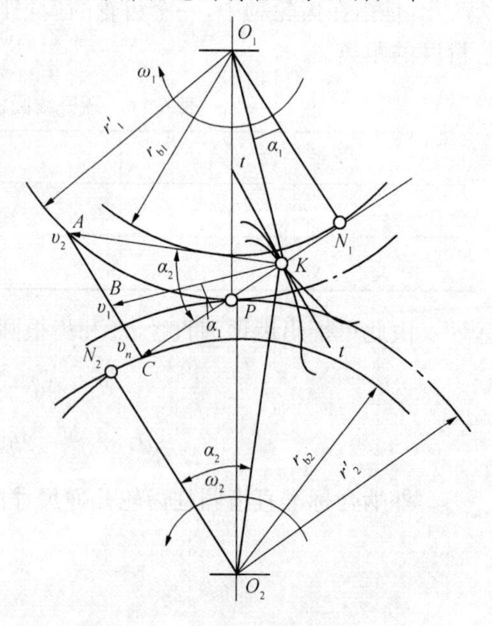

图 6-28　渐开线齿廓的啮合特性

由图 6-28 知，$\triangle O_1N_1P\backsim\triangle O_2N_2P$

故得：

$$i=\frac{\omega_1}{\omega_2}=\frac{O_2P}{O_1P}=\frac{r'_2}{r'_1}=\frac{O_2N_2}{O_1N_1}=\frac{r_{b2}}{r_{b1}} \tag{6-19}$$

因此，一对渐开线齿轮传动相当于一对节圆（半径为 r'_1、r'_2）作纯滚动，其传动比等于两节圆半径的反比，也等于两轮基圆半径的反比。

2. 渐开线齿轮传动中心距的可分性

由上述可知，一对渐开线齿轮的传动比等于两轮基圆半径的反比，则当一对齿轮制成后，其基圆半径不会改变，这样当互相啮合的一对齿轮由制造、安装或轴承磨损而造成齿轮传动的中心距略有误差时，仍能保持恒定的瞬时传动比，渐开线齿轮传动的这一特性，称为中心距的可分性。这也是渐开线齿轮的一个重要优点。

3. 正确啮合条件

是指为保证一对齿轮能依次正确啮合互不干扰，即不发生卡死或冲击现象而必须符合的条件，即：两轮的模数和压力角必须分别相等，即

$$m_1 = m_2 \quad \alpha_1 = \alpha_2$$

上式也是渐开线直齿圆柱齿轮互换的必要条件。

4. 连续传动条件

指一对相啮合的齿轮，在前一对轮齿脱离啮合之前，后一对轮齿应及时进入啮合，而不出现中断且保持传动连续平稳性的条件，即要求一对齿轮在任何瞬时必须有一对或一对以上的轮齿处于啮合状态；齿轮啮合的齿数越多，传动的连续平稳性就越好。

例 6-1 某车间的一外啮合直齿圆柱齿轮机构中，大齿轮已丢失，仅留下小齿轮，已知 $z_1=38$，$d_{a1}=120$，$h_a^*=1$，$c^*=0.25$，压力角 $\alpha=20°$，中心距 $a=150$ mm，试求丢失大齿轮的模数、齿数及主要几何尺寸。

解：(1) 先求模数 m 及齿数 z_2

由公式 $d_{a1}=m(z_1+2h_a^*)$ 和 $a=m\dfrac{z_1+z_2}{2}$

得
$$m=\frac{d_{a1}}{z_1+2h_a^*}=\frac{120}{38+2\times1}=3\ \text{mm}$$

$$z_2=\frac{2a}{m}-z_1=\frac{2\times150}{3}-38=62$$

由正确啮合条件知大齿数轮模数亦为 $m=3$ mm

(2) 主要几何尺寸

$$d_2=m_1z_2=3\times62=186\ \text{mm}$$

$$d_{a2}=(z_2+2h_a^*)\text{m}=(62+2\times1)\times3=192\ \text{mm}$$

$$d_{f2}=(z_2-2h_a^*-2c^*)\text{m}=(62-2\times1-2\times0.25)\times3=178.5\ \text{mm}$$

四、齿轮的材料与结构

1. 常用齿轮的材料

常用齿轮材料有锻钢、铸钢、铸铁和非金属材料。钢质齿轮要进行热处理，以改善齿轮的力学性能。

(1) 锻钢

锻造齿轮的组织均匀、力学性能好、强度高、承载能力大。常用中碳结构钢和合金结构钢，如 45、40Cr。由于锻造设备限制，锻造齿轮的直径一般小于 500 mm。

齿轮工作表面硬度≤350HBW 的齿轮，称为软齿面齿轮。软齿面齿轮在正火或调质后进行切削加工，适用于中小功率、精度要求不高的闭式传动。

齿轮工作表面硬度>350HBW 的齿轮，称为硬齿面齿轮。硬齿面齿轮在切齿后进行热处理，如表面淬火、渗碳后淬火，然后再磨削精加工。淬火后的齿轮表面硬度高，适用于重载、高速的机械传动。

(2) 铸钢

当齿轮的直径大于 500 mm 不能选用锻造时，只能选择铸钢。铸钢齿轮的力学性能不如锻钢好。

(3) 铸铁

当低速、载荷不大时，可选用铸铁作为齿轮材料。

(4) 非金属材料

在载荷较轻、转速较高的低噪音场合，如家用电器、办公机械，可选用尼龙、塑料等非金属材料。

常用齿轮材料、热处理及力学性能见表 6-8。

表 6-8 常用齿轮材料、热处理及力学性能

材　料	热处理	σ_b/MPa	σ_s/MPa	硬　度
45	正火 调质后表面淬火	600		229～302 HBW 40～50 HRC
40Cr	调质 调质后表面淬火	700	500	241～286 HBW 48～55 HRC
20CrMnTi	渗碳后表面淬火	1 100	850	58～62 HRC
ZG310～570	正火	570	310	163～197 HBW

2. 常用齿轮的结构

常用圆柱齿轮的结构由轮缘、轮辐和轮毂三部分组成，轮辐的结构根据齿顶圆的大小分为齿轮轴、实心齿轮、腹板式齿轮和轮辐式齿轮四种形式。

(1) 齿轮轴　当齿顶圆直径小于 2 倍轴径时，将齿轮和轴做成一体，称为齿轮轴。如图 6-29a)所示。

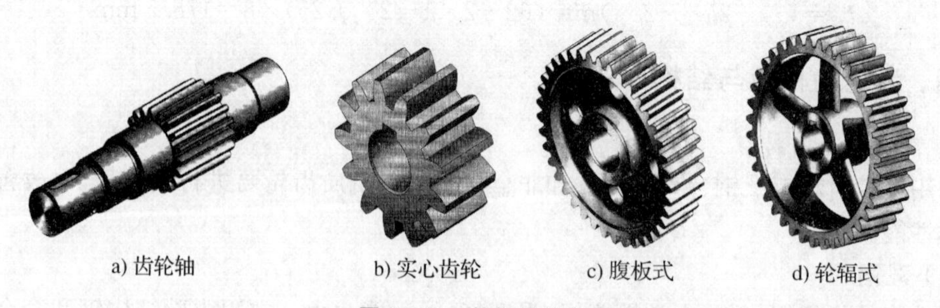

a) 齿轮轴　b) 实心齿轮　c) 腹板式　d) 轮辐式

图 6-29 轮辐的结构

（2）实心齿轮　当齿顶圆直径小于 200 mm 时，采用实心式结构，如图 6－29b）所示。

（3）腹板式齿轮　当齿顶圆直径在 200 mm～500 mm 之间时，采用腹板式结构，如图 6－29c）所示。

（4）轮辐式齿轮　当齿顶圆直径大于 500 mm，选用轮辐式结构，如图 6－29d）所示。

五、齿轮传动的润滑与维护

1. 齿轮传动的润滑

齿轮传动的润滑工作归纳为“五定”到位，即定点、定质、定量、定期、定人。

定点：所有的运动副加油到位；

定质：油质到位；

定量：油量到位；

定期：加油期限到位；

定人：责任人到位。

闭式齿轮传动应定期更换规定牌号的润滑油，确保润滑油的清洁，检查供油系统是否处于正常状态，防止油温过高。油浴润滑的油液高度不超过齿高的 3 倍，油液过高会增加齿轮传动阻力，但最少不低于齿高的 1/3。

闭式齿轮传动的润滑方式如图 6－30 所示。

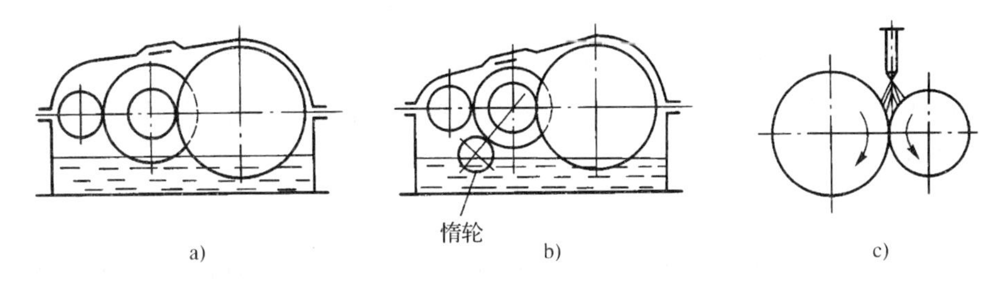

图 6－30　闭式齿轮传动的润滑方式

开式齿轮传动常选用润滑脂，根据承载条件选用润滑脂的牌号和参数，润滑脂的填加量以够用为准，过多的油脂在啮合时将被挤出去。

2. 齿轮传动的维护

看和听是维护齿轮传动的常用方法，直接检查开式齿轮传动的齿面，或从窥视孔观察闭式齿轮传动的齿面啮合状态；通过耳朵判断齿轮传动的啮合是否有异常的声音，常见的异常：配合间隙过大、径向跳动、轴向窜动、连接松动和润滑剂牌号不符合要求。

拆卸齿轮时，最好选用压力机或拆卸器压出，也可用紫铜棒锤击齿轮的轮毂部分，注意受力均匀。

装配齿轮时，最好选用压力机或用紫铜棒锤击齿轮的轮毂部分，注意受力均匀并安装到轴向位置，使齿轮端面和轴线垂直。

§6-4 蜗杆传动

一、蜗杆传动类型及传动比

1. 传动类型

蜗杆传动主要由蜗杆和蜗轮组成(如图 6-31 所示)

常用于传递空间交错轴间的运动和动力,一般两轴交错角为 90°,蜗杆为主动件。

常用的普通蜗杆像一个具有梯形螺纹的螺杆,也有左旋、右旋和单线、多线之分;而蜗轮则像一个在齿宽方向具有弧形轮缘的斜齿轮。

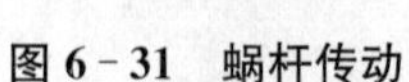

图 6-31 蜗杆传动

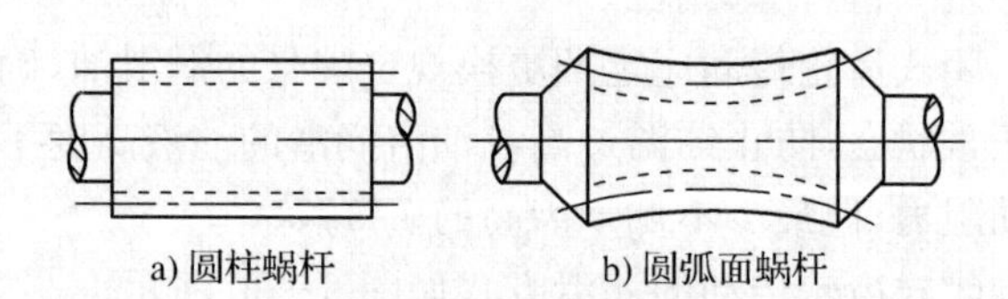

图 6-32 蜗杆的种类

按蜗杆形状,可分为圆柱蜗杆传动和圆弧面蜗杆等(图 6-32)。

按螺旋线形成不同,可分为阿基米德蜗杆、渐开线蜗杆和延伸渐开线蜗杆三种,其中常用阿基米德蜗杆。

2. 传动比

设蜗杆的线数为 z_1,蜗轮的齿数为 z_2,当蜗杆转动一圈时,蜗轮则转过 z_1 个齿,即$\frac{z_1}{z_2}$圈。

则当蜗杆转速为 n_1时,蜗轮的转速应为 $n_1\frac{z_1}{z_2}$,则蜗杆传动的传动比应为:

$$i_{12}=\frac{n_1}{n_2}=\frac{z_2}{z_1} \tag{6-20}$$

式中:n_1、n_2——分别为蜗杆、蜗轮的转速,r/min。

z_1——蜗杆头数(线数),通常 $z_1=1\sim4$。

z_2——蜗轮齿数,一般不少于 26,但不宜大于 60~80,以防尺寸过大,啮合精度降低。

z_1、z_2一般可按表 6-9 选用。

表 6-9 蜗杆头数和蜗轮齿数的荐用值

$i_{12}=z_2/z_1$	z_1	z_2
7~8	4	28~32
9~13	3~4	27~52
14~27	2~3	28~81
28~40	1~2	28~81
≥40	1	≥40

3．蜗杆传动旋转方向的判断

首先应知道蜗轮或蜗杆上轮齿的倾斜方向，如图 6－33 所示，即在各自轴线竖起的前提下，当轮齿从左向右为上升势则为右旋，反之则为左旋。

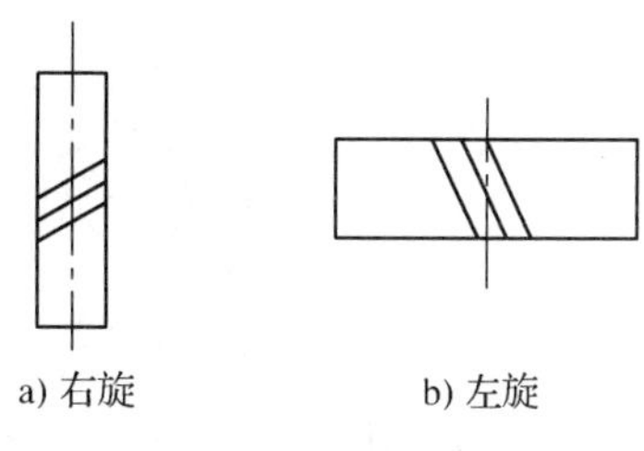

图 6－33　蜗杆、蜗轮旋向

蜗杆、蜗轮传动的旋转方向，不仅与蜗杆（蜗轮）轮齿的旋向有关，而且还与它们的转动方向有关，其判定方法如下：当蜗杆是右旋（或左旋）轮齿时，伸出右手（或左手），让四指握住的方向与已知蜗杆的转动方向一致，则大拇指的指向即为所求的蜗轮啮合点运动的反方向，从而得出蜗轮的转动方向，如图 6－34 所示。

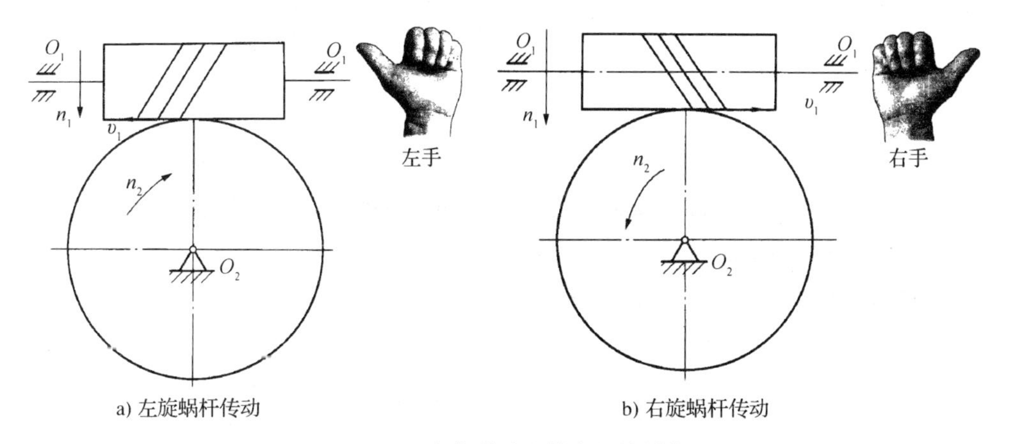

图 6－34　蜗杆传动旋转方向的判定

二、蜗杆传动的特点

1．传动比大且准确。和齿轮传动一样，蜗杆传动可以保证定传动比，传递运动准确可靠。由于蜗杆线数可取较小（$Z_1=1\sim4$），故与单级齿轮传动相比，可得很大传动比而结构却很紧凑。

2．工作平稳，无噪音。由于蜗杆的齿是沿连续的螺旋线分布，故它与蜗轮齿的啮合是保持连续接触，故工作平稳，并可得到精确的微小的传动位移。

3．蜗杆传动的自锁性。由于蜗杆螺旋升角极小，只有蜗杆驱动蜗轮，而不能以蜗轮为主动件，故称为自锁性。在一些简易起重设备中得到应用。

4．效率低、磨损大。由于齿面间相对滑动速度大，摩擦大，发热量多，故效率低，一般为 0.7～0.8，具有自锁性的，效率在 0.5 以下，故不适于大功率传递。

5．制造蜗轮常用贵重的减磨材料（如青铜），故成本较高。

三、蜗杆传动的主要参数和几何尺寸计算

1．模数和压力角

为便于加工，一般规定在蜗杆主平面的参数作为蜗杆传动的标准参数。如图 6－35 所示，将通过蜗杆轴线并垂直于蜗轮轴线的平面，称为主平面。在主平面内，普通蜗杆传动相当于齿条齿轮传动。将蜗杆的轴向模数 m_{a1} 和轴向压力角 α_{a1} 定为标准值，蜗轮的端面模数

m_{t2}和α_{t2}定为标准值；齿顶高系数$h_a^*=1$，径向间隙系数$c^*=0.2$。

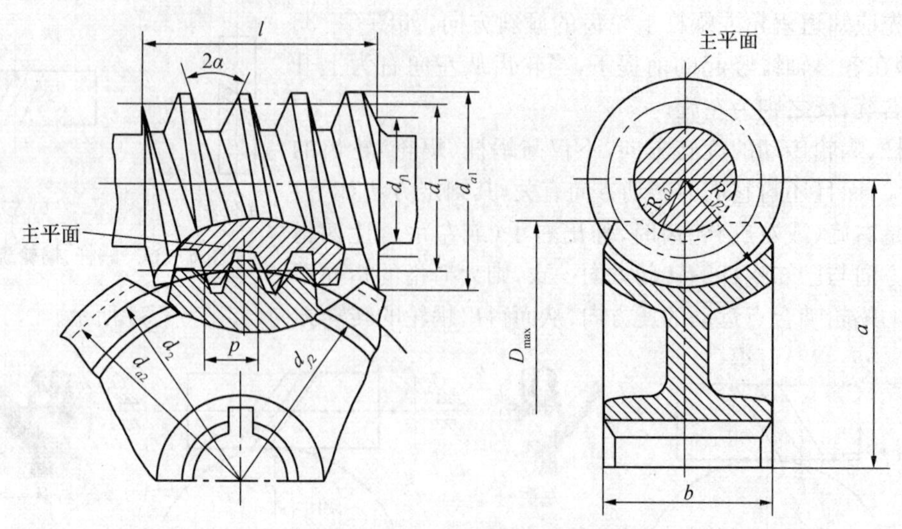

图 6-35 蜗杆传动几何参数

2. 蜗杆的导程角λ和直径系数q

如图6-36所示，将蜗杆的分度圆柱面展成平面。λ为蜗杆分度圆导程角；d_1为蜗杆分度圆直径。p为蜗杆的轴向齿距，且$p=\pi \cdot m$，由图知：

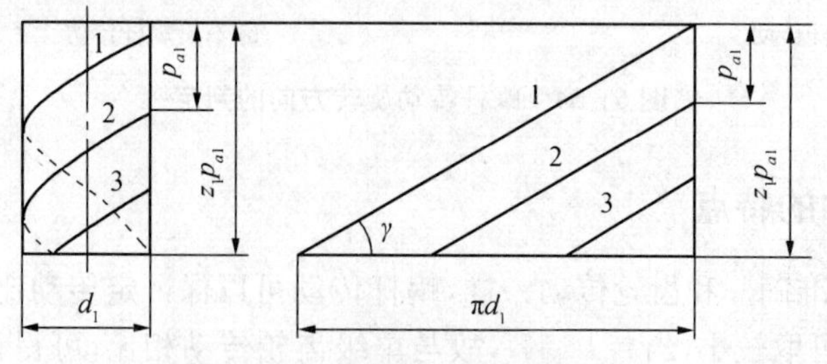

图 6-36 导程角 λ 与齿距 p 关系

$$\mathrm{tg}\lambda=\frac{z_1 \cdot p}{\pi \cdot d_1}=\frac{z_1 \cdot \pi \cdot m}{\pi \cdot d_1}=\frac{m \cdot z_1}{d_1} \tag{6-21}$$

由上式知蜗杆直径

$$d_1=\frac{m \cdot z_1}{\mathrm{tg}\lambda} \tag{6-22}$$

由于一般在滚齿机上加工蜗轮的滚刀直径应与相啮合的蜗杆直径相同，则当出现不同m、z_1时，即需很多不同的滚刀；所以，为减少滚刀型号并便于刀具标准化，对每个模数的$\frac{z_1}{\mathrm{tg}\lambda}$值加以限制，即有蜗杆的直径系数$q=\frac{z_1}{\mathrm{tg}\lambda}$，并将$q$规定为一系列标准值，见表6-10。

表 6-10 蜗杆分度圆导程角 λ

z_1	q					
	8	9	10	11	12	13
	λ					
1	7°07′30″	6°20′25″	5°42′38″	5°11′40″	4°45′49″	4°23′55″
2	14°02′10″	12°31′44″	12°18′36″	10°18′17″	9°27′44″	8°44′46″
4	26°33′54″	23°57′45″	21°48′05″	19°58′05″	18°26′06″	17°06′10″

由式(6-22)可得：

$$d_1 = \frac{m \cdot z_1}{\text{tg}\lambda} = m \cdot q \quad (6-23)$$

当模数一定时，如 q 值增大，则 d_1 变大，蜗杆刚度及强度相应提高，但因 $\text{tg}\lambda = \frac{z_1}{q}$，当 q 值取小时，λ 增大，效率随之提高；故在蜗杆刚度允许情况下，应尽可能选用较小的 q 值。

当确定了蜗杆传动的主要参数后，即可按表 6-11 计算几何尺寸。

表 6-11 蜗杆蜗轮机构几何尺寸计算公式

名 称		符 号	计算公式
基本参数	模数	m	取蜗轮端面模数为标准值
	压力角	α	取标准值 $\alpha=20°$
	蜗杆头数	z_1	一般取 $z_1=1、2、4$
	蜗轮齿数	z_2	$z_2=i \cdot z_1$
	蜗杆直径系数	q	$q=d_1/m$
	齿顶高系数	h_a^*	取标准值 $h_a^*=1$
	顶隙系数	c^*	取标准值 $c^*=0.2$
几何尺寸	齿顶高	h_a	$h_a=h_a * m=m$
	齿根高	h_f	$h_f=(h_a^*+c^*)m=1.2m$
	齿高	h	$h=h_a+h_f=2.2m$
	蜗杆分度圆直径	d_1	$d_1=mq$
	蜗杆齿顶圆直径	d_{a1}	$d_{a1}=d_1+2h_a=(q+2)m$
	蜗杆齿根圆直径	d_{f1}	$d_{f1}=d_1-2h_f=(q-2.4)m$
	蜗杆轴向齿距	p_x	$p_x=\pi m$
	蜗杆分度圆导程角	λ	$\lambda=\text{arctg}z_1/q$ $\lambda=\beta$(蜗轮分度圆上轮齿的螺旋角)
	蜗轮分度圆直径	d_2	$d_2=mz_2$
	蜗轮齿顶圆直径	d_{a2}	$d_{a2}=d_2+2h_a=(z_2+2)m$
	蜗轮齿根圆直径	d_{f2}	$d_{f2}=d_2-2h_f=(z_2-2.4)m$
	中心距	a	$a=(d_1+d_2)/2=m(q+z_2)/2$

四、蜗杆传动的失效形式、润滑与散热

1. 蜗杆传动的失效形式

蜗杆传动的失效形式和齿轮相似，有齿面疲劳点蚀、胶合、磨损、轮齿折断等。由于蜗杆传动的滑动速度较大、发热量大，蜗轮的齿面磨损较为严重，一般开式传动的失效形式主要是由于润滑不良或润滑油不洁、失效而造成磨损；一般润滑良好的闭式传动的失效形式是胶合。

2. 蜗杆传动的润滑

润滑对蜗杆传动具有特别重要的意义。由于蜗杆传动摩擦产生的热量较大，所以要求工作时具有良好的润滑条件。润滑的主要目的在于减磨与散热，提高蜗杆传动的效率，防止胶合及减少磨损。蜗杆传动的润滑方式主要有油池润滑和喷油润滑。蜗杆传动的润滑油和润滑方式的选择见表 6－12。

表 6－12　蜗杆传动的润滑油和润滑方式

滑动速度/(m/min)	≤2	2～5	5～10	>10
润滑油牌号	680	460	320	220
润滑方式	油浴润滑		油浴或喷油润滑	喷油润滑

3. 蜗杆传动的散热

由于蜗杆传动的摩擦大，传动效率低，工作时发热量大。在闭式传动中，如果不能及时散热，会使传动装置及润滑油的温度不断升高，黏度降低，恶化润滑条件，导致齿面胶合。一般应当控制箱体的平衡温度 $t<(75\sim85)$℃，如果超过这个限度，应提高箱体的散热能力。考虑采取下面的散热措施：在箱体的外壁增加散热片；在蜗杆轴端装置风扇通风，如图 6－37 所示；在箱体的油池内装蛇形冷却水管；采用压力喷油循环润滑等。

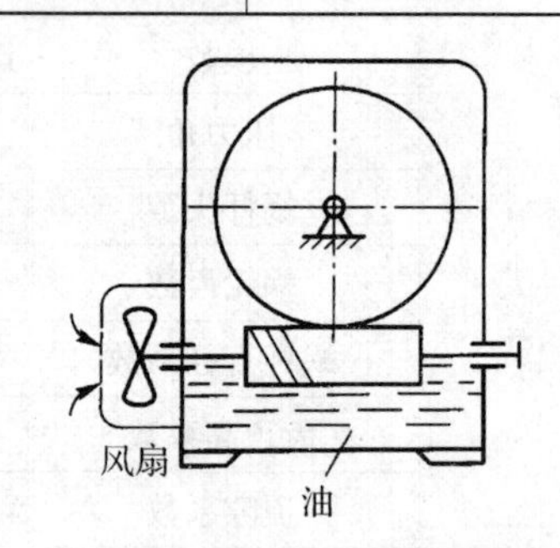

图 6－37　蜗杆传动的风扇散热

§6－5　轮　系

一、概述

前面所述齿轮传动，仅由一对齿轮所组成，是齿轮传动最简单形式。在实际生产中的各种机器，如汽车变速箱，通常是在主动轴和从动轴之间采用一系列相互啮合的齿轮来传递运动和动力，则这种由一系列齿轮所组成的齿轮传动系统称为轮系，如图 6－38 所示。

图 6－38　汽车变速箱

1. 轮系的主要功用

(1) 获得大的传动比；

(2) 作较远距离的传动，即在传动中心距较远时，采用轮系比用一对齿轮的结构紧凑；

(3) 得到多种传动比，如车床变速箱的滑移齿轮变速机构；

(4) 改变从动轴的转向，如车床上三星齿轮转向机构，实现主轴的正反转要求；

(5) 运动的合成与分解：即将两个独立运动合成为一个运动，或将一个运动按确定关系分解为两个独立运动。

2. 轮系的分类

按照轮系中各轮轴线在空间的相对位置是否固定，轮系可分为以下两大类。

(1) 定轴齿轮系

在齿轮系中，如果所有齿轮的几何轴线相对于机架都是固定不动的，称该齿轮系为定轴齿轮系。如图 6－39 所示，为各齿轮轴线相互平行的平面定轴轮系；如图 6－40 所示，为各齿轮的轴线不都是相互平行的空间定轴轮系。

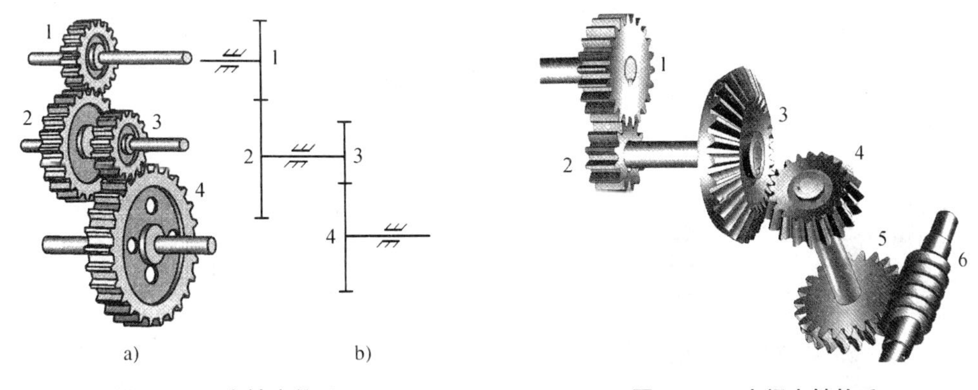

图 6－39　定轴齿轮系　　　图 6－40　空间定轴轮系

(2) 周转轮系：在传动时，轮系中至少有一个齿轮的几何轴线要绕另一个定轴齿轮轴线回转，如图 6－41 所示。

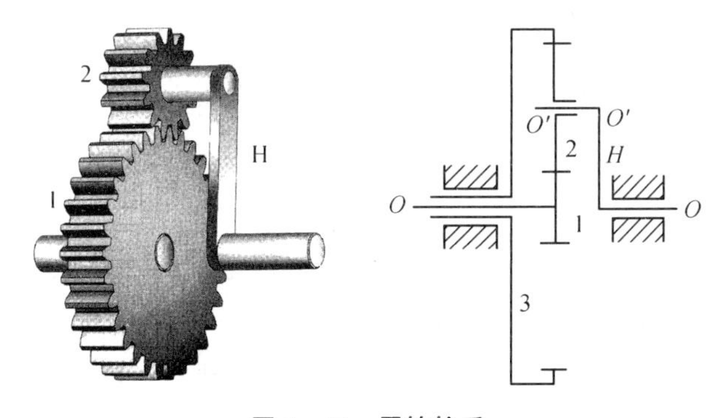

图 6－41　周转轮系

二、定轴轮系传动比的计算

定轴轮系的传动比，是指该轮系中主动轮（首轮）转速 n_1 与最终从动轮（末轮）转速 n_k 之比值，即 $i_{1k}=n_1/n_k$，一般除要计算大小外，还要确定从动轮的转动方向。

最简单的定轴轮系由一对齿轮组成，传动比为：$i_{12}=\frac{n_1}{n_2}=\pm\frac{z_2}{z_1}$。当传动是一对外啮合齿轮时，因两轮转向相反，故式中取"－"号（如图 6－42a)）；若为一对内啮合齿轮传动时，转向相同，式中应取"＋"（如图 6－42b)）；如为一对圆锥齿轮传动（如图 6－42c)）或蜗杆传动时，则从动轮转向应由传动关系判断，用画箭头方法来表示，不能用"＋"、"－"号。

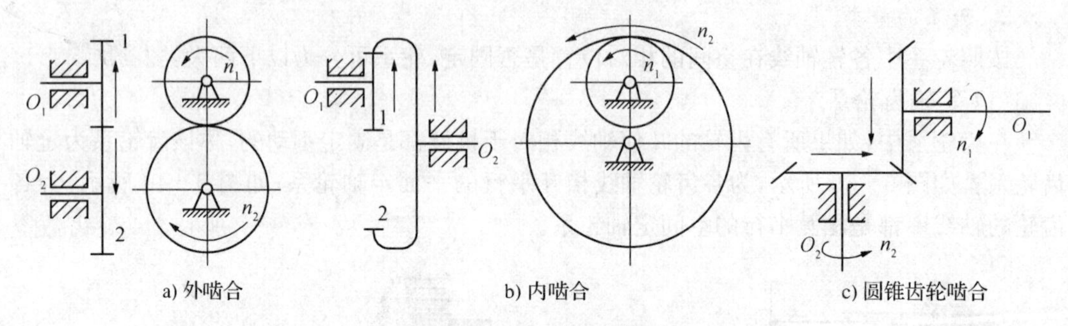

a) 外啮合　　b) 内啮合　　c) 圆锥齿轮啮合

图 6－42　简单定轴轮系

如图 6－43 所示的平面定轴齿轮系，是由四对定轴齿轮传动连接而成。

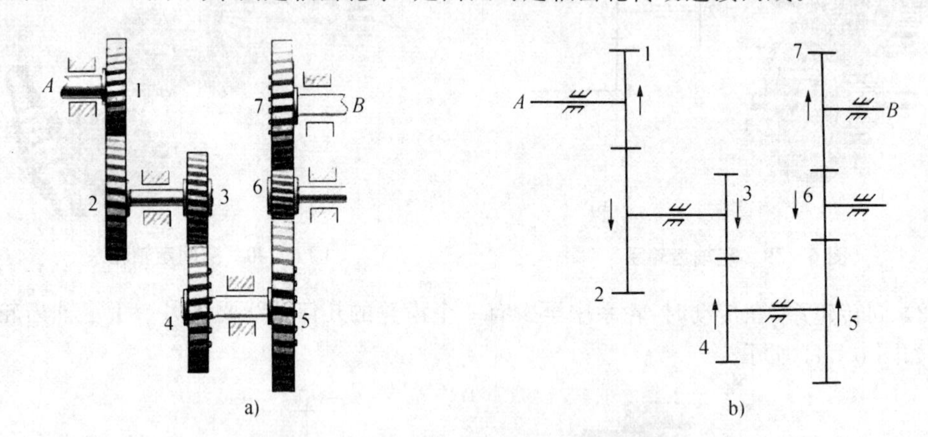

a)　　b)

图 6－43　平面定轴齿轮系组成与运动简图

一对圆柱齿轮的传动比为：

$$i_{12}=\frac{\omega_1}{\omega_2}=\frac{n_1}{n_2}=\pm\frac{z_2}{z_1}$$

外啮合时，主动轮与从动轮的转向相反，规定传动比 μ 取"－"号，如图 6－43b)中用相反方向的箭头表示；内啮合时，主动轮与从动轮的转向相同，规定传动比 μ 取"＋"号，如图 6－43b)中用相同方向的箭头表示。

如图 6－43b)中的定轴齿轮系中各对齿轮的传动比为：

$$i_{12}=\frac{\omega_1}{\omega_2}=\frac{n_1}{n_2}=-\frac{z_2}{z_1}$$

$$i_{34}=\frac{n_3}{n_4}=-\frac{z_4}{z_3}$$

$$i_{56}=\frac{n_5}{n_6}=-\frac{z_6}{z_5}$$

$$i_{67}=\frac{n_6}{n_7}=-\frac{z_7}{z_6}$$

将上面四式的两边分别相乘，得出：

$$i_{17}=\frac{n_1}{n_2}\cdot\frac{n_3}{n_4}\cdot\frac{n_5}{n_6}\cdot\frac{n_6}{n_7}=-\frac{z_2}{z_1}\cdot-\frac{z_4}{z_3}\cdot-\frac{z_6}{z_5}\cdot-\frac{z_7}{z_6}$$

$$i_{17}=\frac{n_1}{n_2}\frac{n_3}{n_4}\frac{n_5}{n_7}=(-1)^4\frac{z_2z_4z_7}{z_1z_3z_5}=\frac{z_2z_4z_7}{z_1z_3z_5}$$

故得定轴轮系传动比的大小等于该轮系中所有从动轮齿数连乘积与所有主动轮齿数连乘积的比值，即：

$$i_{1k}=\frac{n_1}{n_k}=(-1)^m\frac{\text{所有从动轮齿数的乘积}}{\text{所有主动轮齿数的乘积}}\tag{6-24}$$

式中 m 为外啮合齿轮的对数。

从上述推导过程并可看出，图 6-43a）中齿轮 6，既是轮 5 的从动轮，又是轮 7 的主动轮，其齿数 z_6 同时在传动比计算式的分子、分母中出现，则 z_6 的大小并不影响轮系传动比的大小，而仅起传递运动和改变方向的作用，因此一般将这样的齿轮称为惰轮或过桥轮。

例 6-2 如图 6-44 所示定轴轮系中，已知 $z_1=24$，$z_2=26$，$z_3=48$，$z_4=z_5=25$，$z_6=1$（右旋），$z_7=40$，试计算该轮系的传动比，并判断各轮方向。

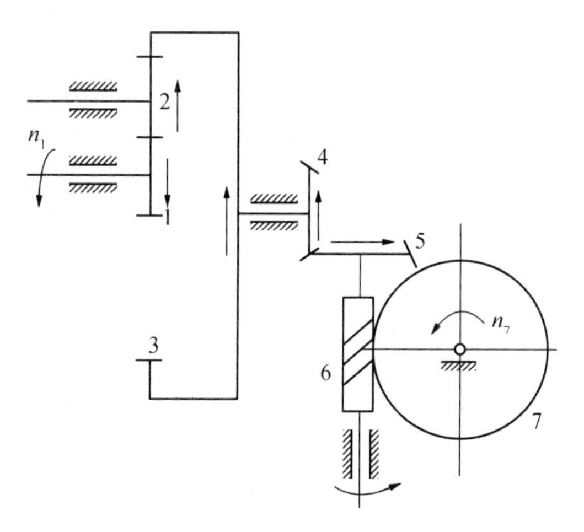

图 6-44 定轴轮系

解：

（1）先计算该定轴轮系传动比大小，即：

$$i_{17}=\frac{n_1}{n_7}=\frac{z_3\times z_5\times z_7}{z_1\times z_4\times z_6}=\frac{48\times25\times40}{24\times25\times1}=80$$

(2) 由图知该轮系出现空间齿轮传动(圆锥齿轮、蜗杆传动等),故应用画箭头方法表示各轮转动方向,由已知 n_1 转向,依次画出各轮转向,最后得蜗轮转动方向为逆时针方向。

§6-6　螺旋传动

螺旋传动是用内、外螺纹组成的螺旋副,将主动件的转动变为从动件移动的机构。例如车床的大拖板,利用开合螺母与长螺杆的啮合,实现其纵向直线往复运动。

螺旋传动具有结构简单,工作连续平稳、承载能力大,传动精度高等优点,在机械制造中获得广泛应用。其缺点是螺纹间有较大的相对滑动,因而磨损大,效率低。常用的螺旋传动的应用形式有:普通螺旋传动、差动螺旋传动和滚珠螺旋传动等。

一、普通螺旋传动

普通螺旋传动指的是由螺杆和螺母组成的简单螺旋副。其应用形式有下列四种:

1. 螺母不动,螺杆回转并作直线运动

如图 6-45 所示台式虎钳,设螺杆 1 为右旋单线螺纹,当按图示方向回转,可使活动钳口 2 右移,以夹紧工件;当螺杆 1 反向回转时,则可将工件松开。

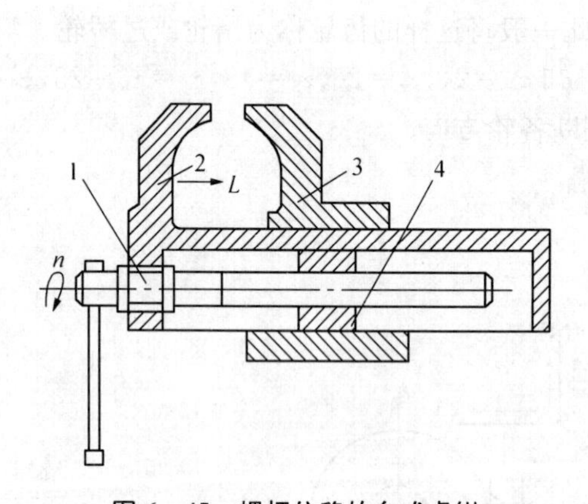

图 6-45　螺杆位移的台式虎钳

1-螺杆　2-活动钳口　3-固定钳口　4-螺母

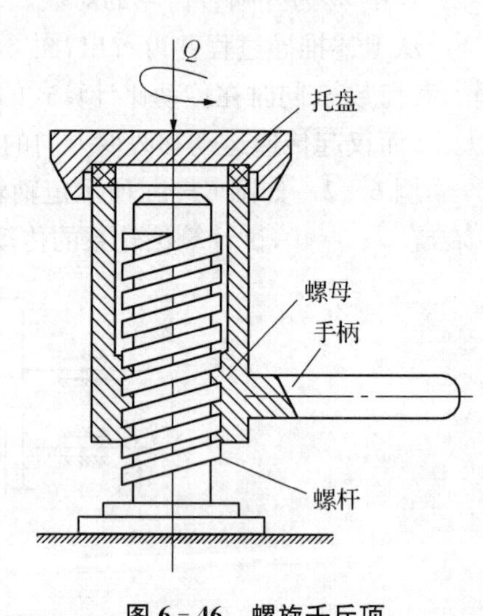

图 6-46　螺旋千斤顶

2. 螺杆不动,螺母回转并作直线运动

如图 6-46 所示螺旋千斤顶,螺杆安置在底座上不动,转动手柄使螺母回转,则通过螺母的上、下运动将托盘上重物 Q 举起或放下。

3. 螺杆原位回转,螺母作直线运动

如图 6-47 所示传动图,螺杆 1 在机架 3 中只可回转而不能往复移动,当螺杆 1 为左旋,并按图示方向回转时,则螺母 2 将带动溜板(工作台)4 沿着导轨向右运动。在机床中大溜板及刀架的进给机构均属此类机构。

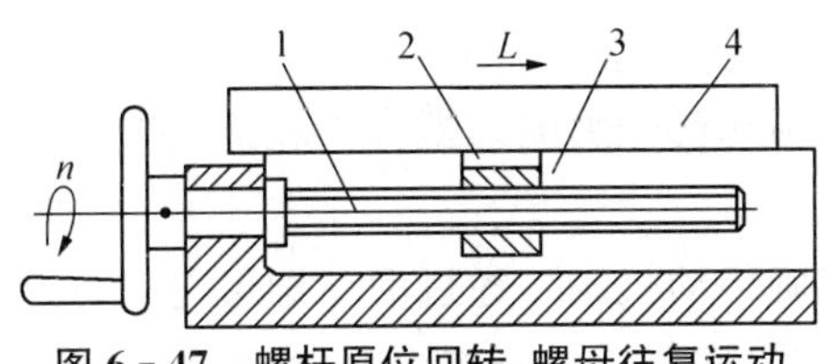

图 6－47　螺杆原位回转，螺母往复运动

1－螺杆　2－螺母　3－机架　4－溜板(工作台)

4. 螺母原位回转，螺杆往复运动

如图 6－48 所示应力试验机观察镜螺旋调整装置。当螺母 2(左旋)按图示回转时，螺杆向上移动；反之则向下，从而满足观察镜的上下调整要求。

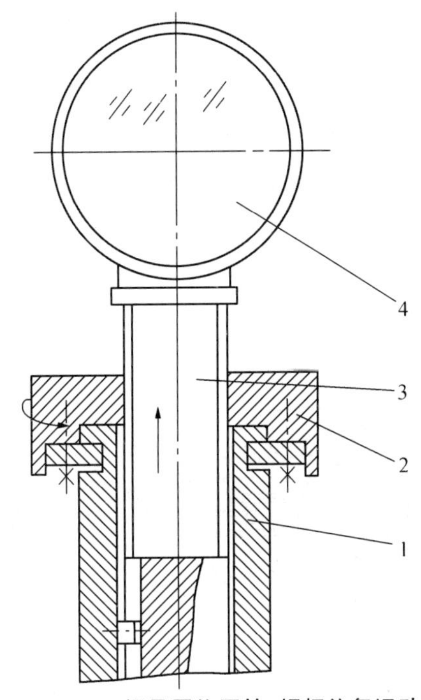

图 6－48　螺母原位回转，螺杆往复运动

1－机架　2－螺母　3－螺杆　4－观察镜

二、差动螺旋机构

如图 6－49 所示差动螺旋机构示意图，由具有不同导程 S_a 与 S_b 的螺杆 1 及活动螺母 2、固定螺母和机架 3 组成。设 a 段与 b 段螺旋方向相同，则当螺杆转动一周时，活动螺母实际移动距离为固定螺母与活动螺母导程之差；若 a 段与 b 段旋向相反，则螺母 2 的实际移动距离应为两段导程之和，其计算公式如下：

$$L = n(S_a \pm S_b) \qquad (6-25)$$

式中：L——活动螺母 2 的实际移动距离(mm)

n——螺杆的回转圈数

S_a——固定螺母的导程(mm)

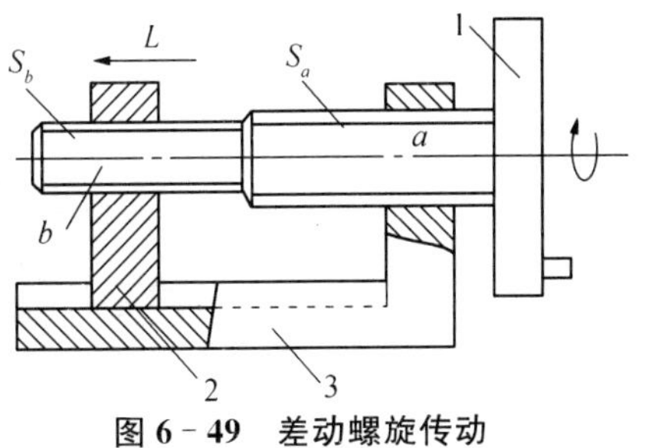

图 6－49　差动螺旋传动

1－螺杆　2－活动螺母　3－机架

S_b——活动螺母的导程(mm)

若计算结果得“+”号,说明移动方向与螺杆 1 相同;若得“-”号,说明移动方向与螺杆 1 移动方向相反。

由上式可看出,差动螺旋传动机构可通过活动螺母与螺杆产生不一致(即差动)的螺旋传动,以产生极小位移,而螺纹导程又不需太小,因此常用于较精密的机械或仪器中,如测微器、分度机构及许多精密切削机床、仪器和工具中,图 6-50 所示,是应用于微调镗刀上的差动螺旋传动的实例。

螺杆 1 在 a 处和 b 处都是右旋螺纹,刀套 2 固定在镗杆 3 上,镗刀 4 在刀套 2 的方孔中只能移动,不能回转。当转动螺杆 1 时,可使镗刀得到微量移动。现设固定螺母的导程为 $S_a=1.5$ mm,活动螺母的导程为 $S_b=1$ mm,因为都是右旋,所以当螺杆 1 按图示方向回转一周时,可使镗刀向右移动 L 距离:

$$L=n(S_a-S_b)=1\times(1.5-1)=+0.5\ \text{mm}$$

如果螺杆转动的不是一周,而是转过$\frac{1}{360}$周,则可得到镗刀的实际位移:

$$L=\frac{1}{360}\times(1.5-1)=+0.014\ \text{mm}$$

由上所述,差动螺旋传动可方便地实现微量调节。

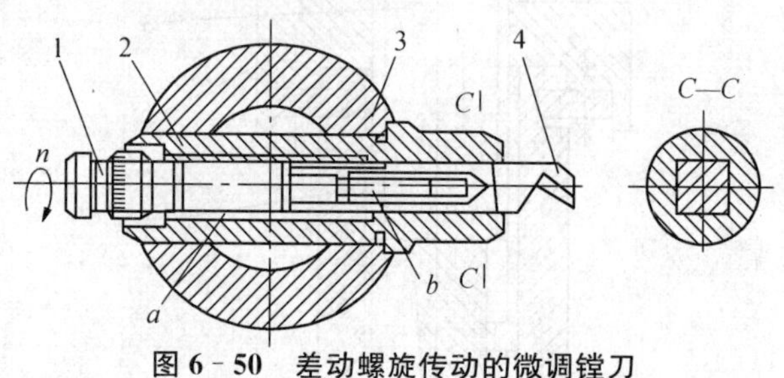

图 6-50　差动螺旋传动的微调镗刀

1-螺杆　2-刀套　3-镗杆　4-镗刀

三、滚珠螺旋传动

在普通的螺旋传动中,螺杆与螺母螺纹面之间的相对运动都是滑动摩擦,因此磨耗大,传动阻力大,效率低。为了改善螺旋传动的功能,近来采用螺纹面之间滚动摩擦来代替滑动摩擦,这种新技术就是滚珠螺旋传动,如图 6-51 所示。

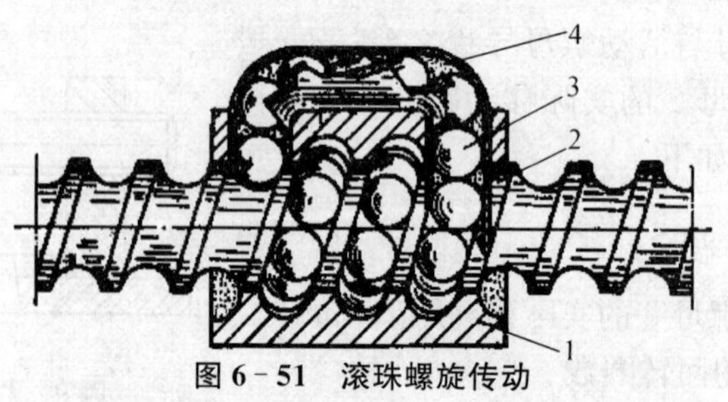

图 6-51　滚珠螺旋传动

1-螺母　2-螺杆　3-滚珠　4-滚珠循环装置

滚珠螺旋传动，主要由螺母 1、螺杆 2、滚珠 3 和滚珠循环装置 4 组成。其传动工作原理是在螺杆和螺母的螺纹滚道中，装入一定数量的滚珠（钢珠）3，当螺杆与螺母相对转动时，滚珠可沿螺纹滚道滚动，并沿滚珠循环装置的通道返回，构成封闭循环，使滚珠循环地参加螺旋传动，保持螺杆与螺母之间的滚动摩擦。

滚珠螺旋传动，因为滚动摩擦阻力甚小，所以传动效率高，传动时运动稳定，动作灵敏。但其结构复杂，制造技术要求很高，外形尺寸较大，成本高。目前主要应用在精密传动的数控机床上，以及自动控制装置、升降机构和精密测量仪器中。

习题 6

6-1　试比较下列概念

(1) 初拉力、紧边拉力、松边拉力、有效拉力、临界有效拉力、最大有效拉力

(2) 离心应力、拉应力、弯曲应力

(3) 弹性滑动、部分打滑、完全打滑

(4) 带的节宽与带轮的基准宽度

(5) 带的楔角与带轮的槽角

6-2　V 带轮的槽角是否与 V 带的楔角相等？为什么？V 带轮的槽角根据什么来选定？

6-3　试说明初拉力、带速、中心距、小带轮基准直径、带的基准长度等对传动各有什么影响？对上述各参数有什么具体要求？

6-4　在 V 带传动中，已知主动轮（小带轮）以匀角速度 ω_1 顺时针方向转动。试在图中标明从动轮的角速度 ω_2 的方向，两轮的包角，中心距，紧边，松边，带的最大应力点，带在主、从动轮接触弧处所受摩擦力的方向。

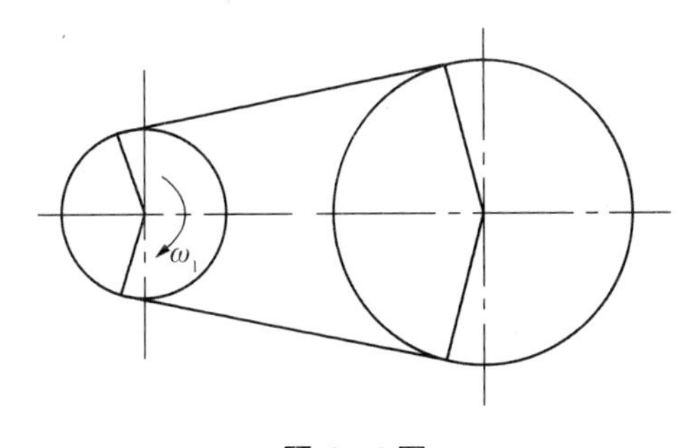

题 6-4 图

6-5　简述链传动的特点。

6-6　分析链传动的主要失效形式。

6-7　为什么要对链传动进行张紧？常用的张紧措施有哪些？

6-8　齿轮传动有何特点？

6-9　简述渐开线的性质。

6-10　什么是模数？模数的大小意味着什么？

6-11　渐开线直齿圆柱齿轮传动的正确啮合条件是什么？

6－12　一对外啮合标准直齿圆柱齿轮传动。如果丢失了大齿轮，只知道传动的中心距 $a=224$ mm，小齿轮的齿顶圆直径 $d_{a1}=116$ mm，小齿轮的齿数 $z_1=27$。试确定大齿轮的齿数和主要尺寸。

6－13　渐开线直齿圆柱齿轮传动的连续传动条件是什么？

6－14　蜗杆传动有哪些特点？

6－15　试判断下图中蜗轮、蜗杆传动方向或螺旋方向。

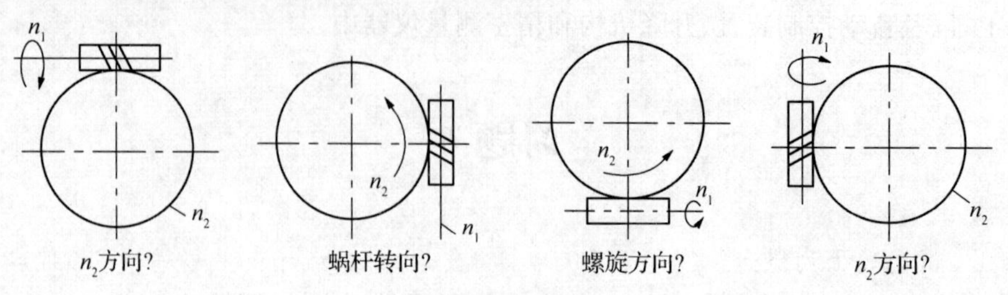

题 6－15 图

6－16　一标准阿基米德蜗杆传动。已知模数 $m=8$ mm，蜗杆分度圆直径 $d_1=80$ mm，蜗杆头数 $z_1=2$，传动比 $i=17.5$。试确定蜗杆传动的主要尺寸。

6－17　蜗杆传动的主要失效形式是什么？如何选择蜗杆蜗轮的材料？

6－18　图示轮系，已知 $z_1=z_4=20$，$z_3=z_6=60$。试求传动比 i_{16}。

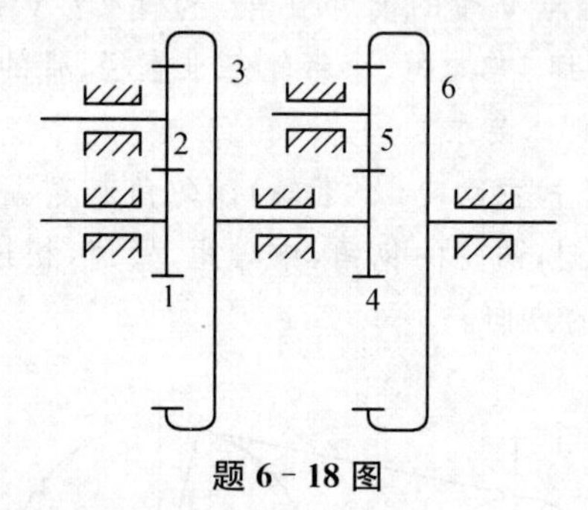

题 6－18 图

6－19　在图示轮系中，设已知各齿轮齿数 $z_1=20$，$z_2=40$，$z_3=15$，$z_4=60$，$z_5=18$，$z_6=18$，蜗杆头数 $z_7=1$（左旋），蜗轮齿数 $z_8=40$，$z_9=20$，齿轮 9 的模数 $m=3$ mm，$n_1=100$ r/min，试求齿条 10 的速度 v_{10} 和移动方向。

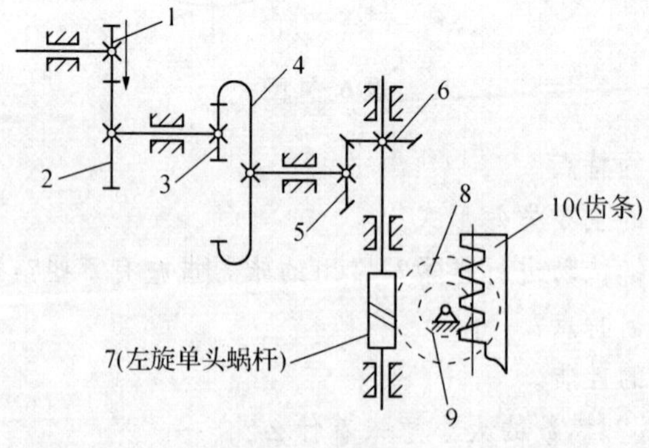

题 6－19 图

6-20　在图示滚齿机工作台传动系统中，动力由轴Ⅰ输入。设已知各轮的齿数为 $z_1=15$，$z_2=28$，$z_3=15$，$z_4=35$，$z_8=1$，$z_9=40$，A 为单头滚刀，由蜗轮 9 带动的工作台上的被加工齿轮 B 的齿数为 64，要求滚刀 A 转一圈，齿轮坯 B 转过一个齿，试求传动比 $i_{57}=?$

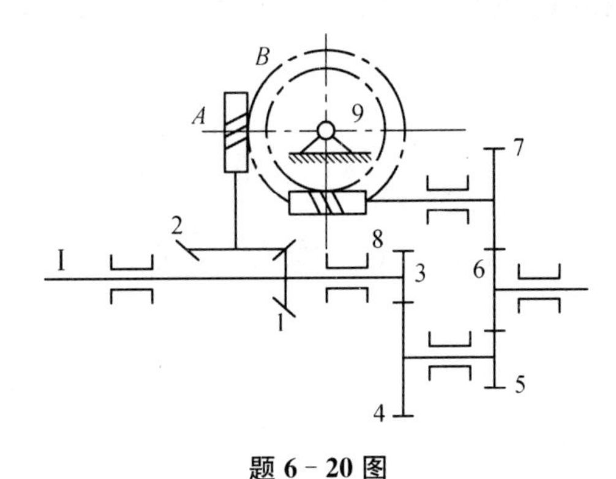

题 6-20 图

6-21　螺旋传动有哪几种主要应用形式，各有何特点？

6-22　在图 6-48 中，若已知螺杆 1 中 a 段为单线右旋螺纹，且 $S_a=4$ mm，b 段为双线右旋螺纹，$P_b=1.75$ mm，当图示方向转动螺杆 1 圈时，活动螺母向何方移动了多少距离？

第七章　典型零件及连接

§7－1　螺纹连接

螺纹连接是利用螺纹零件构成的可拆连接，具有构造简单、拆装方便、工作可靠、成本较低等特点，因而应用非常广泛。一般要求连接螺纹具有足够的强度、紧密性、自锁性。

一、螺纹的主要类型、特点和应用

（一）螺纹的分类

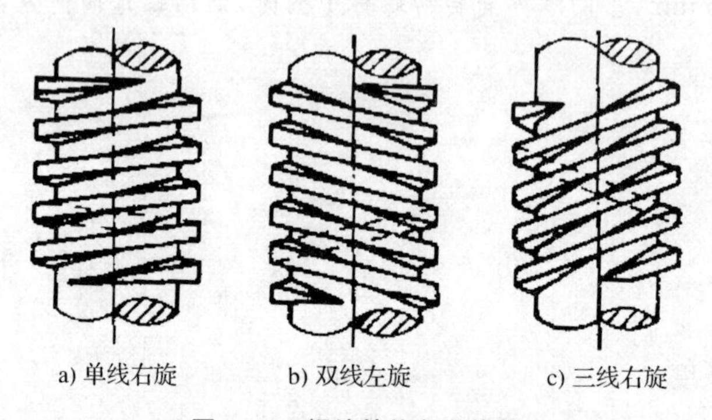

图 7－1　螺纹的旋向和线数

根据牙型的不同，螺纹可分为三角形螺纹、矩形螺纹、梯形螺纹和锯齿形螺纹等，其牙型截面、特点及应用见表 7－1。其中三角螺纹主要用于连接，其他用于传动，按螺旋线的绕行方向可分为右旋和左旋螺纹（如图 7－1），一般多用右旋。按螺旋线的数目可分为单线和多线螺纹。

（二）螺纹的主要参数

如图 7－2，螺纹的参数主要有

1. 大径 d（或 D）——与外螺纹牙顶或内螺纹牙底相重合的假想圆柱面的直径，亦称公称直径。

2. 小径 d_1（或 D_1）——与外螺纹牙底或内螺纹牙顶相重合的假想圆柱面的直径。

3. 中径 d_2（或 D_2）——在轴截面内，牙厚等于牙槽宽处假想圆柱面的直径。

4. 螺距 p——相邻两牙对应点间的轴向距离。

5. 导程 s——指同一条螺旋线上相邻两牙在中径上对应点间轴向距离。

6. 牙型角 α 和牙型半角 $\frac{\alpha}{2}$——轴剖面内，相邻螺纹牙侧间的夹角，称为牙型角。任一

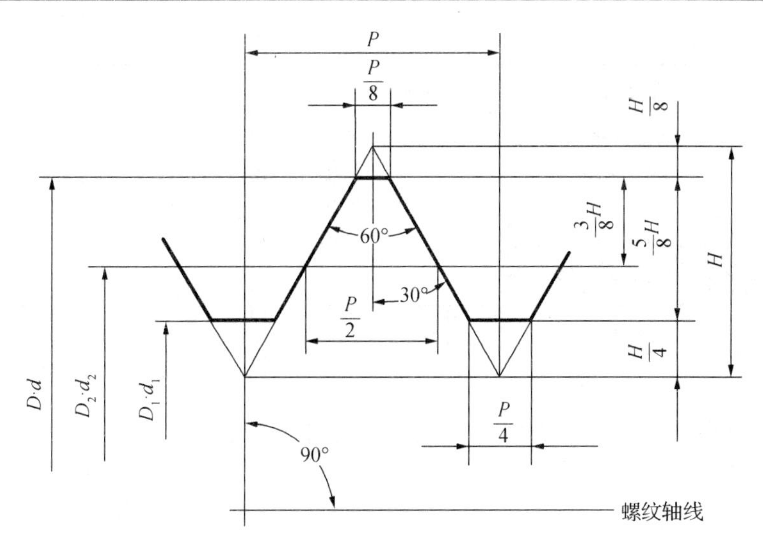

图 7-2 普通螺纹的基本牙型及主要参数

牙侧与横截面的夹角,称为牙型半角。

7. 螺旋升角 λ——在中径圆柱面上,螺旋线切线与垂直于螺纹轴线的平面间的夹角。

$$\mathrm{tg}\lambda = \frac{n \cdot p}{\pi \cdot d_2}$$

8. 螺纹头数(或线数)n——螺纹螺旋线的数目。

9. 原始三角形高度 H——原始三角形顶点到底边的距离。

$$H = \frac{\sqrt{3}}{2}p = 0.866p$$

10. 螺纹旋合长度——两个相互配合螺纹,沿螺纹轴线方向相互旋合部分的长度。一般分为短(s)、中(n)、长(L)三组。

表 7-1 常用螺纹的牙型与应用

种　类	截面牙型	应用场合
连接螺纹	普通螺纹 60°	牙型角为 60°,同一直径按螺距大小,可分为粗牙与细牙两类 应用最广。一般连接多用粗牙,细牙用于薄壁零件,也常用于受冲击、振动和微调机构
	圆柱管螺纹 55°	牙型角为 55°,公称直径为管子内径 多用于水、油、气的管路以及电器管路系统的连接中

（续表）

种　类	截面牙型	应用场合
连接螺纹	圆锥管螺纹 55° φ	牙型角为 55°，螺纹分布在 1∶16 的圆锥管上 适用于管子、管接头、旋塞、阀门和其他螺纹连接的附件，用螺纹密封的管螺纹
传动螺纹	梯形螺纹 30°	牙型角为 30°，内径与上径处有相等间隙 广泛应用于传力或螺旋传动中，加工工艺性好，牙根强度高，螺旋副的对中性好
	锯齿形螺纹 30°　3°	工作面的牙型半角为 3°，非工作面的牙型半角为 30° 广泛应用于单向受力的传动机构。外螺纹的牙根处有圆角，减小应力集中，牙根强度高
	矩形螺纹	牙型为正方形，牙厚为螺距的一半 多应用于传力或螺旋传动中，传动效率高，牙根强度较弱，对中性精度低

二、螺纹连接的主要类型与螺纹连接件

（一）螺纹连接的主要类型

常用螺纹连接有以下四种：

1. 螺栓连接（图 7－3）

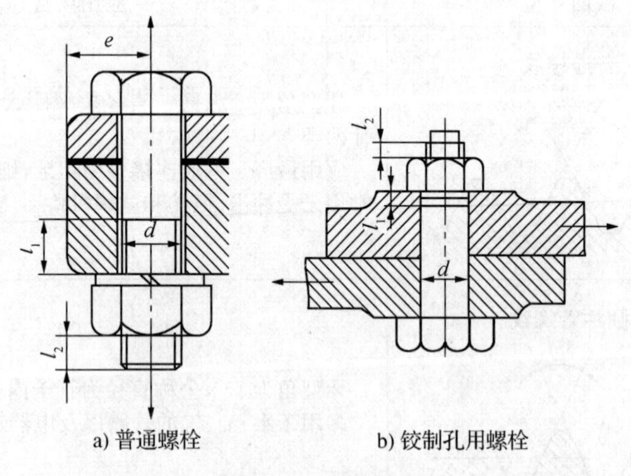

a) 普通螺栓　　b) 铰制孔用螺栓

图 7－3　螺栓连接

这种螺栓连接特点是被连接件上只钻出通孔，不需要加工螺纹，结构简单，拆装方便，应用广泛。根据连接的要求不同又可细分为两种：

（1）普通螺栓：螺栓与被连接件上的孔之间留有间隙，故对孔和螺栓的精度要求都较低。

（2）铰制孔螺栓：螺栓与通孔采取基孔制过渡配合 H7/m6 或 H7/n6，因此孔与螺栓的加工精度都较高，孔要经过铰制。这种连接能精确确定被连接件间的相对位置，并能直接承受横向载荷。

2. 双头螺柱连接（图 7－4）

用于被连接件较厚或为盲孔的连接，允许多次装拆而不损坏被连接件。

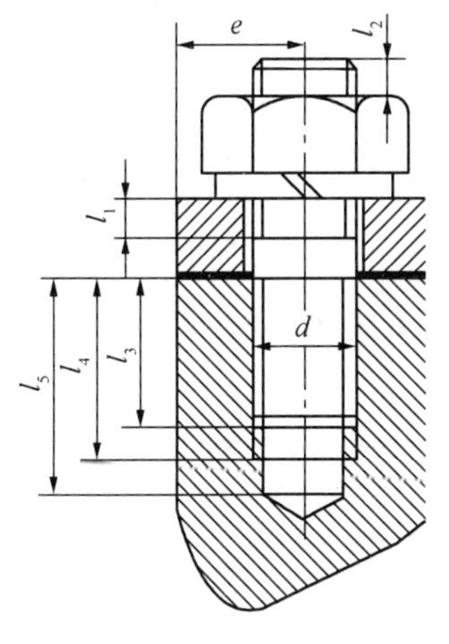

图 7－4　双头螺柱连接

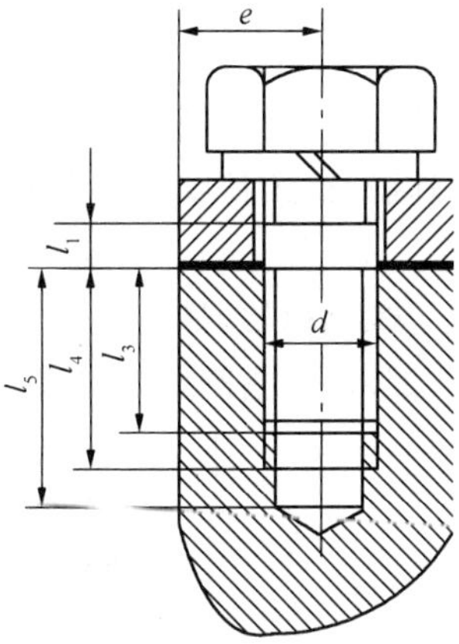

图 7－5　螺钉连接

3. 螺钉连接（图 7－5）

螺钉直接拧入被连接件之一的螺孔中，不用螺母，结构比双头螺柱连接简单，多用于被连接件之一为盲孔且不宜多拆的场合。

4. 紧定螺钉连接（图 7－6）

紧定螺钉连接用以固定两个零件的相对位置，可传递不大的力和转矩。紧定螺钉头部和尾部有多种形状，其末端要进行热处理，以提高末端表面硬度。

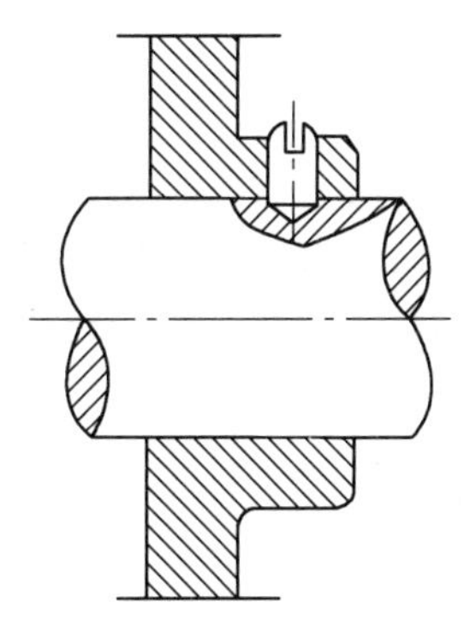

图 7－6　紧定螺钉连接

(二) 螺纹连接件

螺纹连接件有螺栓、双头螺栓、螺钉、紧定螺钉、螺母、垫圈、防松零件等，多为标准件，其结构、尺寸在国家标准中均有规定。

1. 螺栓

常用结构形式如图 7-7 所示。螺栓头部形状很多，如六角头、方头、圆柱头和 T 形头等，应用最多的为六角头。

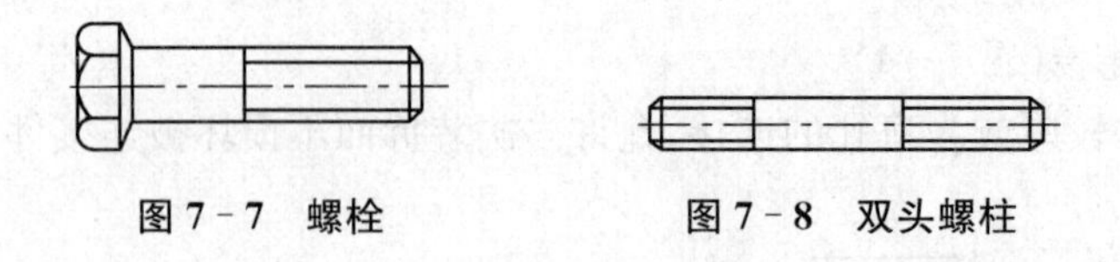

图 7-7　螺栓　　　　图 7-8　双头螺柱

2. 双头螺柱

双头螺柱的结构为两端均制有螺纹的螺杆，如图 7-8 所示。双头柱两端螺纹的公称直径及螺距相同，但两端螺纹长度有不等或相等之分。

3. 螺钉

螺钉的结构与螺栓相似，如图 7-9 所示。螺钉的结构形式有六角头螺钉、内六角沉头螺钉、开槽浅沉头螺钉、开槽圆头螺钉等。

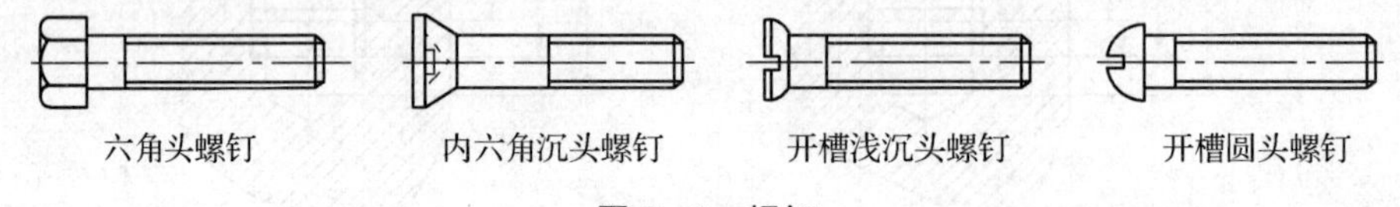

图 7-9　螺钉

4. 紧定螺钉

紧定螺钉沿杆全长或部分长度制有螺纹，如图 7-10 所示。末端的形状有倒角端、圆柱端、锥端等。倒角端用于接触面硬度较高的连接；锥端用于接触面硬度较低的连接；圆柱端用于传递较大的载荷。

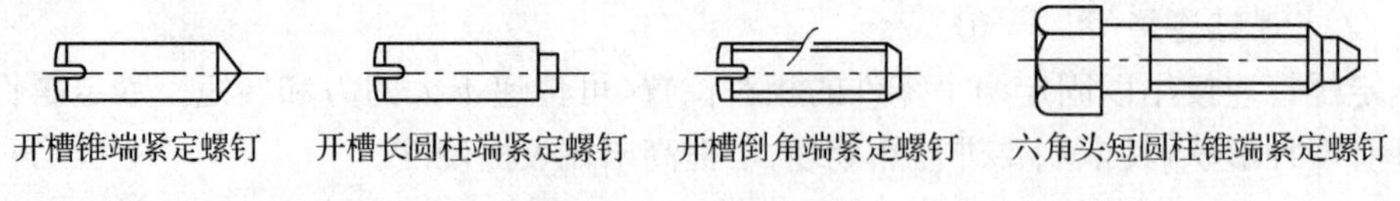

图 7-10　紧定螺钉

5. 螺母

螺母形状常见的有六角螺母、方螺母、圆螺母等，如图 7-11 所示。其中以六角螺母应用最普遍。六角螺母又有厚薄的区别，薄螺母用于尺寸受限制的地方，厚螺母用于经常拆装易于磨损之处。轴上零件要求轴向固定时，可采用圆螺母。

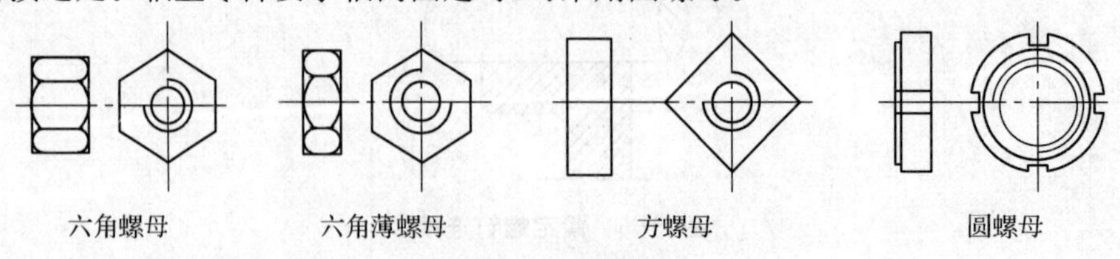

图 7-11　螺母

6. 垫圈

垫圈常用的有弹簧垫圈、平垫圈等，如图 7－12 所示。

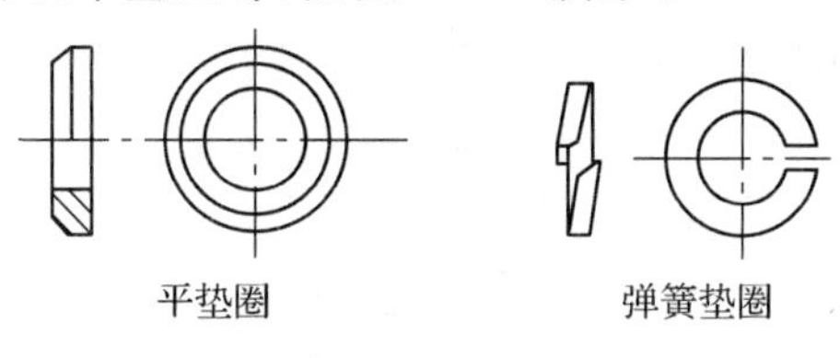

图 7－12　垫圈

垫圈放在螺母和被连接件之间，它的作用是：

（1）防止拧紧螺母时擦伤被连接件表面；

（2）垫平被连接件支承面，避免螺杆受到附加偏心载荷；

（3）增加被连接件的支承面积，减少接触处的挤压应力；

（4）有的垫圈还可以防止连接松动（见表 7－2）。

三、螺纹连接的预紧和防松

（一）螺栓连接的预紧

螺栓连接在装配时都要拧紧螺母，使螺栓连接受到预紧力的作用。

螺栓连接的预紧增强了连接的可靠性，防止连接在工作载荷作用下松动。对有气密性要求的管路、压力容器等连接，预紧可使被连接件的接合面在工作载荷的作用下，仍具有足够的紧密性，避免泄漏。对承受横向载荷的螺栓连接，预紧力在被连接件的接合面间产生所需的正压力，使接合面间产生的总摩擦力足以平衡外载荷。由此可知预紧在螺栓连接中起着重要的作用。

重要的螺栓连接，装配时应严格控制预紧力。预紧力通过拧紧螺母获得，其大小由螺栓连接的要求确定。拧紧螺母的力矩 T 与预紧力 Q_0 有如下关系：

$$T = (0.1 \sim 0.3)Q_0 d \quad (\mathrm{N \cdot m}) \tag{7-1}$$

上式适用于无润滑状态的 M16～M64 粗牙螺纹。一般可取 $T=0.2Q_0 d$，式中 d 为螺栓的直径。力矩 T 可通过测力矩扳手（见图 7－13）等工具进行度量。

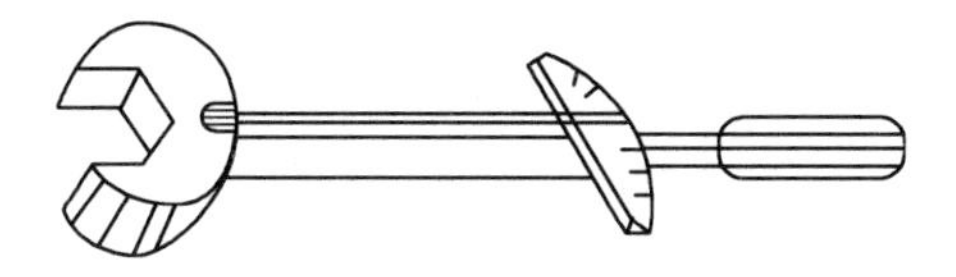

图 7－13　测力矩扳手

重要的螺栓连接应尽量不采用小于 M12～M16 螺栓，以避免装配时由于锁紧力过大而被拧断。

（二）螺栓连接的防松

螺栓连接的防松就是防止螺纹副的相对传动。螺栓连接采用三角形螺纹时，由于标准螺纹的升角比较小（λ 在 1.5°～3.5°之间），而当量摩擦角比较大（$\rho_V=5°\sim6°$），故连接具有自锁性。在静载荷作用下，工作温度变化不大时，这种自锁性可以防止螺母松脱。但如果连接是在冲击、振动、变载荷作用下或工作温度变化很大时,螺栓连接则可能松动。连接松脱往往会造成严重事故,因此设计螺栓连接时,应考虑防松的措施。

防松的方法很多,常用的几种防松方法见表 7－2。

表 7－2　常用的防松方法

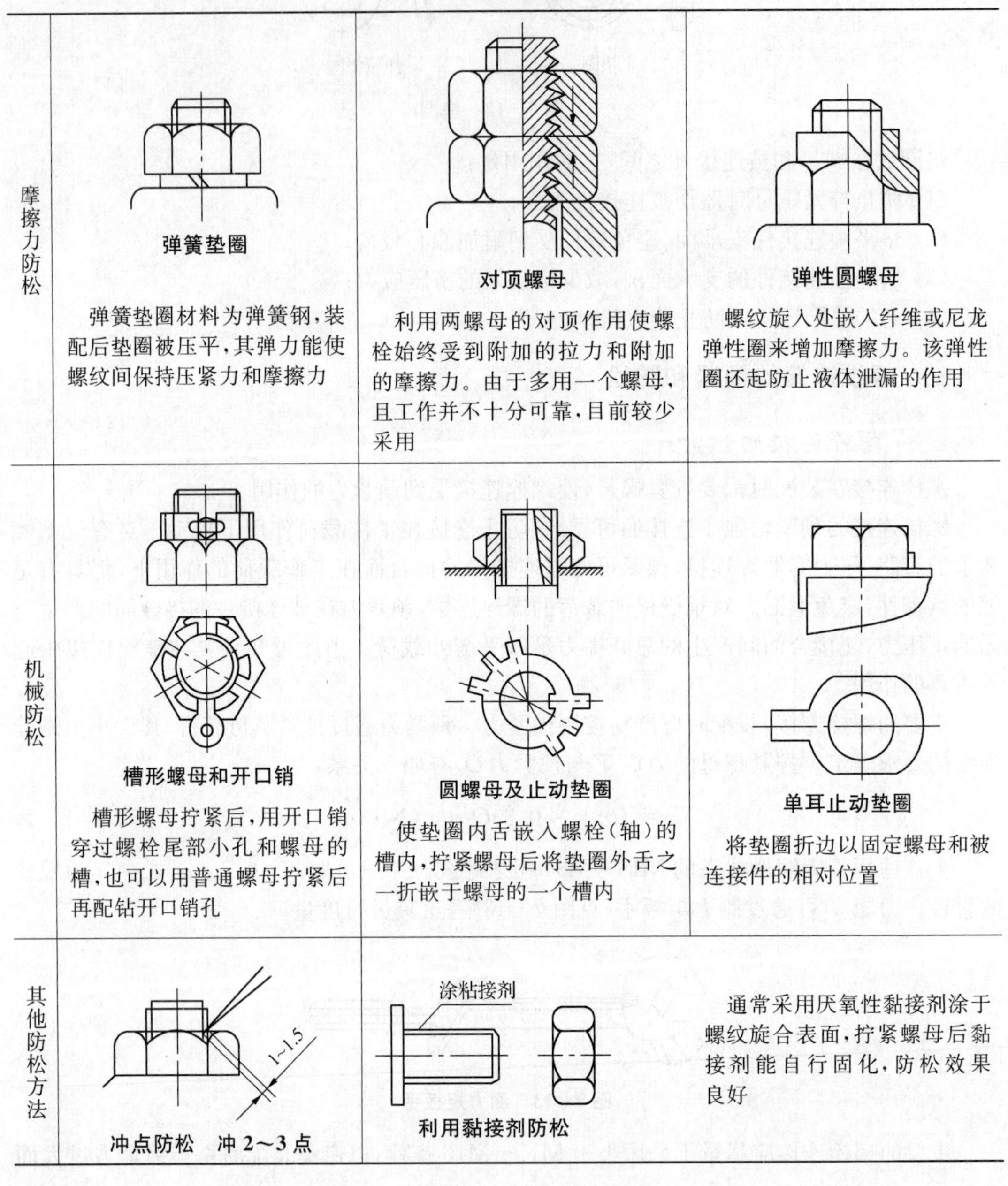

摩擦力防松	弹簧垫圈 弹簧垫圈材料为弹簧钢,装配后垫圈被压平,其弹力能使螺纹间保持压紧力和摩擦力	对顶螺母 利用两螺母的对顶作用使螺栓始终受到附加的拉力和附加的摩擦力。由于多用一个螺母,且工作并不十分可靠,目前较少采用	弹性圆螺母 螺纹旋入处嵌入纤维或尼龙弹性圈来增加摩擦力。该弹性圈还起防止液体泄漏的作用
机械防松	槽形螺母和开口销 槽形螺母拧紧后,用开口销穿过螺栓尾部小孔和螺母的槽,也可以用普通螺母拧紧后再配钻开口销孔	圆螺母及止动垫圈 使垫圈内舌嵌入螺栓(轴)的槽内,拧紧螺母后将垫圈外舌之一折嵌于螺母的一个槽内	单耳止动垫圈 将垫圈折边以固定螺母和被连接件的相对位置
其他防松方法	冲点防松　冲 2～3 点	涂粘接剂 利用黏接剂防松	通常采用厌氧性黏接剂涂于螺纹旋合表面,拧紧螺母后黏接剂能自行固化,防松效果良好

§7－2　键连接和销连接

所有机器均是由多个零、部件连接而成的。按组织连接的零件在工作中相对位置是否变化，可分为动连接和静连接两类。如车床主轴箱中滑移齿轮与轴的连接为动连接，减速箱中齿轮与轴，箱盖与箱体的连接为静连接。按拆开连接时是否需要破坏连接件，又可分为可拆连接和不可拆连接，如键连接、螺纹连接为可拆连接；而铆接、焊接等则属不可拆连接。

本章主要介绍应用较广的键连接类型、特点、尺寸选择、强度校核及销连接类型等。

一、键连接的类型

在各种机器上很多转动零件，如飞轮、齿轮、凸轮等，这些零件与轴的连接大多采用键或花键连接，因此键连接的功用就是将轴与轴上转动零件连接起来并传递运动和动力。

键是一种标准零件，其材料通常采用 σ_b 不小于 600 MPa 钢制成（常用 45 钢）。根据键连接的结构和载荷情况不同，键连接可分为松键连接和紧键连接两大类。

（一）松键连接：可分为平键连接和半圆键连接两大类

1．平键连接

平键连接包括普通平键、导向平键和薄型平键三种。

（1）普通平键：如图 7－14 所示，其上、下平面及两侧面互相平行，据端部结构有圆头（A 型）、平头（B 型）和单圆头（C 型）三种。其中 A 型键槽宜用端铣刀加工，键在槽中固定较好，但槽端部应力集中较大；B 型键槽宜用盘铣刀加工，键槽端部应力集中小，但轴向固定不好；C 型键常用于轴端连接。

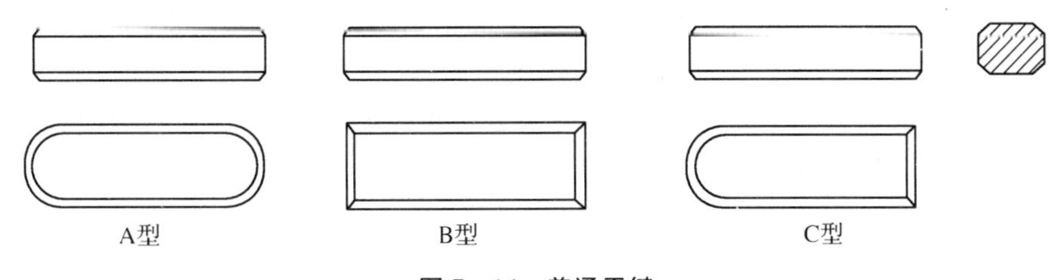

图 7－14 普通平键

普通键连接，键上顶面与轮毂键槽底间留有间隙，而键两侧面与槽配合紧密，因此键两侧为工作面，靠挤压传递运动和动力。这种连接结构简单、拆装方便、对中性好、应用广泛。

（2）导向平键和滑键：导向平键（如图 7－15），按端部形状有 A 型和 B 型两种。一般用螺钉固定在轴上键槽中，转动零件可沿轴线滑动，适用于轴上零件轴向移动量不大的场合，如变速箱中滑移齿轮。

若轴上零件的轴向移动量较大时，可采用滑键（如图 7－16）。滑键可固定在轮毂上，与轮毂一起沿轴线在键槽中滑动。

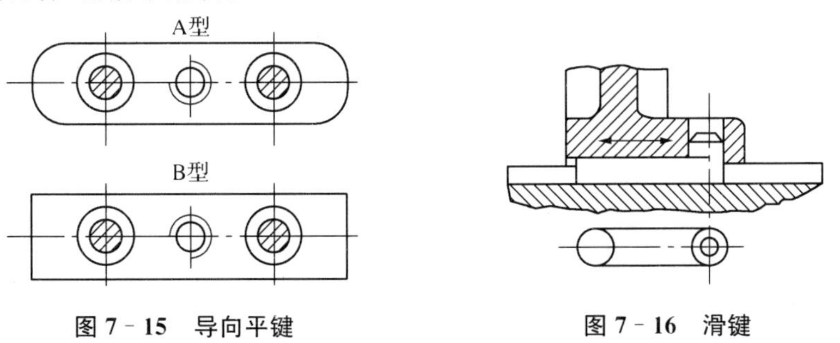

图 7－15 导向平键　　**图 7－16 滑键**

(3) 薄型平键：结构与普通平键相似，但键高约为普通平键的60%～70%。适于传递转矩不大、薄壁结构、空心轴、径向尺寸受限制的场合。

2. 半圆键连接

半圆键(如图 7－17)上表面为一平面，下表面为半圆形弧面，两侧面平行。装入键槽中，其上表面与轮毂键槽底有间隙.而两侧面为工作面，靠挤压传递运动、动力。

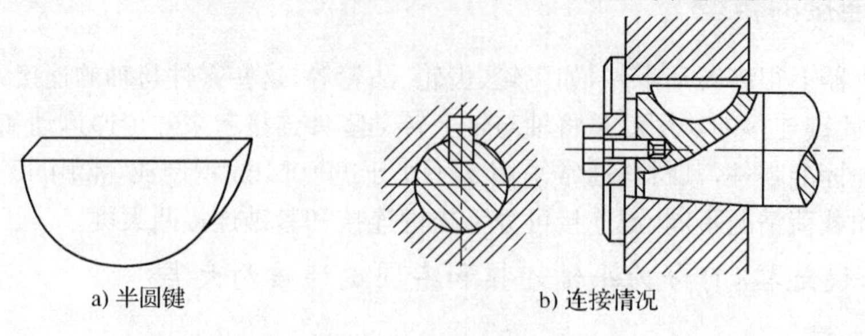

图 7－17　半圆键连接

半圆键连接具有结构紧凑、拆装方便，可在槽中摆动，适于圆锥形轴端连接的特点。但轴上键槽较深，降低轴的强度。

(二) 紧键连接：可分为楔键连接和切向键两类

1. 楔键连接

如图 7－18 所示，楔键顶面有 1∶100 斜度，两侧面平行。分为普通楔键(图 7－18a))和钩头楔键(图 7－18b))两种，均为标准件。楔键顶面与底面分别与轮毂键槽与轴槽底面紧密贴合，故顶面和底面为工作面，靠摩擦力传递运动和转矩，并可受不大的单向轴向力。楔键只适用于对中性要求不高、转速较低的场合。

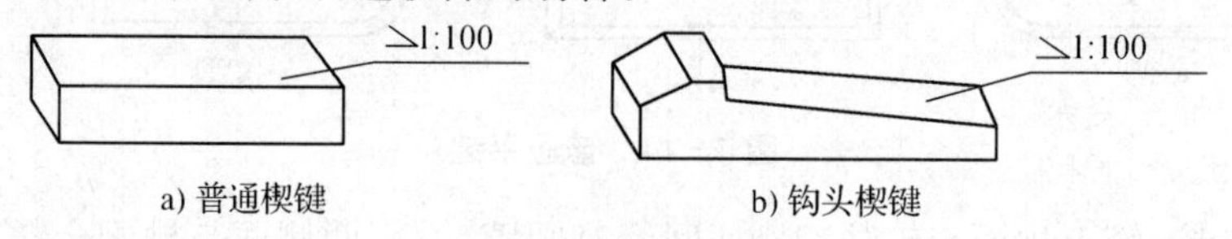

图 7－18　楔键

2. 切向键连接

如图 7－19 所示，切向键由两个 1∶100 单面斜度的普通楔键沿斜面贴合组成，组合体上、下平面平行。工作时，靠切向键上、下平面与键槽接触面挤压产生切向力传递运动和转矩。故上、下平面为其工作面。

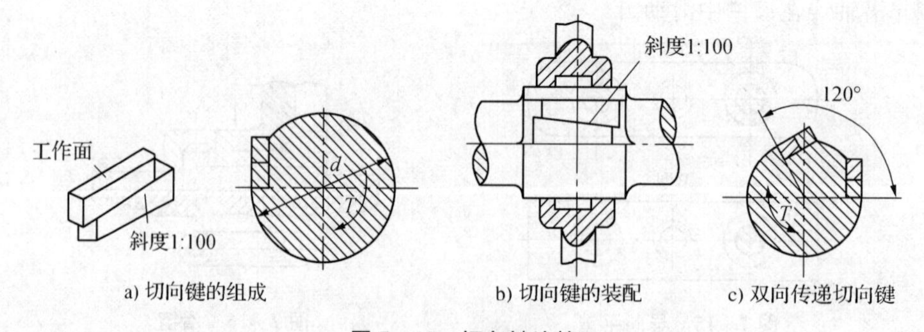

图 7－19　切向键连接

切向键的键槽对轴强度削弱较大，其连接使轴与轴上零件产生偏心，故适用于对中性和运动精度要求不高、低速、重载、轴径大于 100 mm 的场合。

（三）花键连接简介

花键连接（如图 7－20）是由在轴上加工出的外花键齿和在轮毂孔壁上加工出的内花键齿所组成的连接。花键的侧面是工作面，靠齿侧面挤压传递转矩。

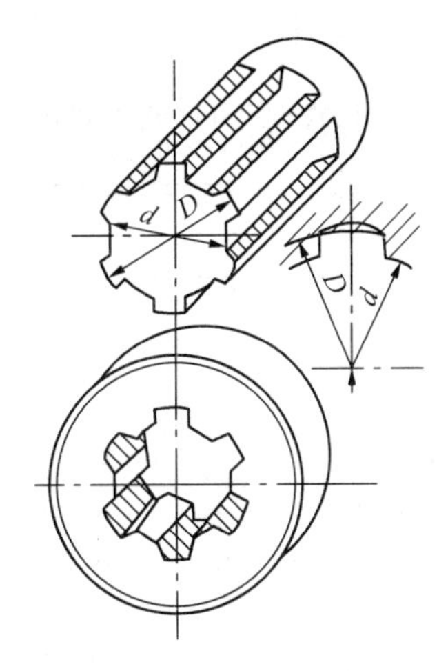

图 7－20　花键连接

1．花键连接特点

（1）由多个键齿同时工作，受挤压面积大，故承载力高；

（2）轴与轴上的零件对中性好，沿轴向移动时导向性好；

（3）键齿槽浅，对轴强度削弱较小；

（4）花键加工复杂，需专用设备。

由上述知，花键连接广泛用于载荷较大、定心精度要求高的各种机械设备中，如汽车、飞机、机床等。

2．花键连接类型

按齿形不同可分为矩形花键、渐开线花键和三角形花键三类。

二、平键连接的尺寸选择和强度校核

平键连接的设计是在完成轴与轮毂尺寸设计后进行的。由于键是标准件，故其设计是先根据工作要求和轴径选择键类型和尺寸，再进行强度校核。

（一）尺寸选择：应包括键的宽度 b、高度 h 和键长 L

由表 7－3 知，先由轴径 d，查表得到 b 与 h，再由已知轮毂长 L_1，确定键长 L，一般 $L = L_1 - (5 \sim 10)$mm，且符合键长 L 的长度系列（见表 7－3）；一般 $L_{max} \leqslant 2.5d$。

表 7-3 平键

键和键槽的截面尺寸(GB/T 1095-2003)

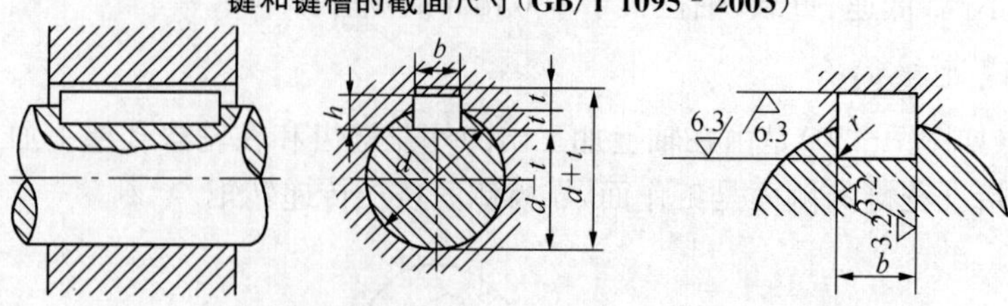

普通平键的形式与尺寸(GB/T 1096-2003)

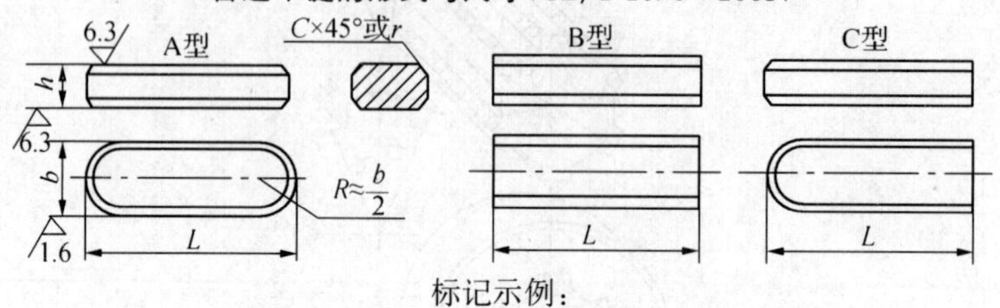

标记示例:

圆头普通平键(A 型),$b=16$ mm,$h=10$ mm,$L=100$ mm;

GB/T 1096 键 16×10×100

平头普通平键(B 型),$b=16$ mm,$h=10$ mm,$L=100$ mm;

GB/T 1096 键 B16×10×100

单圆头普通平键(C 型),$b=16$ mm,$h=10$ mm,$L=100$ mm;

GB/T 1096 键 C16×10×100

轴径 d	键			键槽									
	b (h9)	h (h11)	L (h14)	宽度极限偏差					t		t_1		半径 r
				较松连接		一般连接		较紧连接					
				轴 H9	毂 D10	轴 N9	毂 Js9	轴毂 P9	尺寸	偏差	尺寸	偏差	
>12~17	5	5	10~56	+0.030 0	+0.078 +0.030	0 −0.030	±0.015	−0.012 −0.042	3.0	+0.1 0	2.3	+0.1 0	0.16~ 0.25
>17~22	6	6	14~70						3.5		2.8		
>22~30	8	7	18~90	+0.036 0	+0.048 +0.040	0 −0.036	±0.018	−0.015 −0.051	4.0		3.3		
>30~38	10	8	22~110						5.0	+0.2 0	3.3	+0.2 0	0.25~ 0.4
>38~44	12	8	28~140	+0.043 0	+0.120 +0.050	0 −0.043	±0.0215	−0.018 −0.061	5.0		3.3		
>44~50	14	9	36~160						5.5		3.8		
>50~58	16	10	45~180						6.0		4.3		
>58~65	18	11	50~300						7.0		4.4		
>65~75	20	12	56~220	+0.052 0	+0.149 +0.065	0 −0.052	±0.026	−0.022 −0.074	7.5		4.9		0.4~ 0.6
>75~85	22	14	63~250						9.0		5.4		
>85~95	25	14	70~280						9.0		5.4		
>95~110	28	16	80~320						10.0		6.4		
>110~130	32	18	90~360	+0.062 0	+0.180 +0.080	0 −0.062	±0.031	−0.026 −0.080	11.0		7.4		
L 系列	6,8,10,12,14,16,18,20,22,25,28,32,36,40,45,50,56,63,70,80,90,100,110,125,140,160,180,200,220,250,280,320,360,400,450,500												

注:1. 轴径小于 12 mm 或大于 130 mm 的键尺寸可查有关手册。

2. 在工作图中,轴槽深用 t 或($d-t$)标注,毂槽深用 t_1 或($d+t_1$)标注。但($d-t$)的偏差应取负号。

(二) 强度校核

由于普通平键的失效形式主要是材料强度较弱,工作表面被挤压破坏,其次为剪切破坏,故一般强度校核按挤压强度条件进行。挤压强度条件为:

$$\sigma_p = \frac{F_t}{h' \cdot l} = \frac{2\,000\,T}{h' \cdot l \cdot d} = \frac{4\,000T}{h \cdot l \cdot d} \leqslant [\sigma_p](\text{MPa}) \tag{7-2}$$

式中：σ_p——工作表面挤压应力(MPa)

F_t——作用力(N)

T——传递转矩(N·m)

d——轴的直径(mm)

h'——键与轮毂接触高度，$h' \approx h/2$(mm)

l——键工作长度，对于

A 型键 $l=L-b$

B 型键 $l=L$

C 型键 $l=L-b/2$

$[\sigma_p]$——较弱材料的许用挤压应力(MPa)，见表 7-4

表 7-4　键连接的许用挤压应力$[\boldsymbol{\sigma_p}]$　　MPa

许用值	连接工作方式	零件材料	载荷性质		
			静	轻微冲击	冲击
$[\sigma_p]$	静连接	钢	125～150	100	50
		铸铁	78～80	53	27
$[\sigma_p]$	动连接	钢	50	40	30

注：1. 动连接是指有相对滑动的导向连接，如滑键。
2. 如与键有相对滑动的被连接件表面经过淬火，则$[\sigma_p]$可提高 2～3 倍。

如经校核平键连接强度不够时，可采取下列措施：

(1) 适当增加键和轮毂的长度，但一般 $L \not> 2.25d$。

(2) 采用双键相隔 180°配置，但校核时考虑载荷分布不匀，只按 1.5 个键计算。

例 7-1　试选择一铸铁齿轮与钢轴的平键连接。已知传递的转矩 $T=1\,250$ N·m，载荷有轻微冲击，与齿轮配合处的轴径 $d=80$ mm，轮毂长度为 120 mm。

解：

(1) 尺寸选择

为便于装配和固定，选用圆头平键(A 型)；据轴径 $d=80$ mm，由表 7-3 查得：键宽 $b=22$ mm；键高 $h=14$ mm；因轮毂长为 120 mm，则取键长 $L=110$ mm。

(2) 强度校核

据连接工作方式为静连接，轮毂(铸铁)强度较弱，由表 7-4 中查得$[\sigma_p]=53$ MPa，因 A 型键工作长度 $l=L-b=110-22=88$ mm，

故　$$\sigma_p = \frac{4000\,T}{h \cdot l \cdot d} = \frac{4\,000 \times 1\,250}{14 \times 88 \times 80} = 50.73 \text{ MPa} < [\sigma_p] = 53 \text{ MPa}$$

则所选键强度足够。

该键标记为：GB/T 1096　键 22×14×110

三、销连接

销连接主要用来固定零件间的相互位置，构成可拆连接；也可用于轴和轮毂或其他零件的连接，以传递较小的载荷；有时还可用作安全装置中的过载剪切元件。

销是标准件，基本形式有圆柱销和圆锥销两种，见表 7－5。

圆柱销不宜经常拆装，否则会降低定位精度或连接紧固性。圆锥销有 1∶50 锥度，小头直径为标准值。圆锥销易于安装，定位精度高于圆柱销。两种销孔均需铰制。

销的类型按工作要求选择。用于连接的销可据连接结构特点，由经验定直径，必要时作强度校核。定位销一般不受载荷或受很小载荷，数目不少于两个；安全销直径按剪切强度进行计算。

表 7－5　常用销类型、特点和应用

类型		图形	标准	特点和应用
圆柱销	圆柱销		GB/T 119－2000	只能传递不大的载荷。内螺纹圆柱销多用于盲孔，弹性圆柱销用于冲击、振动的场合
	内螺纹圆柱销		GB/T 120－2000	
	弹性圆柱销		GB/T 879－2000	
圆锥销	圆锥销	1:50	GB/T 117－2000	在连接件受横向力时能自锁。螺纹供拆卸时用
	内螺纹圆锥销	1:50	GB/T 118－2000	
	螺尾锥销	1:50	GB/T 881－2000	
开口销			GB/T 91－2000	工作可靠，拆卸方便，用于锁紧其他紧固件

§7－3　轴

所有的回转零件，如带轮、齿轮和凸轮等都必须用轴来支承才能进行工作，因此轴是机械中不可缺少的重要零件，它的功用主要是支承旋转的机械零件，并传递运动和动力。

（一）轴的分类

1. 按轴线形状分类

可将轴分为直轴（图 7－21）和曲轴（图 7－22）两大类。根据需要，直轴可设计为直径均相同的光轴和具有不同直径的阶梯轴（图 7－21）两类，其中阶梯轴便于轴上零件装拆和固定，又能节省材料和减轻重量，因此在机械中应用最普遍。

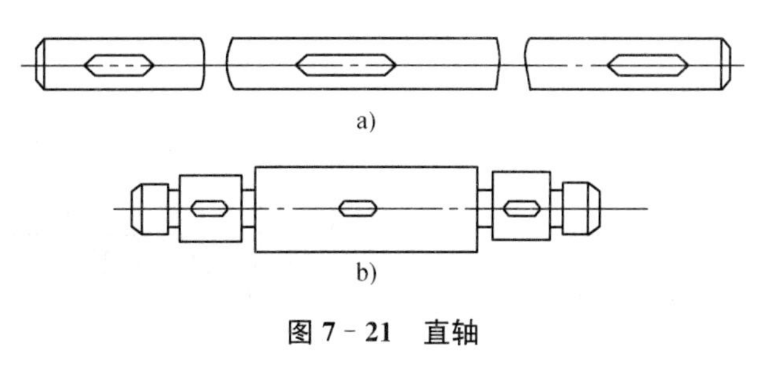

图 7－21　直轴

曲轴为某些设备（如活塞式内燃机）中专用零件，可将回转运动和往复直线运动进行相互转换。

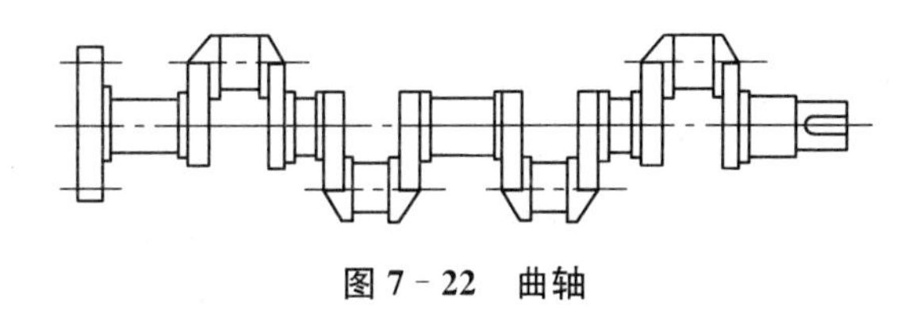

图 7－22　曲轴

2. 按轴的承载情况分类：一般分为心轴、传动轴和转轴三类

（1）心轴：只受弯矩而不传递转矩的轴称为心轴（图 7－23）

在工作过程中若心轴不转动，称为固定心轴（图 7－23a）滑轮轴）

若工作时心轴转动，则称为转动心轴（图 7－23b）火车轮轴）

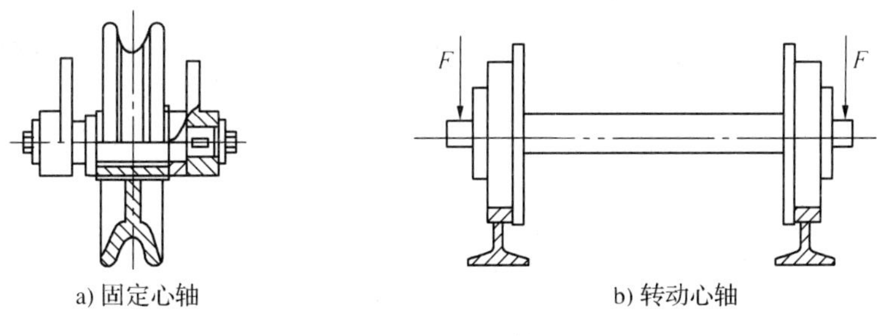

图 7－23　心轴

（2）传动轴：主要传递转矩，不承受或承受较小弯矩的轴称为传动轴。如图 7－24 所示为汽车变速箱与后桥间的传动轴。

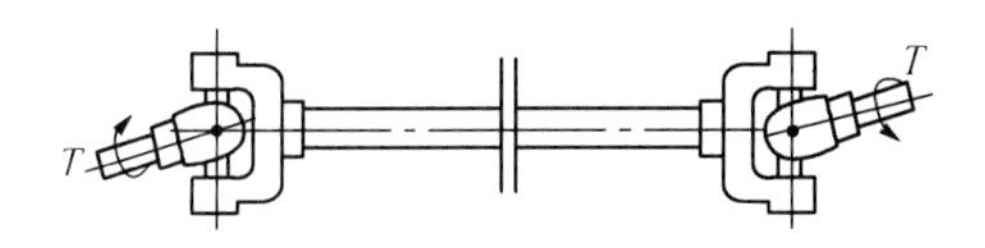

图 7－24　传动轴

（3）转轴：既受弯矩又承受转矩的称为转轴。图 7－25 所示减速器输入轴即为转轴，是机器中最常见的轴，本章以转轴为重点，讨论其结构。

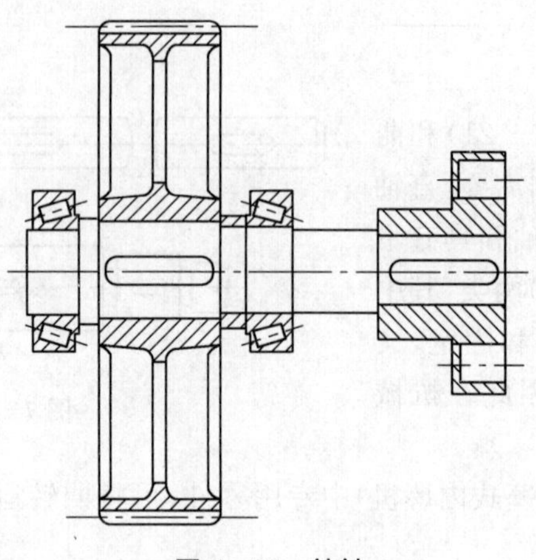

图 7-25　转轴

（二）轴的材料及一般设计要求

1. 轴的材料

轴在设计之初，是根据工作要求并考虑制造工艺等因素，选择合适的材料。由于轴工作时产生的应力多为交变应力，所以轴失效多为疲劳损坏，因此，轴的材料应具有足够的疲劳强度、较小的应力集中敏感性和良好的加工性能等，一般主要采用碳素钢和合金钢。

由于碳素钢较合金钢价廉，且对应力集中的敏感性较小，故一般机器中常用优质中碳钢（如 30、45、50 号钢），以 45 号钢应用最广。

对于要求强度高、尺寸小或其他特殊要求的轴，可用合金钢。如耐磨性要求较高的轴用 20Cr、20CrMnTi，要求高强度的轴可用 40Cr、40CrNi 等，并进行热处理。

另外，高强度铸铁和球墨铸铁具有良好的制造工艺性，而且价廉，吸振性较好，对应力集中敏感性低，故适于制造结构形状复杂轴，缺点是铸造质量较难控制。

轴的常用材料及主要机械性能见表 7-6。

表 7-6　轴的常用材料及其主要机械性能

材料牌号	热处理	毛坯直径 (mm)	硬度 (HB)	抗拉强度极限 σ_b (MPa)	屈服极限 σ_S (MPa)	弯曲疲劳极限 σ_{-1} (MPa)	备　注
A3		≤100		420	230	170	用于不重要或载荷不大的轴
35	正火	≤100	149～187	520	270	220	用于一般的轴
45	正火	≤100	170～217	600	300	260	应用最广
	调质	≤200	217～255	650	360	280	
40Cr	调质	≤100	241～286	750	550	360	用于载荷较大而无很大冲击的轴
35SiMn 42SiMn	调质	≤100	229～286	800	520	360	性能接近 40Cr，用于中、小型的轴

（续表）

材料牌号	热处理	毛坯直径（mm）	硬度（HB）	抗拉强度极限 σ_b（MPa）	屈服极限 σ_S（MPa）	弯曲疲劳极限 σ_{-1}（MPa）	备　注
40MnB	调质	≤200	241～286	750	500	350	性能接近 40Cr，用于重要的轴
40CrNi	调质	≤100	270～300	920	750	430	用于很重要的轴
35CrMo	调质	≤100	207～269	750	550	360	性能接近 40CrNi，用于重载荷轴
38SiMnMo	调质	≤100	229～286	750	600	370	性能接近 35CrMo
20Cr	渗碳淬火回火	≤60	表　面 HRC56～62	650	400	310	用于要求强度和韧性均较高的轴，如某些齿轮轴和蜗杆等
20CrMnTi		15		1 100	850	490	
1Cr18Ni9Ti	淬火	≤100	≤192	540	200	195	用于在高低温及强腐蚀条件下工作的轴
QT600－2			229～302	600	420	215	用于柴油机、汽油机的曲轴和凸轮轴等
QT800－2			241～321	800	560	285	

2. 轴的一般设计要求

为保证轴能正常工作，要求轴必须具有足够的强度和刚度。为保证轴上零件能可靠固定、拆装方便，且便于加工制造，则要求轴具有合理结构和良好工艺性。此外，不同机械对轴的工作又有不同要求，如机床主轴的刚度要求，汽轮机转子轴不发生共振要求，重型轴毛坯的制造、探伤和运输、安装要求等。

（三）轴的结构

如图 7－26 所示为一种常见转轴部件结构图。轴的合理结构，除根据受力情况设计合理的尺寸以满足强度和刚度要求外，还必须满足以下几方面的要求。

1. 零件在轴上具有准确定位和可靠固定

定位是指轴上零件有准确的工作位置，固定分为轴向固定与周向固定两方面，其常用方法及特点见表 7－7。

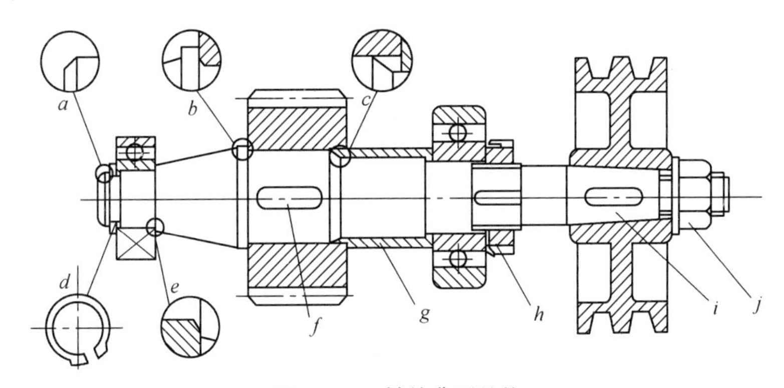

图 7－26　轴的典型结构

表 7-7 轴上零件常用的轴向固定方式、特点及应用

固定方式	固定件标准	简图	特点及应用
套筒	—	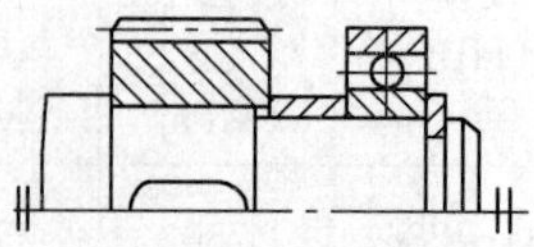	结构简单(不用在轴上开槽、钻孔),固定可靠,承受轴向力大,多用于轴上两零件相距不远的场合。
双圆螺母	GB/T 812-1988	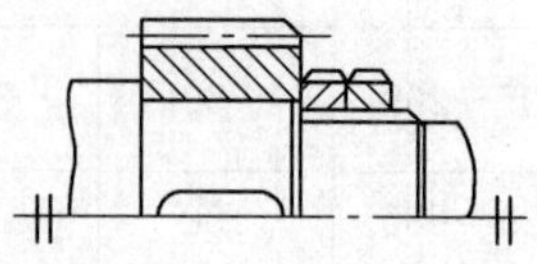	固定可靠,可承受大的轴向力。但轴上的细牙螺纹和退刀槽对轴的强度削弱较大,应力集中较严重。一般用于两零件间距离较大不适宜用套筒固定的场合。
圆螺母和止动垫圈	GB/T 812-1988 GB/T 858-1988	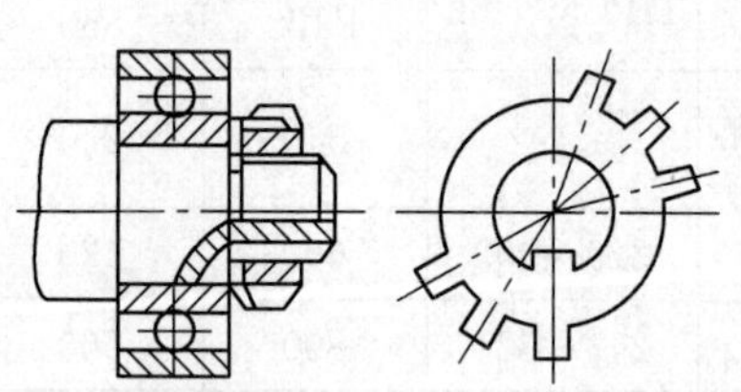	圆螺母起固定作用,止动垫圈用于防松,故固定可靠,承受轴向力大。但轴上螺纹、螺纹退刀槽和轴向沟槽对轴的削弱较大,主要用于固定轴端零件。
弹性挡圈	轴用:GB/T 894-1986 孔用:GB/T 893-1986	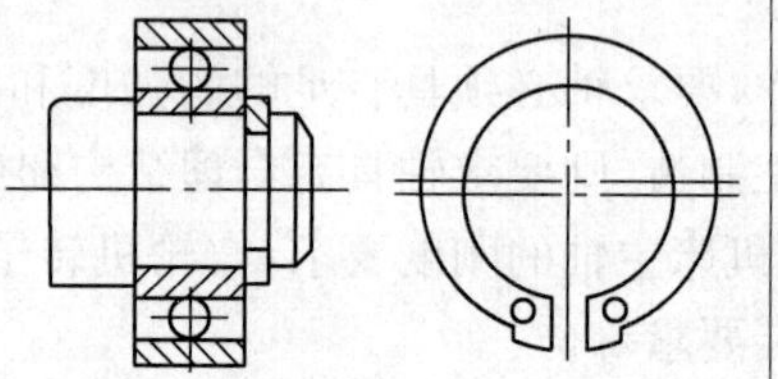	结构简单紧凑,但只能承受很小的轴向力。常用作滚动轴承(内圈或外圈)的轴向固定。
轴端挡圈	GB/T 891-1986 GB/T 892-1986	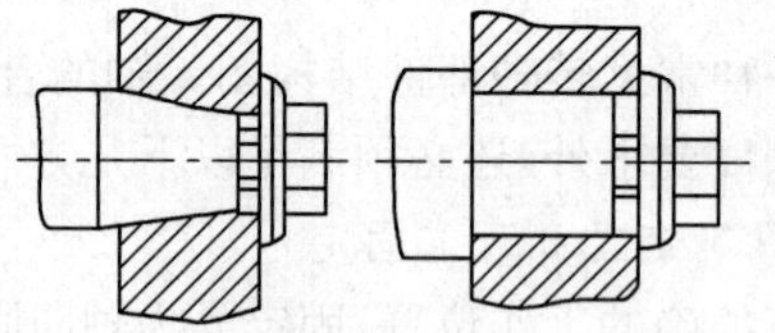	常用于圆锥形轴端或圆柱形轴端上的零件需要轴向固定的场合。轴端零件拆装方便,固定可靠。
锁紧挡圈	GB/T 884-1986 (GB/T 883-1986) (GB/T 885-1986)	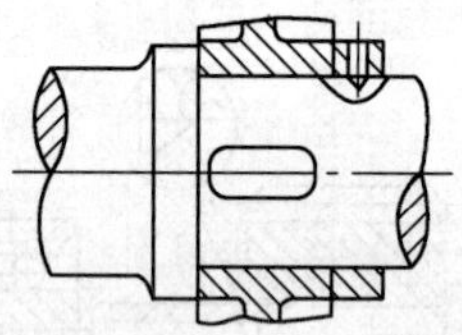	有锥销锁紧挡圈(GB/T 883-1986)、螺钉锁紧挡圈(GB/T 884-1986)和带锁圈的螺钉锁紧挡圈(GB/T 885-1986)三种。只能承受较小轴向力。
紧定螺钉	GB/T 71-1985 (GB/T 73-1985 GB/T 74-1985 GB/T 75-1985)	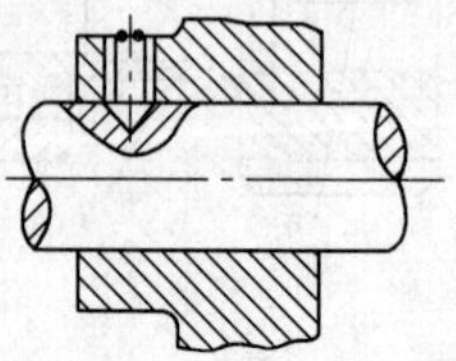	结构简单,只用于承受轴向力小或不承受轴向力的场合,在光轴上应用较多。

（续表）

固定方式	固定件标准	简 图	特点及应用
圆锥销	GB/T 117－2000		兼起轴向固定和周向固定的作用，但对轴的强度削弱严重，只能用于传递小功率的场合。

2. 轴的结构应便于加工制造、拆装和调整

从加工考虑，一根形状简单光轴最有利，但却不利于零件的定位和拆装。故轴常做成阶梯形，但各轴段直径不宜相差太大。为便于切削加工，一根轴的圆角或倒角常取相同尺寸，各键槽应开在轴的同一母线上；需要磨削的轴段，应留有砂轮越程槽（如图 7－27a）），以便磨削时砂轮可以磨到位而不擦伤轴肩部；需切削螺纹轴段，还应留有退刀槽（如图7－27b））。

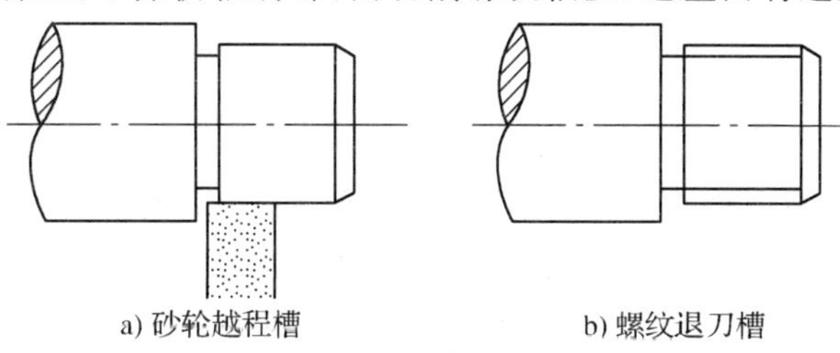

a) 砂轮越程槽　　b) 螺纹退刀槽

图 7－27　螺纹退刀槽和砂轮越程槽

轴上零件的周向固定就是限制轴上零件和轴之间的相对转动，以实现两者之间的运动和动力（转矩）的传递。这种固定均通过轴与轮毂之间的连接来实现。常用的方法有键连接以及过盈配合连接，此外，用紧定螺钉和圆锥销作轴向固定的同时也起到周向固定的作用。

为便于加工和检验，轴的直径应取圆整值；与滚动轴承相配合的轴颈直径应符合滚动轴承内径标准，有螺纹的轴段直径应符合螺纹标准直径。

另外，为便于装配，轴端应加工出倒角（一般为 45°），以免装配时将轴上零件孔壁擦伤（如图 7－28a））；过盈配合零件装入端常加工导向锥面（图 7－28b）），以便零件较顺利地压入。

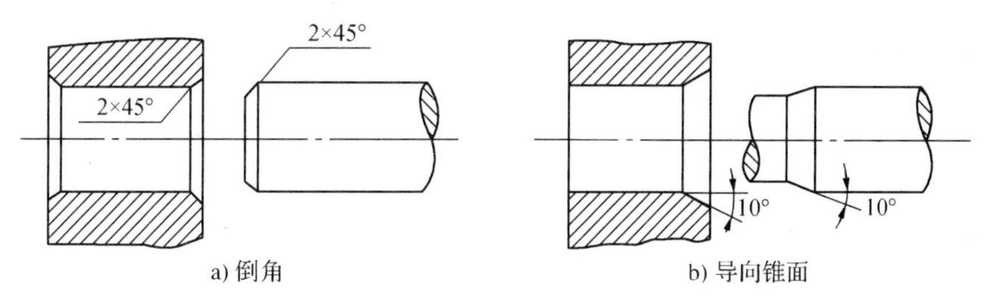

a) 倒角　　b) 导向锥面

图 7－28　倒角和锥面

§7-4 轴 承

一、轴承的分类

轴承是轴的支承件，有时也可以支承绕轴转动的零件。

按照轴承工作表面的摩擦性质，轴承可分为滑动轴承和滚动轴承两大类。

按照轴承所受载荷的性质，轴承又可分为三种形式：

1. 向心轴承，它主要承受径向载荷，也可同时承受较小的轴向载荷；
2. 推力轴承，它只能承受轴向载荷；
3. 向心推力轴承，它可以同时承受径向载荷和轴向载荷。

二、滑动轴承

（一）滑动轴承概述

如图 7-29 所示，滑动轴承主要由轴承座 1（或壳体）和轴瓦 2 所组成，其中，图 a)、b)、c)分别表示向心滑动轴承、推力滑动轴承和向心推力滑动轴承。

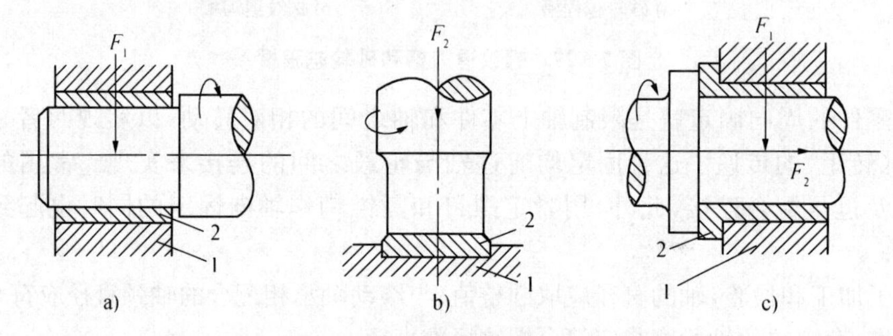

图 7-29 滑动轴承的组成

1-轴承座 2-轴瓦

为了减轻轴瓦与轴颈表面之间的摩擦，降低表面磨损，以保持机器的工作精度，除了使轴颈和轴瓦的接触表面有较高的加工精度，并选用减磨材料（如青铜等）制作轴瓦外，还必须在滑动轴承内加入润滑剂，对滑动表面进行润滑。

一般来说，滑动轴承的润滑可以有两种不同的状态：非液体摩擦状态和液体摩擦状态。非液体摩擦状态如图 7-30a）所示，在轴颈 1 和轴瓦 2 的表面间形成一层极薄的不完全的油膜，它使轴颈和轴瓦表面有一部分隔开，但还有一部分直接接触。这时，滑动面的摩擦大为减小，一般滑动轴承中的摩擦都处于这种状态。

液体摩擦状态，如图 7-30b）所示，在轴颈 1 和轴瓦 2 的表面之间形成一层较厚的油膜，将滑动表面完全隔开。这是一种理想的润滑状态，它使滑动表面之间的摩擦和磨损降到很小的程度。

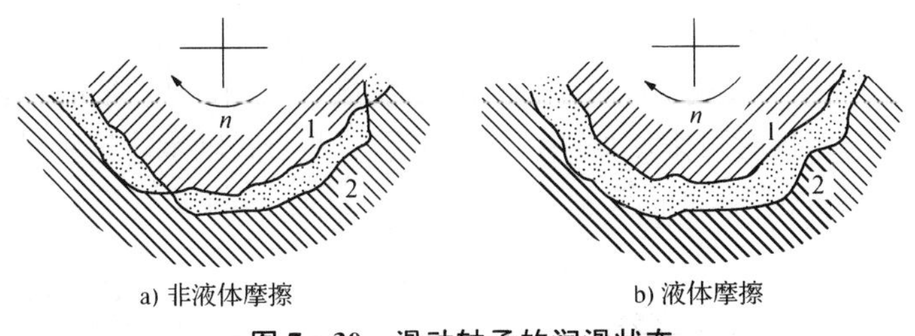

图 7-30　滑动轴承的润滑状态

1-轴颈　2-轴瓦

(二) 向心滑动轴承

在滑动轴承中,用得最多的是向心滑动轴承。向心滑动轴承有如下三种主要结构形式:

1. 整体式向心滑动轴承

整体式向心滑动轴承(见图 7-31)是在机架(或壳体)上直接制孔并在孔内镶以筒形轴瓦做成的。它的优点是结构简单,缺点是轴颈只能从端部拆装,造成安装检修困难;同时,轴承工作表面磨损后无法调整轴承间隙,必须更换新轴瓦。通常只用于轻载、低速或间歇性工作的机器设备中。

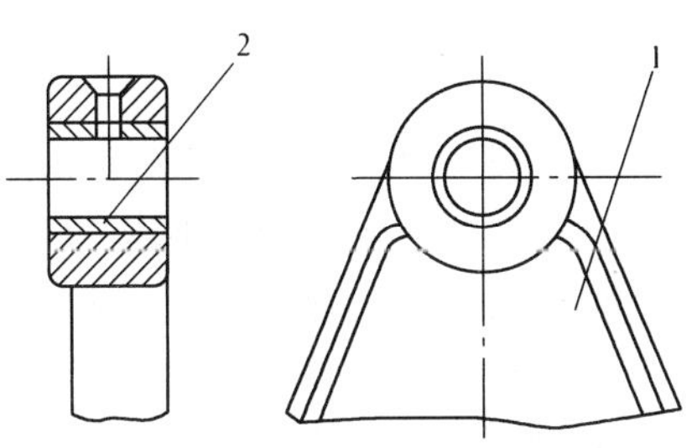

图 7-31　整体式向心滑动轴承

1-机架　2-轴瓦

2. 剖分式向心滑动轴承

图 7-32 所示为一种普通的剖分式向心滑动轴承,它主要由轴承座、轴承盖及剖分的两块轴瓦等组成。轴承座与轴承盖的剖分面做成阶梯形的配合止口,以便定位。剖分面可以放置调整垫片,以便安装时或工作表面磨损后调整轴承的间隙。这种轴承克服了整体式轴承的缺点,且拆装方便,故应用较广。

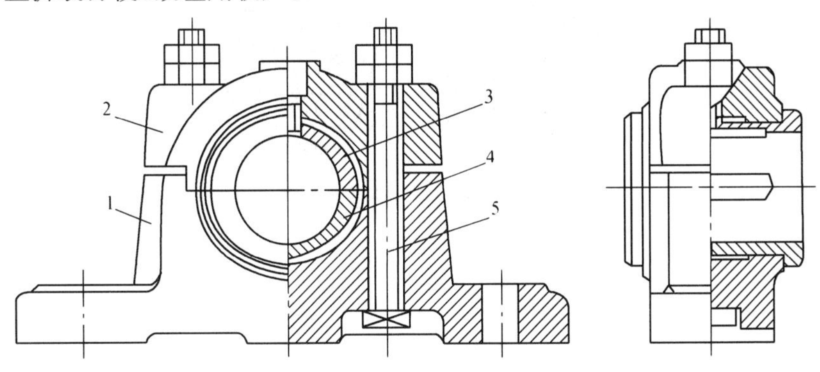

图 7-32　剖分式向心滑动轴承

1-轴承座　2-轴承盖　3-上轴瓦　4-下轴瓦　5-螺栓

3. 调心式向心滑动轴承

当轴颈很长(长径比 $l/d \geqslant 1.5 \sim 1.75$)或轴的挠度较大时,由于轴的偏斜易使轴瓦端部严重磨损(见图 7－33),这时可采用如图 7－34 所示的调心式轴承。这种轴承利用轴瓦和轴承座间的球面支架,来适应轴的偏斜。

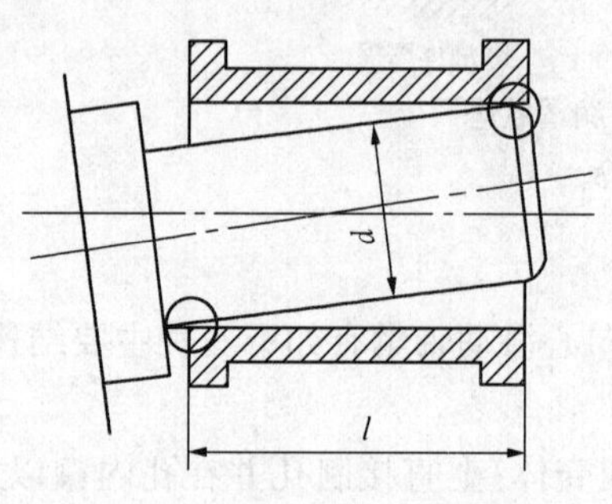

图 7－33　轴颈与轴瓦接触不良

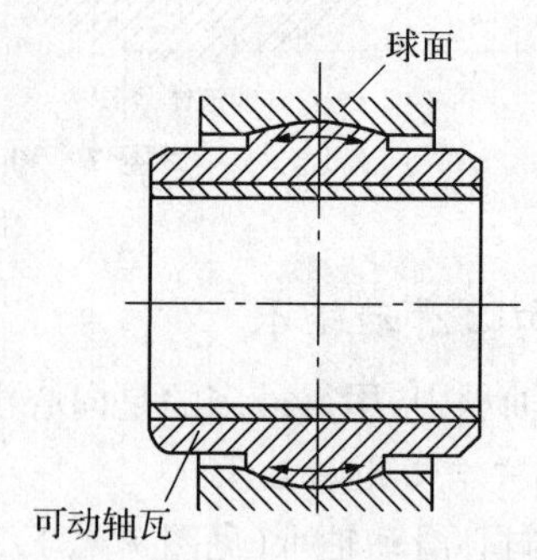

图 7－34　调心式向心滑动轴承

三、滚动轴承

(一) 滚动轴承的构造

如图 7－35 所示,滚动轴承由外圈 1、内圈 2、滚动体 3 和保持架 4 等组成。内、外圈上的凹槽形成滚动体圆周运动的滚道;保持架的作用是把滚动体均匀隔开,以避免它们相互摩擦和聚集到一块;滚动体是滚动轴承的主体,它的大小、数量和形状与轴承的承载能力密切相关。滚动体的形状如图 7－36 所示。

使用时,内圈装在轴颈上,外圈装入机架孔内(或轴承座孔内)。通常内圈随轴一起旋转,而外圈固定不动。也有外圈随工作零件旋转而内圈固定不动的。

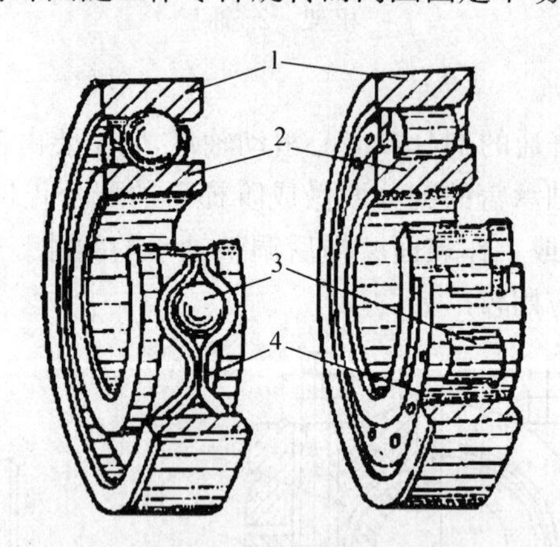

图 7－35　滚动轴承的构造

1－外圈　2－内圈　3－滚动体　4－保持架

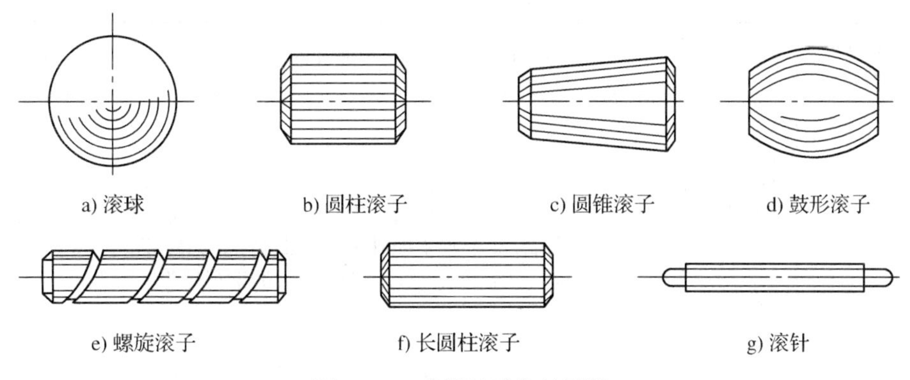

图 7 - 36　常用滚动体的形状

（二）滚动轴承的优缺点

与滑动轴承相比较，滚动轴承的主要优点是：

1. 摩擦阻力小，因而灵敏、效率高和发热量小，并且润滑简单，耗油量少，维护保养方便；

2. 轴承径向间隙小，并且可用预紧的方法调整间隙，以提高旋转精度；

3. 轴向尺寸小，某些滚动轴承可同时承受径向载荷与轴向载荷，故可使机器结构简化、紧凑；

4. 滚动轴承是标准件，可由专门工厂大批生产供应，使用、更换方便。

滚动轴承的主要缺点是：抗冲击性能差；高速时噪声大；工作寿命较低。

（三）滚动轴承的类型及代号

滚动轴承的类型很多，现将常用的滚动轴承类型、特点及应用场合列于表 7 - 8 中。

表 7 - 8　滚动轴承的基本类型、主要性能及应用

轴承类型	类型代号	简　图	承载方向	主要性能及应用	标准号
双列角接触球轴承	0		F_r F_a F_a	具有相当于一对角接触球轴承背靠背安装的特性	GB/T 296 - 2015
调心球轴承	1		F_r F_a F_a	主要承受径向载荷，也可以承受不大的轴向载荷；能自动调心，允许角偏差＜2°～3°；适用于多支点传动轴、刚性较小的轴以及难以对中的轴	GB/T 281 - 1994

（续表）

轴承类型	类型代号	简 图	承载方向	主要性能及应用	标准号
调心滚子轴承	2			与调心球轴承特性基本相同，允许角偏差＜2°～2.5°，承载能力比前者大；常用于其他种类轴承不能胜任的重载情况，如轧钢机、大功率减速器、吊车车轮等	GB/T 288 - 1994
推力调心滚子轴承	2			主要承受轴向载荷；承载能力比推力球轴承大得多，并能承受一定的径向载荷；能自动调心，允许角偏差＜2°～3°；极限转速较推力球轴承高；适用于重型机床、大型立式电动机轴的支承等	GB/T 5859 - 2008
圆锥滚子轴承	3			可同时承受径向载荷和单向轴向载荷，承载能力高；内、外圈可以分离，轴向和径向间隙容易调整；常用于斜齿轮轴、锥齿轮轴和蜗杆减速器轴以及机床主轴的支承等。允许角偏差2′，一般成对使用	GB/T 297 - 2015
双列深沟球轴承	4			除了具有深沟球轴承的特性，还具有承受双向载荷更大、刚性更大的特性，可用于比深沟球轴承要求更高的场合	
推力球轴承	5			只能承受轴向载荷，51000用于承受单向轴向载荷，52000用于承受双向轴向载荷；不宜在高速下工作，常用于起重机吊钩、蜗杆轴和立式车床主轴的支承等	GB/T 301 - 1995
双向推力球轴承	5				

（续表）

轴承类型	类型代号	简　图	承载方向	主要性能及应用	标准号
深沟球轴承	6	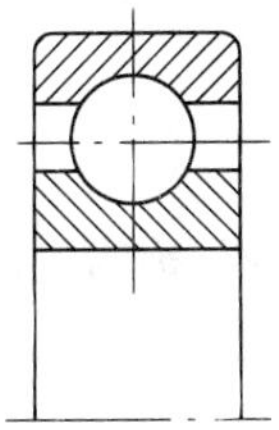	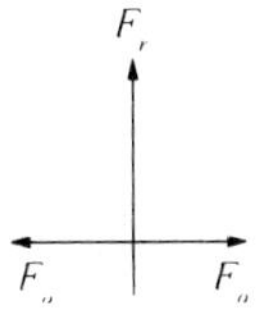 F_r F_a F_a	主要承受径向载荷，也能承受一定的轴向载荷；极限转速较高，当量摩擦因数最小；高转速时可用来承受不大的纯轴向载荷；允许角偏差＜2′～10′；承受冲击能力差；适用于刚性较大的轴上，常用于机床齿轮箱、小功率电机等	GB/T 276－2013
角接触球轴承	7	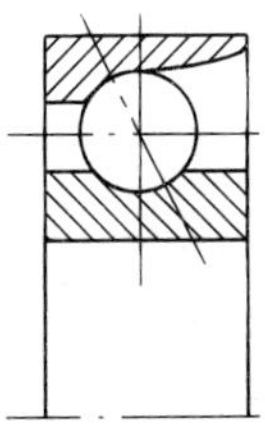	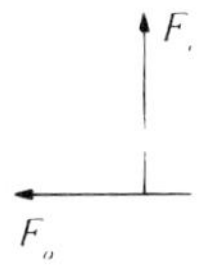 F_r F_a	可承受径向和单向轴向载荷；接触角 α 愈大，承受轴向载荷的能力也愈大，通常应成对使用；高速时用它代替推力球轴承较好；适用于刚性较大、跨距较小的轴，如斜齿轮减速器和蜗杆减速器中轴的支承等；允许角偏差＜2′～10′	GB/T 292－2007
推力圆柱滚子轴承	8	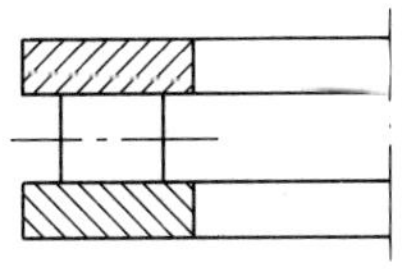	 F_a	只能承受单向轴向载荷，承载能力比推力球轴承大得多，不允许有角偏差，常用于承受轴向载荷大而又不需调心的场合	GB/T 4663－1994
圆柱滚子轴承（外圈无挡边）	N	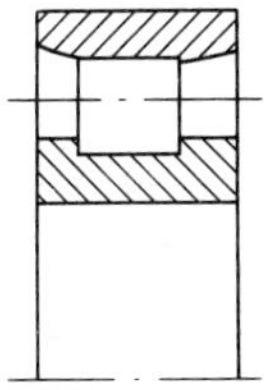	 F_r	内、外圈可以分离，内、外圈允许少量轴向移动，允许角偏差很小，＜2′～4′；能承受较大的冲击载荷；承载能力比深沟球轴承大；适用于刚性较大、对中良好的轴，常用于大功率电机、人字齿轮减速器	GB/T 283－2007

（四）滚动轴承的代号

滚动轴承代号是用字母、数字来表示滚动轴承结构、尺寸、公差等级、技术性能等特征的产品符号；由基本代号、前置代号和后置代号构成，其排列顺序和代号内容见表 7－9。

表 7－9　滚动轴承的代号

前置代号	基本代号					后置代号							
	1	2	3	4	5	1	2	3	4	5	6	7	8
成套轴承分部件（表9）①	类型代号（表2）	宽（高）度系列代号（表3）	直径系列代号（表3）	内径代号（表5）		内部结构（表10）	密封与防尘套圈变型（表11）	保持架及其材料②	轴承材料②	公差等级（表12）	游隙（表13）	配置（表14）	其他②

① 指 GB/T 272－1993 中的表 9，余同。

② 其代号表示方法见 JB/T 2974－2004 规定。

1. 基本代号

基本代号表示轴承的基本类型、结构和尺寸，是轴承代号的基础。

第 1 位：轴承类型代号

用阿拉伯数字（以下简称数字）或大写拉丁字母（以下简称字母）表示，见表 7-8。

第 2、3 位：尺寸系列代号

第 2 位：宽度系列代号

对每一轴承内径和直径系列的轴承，都有一个宽度的递增系列，称为宽度系列。即对于相同内径和外径的同类轴承，还有几种不同的宽度。宽度系列用数字 8、0、1、2、3、4、5、6 表示，宽度依次增加，其中常用的为 0（窄系列）、1（正常系列）、2（宽系列）、3（特宽系列）。图 7-37表示内径为 ϕ30 mm 的圆锥滚子轴承在不同宽度系列时（直径系列相同）的外形尺寸的对比。

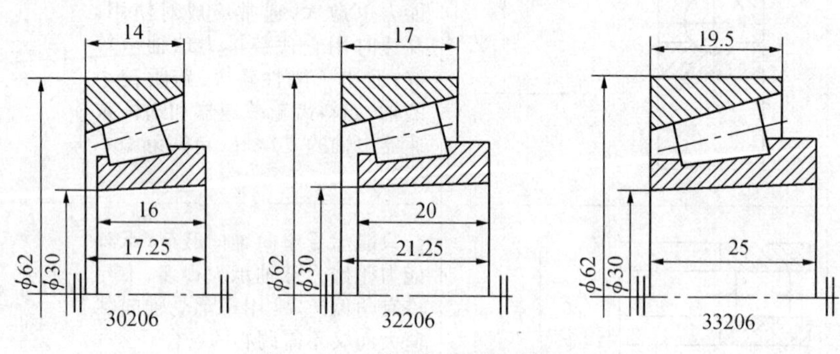

图 7-37　滚动轴承的宽度系列

第 3 位：直径系列代号

对滚动轴承的每一个标准内径，对应都有一个外径（包括宽度）的递增系列（因而承载能力也相应增加），称为直径系列。用数字 7、8、9、0、1、2、3、4、5 表示，外径和宽度依次增大。其中常用的为 0、1、2、3、4 依次称为超轻系列、特轻系列、轻系列、中系列和重系列。图 7-38 表示内径为 ϕ30 mm 的深球轴承在不同直径系列时（宽度系列相同）的外形尺寸的对比。

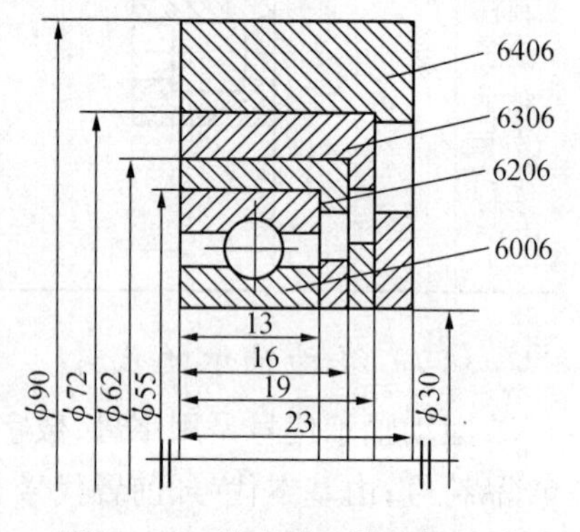

图 7-38　滚动轴承的直径系列

第 4、5 位：内径代号

轴承公称内径为 20 mm～480 mm（22 mm、28 mm、32 mm 除外）时，其代号用公称内径除以 5 的商数表示，商数为个位数时，需在商数左边加“0”，如 08 表示轴承内径为 40 mm。

2. 前置代号和后置代号

前置、后置代号是轴承在结构形状、尺寸、公差、技术要求等有改变时，在其基本代号左右（前后）添加的补充代号，其排列位置和内容见表 7-9。其中前置代号用字母表示，代号及其含义见 GB/T 272-1993 表 9。后置代号用字母（或加数字）表示，分别见 GB/T 272-1993 表 10～14 和 JB/T 2974-2004 的规定。下面只就轴承材料、公差等级和轴承游隙作扼要介绍。

滚动轴承的套圈及滚动体用GCr15或GCr15SiMn钢制造；P4、P2级公差的轴承用ZGCr15或ZGCr15SiMn钢制造（硬度均为60～65HRC）。轴承材料符合此标准要求时，其代号省略。

滚动轴承的公差等级有0、6、6X、5、4、2六级，在代号中分别用/P0（0级可省略不表示）、/P6、/P6X、/P5、/P4和/P2表示。滚动轴承的六组径向游隙分别用/C1、/C2、/C0（代号中省略不表示）、/C3、/C4和/C5表示。公差等级代号和游隙代号需同时表示时，可进行简化，取公差等级代号加上游隙组号组合表示，如/P63、/P52等。

3. 轴承代号表示法举例

例7-2 6205/P6：6——轴承类型代号，表示深沟球轴承；2——尺寸系列代号02，其中宽度系列代号0省略，2为直径系列代号；05——内径代号，内径为05×5=25 mm；/P6——公差等级为6级。

例7-3 22308/P63：2——轴承类型为调心滚子轴承；23——宽度系列为2，直径系列为3；08——轴承内径为40 mm；/P63——公差等级为6级，径向游隙为3组。

例7-4 圆柱滚子轴承（外圈无挡边）；宽度系列为宽系列（2），直径系列为轻系列（2）；轴承内径为40 mm，公差等级为0级，游隙组别为3组的滚动轴承代号为N2208/C3。

（五）滚动轴承的选用

滚动轴承是标准件，使用时可按具体工作条件选择合适的轴承。表7-8已列出了各类轴承的特点和应用场合，可作为选择轴承类型的参考。一般来说，选用滚动轴承应考虑以下几方面的情况：

1. 轴承所受载荷的大小、方向和性质。载荷较小而平稳时，宜用球轴承；载荷大、有冲击时宜用滚子轴承。当轴上承受纯径向载荷时，可采用向心轴承；当同时承受径向载荷和轴向载荷时，可采用向心推力轴承；当承受纯轴向载荷时，可采用推力轴承。

2. 轴承的转速。每一型号的滚动轴承都各有一定的极限转速，通常球轴承比滚子轴承有更高的极限转速，所以在高速时宜优行采用球轴承。

3. 调心性能的要求。如果轴有较大的弯曲变形，或轴承座孔的同心度较低，则要求轴承的内、外圈在运转中能有一定的相对偏角，此时应采用具有调心性能的球面轴承。

4. 供应情况、经济性或其他特殊要求。

§7-5 联轴器与离合器

一、联轴器

联轴器主要是用来连接不同机器（或部件）的两根轴，使它们一起回转并传递转矩。用联轴器连接的两根轴只有在机器停车时用拆卸的方法才能使它们分离。

按照结构特点，联轴器可分为刚性联轴器和弹性联轴器两大类。

（一）刚性联轴器

刚性联轴器是通过若干刚性零件将两轴连接在一起的，它有多种多样的结构形式。

图 7－39 所示是一种最常用的刚性联轴器，称作凸缘联轴器。凸缘联轴器主要由两个分别装在两轴端部的凸缘盘和连接它们的螺栓所组成。为使被连接两轴的中心线对准，可在联轴器的一个凸缘盘上车出凸肩并在另一个凸缘盘上制成相配合的凹槽。

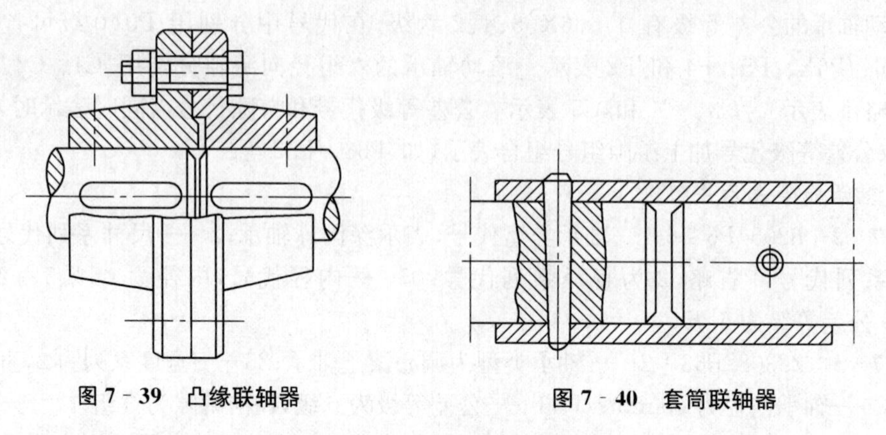

图 7－39　凸缘联轴器　　**图 7－40　套筒联轴器**

图 7－40 所示的套筒联轴器是一种常用的刚性联轴器。

图 7－41 是万向联轴器的构造示意图。万向联轴器主要由两个叉形接头 1 和 3 及一个十字体 2 通过刚性铰接而构成，故又称铰链联轴器。它广泛用于两轴中心线相交成较大角度（α 可达 45°）的连接。

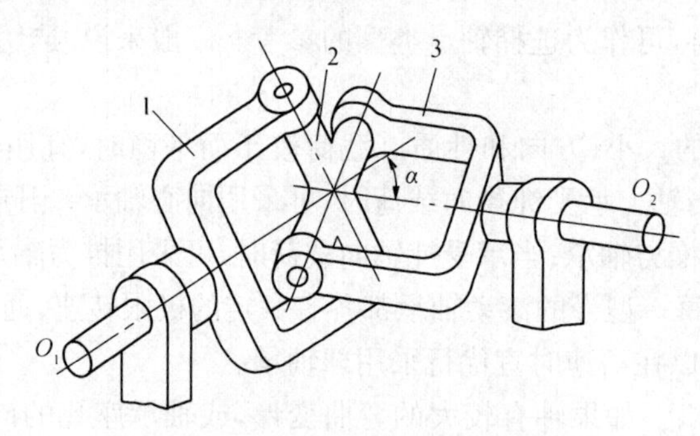

图 7－41　万向联轴器构造示意图

1、3－叉形接头　2－十字体

（二）弹性联轴器

弹性联轴器包含有各种弹性零件的组成部分，因而在工作中具有较好的缓冲与吸振能力。

弹性圈柱销联轴器是机器中常用的一种弹性联轴器，如图 7－42 所示。它的主要零件是弹性橡胶圈、柱销和两个法兰盘。每个柱销上装有好几个橡胶圈，插到法兰盘的销孔中，从而传递转矩。弹性圈柱销联轴器适用于正反转变化多、起动频繁的高速轴连接，如电动机、水泵等轴的连接，可获得较好的缓冲和吸振效果。

尼龙柱销联轴器和上述弹性圈柱销联轴器相似（见图 7－43），只是用尼龙柱销代替了橡胶圈和钢制柱销，其性能及用途与弹性圈柱销联轴器相同。由于结构简单，制作容易，维护方便，所以常用它来代替弹性圈柱销联轴器。

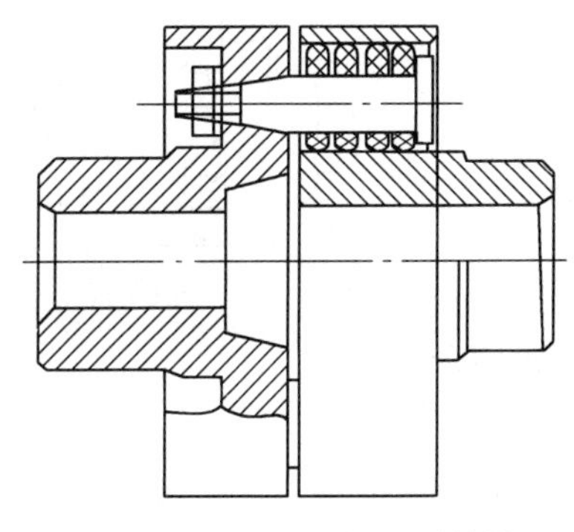

图 7-42　弹性圈柱销联轴器

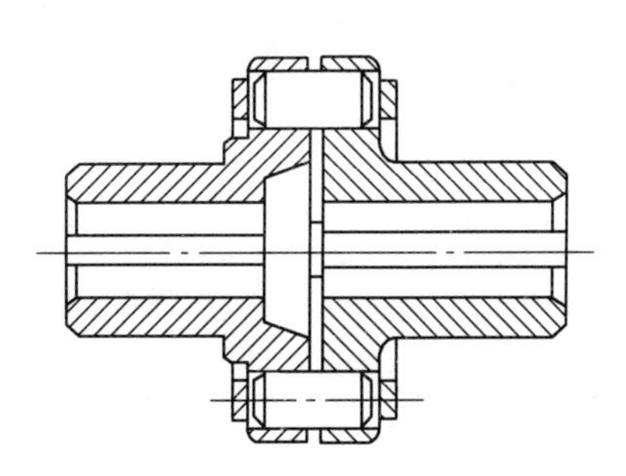

图 7-43　尼龙柱销联轴器

二、离合器

离合器与联轴器的功能相同，但用离合器连接的两根轴在机器运转中就能方便地使它们分离或接合。

离合器的形式很多，常用的有嵌入式离合器和摩擦式离合器。

嵌入式离合器依靠齿的嵌合来传递转矩，摩擦式离合器则依靠工作表面间的摩擦力来传递转矩。

离合器的超纵方式可以是机械的、电磁的、液压的等等，此外还可以制成自动离合的机构。

自动离合器不需要外力操纵即能根据一定的条件自动分离和接合。

（一）嵌入式离合器

常用的嵌入式离合器有牙嵌离合器和齿轮离合器。

1. 牙嵌离合器

如图 7-44 所示，牙嵌离合器主要由两个端面带有牙型的套筒所组成。其中，一个半离合器用键和螺钉固定在主动轴上，另一个半离合器则用导向平键（或花键）与从动轴构成动连接，利用操纵机构可使其沿轴向移动来实现离合器的接合和分离。

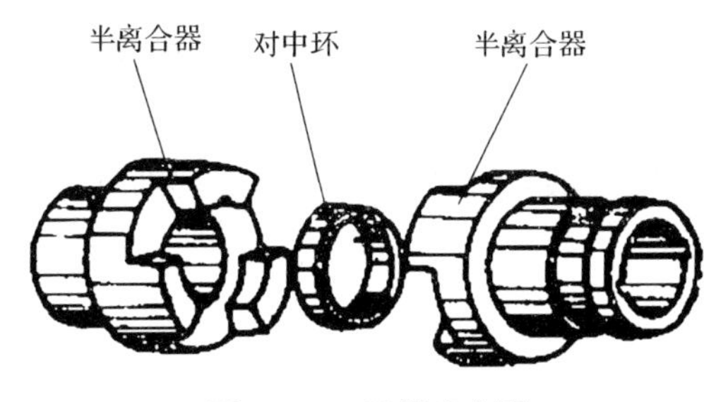

图 7-44　牙嵌离合器

牙嵌式离合器的牙形有矩形、梯形和锯齿形三种（见图 7-45），前两种齿形能传递双向转矩，而锯齿形则只用于传递单向转矩。其中，梯形齿易于接合，强度较高，应用较广。

牙嵌离合器结构简单，两轴接合后无相对运动。但在接合时有冲击，只能在低速或停车状态下接合，否则容易将齿打坏。

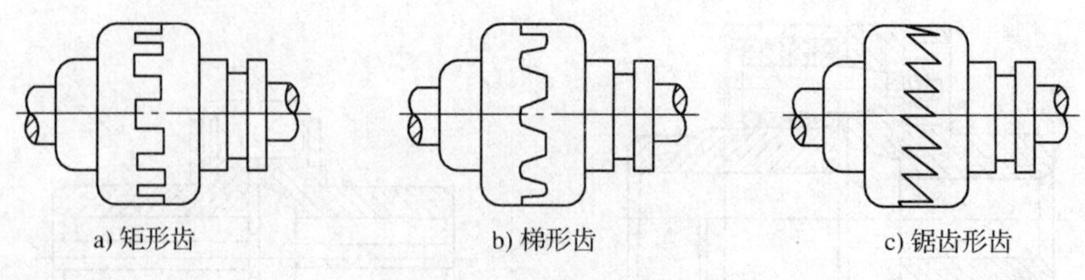

图 7－45　牙嵌离合器的齿形

2. 齿轮离合器

齿轮离合器(见图 7－46)由一个内齿套和一个外齿套所组成。齿轮离合器除具有牙嵌离合器的特点外,其传递转矩的能力更大。

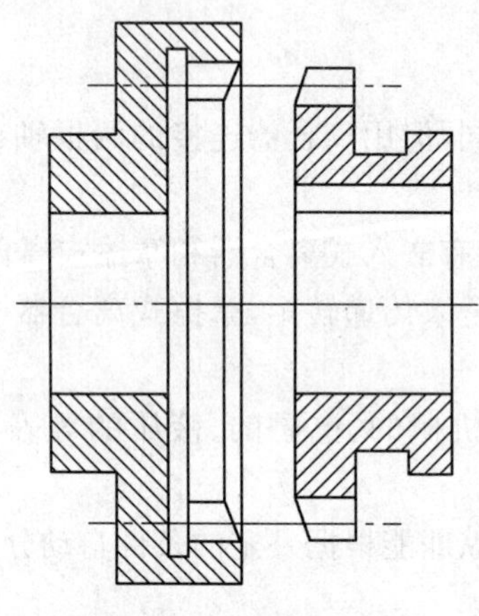

图 7－46　齿轮离合器

(二) 摩擦式离合器

根据结构形状的不同,摩擦式离合器可分为圆盘式、圆锥式和多片式等类型。圆盘式和圆锥式摩擦式离合器结构简单,但传递转矩的能力较小,应用受到一定的限制。在机器中,特别是在金属切削机床中,广泛使用多片式摩擦离合器。

图 7－47 所示为一种常用的拨叉操纵多片式摩擦离合器的典型结构。外套 2 和内套 4 分别用键连接于两个轴端,内摩擦片 7 和外摩擦片 6 则以多槽分别与内套和外套相连。当操纵拨叉使滑环 9 向左移动时,曲臂压杆 10 摆动,使内外摩擦片相互压紧,两轴就接合在一起,借各摩擦片之间的摩擦力传递转矩。当滑环 9 向右移动复位后,两组摩擦片松开,两轴即可分开。

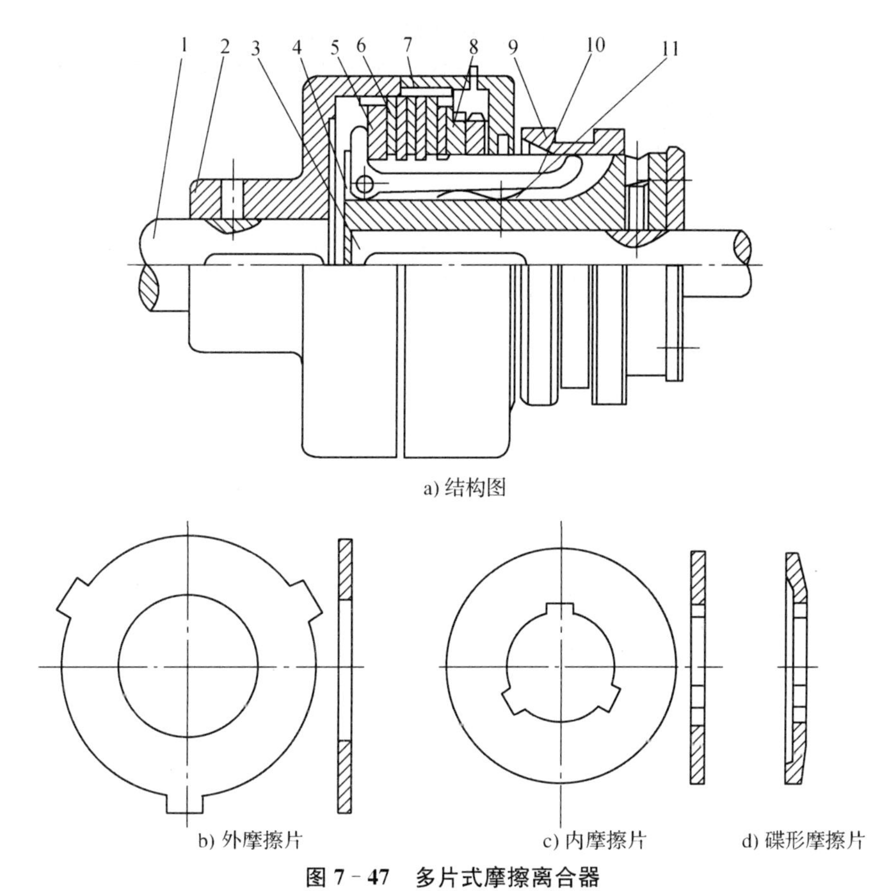

a) 结构图

b) 外摩擦片　　c) 内摩擦片　　d) 碟形摩擦片

图 7－47　多片式摩擦离合器

1-主动轴　2-外套　3-从动轴　4-内套　5-压板　6-外摩擦片　7-内摩擦片
8-调节螺母　9-滑环　10-曲臂压杆　11-弹簧片

习题 7

7－1　螺纹的主要类型有哪几种？各有何特点？

7－2　螺纹的主要参数有哪些？螺距和导程有何不同？

7－3　螺纹连接有哪几种主要应用形式？在应用上有何不同？

7－4　螺纹连接常用防松方法有哪些？各是如何防松的？

7－5　键连接有哪些类型？各有何特点？

7－6　试述普通平键、导向平键、花键的异同点。

7－7　销连接有哪些类型？其功用如何？

7－8　一减速器的输出轴与铸钢齿轮拟用平键连接。已知配合直径 d=80 mm，齿轮轮毂长 L_1=90 mm，传递转矩 T=900 N·m，载荷有轻微冲击。试选择合适的平键。

7－9　怎样区别心轴与转轴？各举一例。

7－10　轴上零件周向及轴向固定方法有哪些？

7－11　联轴器与离合器有何区别？常用联轴器种类有哪些？

7－12　比较嵌入式离合器与摩擦式离合器的优缺点？

7－13　滑动轴承有哪两种不同的润滑状态？滑动轴承的主要类型有哪些？与滑动轴承相比，滚动轴承有何特点？

7－14　解释下列轴承代号的意义：

① 6208/P63；② 30210/P6X；③ 72108；④N2210/C2

第八章　液压与气压传动及应用

§8-1　液压传动基础

液压传动是利用密闭系统中的受压液体来传递运动和动力的一种传动方式。液压传动与机械传动相比，具有许多优点，所以在机械设备中，液压传动是被广泛采用的传动方式之一。特别是近年来，液压与微电子、计算机技术相结合，使液压技术的发展进入了一个新的阶段，成为发展速度最快的技术之一。

一、液压传动原理和液压系统的组成

（一）液压传动原理

图 8-1 是常见的液压千斤顶的工作原理图。大、小两个液压缸 6 和 3 的内部分别装有活塞 7 和 2，活塞与缸体之间保持一种良好的配合关系，不仅活塞能在缸体内滑动，而且配合面之间又能实现可靠的密封。当向上提起杆 1 时，小活塞 2 就被带动上升，于是小缸 3 下腔的密封工作容积便增大。这时，由于钢球 4 和 5 分别关闭了它们各自所在的油路，所以在小缸的下腔形成了部分真空，油池 10 中的油液就在大气压的作用下推开钢球 4 沿吸油孔道

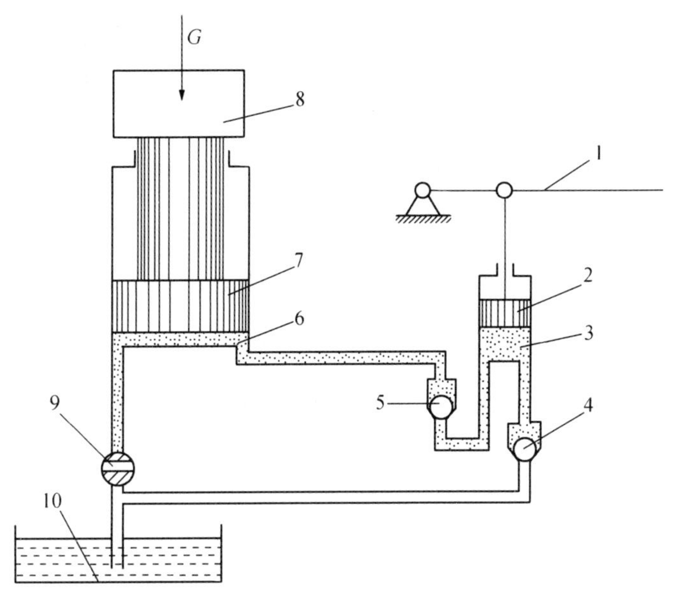

图 8-1　液压千斤顶的工作原理

1-杠杆　2、7-活塞　3、6-液压缸　4、5-钢球　8-重物　9-放油阀　10-油池

进入小缸的下腔，完成一次吸油动作。接着，压下杆 1，小活塞向下移，小缸下腔的工作容积减小，便把其中的油液挤出，推开钢球 5(此时钢球 4 自动关闭了通往油池的油路)，油液便经两缸之间的连通孔道进入大缸 6 的下腔。由于大缸下腔也是一个密封的工作容积，所以进入的油液因受挤压而产生的作用力就推动大活塞 7 上升，并将重物 8 向上顶起一段距离。这样反复提、压杠杆 1，就可以使重物不断上升，达到顶起重物的目的。

若将放油阀 9 旋转 90°，则在重物 8 的重力 G 作用下，大缸 6 中的油液流回油池 10，活塞 7 就下降到原位。

从上述例子可以看出，液压千斤顶是一个简单的液压传动装置。分析液压千斤顶的工作过程，可知液压传动是以液体为工作介质来传动的一种传动方式，它依靠密封容积的变化传递运动，依靠液体内部的压力(由外界负载所引起)传递动力。液压传动装置本质上是一种能量转换装置，它先将机械能转换为便于输送的液压能，随后又将液压能转换为机械能而做功。

图 8-2 表示一台简化了的机床工作台液压传动系统。可以通过它进一步了解一般的机床液压系统所应具备的基本性能及其组成情况。

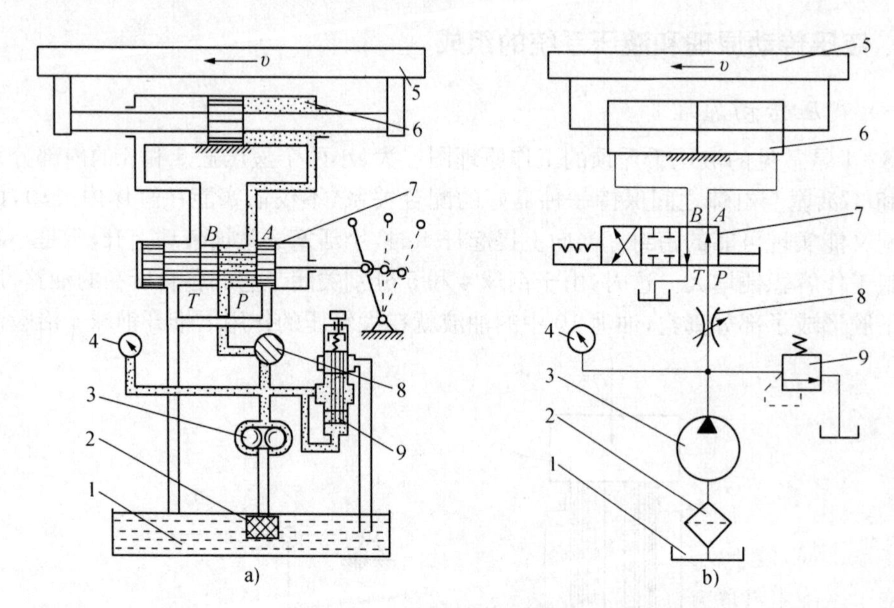

图 8-2　液压传动系统的组成

1-油箱　2-滤油器　3-液压泵　4-压力表　5-工作台
6-液压缸　7-换向阀　8-节流阀　9-溢流阀

在图 8-2a)中，液压泵 3 由电动机(图中未画出)驱动从油箱 1 吸油，油液经滤油器 2 过滤以后流往液压泵，经泵向系统输送。来自液压泵的压力油经节流阀 8 的开口，并经换向阀 7 的 $P-A$ 通道(如图所示换向阀 7 的阀芯移到左边位置)进入液压缸 6 的右腔，推动活塞连同工作台 5 往左运动，液压缸左腔的油液则经换向阀 7 的 $B-T$ 通道流回油箱。若将换向阀 7 的手柄搬到右边位置，阀芯亦移到右边位置，这时，来自液压泵的压力油经换向阀的 $P-B$通道(如图所示换向阀 7 的阀芯移到右边位置)进入液压缸 6 的左腔，推动活塞连同工作台 5 往右运动，液压缸右腔的油液则经换向阀 7 的 $A-T$ 通道流回油箱。由于节流阀的开口不大，有阻碍油液流动的作用，因而引起泵出口油路压力升高。当压力达到某一数值时，溢流阀 9 的阀芯在底部液压推力作用下压缩上部弹簧而向上移动，使阀口打开，系统中多余的压力油就经溢流阀的开口溢回油箱。因此调节节流阀开口的大小，将使进入液压缸的油液流量改变，达到调节工作台速度的目的。在工作中，系统的压力将保持一定的数值（可以从压力表 4 指针所对应的刻度读出）。调节溢流阀的弹簧力即可调节系统的压力。

在液压泵停止工作的情况下，可以实现工作台在任意位置停止。这时，只需将换向阀 7 的手柄搬到中间位置，其阀芯亦被拨到中间位置，因而堵住了换向阀 7 的进油口和回油口，使液压缸两腔既不进油也不回油，活塞停止运动，工作台就在某一位置停止下来。这时，液压泵输出的压力油因为没有其他去处，全部经溢流阀溢回油箱。

若将各种液压元件用规定的简化符号表示（规定画法详见附录Ⅲ），则上述系统可画成图 8 - 2b）所示的情况。这种图形简单明确，易于绘制，是常用的液压系统表示方法。

（二）液压系统的组成

从上述例子可以看出，整个液压系统由以下几个部分组成：

1. 动力元件——液压泵。其作用是将电动机输出的机械能转换成液体的压力能，是一种能量转换装置。

2. 执行元件——液压缸或液压马达。其作用是将液压泵输出的液体压力能转换成工作部件运动的机械能，也是一种能量转换装置。

3. 控制元件——各种液压阀。其作用是控制和调节油液的压力、流量及流动方向，以满足液压系统的工作需要。

4. 辅助元件——油箱、油管、滤油器、压力表等。其作用是创造必要的条件以保证液压系统正常工作。

二、液压传动的优缺点

（一）优点

液压传动与机械传动、电气传动相比较，它的优点是：

1. 易于获得很大的力或力矩；
2. 易于在较大范围内实现无级变速；
3. 传动平稳，便于实现频繁换向和自动防止过载；
4. 便于采用电液联合控制以实现自动化；
5. 机件在油中工作，润滑好，寿命长；
6. 液压元件易于实现系列化、标准化、通用化。

由于液压传动有上述优点，所以在各个工业部门得到了广泛的应用。

（二）缺点

液压传动还存在下述主要缺点：

1. 由于泄漏不可避免，并且油有一定的可压缩性，因而传动速比不是恒定的，不适于作定比传动；

2. 泄漏会引起能量损失（称容积损失），这是液压传动的主要损失，但此外还有管道阻力及机械摩擦所造成的能量损失（称机械损失），所以液压传动的效率较低；

3. 液压系统产生故障时，不易找到原因。

三、液压传动的两个基本参数——压力、流量

（一）压力

液压千斤顶在顶起重物进行工作时，缸内的液体是存在压力的，正是由于这种压力作用在大活塞的底面，才推动重物升起。根据物理学中的静压传递原理（帕斯卡原理）可知，密封容器中的液体，当任意一处受到外力作用时，这个力就会通过液体传递到容器内的任意部位，而且压强处处相等。这里所说的压强是作用在液体单位面积上的力，一般用 p 表示，而作用在活塞有效面积上的力，用 F 表示。当活塞的有效作用面积为 A 时，则有下列关系式：

$$F = p \cdot A$$

或

$$p = \frac{F}{A} \tag{8-1}$$

要特别指出的是：在液压传动中，习惯将液体的压强 p 称为压力，实质上，它和一般压力的概念是完全不同的。

在式(8-1)中，力 F 的单位是牛顿(N)，面积 A 的单位是 m^2，则压力 p 的单位是 Pa。

在液压千斤顶（见图 8-1）中，根据静压传递原理，要使活塞顶起上面的重物（负载），则作用在活塞下端面积 A 上的液压推力 F 至少应该等于物体的重力 G（实际上还包括活塞本身的重力），即

$$F = G$$

因为

$$F = pA$$

所以，缸中的油液压力 p 为

$$p = \frac{G}{A} \tag{8-2}$$

由此可知，液压缸中的工作压力 p 随外界负载的变化而变化，负载大压力就大，负载小压力就小。如果活塞上没有负载，缸中的压力也就可以认为等于零了。因此，液压缸的工作压力决定于外界负载。

例 8-1 在图 8-1 所示的液压千斤顶中，若已知大活塞 7 的直径 $D=34$ mm，小活塞 2 的直径 $d=13$ mm，手在杠杆 1 右端的着力点到左端铰链的距离为 750 mm，杠杆中间铰链到左端铰链的距离为 25 mm，当被顶起物体 8 的重量为 5 000 kg 时，求油液的工作压力及手在杠杆上所加的力各为多大？

解：

(1) 求缸中油液的工作压力 p

物体所受的重力为

$$G = mg = 5\,000 \times 9.8\ \text{N} = 49\,000\ \text{N}$$

据式(8-2)得：

$$p=\frac{G}{A}=54\times10^6\ \mathrm{Pa}=54\ \mathrm{MPa}$$

(2) 求手在杠杆上所加的力 F

据式(8-1),可算出通过连杆作用在小活塞上的力为

$$F_1=pA_1=p\frac{\pi d^2}{4}=54\times10^6\times(13\times10^{-3})^2\times\pi/4\ \mathrm{N}=7\ 164\ \mathrm{N}$$

显然,连杆作用于杠杆中间铰链处的力也等于 F_1,其方向垂直向上。根据杠杆平衡条件,列出下式:

$$F\times750\ \mathrm{mm}=F_1\times25\ \mathrm{mm}$$

故得出手在杠杆上所加的力为

$$F=\frac{25}{750}F_1=238.8\ \mathrm{N}$$

由以上计算可见,液压千斤顶对力实现了两级放大:第一级是通过杠杆实现的机械放大,第二级是通过液压缸大小活塞的面积差实现的液压放大。

在液压传动中,通常将工作压力分为几个等级,列于表 8-1 中。

表 8-1　压力分级

压力等级	低　压	中　压	中高压	高　压	超高压
压力范围 p(MPa)	0～2.5	>2.5～8	>8～16	>16～32	>32

（二）流量

单位时间内流过管道某一截面的液体体积称为流量。若在时间 t 内流过的液体体积为 V,则流量为

$$q=\frac{V}{t} \tag{8-3}$$

流量的单位是 $\mathrm{m^3/s}$、$\mathrm{cm^3/s}$ 或 L/min,它们的换算关系是

$$1\ \mathrm{m^3/s}=10^6\ \mathrm{cm^3/s}=6\times10^4\ \mathrm{L/min}$$

图 8-3 所示为液体在同一直管内流动,设管道的通流截面积为 A,则流过截面Ⅰ-Ⅰ的液体经时间 t 后到达截面Ⅱ-Ⅱ处,所流过的距离为 l,则流过的液体体积为 $V=Al$,因此流量为:

$$q=\frac{V}{t}=\frac{Al}{t}=Av \tag{8-4}$$

上式中,v 是液体在同一通流截面上的平均流速,而不是实际流速。由于液体存在黏性,致使同一通流截面上各液体质点的实际流速分布不均匀,越靠近管道中心,流速越大。因此在进行液压计算时,实际流速不便使用,需使用平均流速。平均流速是一种假想的均布流速,以此流速流过的

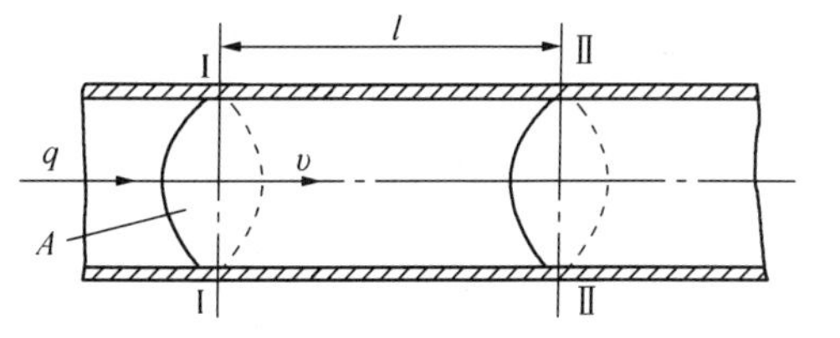

图 8-3　流量与平均流速

流量和以实际流速流过的流量应该相等。

在液压缸中,液体的平均流速与活塞的运动速度相同(见图 8-4),因此亦存在如下关系:

$$v=\frac{q}{A} \tag{8-5}$$

式中:v——活塞运动的速度;

q——输入液压缸的流量;

A——活塞的有效作用面积。

由式(8-5)可知,当液压缸的活塞有效作用面积一定时,活塞运动速度的大小由输入液压缸的流量来决定。

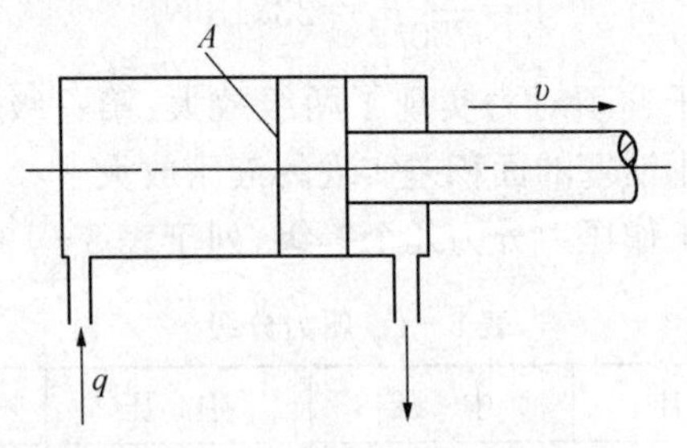

图 8-4 活塞运动速度与流量的关系

(三) 压力损失及其与流量的关系

在液压管路(见图 8-5)中,压力与流量这两个基本参数之间有什么关系呢?由静压传递原理可知,密封的静压液体具有均匀传递压力的性质,即当一处受到压力作用时,其各处处的压力均相等。但是,流动的液体情况并不是这样,当液体流过一段较长的管道或各种阀孔、弯管及管接头时,由于流动液体各质点之间以及液体与管壁之间的相互摩擦和碰撞作用,引起了能量损失,这主要表现为液体在流动过程中的压力损失。

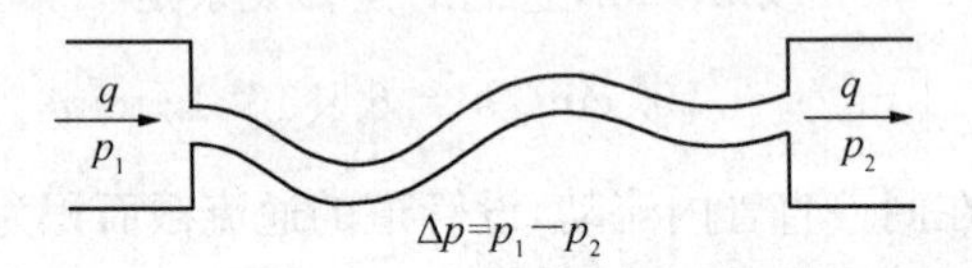

图 8-5 液体的压力损失

若以 Δp 表示这种压力损失,它与管道中通过的流量 q 之间具有如下关系:

$$\Delta p=Rq^{n} \tag{8-6}$$

式中:q——通过管道的流量;

R——管道中的液阻,与管道孔的截面形状、截面积大小、管道长度及油液性质等因素有关;

Δp——油液通过管道的压力损失,可视为管道两端的压力差,即 $\Delta p=p_1-p_2$;

n——指数,由管道的结构形式所决定,通常 $1\leqslant n\leqslant 2$。

由式(8-6)可知,在管道(或小孔、缝隙通道)中流动的液体,其压力损失、流量与液阻之间的关系是:液阻增大,将引起压力损失增大,或使流量减小。液压传动中常常利用改变液阻的办法来控制压力或流量。

四、液压传动用油的选择

液压油可分为两大类：一类为可燃性液压油，即各种石油型液压油，它包括通用液压油、抗磨液压油、低温液压油等；另一类为抗燃性液压油，它包括各种合成型液压液和乳化型液压液，例如水—乙二醇液等。在一般情况下，大都选用石油型液压油。石油型液压油润滑性好，但抗燃性差。在一些高温、易燃、易爆的工作场合，为了安全，应使用抗燃性液压油。

在要求不高的低压系统，也可用取之方便的机械油作为液压油的代用品。但需注意，机械油是一种工业润滑油，并不具备液压传动用油所需的某些性能和要求，例如机械油的抗氧化稳定性较差，使用时易生成黏稠胶体，阻塞液压元件小孔，影响液压系统正常工作。

黏度是选择液压用油的主要指标。所谓黏度，指的是液体黏性的大小。从物理本质上来看，黏度表示流动液体分子之间的内摩擦力大小。显然，黏度较大的油液流动性较差。液压传动应用较多的是 32 号、46 号或 68 号通用液压油。

一般油液，在温度升高时，黏度都要变小，这样会使系统的泄漏增加，执行元件的工作性能也变坏。温度升高，油还易被氧化，其析出物会堵塞阀类小孔通道。所以必须限制油的温升，使系统能正常工作。液压油的正常工作温度是 30℃～55℃。如使用温度过低，则油的黏度会增大，会使液压系统的摩擦损失增大。在不同的环境温度和工作条件下，应该选用不同黏度的液压油。为减小油液的泄漏损失，在使用温度、压力较高或转速较低时，应采用黏度较大的油；为了减小管路内的机械摩擦损失，在使用温度、压力较低或转速较高时，应采用黏度较小的油。不同规格的油具有不同的黏度和其他性能指标，选用时可参看有关资料。

§8－2　液压元件

如前所述，液压系统由液压泵、液压马达、液压缸、各种控制阀以及液压辅件组成。

在液压系统中，液压泵、液压马达和液压缸都是能量转换装置。液压泵和液压马达在结构上没有多大差别，多数泵都可以当作马达使用。

液压泵的任务是将输入的机械能转换为液压能输出，而液压马达却相反，是将输入的液压能转换为机械能输出。

液压马达和液压缸同属于执行元件。若将压力油输入液压马达，可得到旋转运动形式的机械能；若将压力油输入液压缸，可得到直线运动形式的机械能。

液压系统中的各种控制阀可分别实现方向、压力和流量的控制，以满足系统工作的要求。

液压辅件也是液压系统的基本组成部分之一。

下面分别介绍各类液压元件。

一、液压泵

（一）液压泵的基本工作原理

图 8－6 是一个简单的单柱塞泵的结构示意图，我们可以通过它说明液压泵的基本原理。

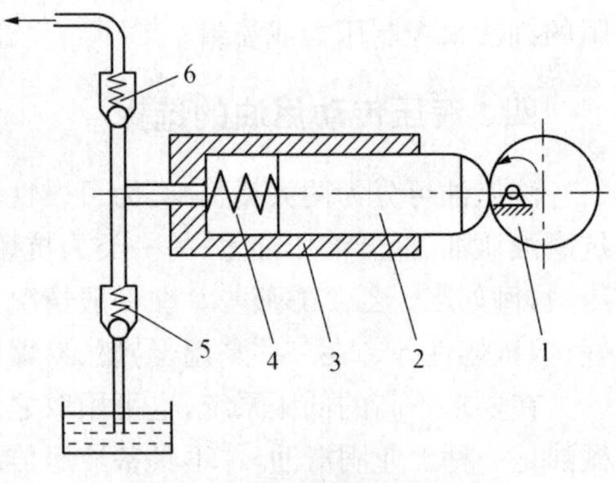

图 8-6 液压泵的基本原理

1-偏心轮 2-柱塞 3-泵体
4-弹簧 5、6-单向阀

柱塞 2 安装在泵体 3 内，柱塞在弹簧 4 的作用下和偏心轮 1 接触。当偏心轮转动时，柱塞作左右往复运动。柱塞往右运动时，其左端和泵体所形成的密封容积增大，形成局部真空，油箱中的油液就在大气压作用下通过单向阀 5 进入泵体内，单向阀 6 封住出油口，防止系统中的油液回流，这时液压泵吸油。当柱塞向左运动时，密封容积减小，单向阀 5 封住吸油口，防止油液流回油箱，于是泵体内的油液受到挤压，便经单向阀 6 排入系统，这时就是压油。若偏心轮不停地转动，泵就不停地吸油和压油。

由此可见，液压泵是通过密封容积的变化来实现吸油和压油的。利用这种原理做成的泵统称为容积式泵。

在液压传动中，都采用容积式泵作为液压泵。按照结构不同，常用的液压泵有齿轮泵、叶片泵和柱塞泵三种。

（二）齿轮泵

齿轮泵的实物图与工作原理如图 8-7 所示。一对相互啮合的齿轮装在泵体内，齿轮两端面靠端盖密封，齿顶靠泵体的圆弧表面密封，在齿轮的各个齿间，形成了密封的工作容积。泵体有两个油口，一个是入口（吸油口），一个是出口（压油口）。

当电动机驱动主动齿轮旋转时，两齿轮转动方向如图所示。这时吸油腔的轮齿逐渐分离，由齿间所形成的密封容积逐渐增大，出现了部分真空，因此油箱中的油液就在大气压力的作用下，经吸油管和液压泵入口进入吸油腔。吸入到齿轮间的油液随齿轮旋转带到压油腔，随着压油腔轮齿的逐渐啮合，密封容积逐渐减小，油液就被挤出，从压油腔经出油口输送到压力管路中。由于齿轮泵的密封容积变化范围不能改变，故流量不可调，是定量泵。

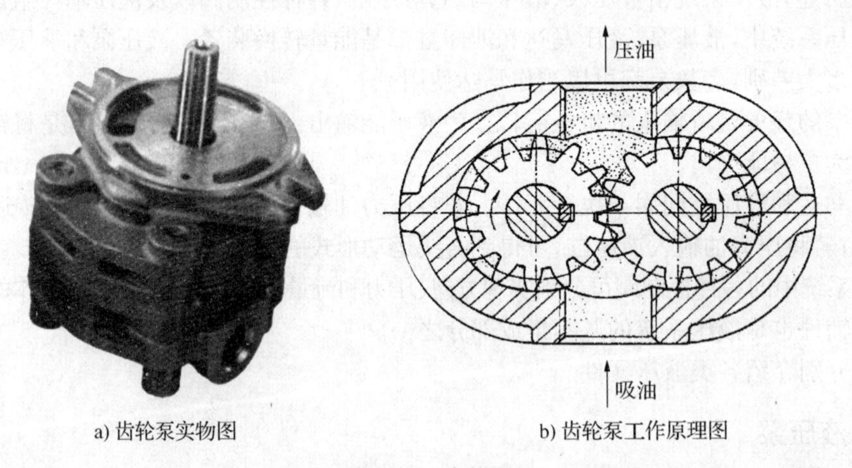

a) 齿轮泵实物图　　b) 齿轮泵工作原理图

图 8-7 齿轮泵

齿轮泵的结构简单，易于制造，价格便宜，工作可靠，维护方便。但齿轮泵是靠一对一对齿的交替啮合来吸油和压油的，每一对齿轮啮合过程中的容积变化是不均匀的，这就形成较大的流量脉动，并产生振动和噪声；齿轮泵泄漏较多，由此造成的能量损失较大，即液压泵的容积效率（指泵的实际流量与理论流量的比值）较低；此外，齿轮、轴及轴承所受的径向力不平衡。由于存在上述缺点，齿轮泵一般只能用于低压轻载系统。

工程实际中也有用于高压的齿轮泵。与低压齿轮泵相比较，高压齿轮泵由于结构上采取一些特殊措施，提高了密封性，改善了受力情况，因而工作压力可以达到 20 MPa 以上。

（三）叶片泵

叶片泵按其工作方式的不同分为单作用式叶片泵和双作用式叶片泵两种。

1. 双作用式叶片泵

双作用式叶片泵的实物图与工作原理见图 8-8。它主要由定子 1、转子 2、叶片 3 和前后两侧装有端盖的泵体 4 等组成。叶片安放在转子槽内，并可沿槽滑动。转子和定子中心重合，定子内表面近似椭圆形，由两段长半径 R 圆弧、两段短半径 r 圆弧和四段过渡曲线组成。在端盖上，对应于四段过渡曲线位置开有四条沟槽，其中两条与泵的吸油槽沟相通，另外两条与压油槽沟相通。当电动机带动转子按图示方向转动时，叶片在离心力作用下压向定子内表面，并随定子内表面曲线的变化而被迫在转子槽内往复滑动。转子旋转一周，每一叶片往复滑动两次，每相邻叶片间的密封容积就发生两次变化。容积增大产生吸油作用，容积减小产生压油作用。因为转子每转一周，这种吸、压油作用发生两次，故这种叶片泵称为双作用式叶片泵。双作用叶片泵的流量不可调，是定量泵。

双作用叶片泵的输油量均匀，压力脉动较小，容积效率较高。由于吸、压油口对称分布，转子承受的径向力平衡，所以这种泵可以提高输油压力。常用的双作用叶片泵的额定压力是 6.3 MPa（其技术规格见有关液压手册）。与齿轮泵相比较，叶片泵的主要缺点是结构比较复杂，零件较难加工，叶片容易被油中的脏物卡死。

a) 叶片泵实物图

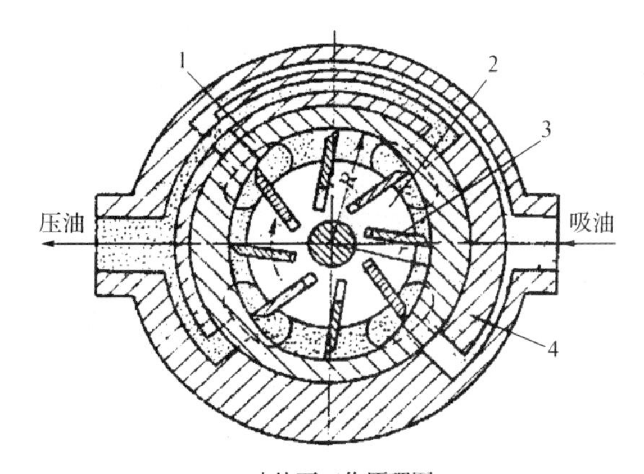

b) 叶片泵工作原理图

图 8-8 双作用叶片泵

1-定子 2-转子 3-叶片 4-泵体

随着生产的发展，出现了高压叶片泵。高压叶片泵是在普通双作用叶片泵结构的基础上采取一些特殊措施构成的，这些措施的主要作用是使泵在高压下仍具有较好的受力状况和密封性能。高压叶片的工作压力可达 16 MPa 以上。

2. 单作用式叶片

图 8-9 为单作用叶片泵的工作原理图。与双作用式叶片泵显著不同之处在于:单作用叶片泵定子表面是一圆形,转子与定子间有一偏心量 e,端盖上只开有一条吸油槽和一条压油槽。当转子转一周时,每一叶片在转子槽内往复滑动一次,每相邻两叶片间的密封容积就发生一次增大和减小的变化,即转子每转一周,实现一次吸油和压油,所以这种泵称为单作用式叶片泵。

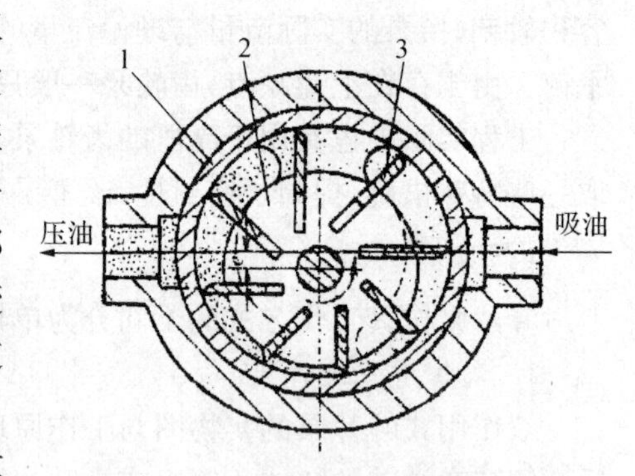

图 8-9 单作用叶片泵的工作原理

1-定子 2-转子 3-叶片

这种泵的偏心量 e 通常做成可调的。偏心量的改变会引起液压泵输油量的相应变化,偏心量增大,输油量也会随之增大。所以单作用式叶片泵是变量泵。变量泵的符号画法见附录Ⅲ。

在组合机床液压系统中,常用到一种具有特殊性能的叶片泵,称为限压式变量叶片泵。这种泵当其工作压力增大到预先调定的数值以后,泵的流量便自动随压力的增大而显著地减小。

图 8-10 为限压式叶片泵的工作原理图。转子 3 按图示方向旋转,柱塞 2 左端油腔与泵的压油口连通。若柱塞左端的液压推力小于限压弹簧 5 的作用力,则定子 4 保持不动;当泵的工作压力大到某一数值以后,柱塞左端的液压推力大于限压弹簧的作用力,定子便向右移动,偏心量 e 减小,泵的输油量便随之减小。图中螺钉 6 用来调节泵的限定工作压力,而螺钉 1 则用来调节泵的最大流量。

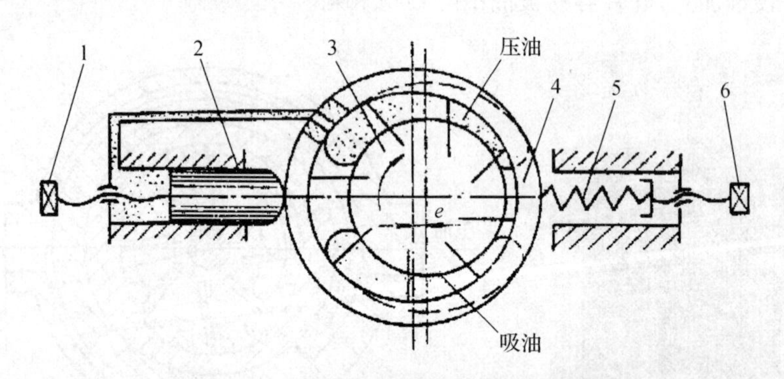

图 8-10 限压式变量叶片泵的工作原理

1-最大流量调节螺钉 2-柱塞 3-转子 4-定子 5-限压弹簧 6-限定压力调节螺钉

限压式变量叶片泵的流量随压力变化的特性在生产中往往是需要的,当工作部件承受较小的负载而要求快速运动时,泵就相应地输出低压大流量的油液;当工作部件转换为承受较大的负载而要求慢速运动时,泵又能输出高压小流量的压力油。在机床液压系统中采用限压式变量叶片泵,可以简化油路,降低功率消耗,减少油液发热。但限压式变量叶片泵的结构复杂,价格较高。

(四) 柱塞泵

柱塞泵按照柱塞排列方向的不同分为轴向柱塞泵和径向柱塞泵。

1. 轴向柱塞泵

轴向柱塞泵的工作原理如图 8－11 所示，这种泵由配流盘 1、缸体（转子）2、柱塞 3 和斜盘 4 等零件组成。斜盘、配流盘均与泵体（图中未画出）固定，柱塞在弹簧的作用下以球形端头与斜盘接触。在配流盘上开有两个沟槽，分别与泵的吸、压油口连通，形成吸油腔和压油腔。两个弧形沟槽彼此隔开，保持一定的密封性。在斜盘相对于缸体的夹角为 γ 时，原动机通过传动轴带动缸体旋转，柱塞就在柱塞孔内作轴向往复滑动。处于 π—2π 范围内的柱塞向外伸出，使其底部的密封容积增大，将油吸入；处于 0—π 范围内的柱塞向缸体内压入，使其底部的密封容积减小，把油压往系统中。

显然，泵的输油量决定于柱塞往复运动的行程长度，也就是决定于斜盘的倾角 γ。如果 γ 角可以调整，就成为变量泵。γ 越大，输油量也就越大。如果改变斜盘的倾斜方向，泵的吸压油口就互换，则成为双向泵。

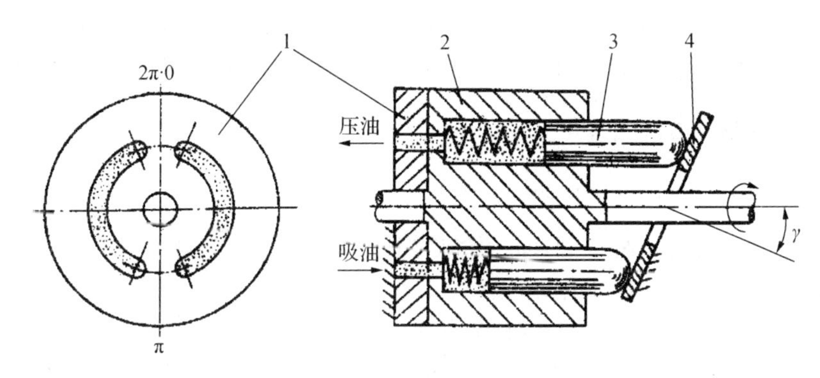

图 8－11　轴向柱塞泵的工作原理

1－配流盘　2－缸体　3－柱塞　4－斜盘

轴向柱塞泵的优点是结构紧凑，径向尺寸小，能在高压和高转速下工作，并具有较高的容积效率，因此在高压系统中应用较多。但是这种泵的结构复杂，价格较贵。

2. 径向柱塞泵

图 8－12 为径向柱塞泵的工作原理图。在转子 1 的径向分布着许多柱塞孔，孔中装有

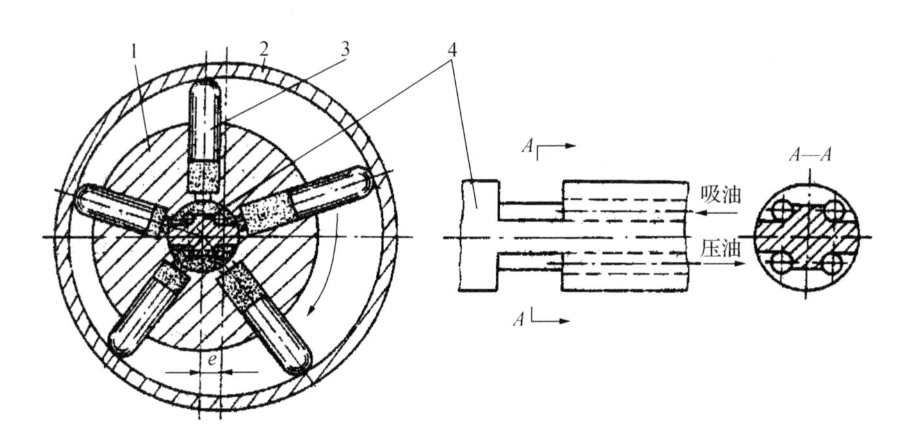

图 8－12　径向柱塞泵的工作原理图

1－转子　2－定子　3－柱塞　4－配流盘

柱塞3，转子1的中心线与定子2的中心线之间有一个偏心量e。在固定不动的配流盘4上，相对于柱塞孔的部位有相互隔开的上、下两个缺口，此二缺口又分别通过所在部位的轴向孔与泵的吸、压油口相通，形成吸油腔和压油腔。当转子旋转时，柱塞在离心力的作用下，它的头部与定子内表面紧紧接触，由于转子与定子之间有一个偏心量e，所以在柱塞随转子转动的同时，又在柱塞孔内做径向往复滑动。当转子按图中箭头所示方向旋转时，上半周的柱塞皆往外滑动，柱塞孔内的密封容积增大，于是通过轴向孔吸油；下半周的柱塞皆往里滑动，柱塞孔内的密封容积减小，于是通过轴向孔压油。

如果改变偏心量e的大小，则可改变泵的输油量，因此径向柱塞泵是一种变量泵。倘若偏心量e可以由正值变为负值，则泵的吸、压油腔互换，就可以使系统中的油液改变流动方向，这样的径向柱塞泵就成了双向变量泵。

径向柱塞泵的输油量大，压力高，流量调节和流量变换都很方便。但这种泵由于配流盘与转子间的间隙磨损后不能自动补偿，因而泄漏损失较大；柱塞头部与定子内表面为点接触，易磨损，因而限制了它的使用。目前，径向柱塞泵已逐渐为轴向柱塞泵所代替。

二、液压执行元件

（一）液压马达（JB/T 10829－2008）

液压马达通常也有三种类型，即齿轮式液压马达、叶片式液压马达和柱塞式液压马达。这里介绍叶片式液压马达的工作原理。

图8－13是叶片式液压马达的工作原理图。当压力油输入进油腔a以后，此腔内的叶片均受到油液压力p的作用。由于叶片2比叶片1伸出的面积大，所以叶片2获得的推力比叶片1大，二者推力之差相对于转子中心形成一个力矩。同样，叶片1和5、4和3、3和6之间，由于液压力的作用而产生的推力差也都形成力矩。这些力矩的方向相同，它们的总和是推动转子沿顺时针方向转动的总力矩。

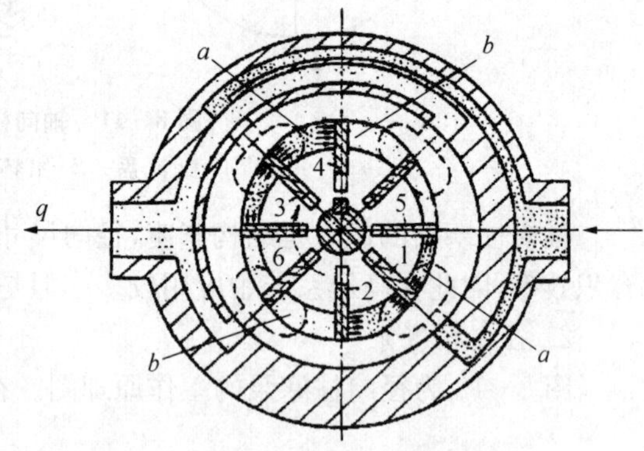

图8－13 叶片式液压马达的工作原理图

从图8－13可以看出，位于回油腔b的各叶片不受液压推力作用（设出口压力为零），也就不能形成力矩，工作过的液体随着转子的转动，经回油腔流回油箱。

叶片式液压马达的体积较小，动作灵敏；但泄漏较大，效率较低。适用于高速、低转矩以及要求动作灵敏的工作场合。

（二）液压缸（JB/T 10205－2010）

液压缸有三种类型，即活塞式液压缸（它有单杆和双杆两种形式）、柱塞式液压缸和摆动式液压缸。活塞缸和柱塞缸实现往复直线运动，输出速度和推力；摆动缸实现往复转动或摆动，输出角速度（转速）和转矩。

1. 双杆活塞式液压缸

这种液压缸主要由缸体、活塞和两根直径相同的活塞杆组成。缸体是固定的，当液压缸的右腔进油、左腔回油时，活塞向左移动；反之，活塞向右移动。

双杆液压缸也可以做成活塞杆固定不动、缸体移动的结构，如图 8 - 14 所示。这时，活塞杆通常做成空心的，以便于进油和回油。在外圆磨床中，带动工作台往复运动的液压缸通常就是这种形式。

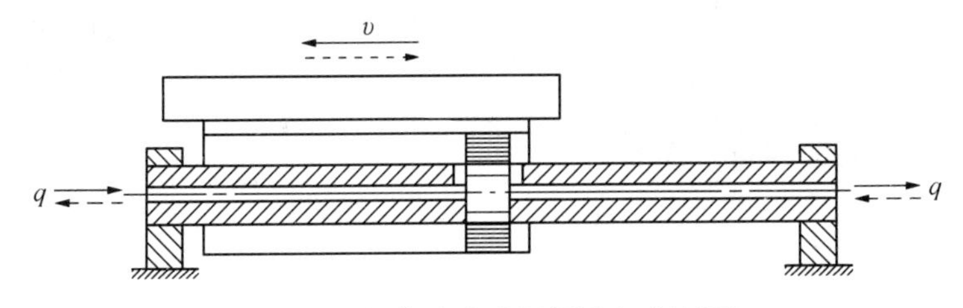

图 8 - 14　缸体移动式双杆活塞式液压缸

在双杆液压缸中，由于活塞两边的有效作用面积相等，当左、右两腔相继进入压力油时，若流量及压力皆相等，则活塞（或缸体）往复运动的速度和推力都是一样的。

2. 单杆活塞式液压缸

单杆液压缸的工作原理如图 8 - 15 所示。其特点是活塞的一端有杆，而另一端无杆，所以活塞杆的有效作用面积不等。当左、右两腔分别进入压力油时，即使流量及压力皆相等，活塞往复运动的速度和所受的推力也不相等。当无杆腔进油时，因活塞有效面积大，所以速度小，推力大；当有杆腔进油时，因活塞有效面积小，所以速度大，推力小。

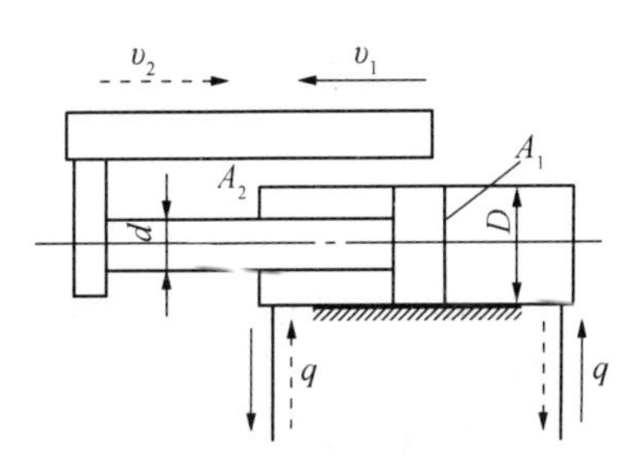

图 8 - 15　单杆活塞式液压缸工作原理

上述特点可以列式说明如下：

假设活塞与活塞杆的直径分别为 D 和 d（见图 8 - 15），当无杆腔进油、工作台向左运动时，速度为 v_1，推力为 F_1：

$$v_1 = \frac{q}{A_1} \tag{8-7}$$

$$F_1 = pA_1 \tag{8-8}$$

当有杆腔进油、工作台向右运动时，速度为 v_2，推力为 F_2：

$$v_2 = \frac{q}{A_2} \tag{8-9}$$

$$F_2 = pA_2 \tag{8-10}$$

比较上述公式，因为 $A_1 > A_2$，所以 $v_1 < v_2$，$F_1 > F_2$。这个特点常用于实现机床的工作进给（用 v_1、F_1）和快速退回（用 v_2、F_2）。

单杆液压缸还有一个重要特点，就是当液压缸两腔同时接通压力油（见图 8 - 16）时，由于活塞两端有效面积不相等，作用于活塞两端的液压力不相等（$F_1 > F_2$），产生的推力等于活塞两侧液压力的差值，即 $F_3 = F_1 - F_2$，在此推力 F_3 的作用下，活塞产生差动运动，得速度 v_3。这时，液压缸左腔排出的油液（$q_{回} = A_2 v_3$）进入右腔，右腔得到的总油量增加：

$$q_{总} = q + q_{回}$$

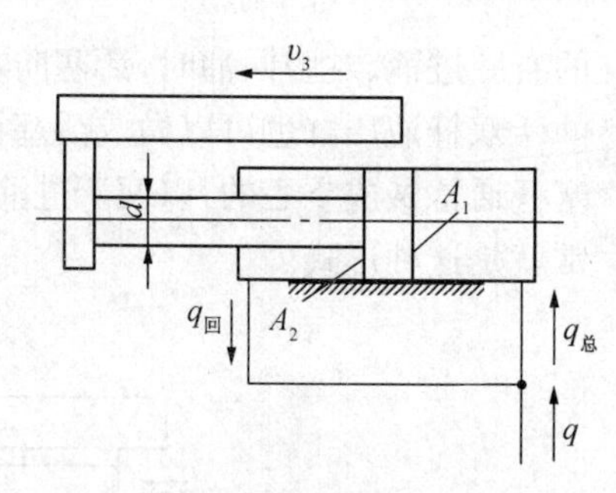

图 8-16　单杆液压缸的差动连接

因为

$$q_{总} = A_1 v_3$$

$$q_{回} = A_2 v_3$$

所以

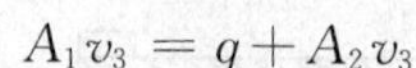

$$A_1 v_3 = q + A_2 v_3$$

整理后得：

$$v_3 = \frac{q}{A_1 - A_2} = \frac{q}{A_3} \tag{8-11}$$

而推力为

$$F_3 = F_1 - F_2 = p(A_1 - A_2) = pA_3 \tag{8-12}$$

式中，A_3为活塞两端有效面积之差，即活塞杆的截面积：

$$A_3 = A_1 - A_2 = \frac{\pi d^2}{4}$$

与式(8-7)及(8-8)相比较，由于 $A_3 < A_1$，所以 $v_3 > v_1$，得到快速运动；但是 $F_3 < F_1$，推力减小。

如上所述，当单杆液压缸两腔互通并接入压力油时，活塞可作差动快速运动，液压缸的这种油路连接称为差动连接。液压缸的差动连接是在不增加液压泵流量的情况下实现快速运动的有效方法。在机床液压系统中，常通过控制阀来改变单杆缸的油路连接，从而获得快进(差动连接)—工进(无杆腔进油)—快退(有杆腔进油)的工作循环。

单杆活塞式液压缸在实际应用中，可以做成缸体固定、活塞移动的结构，也可以做成活塞杆固定、缸体移动的结构。

3. 柱塞式液压缸

柱塞式液压缸的工作原理如图 8-17 所示。这种液压缸只能在压力油的作用下产生单向运动，另一个方向的运动往往靠它本身的自重(垂直放置时)或弹簧等其他外力来实现。为了得到双向运动，柱塞缸常成对使用，如图 8-18 所示。

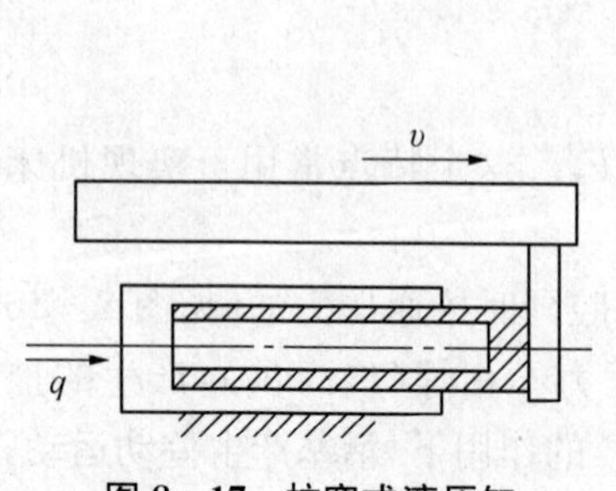

图 8-17　柱塞式液压缸

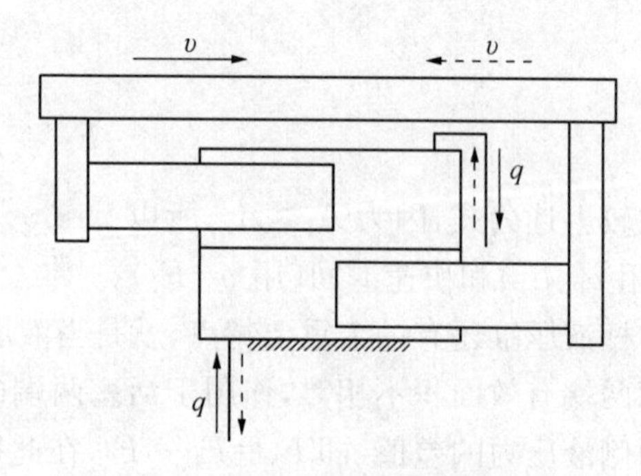

图 8-18　柱塞缸的成对使用

一般机床中常用活塞式液压缸，但行程较长时，可采用柱塞式液压缸。因对于杆体较长的活塞缸，它的内壁精加工比较困难，而柱塞缸的缸体内壁与柱塞不接触，不需要精加工，这时只需将缸的端盖与柱塞配合的内孔精加工就可以了，这样，结构简单，制造容易。

柱塞液压缸的柱塞通常做成空心的（图 8－17），这样可以减轻重量，防止柱塞下垂（水平放置时），降低密封装置的单面磨损。

4. 摆动式液压缸

常用的摆动式液压缸有叶片式摆动缸和齿条式摆动缸两种。

叶片式摆动缸常称为摆动液压马达，其工作原理如图 8－19 所示。轴 2 上装有叶片 1，叶片 1 和封油隔板 3 将缸体 4 内空间分成两腔。当缸的一个油口接通压力油，而另一油口接通回油时，叶片在油压的作用下产生转动，带动轴 2 摆动一定的角度（小于 360°）。

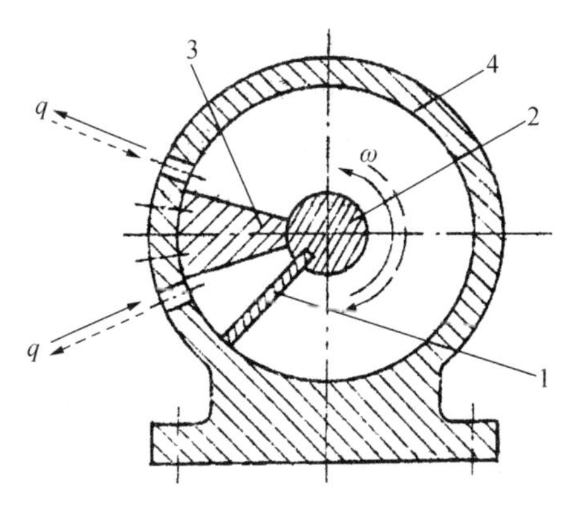

图 8－19　叶片式摆动液压缸

1-叶片　2-轴　3-隔板　4-缸体

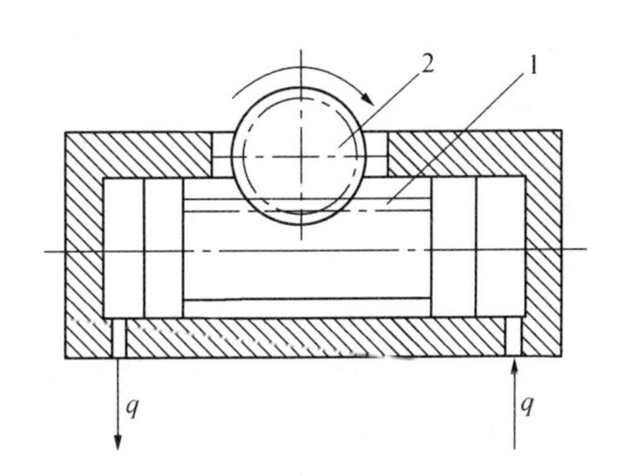

图 8－20　齿条式摆动液压缸

1-齿条杆　2-小齿轮

齿条式摆动缸又称为无杆活塞式液压缸，其结构原理图如图 8－20 所示。装于缸体内的两个活塞由齿条杆 1 连成一个整体，齿条又与装在缸体中部一侧的小齿轮 2 相啮合，当缸体一端进入压力油而另一端回油时，活塞杆齿条就带动小齿轮向一个方向摆动；反之，油路换向后，小齿轮则反方向摆动。这种缸输出轴的往复摆动角度能在较大范围内变化，可小于 360°，也可大于 360°，甚至多达数圈。

摆动液压马达和齿条液压缸常用于机械手、机床进刀机构、转位机构、送料机构及机床回转夹具中。

三、液压控制元件

在液压系统中，为了控制与调节油液的流动方向、压力或流量，以满足工作机械的各种要求，就要用控制阀（简称阀）。按照功用，控制阀分为方向阀、压力阀和流量阀三大类。本节主要对常用阀的功用和结构原理作简要介绍。

（一）方向阀

方向阀用于控制液压系统中油液的流动方向，按用途分为单向阀和换向阀两种类型。

1. 单向阀

单向阀的作用是只允许油液往一个方向流动，不可倒流。

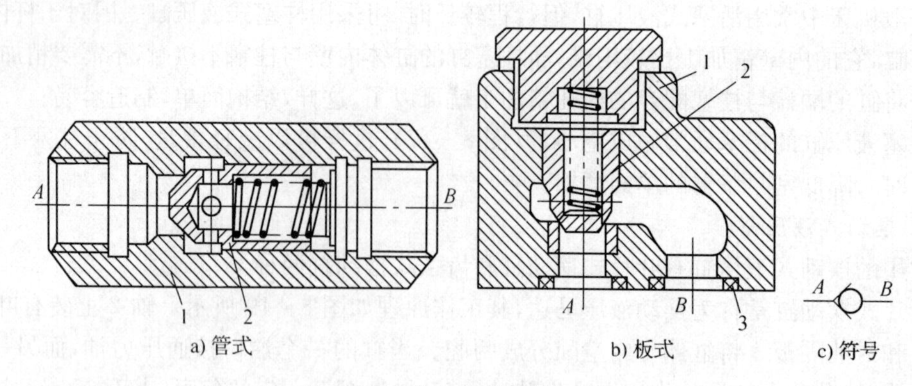

图 8-21　单向阀的结构和符号

1-阀体　2-阀芯　3-O形密封圈

图 8-21 所示为单向阀的结构和符号，其中图 8-21a)为直通式结构，图 8-21b)为直角式结构，图 8-21c)为单向阀的符号。压力油从油口 A 进入，从出油口 B 流出。反向时，因油口一侧的压力油将阀芯紧压在阀体上，阀芯的锥面使阀体关闭，油流即被切断。

根据液压系统的需要，有时要使被单向阀所闭锁的油路重新接通，因此可把单向阀做成闭锁油路可以控制的结构，这就是液控单向阀。

图 8-22 所示为液控单向阀的结构原理和符号。在图 8-22a)中，当控制油口 X 不通控制压力油时，主通道中的油液只能从进油口 A 流入，顶开阀芯从出油口 B 流出，相反方向则闭锁不通。当控制油口 X 接通控制压力油时，控制活塞往右移动，借助于右端悬伸的顶杆将阀芯顶开，使进油口和出油口接通，油液可以在两个方向自由流动。图 8-22b)是液控单向阀的图形符号。

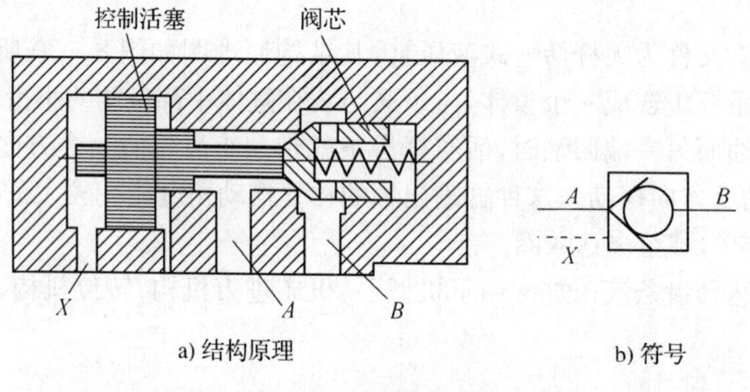

图 8-22　液控单向阀

2. 换向阀

(1) 换向阀的工作原理

换向阀的作用是利用阀芯和阀体间相对位置的改变，来变换油流的方向、接通或关闭油路，从而控制执行元件的换向、启动或停止。当阀芯和阀体处于图 8-23 所示的相对位置时，液压缸两腔不通压力油，处于停机状态。若对阀芯施加一个从右往左的力使其左移，阀体上的油口 P 和 A 连通，B 和 T 连通，压力油经 P、A 进入液压缸左腔，活塞右移；右腔油液经 B、T 回油箱。反之，若对阀芯施加一个从左往右的力使其右移，则 P 和 B 连通，A 和 T 连通，活塞左移。

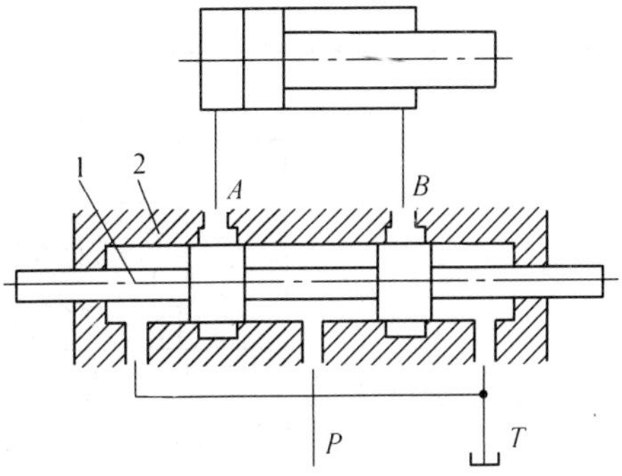

(2) 换向阀的分类

按阀芯在阀体内的工作位置数和换向阀所控制的油口通路数分，换向阀有二位二通、二位三通、二位四通、二位五通、三位四通、三位五通等类型（见表 8－2）。不同的位数和通数是由阀体上的沉割槽和阀芯上的台肩的不同组合而形成的。将五通阀的两个回油口 T 和 T 沟通成一个油口 T，即成四通阀。

按阀芯控制的方式分，换向阀有手动、机动、电动、液动和电液动等类型。

图 8－23 换向阀的工作原理

1－阀芯 2－阀体

(3) 换向阀的符号表示（见表 8－2）

① 位数用方格（一般为正方格，五通阀用长方格）数表示，二格即二位，三格即三位。

② 在一个方格内，箭头或封闭符号“⊥”与方格的交点数为油口通路数，即“通”数。箭头表示两油口连通，但不表示流向；“⊥”表示该油口不通流。

③ 控制机构和复位弹簧的符号画在主体的任意位置（通常位于一边或中间）。

④ P 表示进油口，T 表示通油箱的回油口，A 和 B 表示连接其他两个工作油路的油口。

⑤ 三位阀的中格、二位阀画有弹簧的一格为常态位。常态位应画出外部连接油口。

表 8－2 换向阀的主体结构和图形符号

名 称	结构原理图	符 号
二位二通	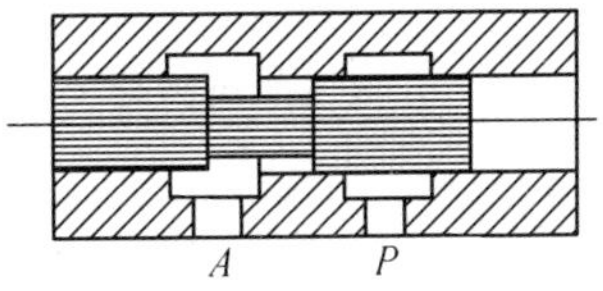 A P	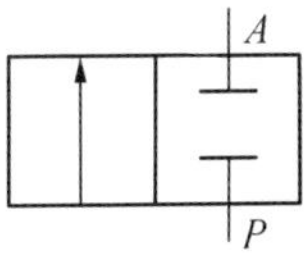 A P
二位三通	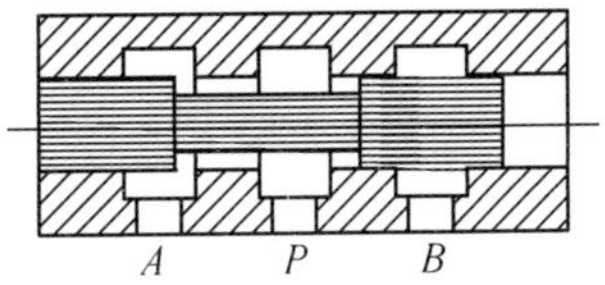 A P B	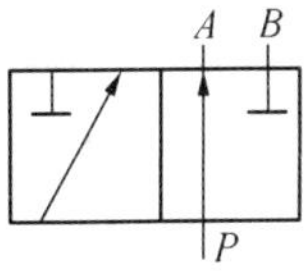 A B P
二位四通	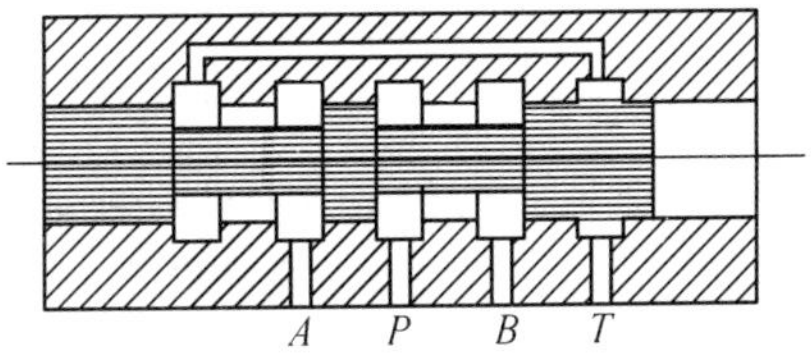 A P B T	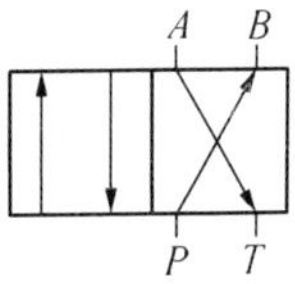 A B P T
三位四通	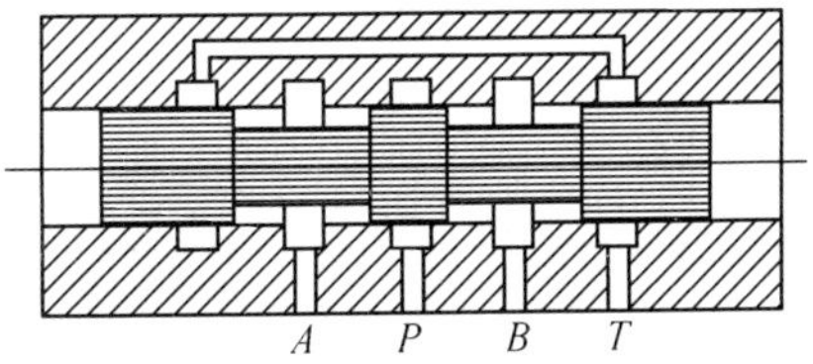 A P B T	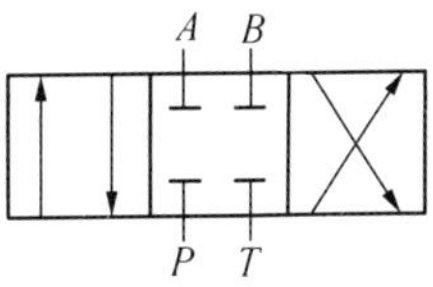 A B P T

（续表）

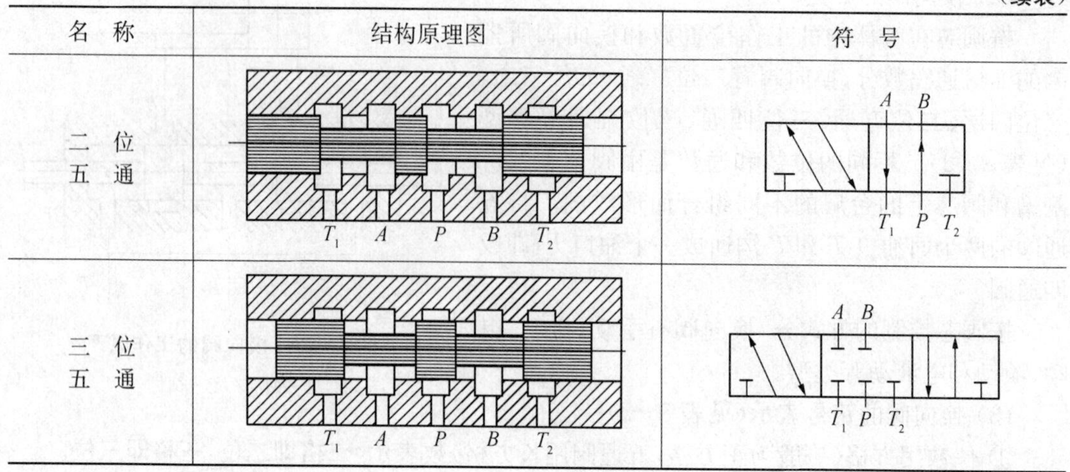

名 称	结构原理图	符 号
二位五通	T_1 A P B T_2	A B T_1 P T_2
三位五通	T_1 A P B T_2	A B T_1 P T_2

（4）三位换向阀的中位机能

三位阀常态位各油口的连通方式称为中位机能。中位机能不同，阀在中位时对系统的控制性能也不相同。三位四通换向阀常见的中位机能形式主要有“O”型、“H”型、“Y”型、“P”型、“M”型，其类型、符号及其特点见表 8-3。

表 8-3　三位四通换向阀的中位机能

机能形式	符 号	中位油口状况、特点及应用
O 型		*P*、*A*、*B*、*T* 四油口全部封闭，液压缸闭锁，液压泵不卸荷
H 型		*P*、*A*、*B*、*T* 四油口全部串通，液压缸活塞处于浮动状态，液压泵卸荷
Y 型		*P* 油口封闭，*A*、*B*、*T* 三油口相通，液压缸活塞浮动，液压泵不卸荷
P 型		*P*、*A*、*B* 三油口相通，*T* 油口封闭，液压泵与液压缸两腔相通，可组成差动连接
M 型		*P*、*T* 相通，*A*、*B* 封闭，液压缸闭锁，液压泵卸荷

（二）压力阀

压力阀用来控制液压系统的压力，或利用系统中压力的变化来控制某些液压元件的动作。按照用途的不同，压力阀分为溢流阀、减压阀、顺序阀和压力继电器等。

1. 溢流阀

溢流阀的主要功用是控制和调整液压系统的压力，以保证系统在一定的压力或安全压力下工作。

(1) 溢流阀的结构原理

溢流阀有多种用途，主要是在溢去系统多余油液的同时使泵的供油压力得到调整并保持基本恒定。溢流阀按其结构原理分为直动式和先导式两种。

① 直动式溢流阀

图 8－24a)所示为锥阀型直动式溢流阀。当进油口 P 从系统接入的油液压力不高时，锥阀芯 2 被弹簧 3 紧压在阀座上，阀口关闭。当进油口压力升高到能克服弹簧阻力时，便推开锥阀芯使阀口打开，油液就由进油口 P 流入，再从回油口 T 流回油箱(溢流)，进油压力也就不会继续升高。当通过溢流阀的流量变化时，阀口开度即弹簧压缩量也随之改变。但在弹簧压缩量变化很小的情况下，阀芯在液压力和弹簧力作用下保持平衡，可以认为溢流阀进口处的压力基本保持为定值。拧动调压螺钉 4 改变弹簧预压缩量，便可调整溢流阀的溢流压力。

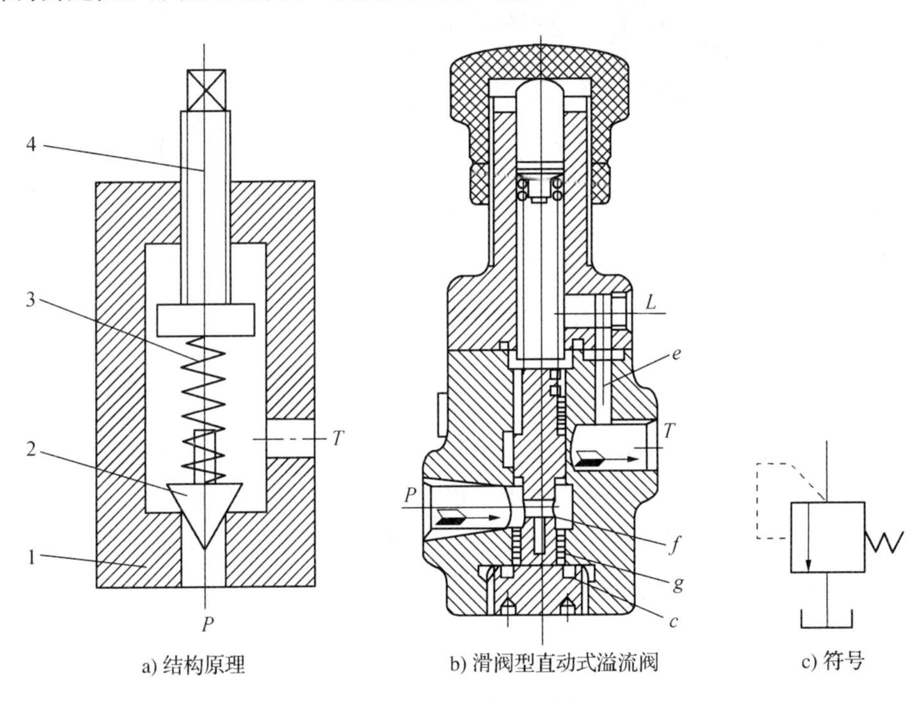

a) 结构原理　　b) 滑阀型直动式溢流阀　　c) 符号

图 8－24　直动式溢流阀

1-阀体　2-锥阀芯　3-弹簧　4-调压螺钉

这种阀因进口压力油直接作用于阀芯，故称直动式溢流阀。直动式溢流阀一般只用于低压或小流量的场合。因控制较高压力或较大流量时，需要装刚度较大的硬弹簧，不但手动调节困难，而且阀口开度(弹簧压缩量)略有变化便引起较大的压力波动，不能稳定。系统压力较高时就需要采用先导式溢流阀。

直动式溢流阀还有球阀型和滑阀型(图 8－24b))等。图 8－24c)为溢流阀符号。

② 先导式溢流阀

图 8－25 所示为一种板式连接的先导式溢流阀。由图可见先导式溢流阀由先导阀和主

阀两部分组成。先导阀就是一个小规格的直动式溢流阀，而主阀阀芯是一个具有锥形端部、中间开有阻尼小孔 R 的圆柱体。

如图 8－25a）所示，油液从进油口 P 进入。当进油压力不高时，液压力不能克服先导阀的弹簧阻力，先导阀口关闭，阀内无油液流动。这时，主阀芯因前后腔油压相同，故被主阀弹簧紧压在阀座上，主阀口亦关闭。当进油口压力升高到先导阀弹簧的预调压力时，先导阀口打开，主阀弹簧腔的油液流过先导阀口并经阀体上的通道和回油口 T 流回油箱。这时，油液流过阻尼小孔，产生压力损失，使主阀芯两端形成了压力差。主阀芯在此压差作用下克服弹簧阻力向上移动，使进、回油口连通，达到溢流稳压的目的。拧动先导阀的调压螺钉便能调整溢流压力。更换不同刚度的弹簧，便能得到不同的调压范围。图 8－25b）为先导式溢流阀符号。

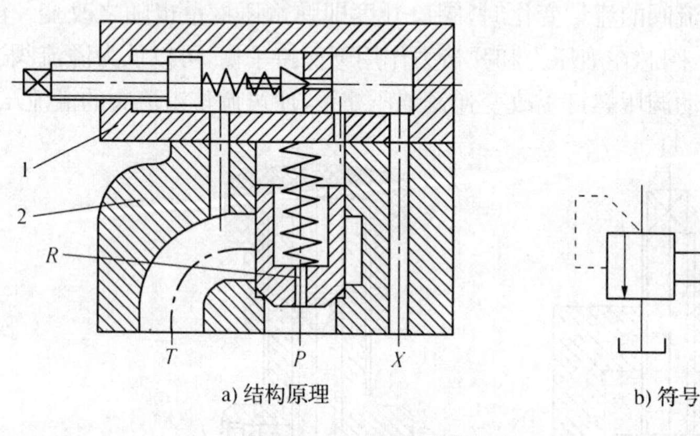

a) 结构原理　　b) 符号

图 8－25　先导式溢流阀

1－先导阀　2－主阀　P－进油口

在先导式溢流阀中，先导阀的作用是用来控制和调节溢流压力，主阀的功能则在于溢流。先导阀因为只通过泄油，其阀口直径较小，即使在较高压力的情况下，作用在锥阀上的液压推力也不太大，因此调压弹簧的刚度不必很大，压力调整也就比较轻便。主阀芯因两端均受到油压作用，主阀弹簧只需很小的刚度，当溢流量变化引起弹簧压缩量变化时，进油口的压力变化不大，故先导式溢流阀的稳压性能优于直动式溢流阀。但先导式溢流阀是二级阀，其灵敏度低于直动式阀。

（2）溢流阀的应用

图 8－26 所示为溢流阀的三种应用实例。

① 用于溢流稳压　图 8－26a）所示为一定量泵供油系统，与执行机构并联一个溢流阀，起着稳压溢流的作用。在系统工作的情况下，溢流阀的阀口通常是打开的，进入液压缸的流量由节流阀调节，系统的工作压力由溢流阀调节并保持恒定。

② 用于防止过载　图 8－26b）所示为一变量泵供油系统，与执行机构并联一个溢流阀，起着防止系统过载的作用，故又称安全阀，它的阀口在系统正常工作的情况下是闭合的。因此在系统中，液压缸需要的流量由变量泵本身调节，系统中没有多余的油液，系统的工作压力决定于负载的大小。只有当系统的压力超过预先调定的最大工作压力时，溢流阀的回油口才打开，使油溢回油箱，保证了系统的安全。

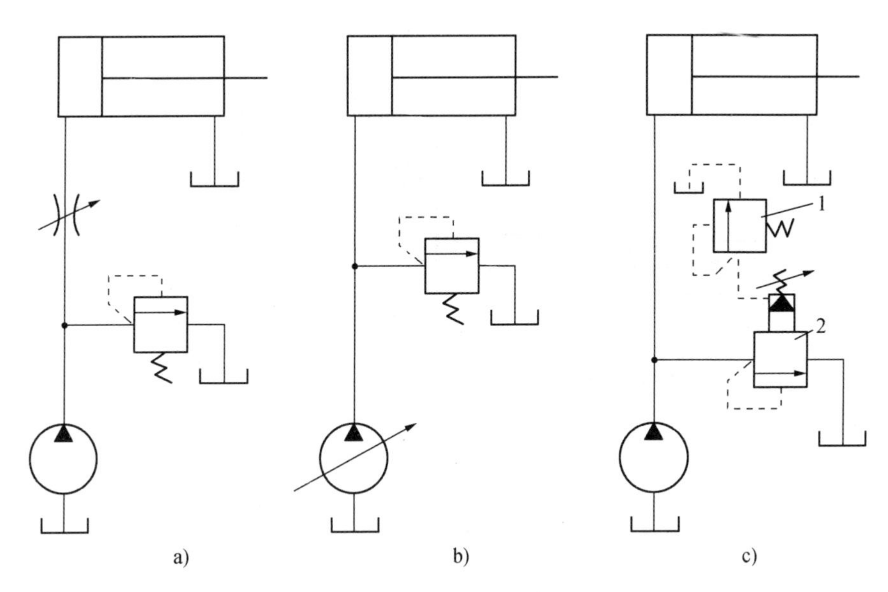

图 8-26 溢流阀的应用

1-调压阀 2-溢流阀

③ 实现远程调压 机械设备液压系统中的泵、阀通常都组装在液压站上，为使操作人员就近调压方便，可按图 8-26c)所示，在控制工作台上安装一远程调压阀 1(实际就是图 8-24所示的直动式溢流阀)，并将其进油口与安装在液压站上的先导式溢流阀 2 的外控口 X 相连。这相当于给阀 2 除自身先导式阀外，又加了一个先导式阀。调压阀 1 便可对阀 2 实现远程调压。显然，实现远程调压阀 1 所能调节的最高压力不得超过溢流阀 2 自身先导阀的调定压力。

2. 减压阀

减压阀可以用来降压、稳压，将较高的进口油压降为较低而稳定的出口油压。

减压阀的工作原理是依靠压力油通过缝隙(液阻)降压，使出口压力低于进口压力，并保持出口压力为一定值。缝隙越小，压力损失越大，减压作用就越强。

图 8-27a)所示为先导式减压阀的结构原理图。压力为 p_1 的压力油从阀的进油口 A 流入，经过缝隙 δ 减压以后，压力降低为 p_2，再从出油口 B 流出。当出口压力 p_2 大于调整压力时，锥阀就被顶开，主滑阀右端油腔中的部分压力便经锥阀开口及泄油孔 Y 流入油箱。由于主滑阀阀芯内部阻尼小孔 R 的作用，滑阀右端油腔中的油压降低，阀芯失去平衡而向右移动，因而缝隙 δ 减小，减压作用增强，使出口压力 p_2 降低至调整的数值，可以通过上部调压螺钉来调节。图 8-27b)为先导式减压阀的符号，图 8-27c)为减压阀的一般符号或直动式减压阀符号。

减压阀与溢流阀的主要区别是：

(1) 减压阀利用出口油压与弹簧力平衡；而溢流阀则利用进口油压与弹簧力平衡。

(2) 减压阀的进、出油口均有压力，所以弹簧腔的泄油需从外部单独接回油箱(称外部回油)。而溢流阀的泄油可沿内部通道经回油口流回油箱(称内部回油)。

(3) 非工作状态时，减压阀的阀口常开(为最大开口)，而溢流阀则是常闭的。

这三点区别从它们二者的符号中也可以看出。

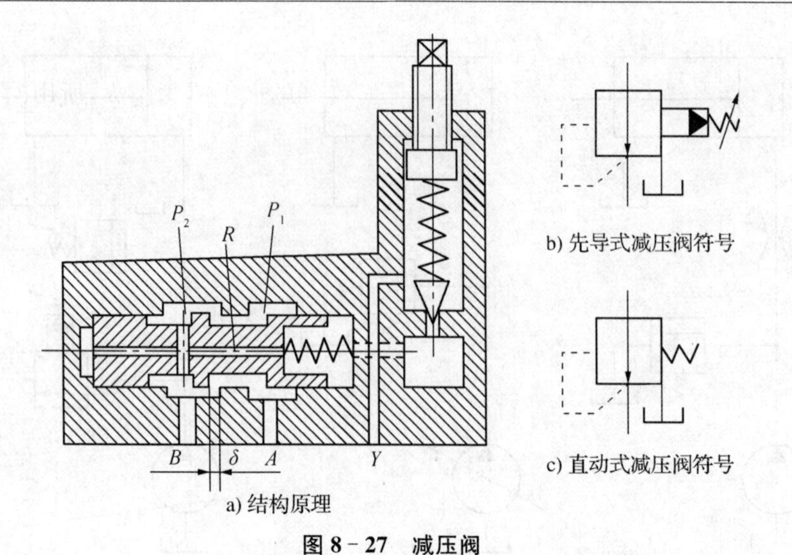

a) 结构原理

b) 先导式减压阀符号

c) 直动式减压阀符号

图 8－27　减压阀

3. 顺序阀

顺序阀的功用是利用液压系统中的压力变化来控制油路的通断，从而实现某些液压元件按一定的顺序动作。顺序阀亦有直动式和先导式两种结构。此外，根据所用控制油路的不同，顺序阀又可分为内控式和外控式两种。

图 8－28a)所示为一种直动式顺序阀的结构原理。

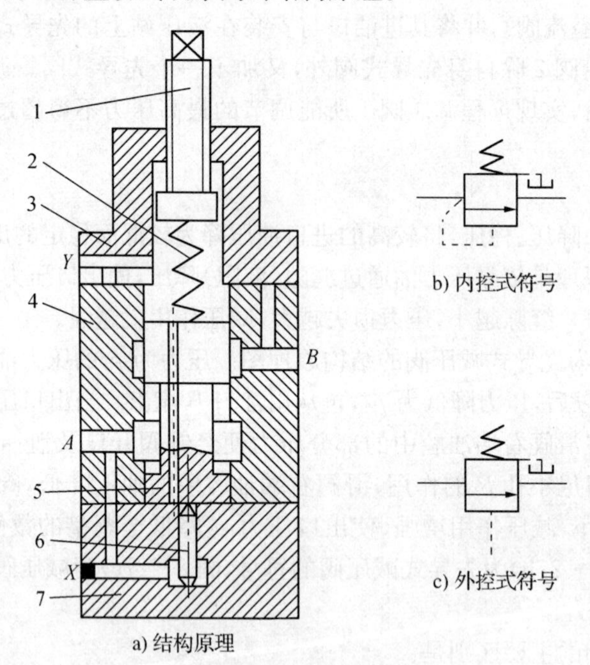

a) 结构原理

b) 内控式符号

c) 外控式符号

图 8－28　顺序阀

1-调压螺钉　2-弹簧　3-上盖　4-阀体　5-阀芯　6-控制活塞　7-下盖

压力油由进油口 A 经阀体 4 和下盖 7 的小孔流到控制活塞 6 的下方，使阀芯 5 受到一个向上的推力作用。当进口油压较低时，阀芯在弹簧 2 的作用下处于下部位置，这时进、出油口 A、B 不通。当进口油压增大到预调的数值以后，阀芯底部受到的推力大于弹簧力，阀芯向上移动,进、出油口连通,压力油就从顺序阀流过。顺序阀的压力可以用调压螺钉 1 来调节。在此阀中,控制活塞的直径很小,因而阀芯受到的向上推力不大,所用的平衡弹簧就不需太硬,这样,可以使阀在较高的压力下工作(可达 7 MPa)。

顺序阀的进、出油口均有压力,所以它的弹簧腔泄油需从上盖 3 上的泄油口 Y(见图 8-28a)单独接入油箱,这是区别于溢流阀的一个重要标志。

在图 8-28a)中,控制活塞下方的控制压力油经内部通道直接来源于阀的进口,这种控制方式的顺序阀称为内控顺序阀。图 8-28b)为内控顺序阀的符号。

若将图 8-28a)所示的阀稍加改装,即将下盖转过 90°安装,并打开外控口 X 的堵头,接通外控油路,就成了外控顺序阀。外控顺序阀的符号如图 8-28c)所示。

4. 压力继电器

压力继电器利用液压系统中的压力变化来控制电路的通断,从而将液压信号转变为电信号,以实现系统的程序控制或安全控制。任何压力继电器都由压力一位移转换装置和微动开关两部分组成。按前者的结构分,有柱塞式、弹簧管式、膜片式和波纹管式四类,其中以柱塞式最常用。

图 8-29 所示为单柱塞式压力继电器的结构原理。压力油从油口 P 通入作用在柱塞 1 的底部,如其压力已达到调定值时,便克服上方弹簧阻力和柱塞摩擦力作用推动柱塞上升,通过顶杆 3 触动微动开关 5 发出电信号。限位挡块 2 可在压力超载时保护微动开关。

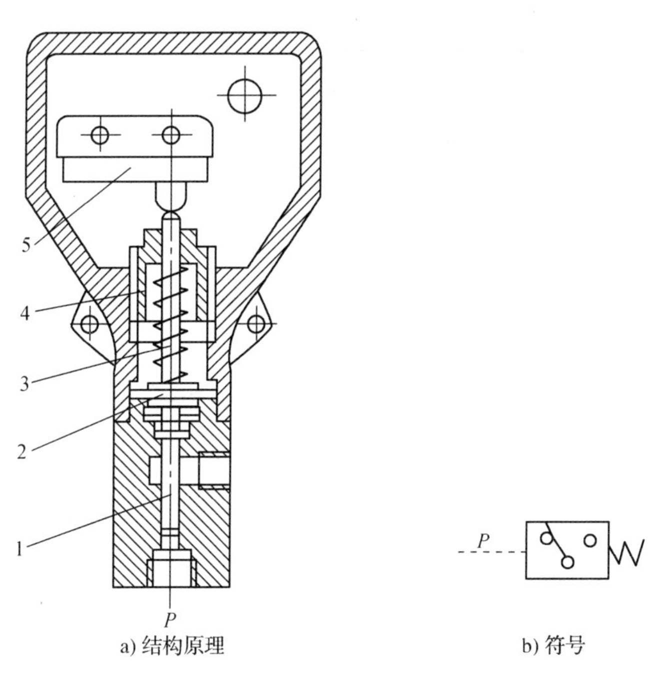

a) 结构原理　　b) 符号

图 8-29 单柱塞式压力继电器

1-柱塞 2-限位挡块 3-顶杆 4-调节螺杆 5-微动开关

压力继电器的性能指标主要有两项:

(1) 调压范围 即发出电信号的最低和最高工作压力间的范围。打开面盖,拧动调节螺杆 4,即可调整工作压力。

(2) 通断调节区间　压力继电器发出电信号时的压力称为开启压力,切断电信号时的压力称为闭合压力。开启时,柱塞、顶杆移动所受的摩擦力方向与压力方向相反,闭合时则相同,故开启压力比闭合压力大。两者之差称为通断调节区间。

通断调节区间要有足够的数值,否则,系统压力脉动时,压力继电器发出的电信号会时断时续。为此,有的产品在结构上可人为地调整摩擦力的大小,使通断调节区间的数值可调。

(三) 流量阀

流量阀用于控制液压系统中液体的流量。常用的流量阀有节流阀、调速阀等。

流量阀是液压系统中调速元件,其调速原理是依靠改变阀口的通流截面积来控制液体的流量,以调节执行元件(液压缸或液压马达)的运动速度。

1. 节流阀

(1)节流阀的结构原理

图 8-30a)所示为节流阀阀的结构原理。油从油口 A 流入,经过阀芯下部的轴向三角形节流槽,再从油口 B 流出。拧动阀上方的调节螺钉,可以使阀芯作轴向移动,从而改变阀口的通流截面积,使通过的流量得到调节。图 8-30b)为节流阀的符号(前面已经用过)。

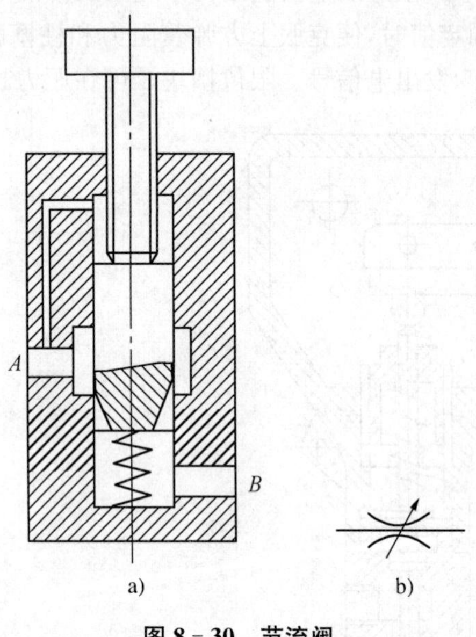

图 8-30　节流阀

(2) 节流阀的流量特性

节流阀流量特性方程

$$q = CA_T(\Delta p)^m \tag{8-13}$$

式中:q——通过节流阀的流量;

C——与阀口几何形状、油液性质有关的系数;

A_T——阀口的通流截面积;

Δp——节流阀前后的压力差;

m——指数,由阀口结构形式所决定,通常 $0.5 \leqslant m \leqslant 1$。

由流量特性方程可知：

① 当阀口结构形状、油液性质和节流阀前后的压力差一定（C、ϕ、Δp 一定）时，只要改变阀的通流截面积 A，便可调节流量。

② 当阀口通流截面积调整好以后（A 一定），若阀的前后压力差或油液的黏度发生变化（Δp 或 C 值变化），通过节流阀的流量也要发生变化。在实际使用中，一方面由于执行机构的工作负载经常变化，导致节流阀前后的压力差变化；另一方面由于油温变化，会导致油的黏度变化，所以通过节流阀的流量也经常发生变化，使工作部件运动不平稳。

2. 调速阀

通过节流阀流量特性分析可知，节流阀可用来调节速度，但不能稳定速度。对于平稳性要求较高的液压系统，通常采用调速阀。

调速阀是由减压阀和节流阀串联而成的组合阀。这里所用的减压阀（称定差减压阀）跟以前介绍的先导式减压阀不同，用这种减压阀和节流阀串联在油路中，可以使节流阀前后的压力差保持不变，因此，执行机构的运动速度就得到稳定。

在图 8－31a）中，减压阀 1 和节流阀 2 串联在液压泵和液压缸之间。来自液压泵的压力油，其压力为 p_p 经减压阀槽 a 处的开口缝隙减压以后，流往槽 b，压力降为 p_1。接着，再通过节流阀流入液压缸，压力降为 p_2，在此压力作用下，活塞克服负载 F 向右运动。若负载不稳定，当 F 增大时，p_2 也随之增大，减压阀阀芯将失去平衡而向右移动，使槽 a 处的开口缝隙增大，减压作用减弱，p_1 则亦增大，因而使压力差 $\Delta p = p_1 - p_2$ 保持不变，通过节流阀进入液压缸的流量也就保持不变。反之，当 F 减小时，p_2 也随之减小，减压阀 2 阀芯将失去平衡而向左移动，使槽 a 处的开口缝隙减小，减压作用增强，p_1 亦减小，因而使压力差 $\Delta p = p_1 - p_2$ 保持不变，通过节流阀进入液压缸的流量也就保持不变。

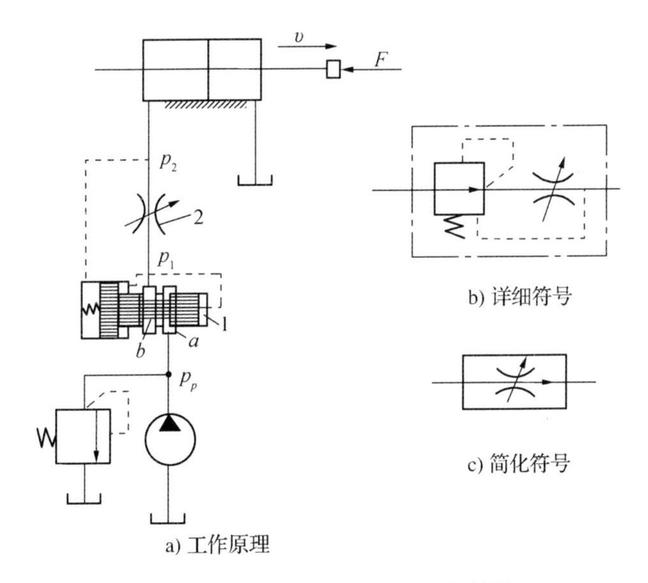

图 8－31　调速阀的工作原理和符号

1－减压阀　2－节流阀

调速阀的符号如图 8－31b）、c）所示，其中图 8－31b）为详细符号，图 8－31c）为简化符号。

四、液压辅件

液压辅件也是液压系统的基本组成部分之一。主要有：滤油器、蓄能器、压力计、压力开关、油管、油管接头、阀类连接板和油箱等。各种辅助元件在液压系统中需要表示的详细符号见附录Ⅲ。下面简要介绍常用的一些辅助元件：

（一）滤油器

油中的脏物会引起运动零件划伤、磨损、甚至卡死，还会堵塞阀和管道小孔，影响系统的工作性能并造成故障。因此需要滤油器对油液进行过滤。

滤油器可以安装在液压泵的吸油管路上或液压泵的输出管路上以及重要元件的前面。在通常情况下，泵的吸油口装粗滤油器，泵的输出管路与重要元件之前装精滤油器。

常用的滤油器有网式、线隙式、烧结式和纸芯式等多种类型。

网式滤油器也称滤网，是用铜丝网包装在骨架上制成的。它的结构简单，通油性能好，但过滤效果差，一般做粗滤之用。

图 8－32 所示为线隙式滤油器，它是用铝线(或铜线)1 绕在筒形心架 2 外部制成的，铝线依次排列绕在心架的外部，心架上开有许多纵向槽 a 和径向孔 b，油液从铝线的缝隙中进入槽 a，再经孔 b 进入滤油器内部，然后从端盖 3 的孔中流出。这种滤油器只能用于吸油管道。当上述滤油器带有特制的金属壳时，可用于压力油路。线隙式滤油器结构简单，过滤效果好，通油能力也较大，但不易清洗。

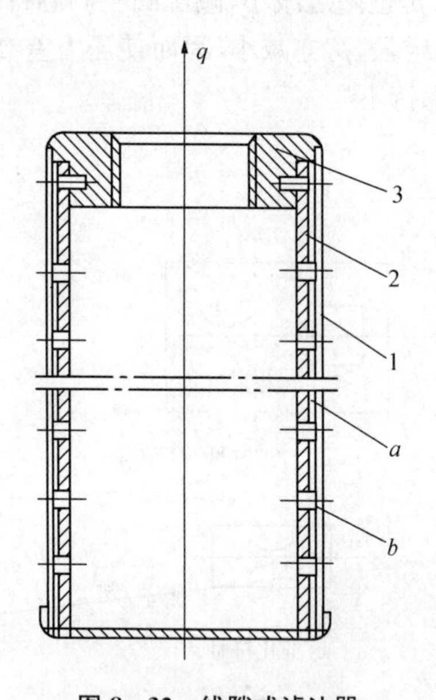

图 8－32　线隙式滤油器

1-铝线　2-筒形心架　3-端盖

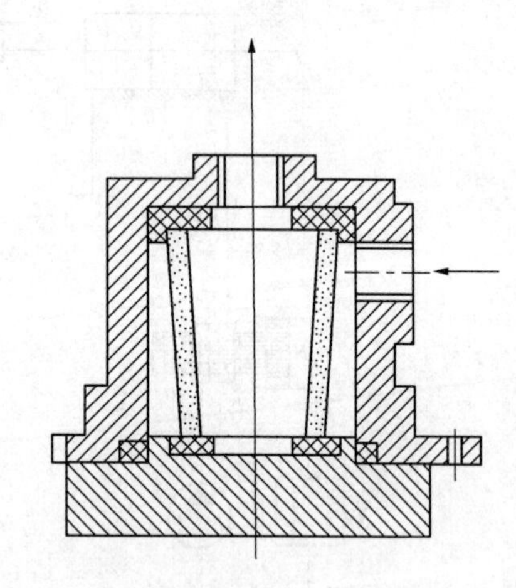

图 8－33　烧结式滤油器

烧结式滤油器如图 8－33 所示，它的滤芯一般由金属粉末压制后烧结而成，靠其颗粒间的孔隙滤油。这种滤油器强度大，抗腐蚀性能好，结构简单，过滤精度高，适用于精滤。缺点是通油能力较低，压力损失较大，堵塞后清洗比较困难。

纸芯式滤油器是用微孔滤纸做的纸芯装在壳体内而成的。这种滤油器过滤精度高，但易堵塞，无法清洗，纸芯需常更换。一般用于精滤，和其他滤油器配合使用。

在滤油器的具体应用中，为便于了解滤芯被油液杂质堵塞的状态，做到及时清洗或更换滤芯，有的滤油器在其顶部装有一个压差指示器。压差指示器与滤油器并联，其工作原理如图 8-34 所示。滤油器 1 进出口的压差 p_1-p_2 作用在活塞 2 上，与弹簧 3 的推力相平衡。当滤芯逐渐堵塞时，压差增大，以致推动活塞接通电路，报警器 4 就发出堵塞信号，提醒操作人员清洗或更换滤芯。

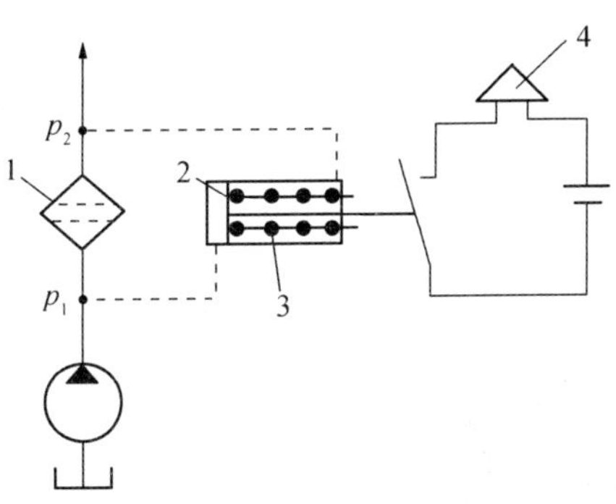

图 8-34　压差指示器的工作原理

1-滤油器　2-活塞　3-弹簧　4-报警器

（二）蓄能器

蓄能器是储存压力油的一种容器。它在系统中的作用是：在短时间内供应大量压力油，以实现执行机构的快速运动；补偿泄漏以保持系统压力；消除压力脉动；缓和液压冲击。

图 8-35 所示为蓄能器的一种应用实例。在液压缸停止工作时，泵输出的压力油进入蓄能器 A 将压力能储存起来。液压缸动作时，蓄能器与泵同时供油，使液压缸得到快速运动。

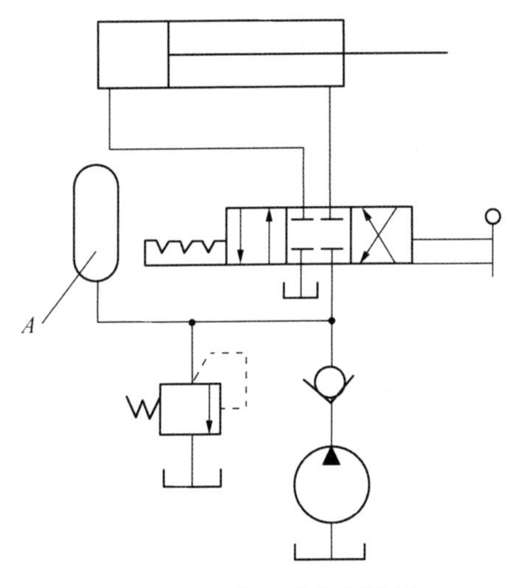

图 8-35　蓄能器应用举例

蓄能器有重锤式、弹簧式和充气式等多种类型，其中常用的是充气式中的活塞式和气囊式两种。

图 8-36 所示为活塞式蓄能器。它利用活塞把压缩气体与油上下隔开，其优点是结构

简单、寿命长；缺点是活塞有惯性，密封处有摩擦损失。

图 8－37 所示为气囊式蓄能器。它利用气囊把油和空气隔开，能有效地防止气体进入油中，气囊用耐油橡胶制成，其优点是气囊惯性小，反应快，容易维护；缺点是气囊及壳体制造困难，容量较小。

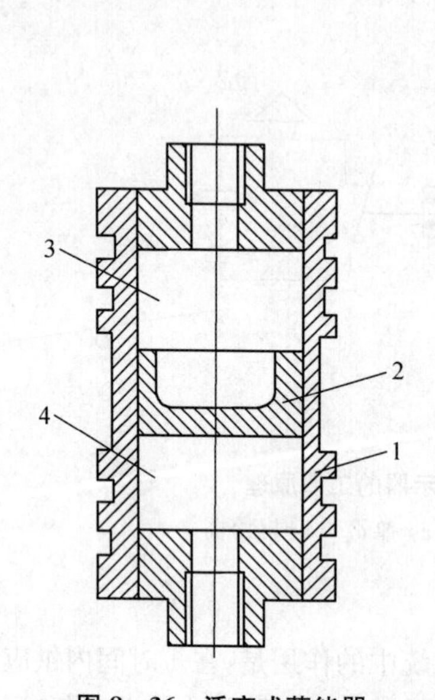

图 8－36　活塞式蓄能器

1－缸体　2－活塞　3－气　4－油

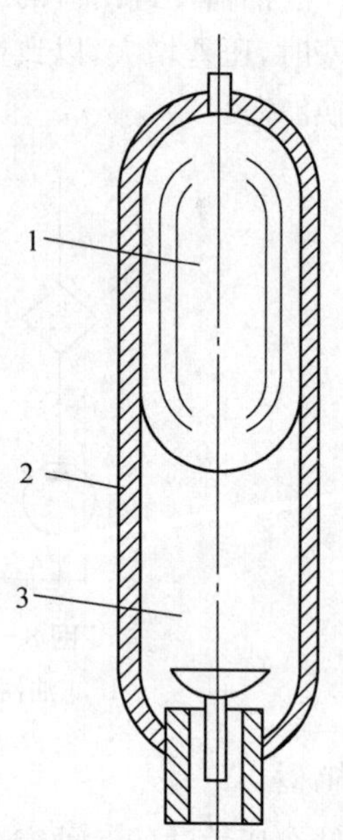

图 8－37　气囊式蓄能器

1－气囊　2－壳体　3－油

（三）油箱

油箱除了用来储油以外，还起到散热以及分离油中杂质和空气的作用。在机床液压系统中，可以利用床身或底座内的空间做油箱。利用床身或底座作油箱时，结构比较紧凑，并容易回收机床漏油；但是，当油温变化时容易引起机床的变形，并且液压泵装置的振动也要影响机床的工作性能。所以，精密机床多采用单独油箱。如图 8－38 所示为液压泵卧式安装的油箱。

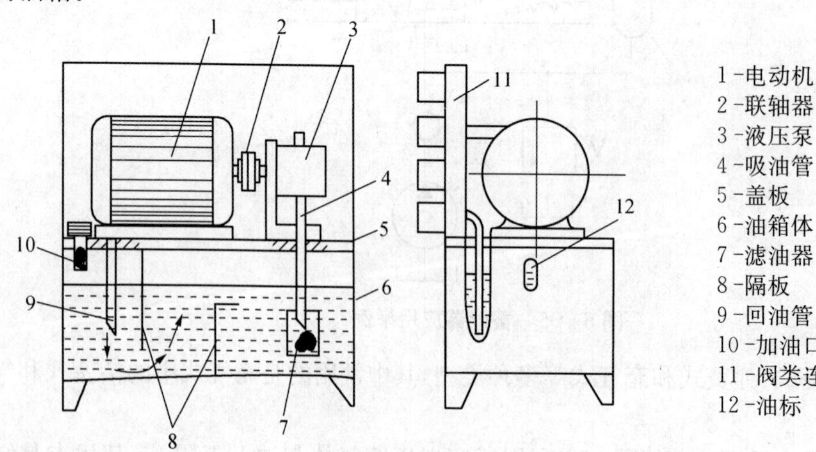

图 8－38　液压泵卧式安装的油箱

§8-3　液压基本回路

一台设备的液压系统，不论它的复杂程度如何，总是由一些具备各种功能的基本回路所组成的。熟悉并掌握这些基本回路的结构原理和性能，对于分析液压系统是非常必要的。下面介绍一些常用的液压基本回路及典型液压系统。每一个基本回路主要完成一种基本功用，和这一功用关系不大的其他液压元件在本节图中大都省略未予画出。

液压基本回路按其功用分为方向控制、压力控制、速度控制和多缸控制回路，其中方向控制回路主要是应用各类换向阀对执行元件的动作进行换向控制，这些回路遍及本节各个部分，因此不再作单独介绍。

一、压力控制回路

为了控制系统的压力，以适用执行机构对压力的要求，可采用压力控制回路。常用的压力控制回路有调压回路、增压回路、保压回路和卸荷回路等。

（一）调压回路

用单个溢流阀（或减压阀）实现调压的基本回路在前面章节中已有叙述，这里介绍一种有三个溢流阀的多级调压回路。在图 8-39 中，主溢流阀 1 的外控口通过三位四通阀 4 分别接溢流阀 2 和 3，使系统有三种压力调定值：换向阀左位接入回路时，系统压力由阀 2 调定；换向阀右位接入回路时，系统压力由阀 3 调定；换向阀在中位时，系统压力由主溢流阀 1 调定。在此系统中，溢流阀 2 和 3 的调整压力必须低于主溢流阀 1 的调整压力，否则将不起调压作用。

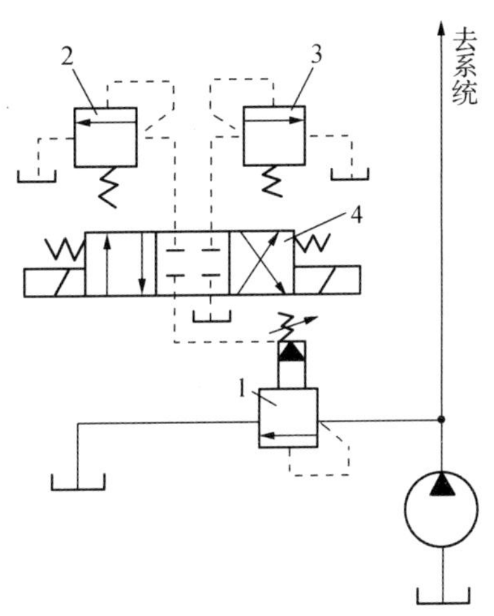

图 8-39　多级调压回路

1-主溢流阀　2、3-溢流阀　4-三位四通阀

（二）增压回路

在某些机器的液压系统中，有时需要压力较高但流量不大的压力油，可以采用增压回

路。这时,液压泵在较低的压力下工作,可以减少功率损失。

最简单的增压方法是采用增压器。如图 8-40 所示,增压器 1 由串接在一起的两腔面积不同的两个活塞缸所组成。当由大腔输入低压油时,就能从小腔中输出高压油。增压的倍数等于大、小两腔的有效面积之比。在图示位置,液压泵输出的低压油进入增压器的大腔,推动活塞右移,使增压器小腔输出的高压油送往工作缸 3 进行工作。当二位四通换向阀换向以后,液压泵输油进入增压器的活塞杆腔,使活塞向左退回,工作液压缸的活塞则在弹簧作用下退回。这时,补油箱 2 中的油液可以通过单向阀进入增压器的小腔,以补充这部分油路中的泄漏。

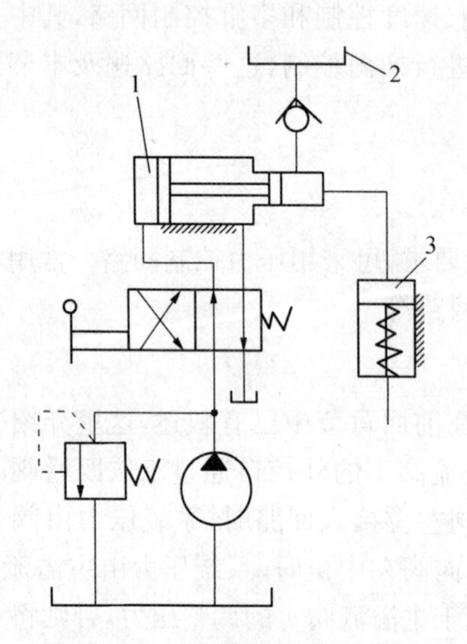

图 8-40 采用增压器的增压回路

1-增压器 2-补油箱 3-工作缸

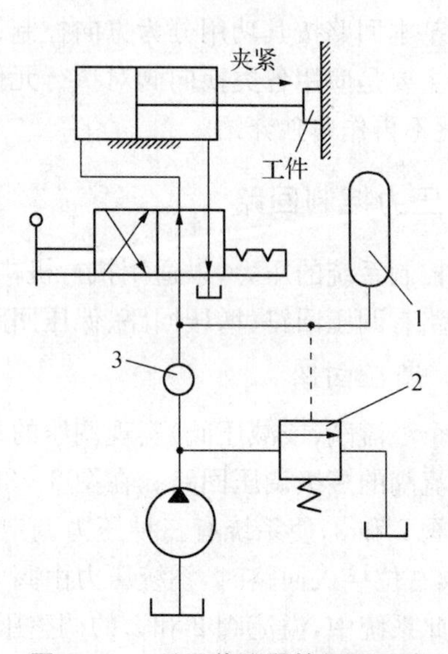

图 8-41 采用蓄能器的保压回路

1-蓄能器 2-外控顺序阀 3-单向阀

(三)保压回路

有些机床液压装置,在工作过程中要求油路系统保持一定的压力,这时应当采取保压回路。在定量泵系统中,由于设置了溢流阀,使油路保持一定的压力,这是常用的一种保压方法。但是这种回路的效率较低,一般用于液压泵流量不大的情况。图 8-41 所示为用蓄能器保持夹紧液压缸压力的回路。在液压缸实现夹紧过程中,蓄能器 1 充油蓄能,当系统压力升高到一定的数值时,外控顺序阀 2 被打开,液压泵卸荷,这时,单向阀 3 将压力油路和卸荷油路隔开,由蓄能器输出压力油补偿系统的泄漏,以保持夹紧液压缸的压力。

本回路在缸保压的同时使泵卸荷,因此能量使用合理,具有较高的效率。这里,外控顺序阀作卸荷阀用,阀的弹簧腔泄油可经内部通道流往出口回油箱(见图 8-28),故阀的符号不画流往油箱的外泄管路。

(四)卸荷回路

卸荷的方法很多,图 8-41 就是使用外控顺序阀实现卸荷。这里介绍两种简单的卸荷回路。

1. 用三位换向阀使泵卸荷的回路

图 8-42 所示为用 M 型中位机能的三位换向阀使泵卸荷的回路。当换向阀在中间位

置时，液压泵可通过换向阀直接连通油箱，这种卸荷方法比较简单。

可以看出，中位机能为 H 型的三位换向阀亦可使泵卸荷。

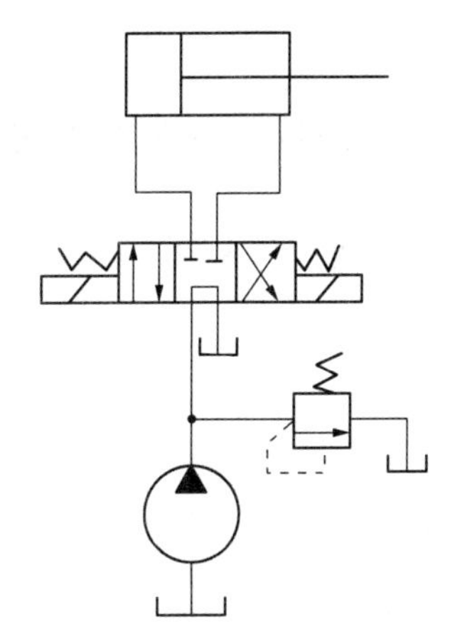
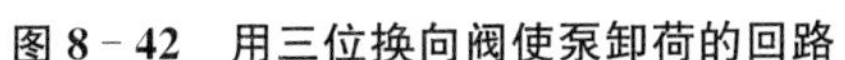

图 8-42　用三位换向阀使泵卸荷的回路

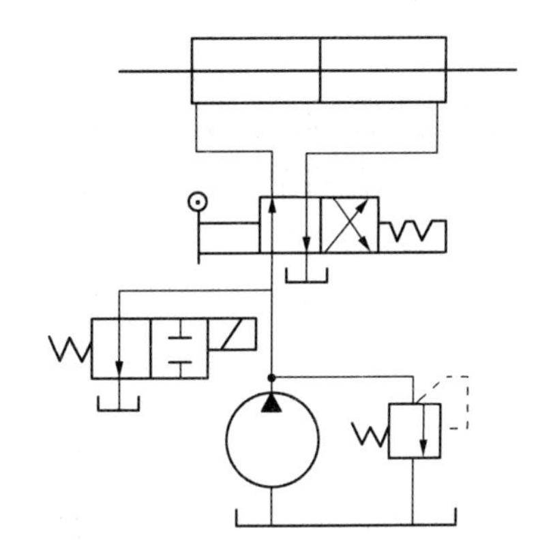

图 8-43　用二位二通换向阀使泵卸荷的回路

2. 用二位二通换向阀使泵卸荷的回路

图 8-43 所示为用二位二通电磁阀使泵卸荷的回路。当系统工作时，二位二通电磁阀通电，卸荷油路断开，泵输出的压力油进入系统。当工作部件停止运动后，使二位二通电磁阀断电，这时，泵输出的油液通过它就流回油箱，实现卸荷。

二、速度控制回路

速度控制回路在液压系统中应用十分普遍，它包括各种形式的调速回路、增速回路和速度换接回路等。

（一）调速回路

由式 $v=\dfrac{q}{A}$ 和 $n=\dfrac{q}{V}$ 可知，液压缸的有效面积 A 改变较难，故合理的调速途径是改变流量 q（用流量阀或用变量泵）或改变排量 V（用变量马达）。因此调速回路有节流调速、容积调速和容积节流调速三种。对调速的要求是调速范围大、调好后的速度稳定性好和效率高。

1. 节流调速回路

节流调速回路由定量泵、流量阀、溢流阀和执行机构等组成（如图 8-44 所示），它利用改变流量阀阀口的通流截面积来控制流入或流出执行机构的流量，以调节其运动速度。这种回路的优点是结构简单，成本低，使用维护方便，所以在机床液压系统中得到广泛的应用。但是由于液流通过有较大的液阻，产生较大的能量损失，效率低，发热大，所以一般多用于功率不大的场合，例如用于各类机床的进给传动装置中。

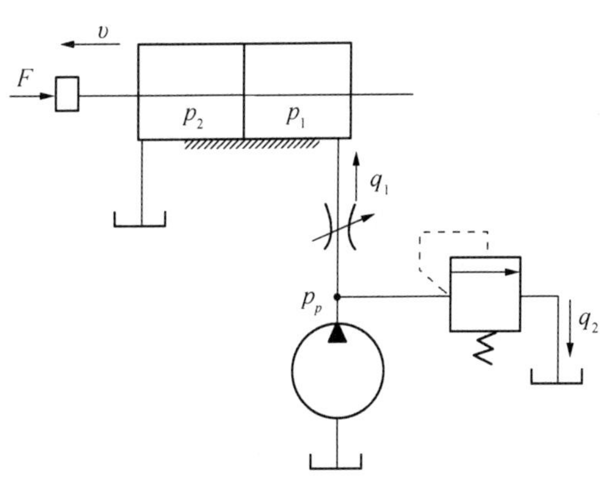

图 8-44　进油路节流调速回路

节流调速回路，按照流量阀安装位置的不同，有进油路节流调速、回油路节流调速和旁油路节流调速三种。下面对常用的前面两种基本回路进行简要分析，并提出改善回路工作性能的措施。

(1) 进油路节流调速回路

图 8-44 所示是将节流阀安装在液压缸的进油路上，这就是进油路节流调速回路。

(2) 回油路节流调速回路

图 8-45 所示是将节流阀装在液压缸的回油路上，这是回油路节流调速回路。

回油路节流调速的基本性能和进油路节流调速相同，其不同点有：

① 回油路节流调速回路因节流阀使缸的回油腔产生背压，故运动比较平稳。

② 进油路节流调速回路较易实现压力控制。因为当工作部件在行程终点碰到死挡块以后，缸的进油腔油压会上升到等于泵压，利用这个压力变化，可使并接于此处的压力继电器发讯，对系统的下步动作实现控制。而回油路节流调速，进油腔压力没有变化，不易实现压力控制。虽然工作部件碰到死挡块后，缸的回油腔油压力下降为零，可以利用这个变化值使压力继电器失压发讯，但电路比较复杂，且可靠性也不高。

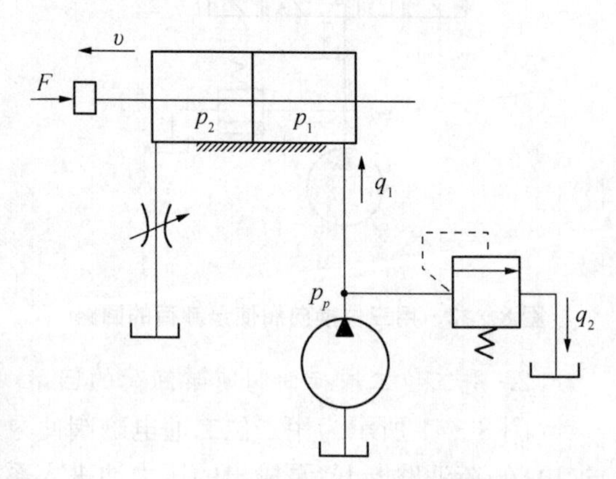

图 8-45　回油路节流调速回路

③ 若回路使用单杆缸，无杆腔进油量大于有杆腔回油量。故在缸径、活塞运动速度相同的情况下，进油路节流调速回路的节流阀开口较大，低速时不易堵塞。因此，进油路节流调速回路低速时能获得更稳定的速度。

为提高回路的综合性能，实践中常采用进油路节流调速回路，并在回油路上加背压阀(用溢流阀、顺序阀或装有弹簧的单向阀均可)，因而兼具了两回路的优点。

2. 容积调速回路

用变量泵或变量马达实现调速的回路称为容积调速回路。根据变量泵和变量马达组合形式的不同，容积调速回路分为变量泵调速回路、变量马达调速回路和变量泵-变量马达调速回路三种。

图 8-46a)所示为变量泵调速回路。变量泵输出的压力油全部进入液压缸中，推动活塞运动。调节泵的输出流量，即可调节活塞运动的速度。系统中的溢流阀起安全保护作用，在系统过载时才打开溢流。

在变量泵调速回路中，若执行机构为定量马达，则当调节泵的流量时，马达的转速也同样可以得到调节。

图 8-46b)所示为定量泵调速回路。定量泵输出的压力油全部进入液压马达，输入流量是不变的。若改变液压马达的排量，则可调节它的输出转速。

图 8-46c)所示为变量泵－变量马达调速回路，它是上述两种回路的组合，调速范围较大。

与节流调速相比较，容积调速的主要优点是压力和流量的损耗小，发热少；但缺点是难于获得较高的运动平稳性，且变量泵和变量马达的结构复杂，价格较贵。

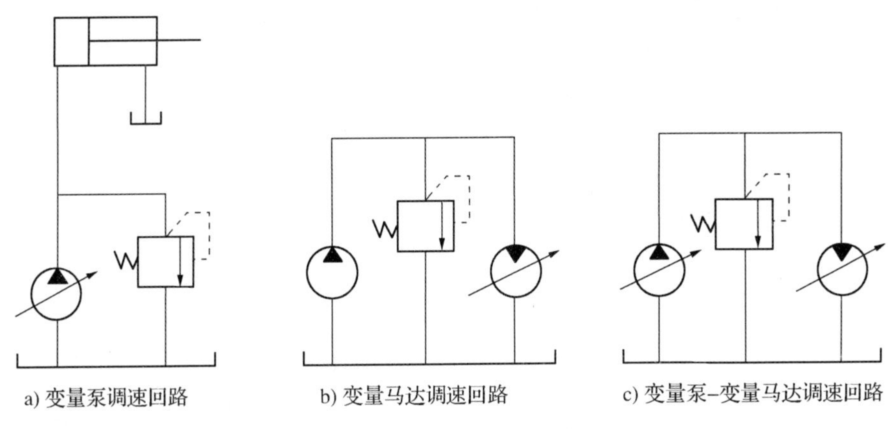

a) 变量泵调速回路　　b) 变量马达调速回路　　c) 变量泵–变量马达调速回路

图 8－46　容积调速回路

3. 容积节流调速回路

用变量泵和流量阀相配合来进行调速的方法，称为容积节流调速。这里介绍机床进给液压系统中常用的一种容积节流调速回路——用限压式变量叶片泵和调速阀的调速回路。

如图 8－47 所示，调节调速阀的节流开口大小，就能改变进入液压缸的流量，因而可以调节液压缸的运动速度。假设回路中的调速阀所调定的流量为 q_1，泵的流量为 q_p，且有 $q_p > q_1$。由于在泵的出口油路中，多余的油液没有去处，势必使泵和调速阀之间的油路压力升高，迫使泵的流量自动减小，直到 $q_p = q_1$ 为止，回路便在这一稳定状态下工作。

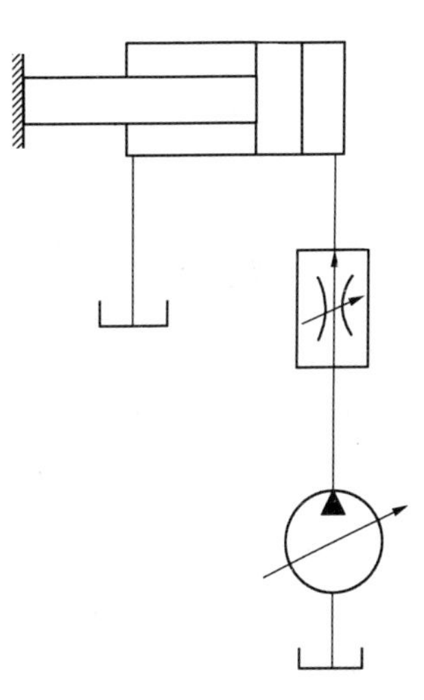

图 8－47　用限压式变量叶片泵和调速阀的调速回路

可见，在容积节流调速回路中，泵的输油量与系统的需油量是相适用的，因此效率高，发热少；同时，由于进入液压缸的流量能保持恒定，活塞运动速度基本上不随负载变化，因而运动平稳。故容积节流调速回路兼具了节流调速回路和容积调速回路二者的优点。

（二）增速回路

增速回路又称快速运动回路，其功用在于使执行元件获得必要的高速，以提高系统的工作效率或充分利用能源。按照增速方法的不同，有多种增速回路，如双泵供油增速回路、液压缸差动连接增速回路、变量泵供油增速回路、蓄能器供油增速回路等。下面介绍前两种回路。

1. 液压缸差动连接增速回路

如图 8－48 所示的回路，当阀 1 左电磁铁通电吸合时，其左位接入系统，单杆液压缸差动连接快速运动。当阀 3 通电后，差动连接被切除，液压缸回油经过调速阀 2，实现慢速工进运动。当阀 1 切换至右位工作时，缸即快速退回。

差动快进简单易行，是机床常用的一种增速方法。

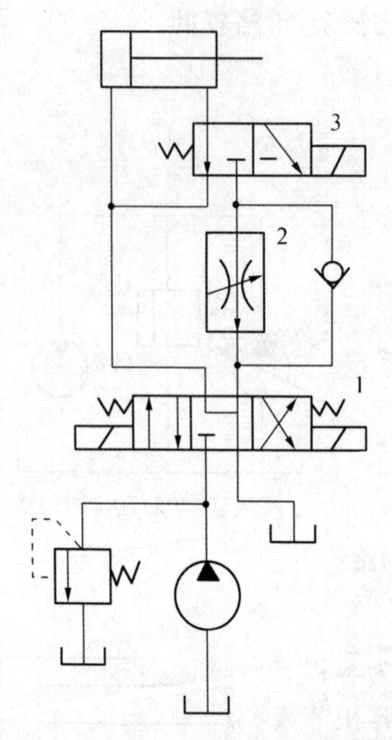

图 8-48　液压缸差动连接增速回路

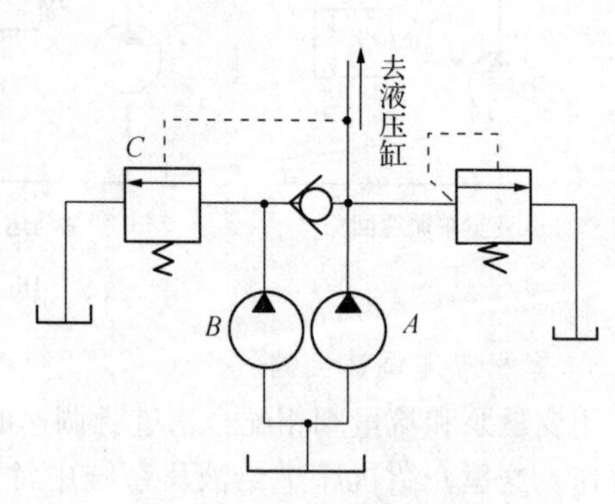

图 8-49　双泵供油增速回路

2. 双泵供油增速回路

在图 8-49 所示的回路中，A 为小流量高压泵，B 为大流量低压泵。在液压缸快速进退阶段，泵 B 输出的油经单向阀后，和泵 A 输出的油汇合在一起流往液压缸，使缸获得快速；在液压缸慢速工作阶段，缸的进油路压力升高，外控顺序阀 C 被打开，泵 B 卸荷，由泵 A 单独向系统供油。在此阶段，系统的压力由溢流阀调定，单向阀将高低压油路隔开。

（三）速度换接回路

能使执行元件依次实现几种速度转换的液压回路，称为速度换接回路。常见的速度换接回路主要有：

1. 快速与慢速的换接回路

快速运动和慢速工作进给运动的换接常用行程阀和电磁阀来实现。图 8-50 所示为采用电磁阀的速度换接回路，图中与调速阀并联了一个二位二通电磁阀。当二位二通电磁阀通电时，调速阀被短接，活塞得到快速运动（快进或快退）；当二位二通电磁阀断电时，液压缸回油经过调速阀流回油箱，流量受到控制，从而慢速运动。这种回路比较简单，液压元件的布置也较方便。

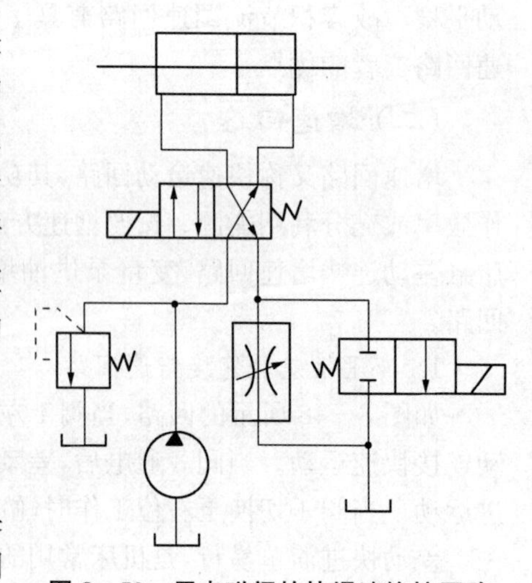

图 8-50　用电磁阀的快慢速换接回路

2. 两种慢速的换接回路

这里介绍用两个调速阀实现速度换接的方法。

图 8-51 所示为二调速阀串联的两工进速度换接的回路。当阀 1 在左位工作且阀 3 断开时，控制阀

2 的通或断，使油液经调速阀 A 或既经 A 又经 B 才能进入液压缸左腔，从而实现第一次工进或第二次工进。但阀 B 的开口需调得比 A 小，即二工进速度必须比一工进速度低；此外，二工进时油液流经两个调速阀，能量损失较大。

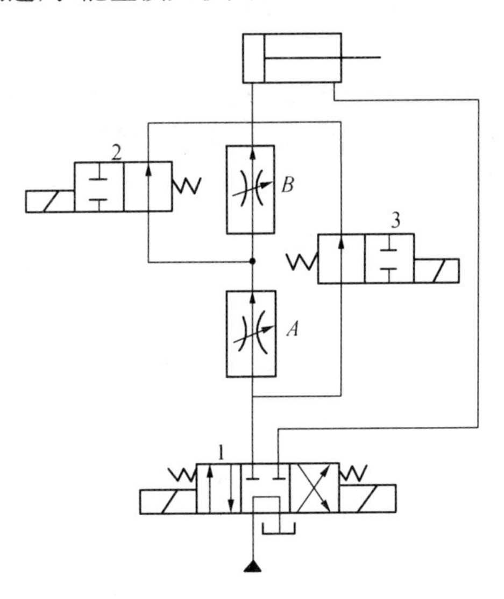

图 8－51　二调速阀串联的两工进速度换接回路

图 8－52a）所示为二调速阀并联的两工进速度换接回路，主换向阀 1 在左位或右位工作时，缸作快进或快退运动。当主换向阀 1 在左位工作时，并使阀 2 通电，根据阀 3 不同的工作位置，进油需经调速阀 A 或 B 才能进入缸内，便可实现第一次工进和第二次工进速度的换接。两个调速阀可单独调节，两速度互不限制。但当一阀工作时，另一阀没有油液通过，其内的减压阀处于非工作状态，减压阀口将完全打开。一旦换接，油液大量流经此阀，缸会发生前冲现象。若将第二调速阀如图 8－52b）方式并联，则不回发生液压缸前冲现象。

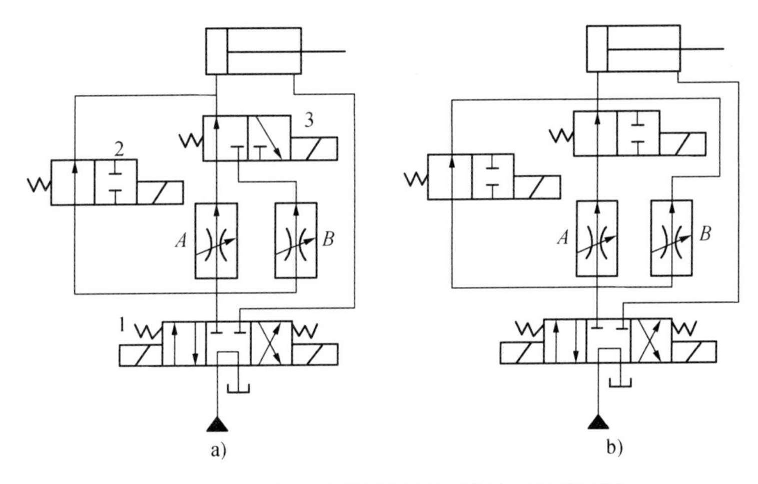

图 8－52　二调速阀并联的两工进速度换接回路

三、多缸控制回路

在多缸工作系统中，各液压缸之间往往要求按一定的顺序动作，或者要求有同步动作或者要求各缸动作互不干扰,这时可相应采用顺序回路、同步回路、互不干扰回路。

(一) 顺序动作回路

实现多缸顺序动作的方法,可以利用顺序阀控制各缸的动作顺序。下面介绍用行程开关和电磁阀联合控制的顺序回路。

在图 8-53 所示的回路中,用四个电气行程开关和两个电磁铁实现 A、B 两缸的顺序动作控制。当按下电钮使电磁铁 1YA 通电以后,液压泵的油进入 A 缸的左腔,实现动作 1。当 A 缸活塞所连接的挡块压下行程开关 1ST 时,电磁铁 2YA 通电,液压泵的油又进入 B 缸的左腔,实现动作 2。当 B 缸活塞的挡块压下行程开关 2ST 时,电磁铁 1YA 断电,液压泵的油又进入 A 缸的右腔,实现动作 3。当 A 缸活塞的挡块压下行程开关 3ST 时,电磁铁 2YA 断电,液压泵的油又进入 B 缸的右腔,活塞亦返回,实现动作 4。当 B 缸活塞的挡块压下行程开关 4ST 时,可使 1YA 重新通电,继而进行下一个顺序动作。

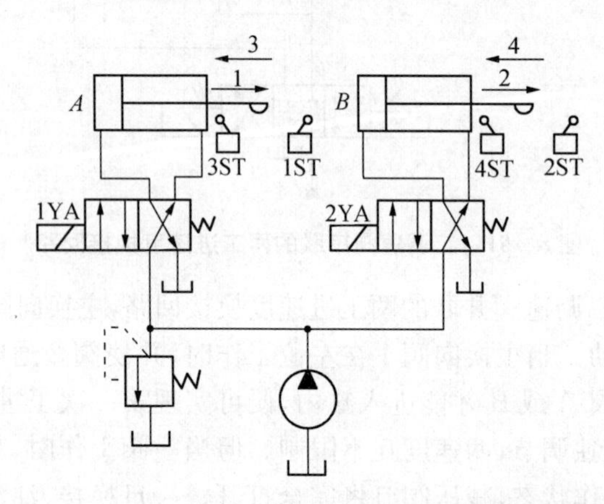

图 8-53 用行程开关和电磁阀控制的顺序回路图

(二) 同步回路

同步回路的种类很多,下面介绍用调速阀并联的同步回路。

如图 8-54 所示,用两个调速阀分别串接在两个液压缸的回油路(或进油路)上,再并联起来,用以调节两缸运动速度,即可实现同步。这是一种常用的比较简单的方法,但因为两个调速阀的性能不可能完全一致,同时还受到载荷变化和泄漏的影响,同步精度受到限制。

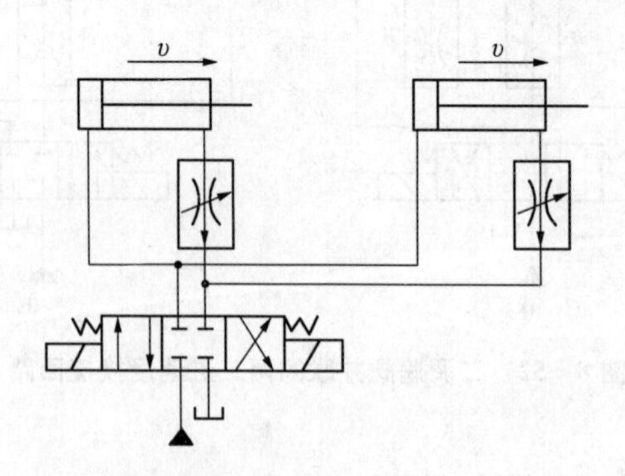

图 8-54 用调速阀并联的同步回路

为了提高本回路的同步精度，可将并联二调速阀中的一个换成比例调速阀。当两缸出现位置误差时，检测装置发出信号，比例调速阀便立即自动调整开口，修正误差，即可保证同步。

（三）互不干扰回路

在多缸液压系统中，往往由于一个液压缸的快速运动，流进大量油液，造成整个系统的压力下降，干扰了其他液压缸的慢速工作进给运动。因此，对于工作进给稳定性要求较高的多缸液压系统，必须采用互不干扰回路。

在图 8－55 所示的回路中，两液压缸各需完成快进、工进和快退的自动工作循环。回路采用双泵供油，泵 1 为较高压力的小流量泵，供给各缸工进时所需的压力油；泵 2 为较低压力的大流量泵，为各缸快速运动输送低压油。两泵的压力分别由溢流阀 3 和 4 调定。

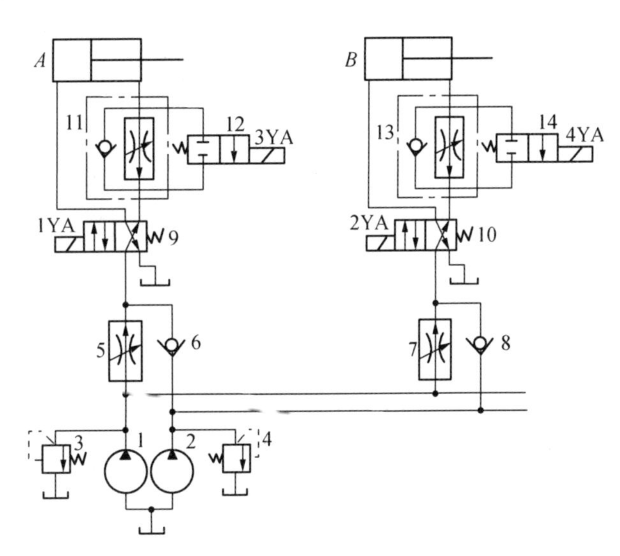

图 8－55　互不干扰回路

当各电磁阀的电磁铁 1YA、2YA、3YA、4YA 同时通电时，四通阀 9 和 10 的左位接入油路，二通阀 12 和 14 右位接入油路，泵 2 输出的压力油经单向阀 6 和 8 进入两缸左腔，泵 1 则通过调速阀 5 和 7 向两缸左腔供油，此时两缸活塞快速前进。当行程挡块压下电气行程开关以后，3YA、4YA 断电，活塞的快进运动即转换为慢速工进运动，此时单向阀 6 和 8 关闭，工进所需压力油由泵 1 供给。如果两缸中的某一缸，例如 A 缸先转换为快速退回，即阀 9 失电换向，则泵 2 输出的油液经阀 6、阀 9 和阀 11 的单向通路进如缸 A 右腔，左腔回油，活塞快退。这时缸 B 仍由泵 1 供油，继续工进。在此情况下，调速阀 5(或 7)使泵 1 仍保持溢流阀 3 的调整压力，不受快退的影响，防止了相互干扰。在回路中，调速阀 5 和 7 的调整流量应稍大于单向调速阀 11 和 13 的调整流量，这样，工进速度就由阀 11 和 13 来决定。

§8－4　机床液压系统

为了表示一台设备的液压系统，要用到液压系统图。在液压系统图中，各个元件及它们之间的连接与控制方式，均按规定的图形符号(或半结构式符号)画出。正确而迅速地阅读机床液压系统图，对于分析或设计机床液压系统与电气系统以及使用、检修、调整液压机床都有重要的作用。

阅读液压系统图的方法和步骤是：

1. 了解液压系统的任务、工作循环、应具备的特性和所要满足的要求；
2. 查阅系统图中所有的液压元件及其连接关系，分析它们的作用；

3. 分析油路,了解系统的工作原理。

下面以组合机床液压滑台液压系统为例,通过学习和了解,借以加深理解液压元件的功能和应用,熟悉阅读液压系统图的基本方法,锻炼分析液压系统的能力。

滑台是组合机床的重要通用部件之一,在滑台上可以配置各种用途的切削头或工件,用以实现进给运动。

如图 8-56 所示为 YT4543 型液压滑台的液压系统。它可以实现的典型工作循环是:快进—第一次工作进给—第二次工作进给—死挡铁停留—快退—原位停止。

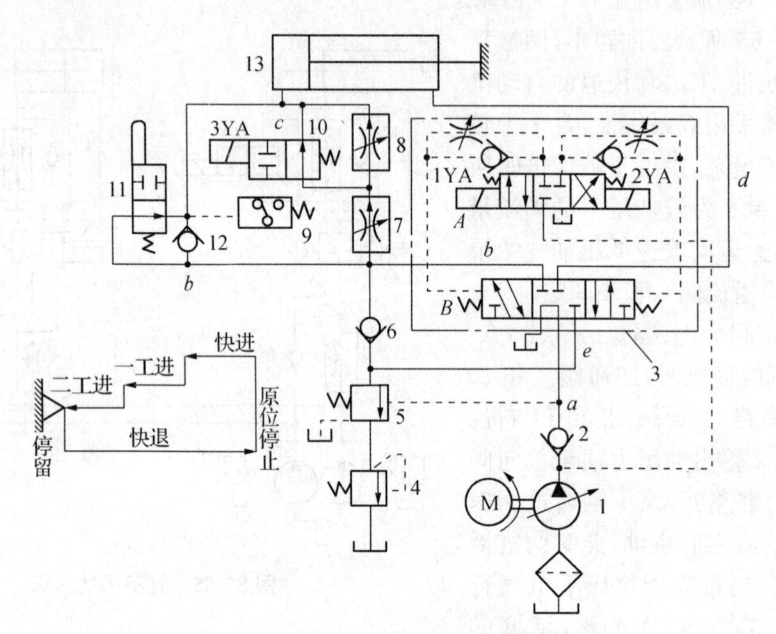

图 8-56　YT4543 型液压滑台的液压系统

一、YT4543 型液压滑台的主要元件及其作用

1. 液压泵 1——是限压式变量叶片泵,它和调速阀一起组成容积节流调速回路,使系统工作稳定,效率较高。

2. 电液换向阀 3——由三位四通电磁阀(先导阀)A 和三位五通液动阀(主阀)B 组成。适当地调节液动阀两端阻尼器中的节流开口,能有效地提高主油路换向的平稳性。

3. 外控顺序阀 5——它的阀口打开或关闭,完全受系统压力的控制。工作进给时,系统压力高,顺序阀的阀口打开,液压缸回油通过它流入油箱;而快进时,系统压力低,顺序阀的阀口关闭,液压缸回油不能通过它流入油箱,只能从有杆腔流往无杆腔,形成了差动连接,提高快进速度。

4. 背压阀 4——用溢流阀调定回油路的背压,以提高系统工作的稳定性。

5. 调速阀 7 和 8——串接在液压缸的进油路上,为进油路节流调速。两阀分别调节第一次工进和第二次工进的速度。

6. 二位二通电磁阀 10——和调速阀并联。当它的电磁铁 3YA 断电时,阀 8 被短接,实现第一次工进:当 3YA 通电时,阀 8 串入回路,实现第二次工进。

7. 二位二通行程阀 11——和调速阀 7、8 并联。当行程挡块未压到它时,压力油通过此阀，使液压缸快速前进；当行程挡块将它压下时，压力油通过调速阀进入液压缸，使液压缸慢速进给。

8. 液压缸 13——是缸体移动式单杆活塞液压缸。进、回油管皆从空心活塞杆的尾端接入，图中没有详细表示这一具体结构。应当指出，目前工业生产中较多采用的 HY、1HY 系列液压滑台已将液压缸结构改成缸体固定、活塞移动的方式，这样可简化活塞杆的结构工艺，便于安装检修，并使滑台座体的刚性得到了加强。

9. 压力继电器 9——装在液压缸进油腔（对工作进给而言）的附近，发出快退信号。

10. 单向阀 2、6、12——作用是防止油液倒流。这里特别要指出单向阀 2 的作用：第一个作用是保护液压泵。在电动机刚停止转动时，系统中的压力油液经液压泵倒流入油箱，就会加剧液压泵的磨损。在液压泵的出口处装一单向阀，隔断停机时系统高压油与液压泵之间的联系，起到保护液压泵的作用；第二个作用是为阀 3 正常工作创造必要的条件。在泵卸荷期间，通向阀 3 的控制油路因设有阀 2 而保持一定的压力，使阀 3 离开中位的换向动作获得了动力。

二、系统的工作过程

1. 快进

按下启动按钮，电磁阀 A 的电磁铁 1YA 通电，阀的左位接入油路系统，控制压力油自液压泵 1 的出口经阀 A 进入液动换向阀 B 的左侧，推动阀芯右移，使阀 B 的左位接入油路系统。这时的主油路是：

进油路：液压泵 1→阀 2→油路 a→阀 B→油路 b→阀 11→油路 c→液压缸 13 左腔；

回油路：液压缸 13 右腔→油路 d→阀 B→油路 e→阀 6→油路 b→阀 11→油路 c→液压缸 13 左腔。

这时形成差动连接回路，液压缸 13 的缸体带动滑台向左快速前进。因为这时滑台的负载较小，系统压力较低，所以变量泵 1 输出大流量，以满足快进需要。

2. 第一次工作进给

在快进终了时，挡块压下行程阀 11，切断了快进油路。同时系统压力升高将外控顺序阀 5 打开。这时的主油路是：

进油路：液压泵 1→阀 2→油路 a→阀 B→油路 b→阀 7→阀 10→油路 c→液压缸 13 左腔；

回油路：液压缸 13 右腔→油路 d→阀 B→油路 e→阀 5→阀 4→油箱。

因为工作进给时，系统压力升高，所以变量泵 1 的流量自动减小，适应滑台第一次工作进给的需要。滑台进给速度的大小可用调速阀 7 调节。

3. 第二次工作进给

在第一次工作进给终了时，挡块压下行程开关，使电磁铁 3YA 通电，阀 10 左位接入，切断调速阀 8 的并联通路，这时的主油路需要经过阀 7 和阀 8 两个调速阀，所以滑台作速度更低的第二次工作进给。进给速度的大小可由调速阀 8 调节。

4. 死挡铁停留

当滑台第二次工作进给终了碰到死挡铁以后，系统的压力进一步升高，压力继电器 9 发出信号给时间继电器，经过适当的延时停留以后，电磁铁 1YA 断电、2YA 通电，滑台快速退回。死挡铁停留一定时间的作用是为了保证加工精度。

5. 快退

当电磁铁1YA断电、2YA通电以后，阀*A*右位接入系统，控制油路使阀*B*右位接入系统。这时的主油路是：

进油路：液压泵1→阀2→油路*a*→阀*B*→油路*d*→液压缸13右腔；

回油路：液压缸13左腔→油路*c*→阀12→油路*b*→阀*B*→油箱。

6. 原位停止

当滑台退回原始位置时，挡块压下行程开关，使电磁铁2YA断电(1YA已断电)，阀*A*和*B*都处于中间位置，滑台停止不动。这时变量泵输出的油液经换向阀3直接回油箱，泵卸荷。

表8-4是这个液压系统的电磁铁和行程阀动作顺序表。

表8-4　电磁铁和行程阀动作顺序表

电磁铁和阀 工作环节	1YA	2YA	3YA	行程阀
快　进	+	−	−	−
一工进	+	−	−	+
二工进、停留	+	−	+	+
快　退	−	+	−	+、−
停　止	−	−	−	−

注：“+”表示电磁铁通电或压下行程阀，“−”则相反。

§8-5　气压传动

一、气压传动的工作原理

(一) 气压传动系统的工作原理

气压传动系统的工作原理是利用空气压缩机将电动机、内燃机或其他原动机输出的机械能转变为空气的压力能，然后在控制元件的控制及辅助元件的配合下，利用执行元件把空气的压力能转变为机械能，从而完成直线或回转运动并对外做功。

(二) 气压传动的特点

1. 气压传动的优点

(1) 工作介质为空气，来源经济方便，用过之后直接排入大气，处理简单，不污染环境。

(2) 由于空气流动损失小，压缩空气可集中供气，作远距离输送。

(3) 与液压传动相比，气动具有动作迅速、反应快、维护简单、管路不易堵塞的特点，且不存在介质变质、补充和更换等问题。

(4) 对工作环境的适应性好，可安全可靠地应用于易燃易爆场所。

(5) 气动装置结构简单、重量轻、安装维护简单、压力等级低，故使用安全。

(6) 空气具有可压缩性，气动系统能够实现过载自动保护。

2. 气压传动的缺点

(1) 由于空气有可压缩性，所以气缸的动作速度受负载变化影响较大。

(2) 工作压力较低(一般为 0.4 MPa～0.8 MPa)，因而气动系统输出动力较小。

(3) 气动系统有较大的排气噪声。

(4) 工作介质空气没有自润滑性，需另加装置进行给油润滑。

二、气压传动系统的组成

典型的气压传动系统，如图 8－57 所示。一般由以下四部分组成：

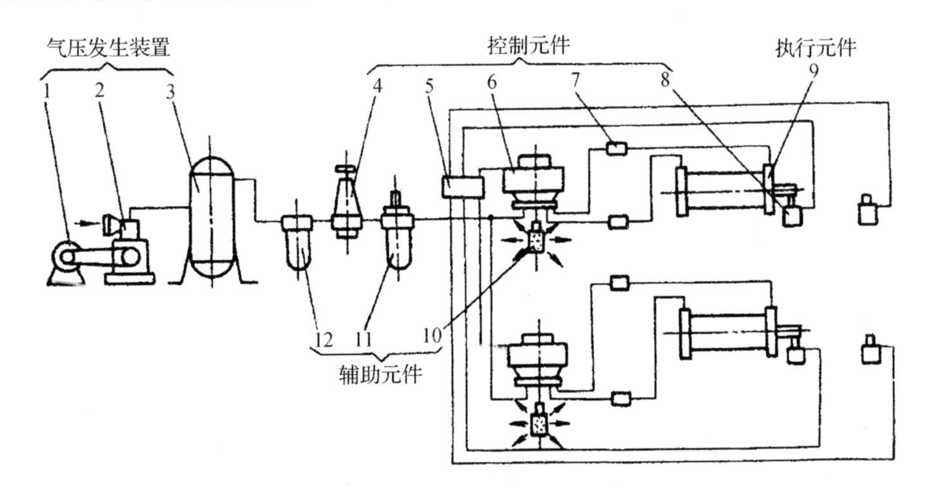

图 8－57　气动系统的组成示意图

1-电动机　2-空气压缩机　3-储气罐　4-压力控制阀　5-逻辑元件　6-方向控制阀　7-流量控制阀　8-行程阀　9-气缸　10-消声器　11-油雾器　12-空气过滤器

(一) 气压发生装置

它的作用是将原动机输出的机械能转变为空气的压力能。其主要设备是空气压缩机，简称为空压机。

(二) 控制元件

用来控制压缩空气的压力、流量和流动方向，以保证执行元件具有一定的输出力和速度并按设计的程序正常工作。如压力阀、流量阀、方向阀和逻辑阀等。

(三) 执行元件

是将空气的压力能转变为机械能的能量转换装置。如气缸和气马达。

(四) 辅助元件

用于辅助保证气动系统正常工作的一些装置。如各种干燥器、空气过滤器、消声器和油雾器等。

三、气源装置

气源装置是用来产生具有足够压力和流量的压缩空气并将其净化、处理及储存的一套装置。

图 8-58 所示为常见的气源装置。其主要由以下元件组成。

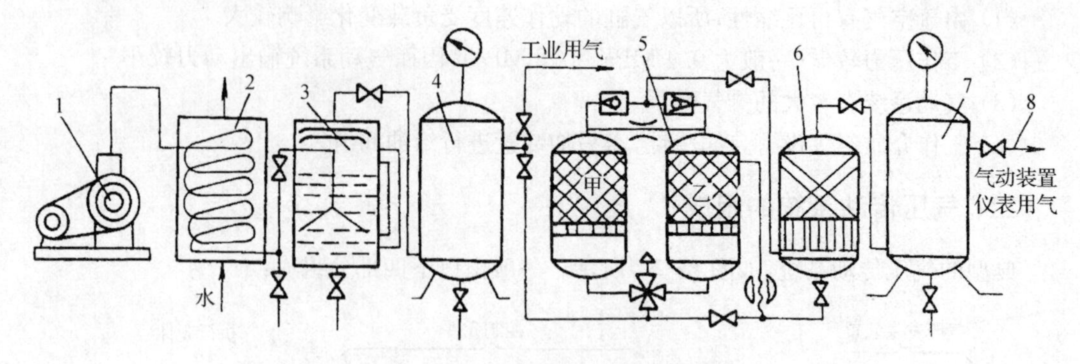

图 8-58　气源装置的组成示意图

1-空气压缩机　2-后冷却器　3-除油器　4-储气罐
5-干燥器　6-过滤器　7-储气罐　8-输气管道

（一）空气压缩机

空气压缩机是将电机输出的机械能转变为气体压力能输送给气动系统的装置，是气动系统的动力源。

空气压缩机的种类很多，但按工作原理主要可分为容积式和速度式（叶片式）两类。目前使用最广泛的是活塞式压缩机，下面介绍其工作原理。

活塞式压缩机是通过曲柄连杆机构使活塞作往复运动而实现吸、压气，并达到提高气体压力的目的。图 8-59 为单级单作用压缩机工作原理图。它主要由缸体 1、活塞 2、活塞杆 3、曲柄连杆机构 4、吸气阀 5 和排气阀 6 等组成。

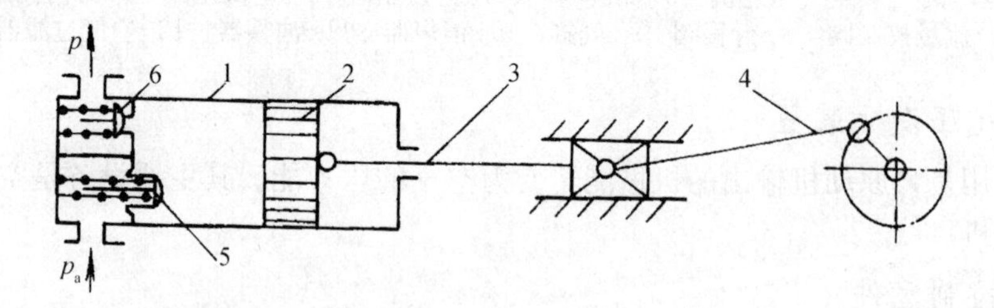

图 8-59　单级单作用活塞式压缩机工作原理图

1-缸体　2-活塞　3-活塞杆　4-曲柄连杆机构　5-吸气阀　6-排气阀

（二）后冷却器

后冷却器安装在压缩机出口的管道上，将压缩机排出的压缩气体温度由 140℃～170℃降至 40℃～50℃，使其中水汽、油雾汽凝结成水滴和油滴，以便经除油器析出。套管式冷却器的结构如图 8-60 所示，压缩空气在外管与内管之间流动。这种冷却器流通截面小，易达到高速流动，有利于散热冷却。管间清理也较方便，但其结构笨重，消耗金属量大，主要用在流量不太大，散热面积较小的场合。

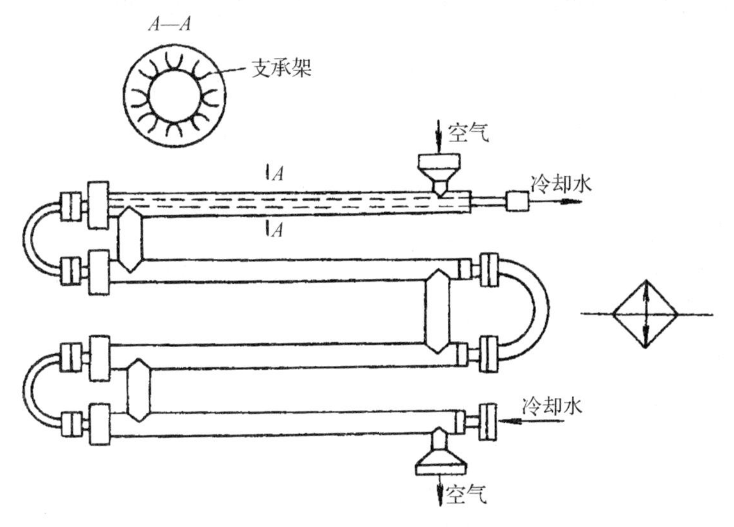

图 8-60 套管式冷却器

（三）除油器

除油器的作用是分离压缩空气中凝聚的水分和油分等杂质。使压缩空气得到初步净化，其结构形式有：环形回转式、撞击折回式、离心旋转式和水浴式等。

图 8-61 为撞击折回并环形回转式除油器结构原理图。压缩空气自入口进入后，因撞击隔板而折回向下，继而又回升向上，形成回转环流，使水滴、油滴和杂质在离心力和惯性力作用下，从空气中分离析出，并沉降在底部，定期打开底部阀门排出，初步净化的空气从出口送往储气罐。

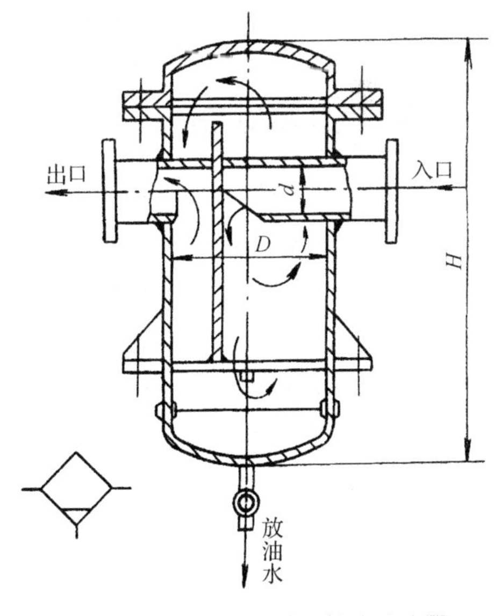

图 8-61 撞击折回并回转式除油器

（四）空气干燥器

空气干燥器的作用是为了满足精密气动装置用气，把初步净化的压缩空气进一步净化以吸收和排除其中的水分、油分及杂质，使湿空气变成干空气。由图 8-58 可知，从压缩机输出的压缩空气经过冷却器、除油器和储气罐的初步净化处理后已能满足一般气动系统的使用要求。但对一些精密机械、仪表等装置还不能满足要求。为此需要进一步净化处理，为防止初步净化后的气体中的含湿量对精密机械、仪表产生锈蚀，为此要进行干燥和再精过滤。

压缩空气的干燥方法主要有机械法、离心法、冷冻法和吸附法等。机械和离心除水法的原理基本上与除油器的工作原理相同。目前在工业上常用的是冷冻法和吸附法。

1. 冷冻式干燥器

它是使压缩空气冷却到一定的露点温度，然后析出相应的水分，使压缩空气达到一定的干燥度。此方法适用于处理低压大流量，并对干燥度要求不高的压缩空气。压缩空气的冷却除用冷冻设备外也可采用制冷剂直接蒸发，或用冷却液间接冷却的方法。

2. 吸附式干燥器

它主要是利用硅胶、活性氧化铝、焦炭、分子筛等物质表面能吸附水分的特性来清除水分的。由于水分和这些干燥剂之间没有化学反应，所以不需要更换干燥剂，但必须定期再生干燥。

（五）空气过滤器

空气过滤器的作用是滤除压缩空气的水分、油滴及杂质微粒，以达到气动系统所要求的净化程度。过滤的原理是根据固体物质和空气分子的大小和质量不同，利用惯性、阻隔和吸附的方法将灰尘和杂质与空气分离。它属于二次过滤器，大多与减压阀、油雾器一起构成气动三联件，安装在气动系统的入口处。

（六）储气罐

储气罐的作用是消除压力脉动，保证输出气流的连续性；储存一定数量的压缩空气，调节用气量或以备发生故障和临时需要应急使用；依靠绝热膨胀和自然冷却使压缩空气降温而进一步分离其中的水分和油分。

储气罐一般采用圆筒状焊接结构，有立式和卧式两种，一般以立式居多。立式储气罐的高度 H 为其直径 D 的 2～3 倍，同时应使进气管在下，出气管在上，并尽可能加大两管之间的距离，以利于进一步分离空气中的油水。

四、气动辅助元件

（一）油雾器

油雾器是气压系统中一种特殊的注油装置，其作用是把润滑油雾化后，经压缩空气携带进入系统中各润滑部位，满足润滑的需要。其优点是方便、干净、润滑质量高。

油雾器在安装使用中常与空气过滤器和减压阀一起构成气动三联件，尽量靠近换向阀垂直安装，进、出气口不要装反，油雾器供油量一般以 10 m^3 自由空气用 1 mL 油为标准，使用中，可根据实际情况调整。

（二）消声器

消声器的作用是消除压缩气体高速通过气动元件排到大气时产生的刺耳噪声污染。消声器能阻止声音传播而允许气流通过，气动装置中的消声器主要有阻性消声器、抗性消声器及阻抗复合消声器三大类。

在消声器的选择上要注意排气阻力不宜太大，以免影响控制阀切换速度。

（三）转换器

转换器是将电、液、气信号相互间转换的辅件，用来控制气动系统工作。

1. 气-电转换器

图 8－62 是低压气-电转换器结构图。它是把气信号转换成电信号的元件。硬芯与焊片是两个常断电触点。当有一定压力的气动信号由信号输入口进入后，膜片向上弯曲，带动硬芯与限位螺钉接触，即与焊片导通，发出电信号。气信号消失后，膜片带动硬芯复位，触点断开，电信号消失。

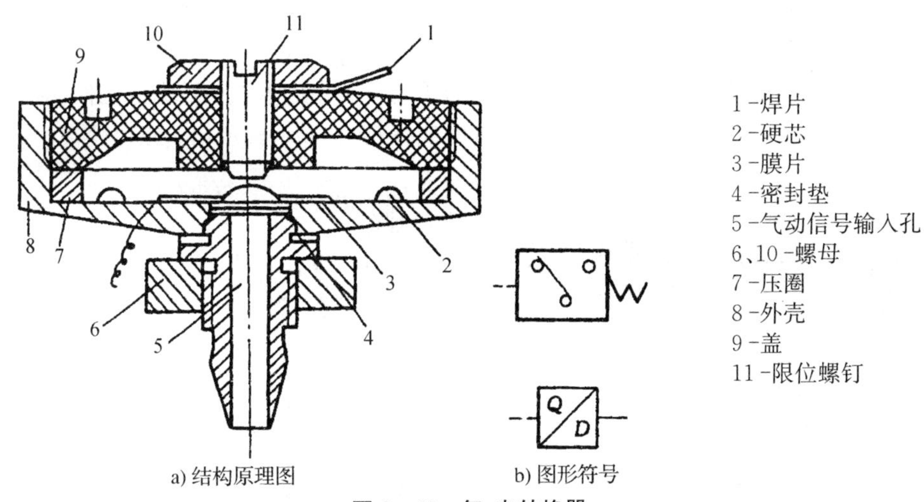

a) 结构原理图　　b) 图形符号

图 8-62　气-电转换器

在选择气-电转换器时要注意信号工作压力大小、电源种类、额定电压和额定电流大小，安装时不应倾斜和倒置，以免发生误动作，控制失灵。

2. 电-气转换器

图 8-63 为电-气转换器结构图，其作用与气-电转换器相反，是将电信号转换为气信号的元件。当无电信号时，在弹性支撑件 2 的作用下橡胶挡板 5 上抬，喷嘴 6 打开，气源输入气体经喷嘴排空，输出口无输出。当线圈 3 通有电信号时，产生磁场吸下衔铁，利用杠杆 4 下压橡胶挡板挡住喷嘴，输出口有气信号输出。

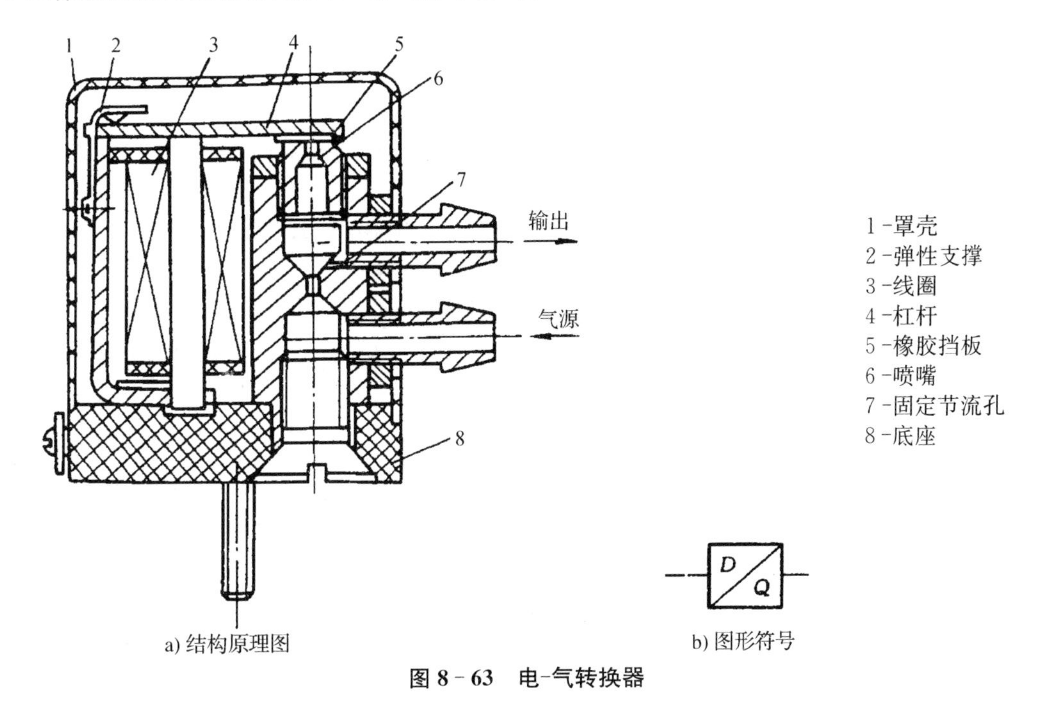

a) 结构原理图　　b) 图形符号

图 8-63　电-气转换器

3. 气-液转换器

图 8-64 是气-液转换器结构图，它是把气压直接转换成液压的压力装置。压缩空气自

上部进入转换器内，直接作用在油面上，使油液液面产生与压缩空气相同的压力，压力油从转换器下部引出供液压系统使用。

气-液转换器选择时应考虑液压执行元件的用油量，一般应是液压执行元件用油量的5倍。转换器内装油不能太满，液面与缓冲装置间应保持20 mm～50 mm以上距离。

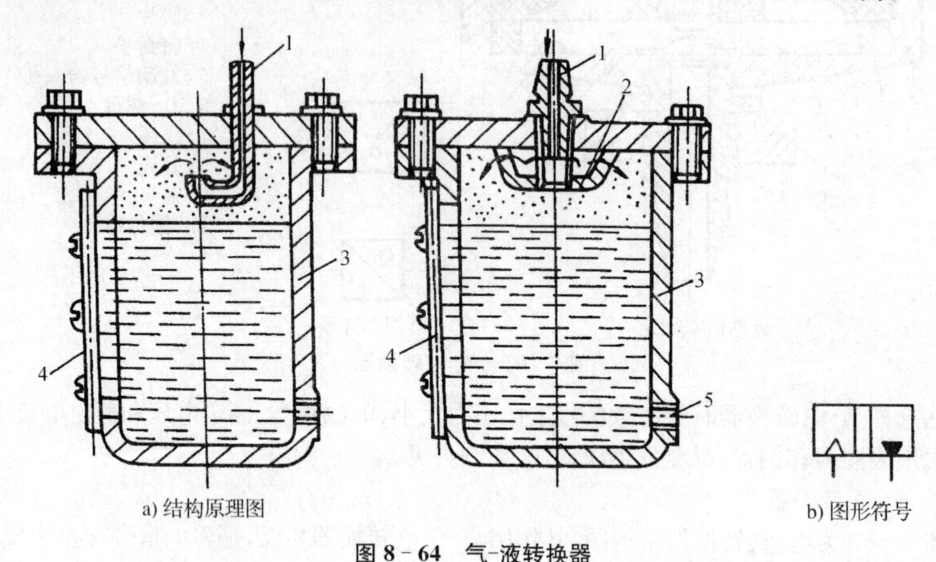

图8-64　气-液转换器

1-空气输入管　2-缓冲装置　3-本体　4-油标　5-油液输出口

五、气动执行元件

（一）气缸

1. 气缸的分类

气缸的种类很多，分类的方法也不同，一般可按压缩空气作用在活塞端面上的方向、结构特征、安装形式和功能来分类。

（1）按压缩空气在活塞端面作用力的方向分：单作用气缸和双作用气缸；

（2）按气缸的结构特征分：活塞式、薄膜式、柱塞式、摆动式气缸等；

（3）按气缸的安装方式分：固定式、轴销式、回转式、嵌入式；

（4）按气缸的功能分：普通气缸、缓冲气缸、气-液阻尼缸、冲击气缸、步进气缸。

2. 气缸的组成

以图8-65所示的双作用气缸为例来进行说明。图8-65所示为最常用的单杆双作用普通气缸结构示意图，气缸主要由缸筒、活塞、活塞杆、前后端盖及密封件和紧固件等组成。

缸筒在前后缸盖之间固定连接。有活塞杆侧的缸盖为前缸盖，缸底侧则为后缸盖。一般在缸盖上开有进排气通口，有的还设有气缓冲机构。前缸盖上，设有密封圈、防尘圈，同时还设有导向套，以提高气缸的导向精度。活塞杆与活塞紧固相连。活塞上除有密封圈防止活塞左右两腔相互串气外，还有耐磨环以提高气缸的导向性；带磁性开关的气缸，活塞上装有磁环。活塞两侧常装有橡胶垫作为缓冲垫。如果是气缓冲，则活塞两侧沿轴线方向设有缓冲柱塞，同时缸盖上有缓冲节流阀和缓冲套，当气缸运动到端头时，缓冲柱塞进入缓冲套，气缸排气需经缓冲节流阀，排气阻力增加，产生排气背压，形成缓冲气垫，起到缓冲作用。

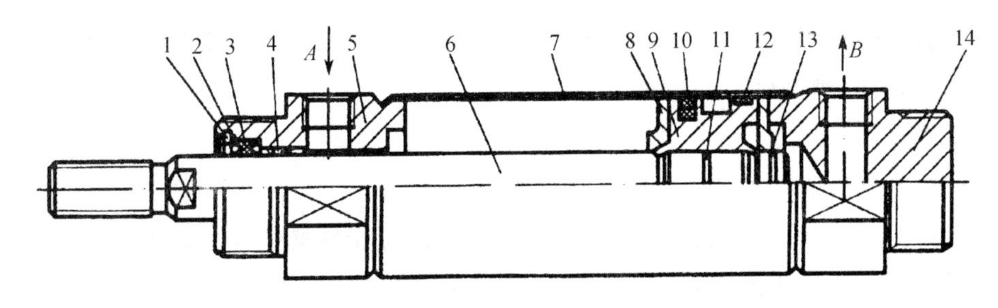

图 8－65　普通双作用气缸

1、13－弹簧挡图　2－防尘圈压板　3－防尘圈　4－导向套　5－杆侧端盖　6－活塞杆　7－缸筒　8－缓冲垫　9－活塞　10－活塞密封圈　11－密封圈　12－耐磨环　14－无杆侧端盖

3. 其他常用气缸

(1) 气-液阻尼缸

气-液阻尼缸是由气缸和液压缸组合而成，它以压缩空气为能源，利用油液的不可压缩性和控制流量来获得活塞的平稳运动和调节活塞的运动速度。与气缸相比，它传动平稳，停位精确、噪声小，与液压缸相比，它不需要液压源，经济性好，同时具有气缸和液压缸的优点，因此得到了越来越广泛的应用。图 8－66 为串联式气-液阻尼缸的工作原理图。

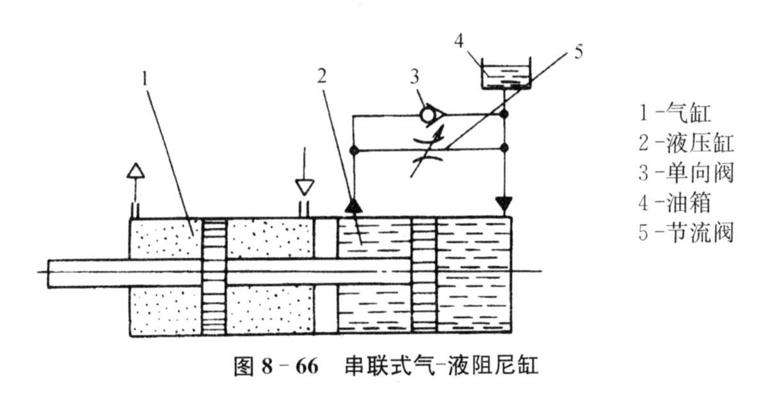

图 8－66　串联式气-液阻尼缸

(2) 薄膜式气缸

如图 8－67 所示为薄式膜气缸，它是一种利用膜片在压缩空气作用下产生变形来推动活塞杆作直线运动的气缸。它主要由缸体 1、膜片 2、膜盘 3 及活塞杆 4 等组成，它有单作用式(图 8－67a))和双作用式(图 8－67b))两种。

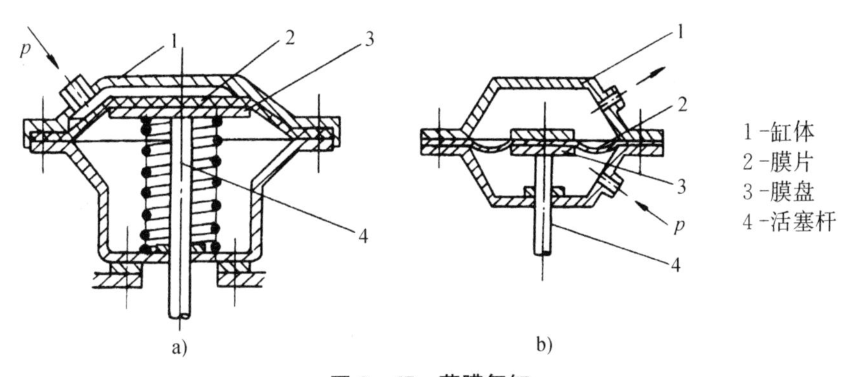

图 8－67　薄膜气缸

这种气缸的特点是结构紧凑，重量轻，维修方便，密封性能好，制造成本较低，广泛应用于化工生产过程的调节器上。

（二）气马达

1. 气马达的工作原理

气动马达是将压缩空气的压力能转换成机械能的能量转换装置，输出转速和转矩，驱动机构作旋转运动，相当于液压马达或电动机。图 8－68 是叶片式气马达工作原理图。

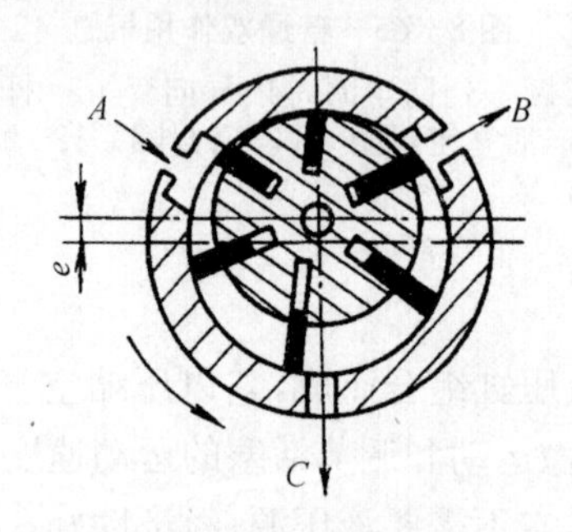

图 8－68　叶片式气马达

叶片式气动马达主要用于风动工具、高速旋转机械及矿山机械等。

由于气动马达具有一些比较突出的特点，在某些工业场合，它比电动马达和液压马达更适用。

2. 气动马达的特点

（1）具有防爆性能。由于气动马达的工作介质空气本身的特性和结构设计上的考虑，能够在工作中不产生火花，故适合于有爆炸、高温、多尘的场合，并能用于空气极潮湿的环境，而无漏电的危险。

（2）马达本身的软特性使之能长期满载工作，温升较小，且有过载保护的性能。

（3）有较高的起动转矩，能带载起动。

（4）换向容易，操作简单，可以实现无级调速。

（5）与电动机相比，单位功率尺寸小，重量轻，适用于安装在位置狭小的场合及手工工具上。

但气动马达也具有输出功率小，耗气量大，效率低、噪声大和易产生振动等缺点。

在气压传动中使用最广泛的是叶片式和活塞式气动马达。

六、气动控制元件及基本回路

（一）方向控制阀及方向控制回路

方向控制阀按其作用特点可以分为单向型和换向型两种；按其阀芯结构不同可以分为截止式、滑阀式（又称滑柱式、柱塞式）、平面式（又称滑块式）、旋塞式和膜片式等几种。其中以截止式和滑阀式换向阀应用较多。

1. 单向型控制阀

单向型控制阀包括单向阀、或门型梭阀、与门型梭阀和快速排气阀。

(1) 单向阀

单向阀是指气流只能向一个方向流动而不能反向流动的阀,单向阀的工作原理、结构和图形符号与液压阀中的单向阀基本相同,只不过在气动单向阀中,阀芯和阀座之间有一层胶垫(软质密封)。

(2) 或门型梭阀

或门型梭阀相当于两个单向阀的组合。图 8-69 为或门型梭阀结构图,它有两个输入口 P_1、P_2,一个输出口 A,阀芯在两个方向上起单向阀的作用。当 P_1 口进气时,阀芯将 P_2 口切断,P_1 口与 A 口相通,A 口有输出。当 P_2 口进气时,阀芯将 P_1 口切断,P_2 口与 A 口相通,A 口也有输出。如 P_1 口和 P_2 口都有进气时,活塞移向低压侧,使高压侧进气口与 A 口相通。如两侧压力相等,则先加入压力一侧与 A 口相通,后加入一侧关闭。图 8-70 是或门型梭阀应用实例。该回路应用或门型梭阀实现手动和电动操作方式的转换。

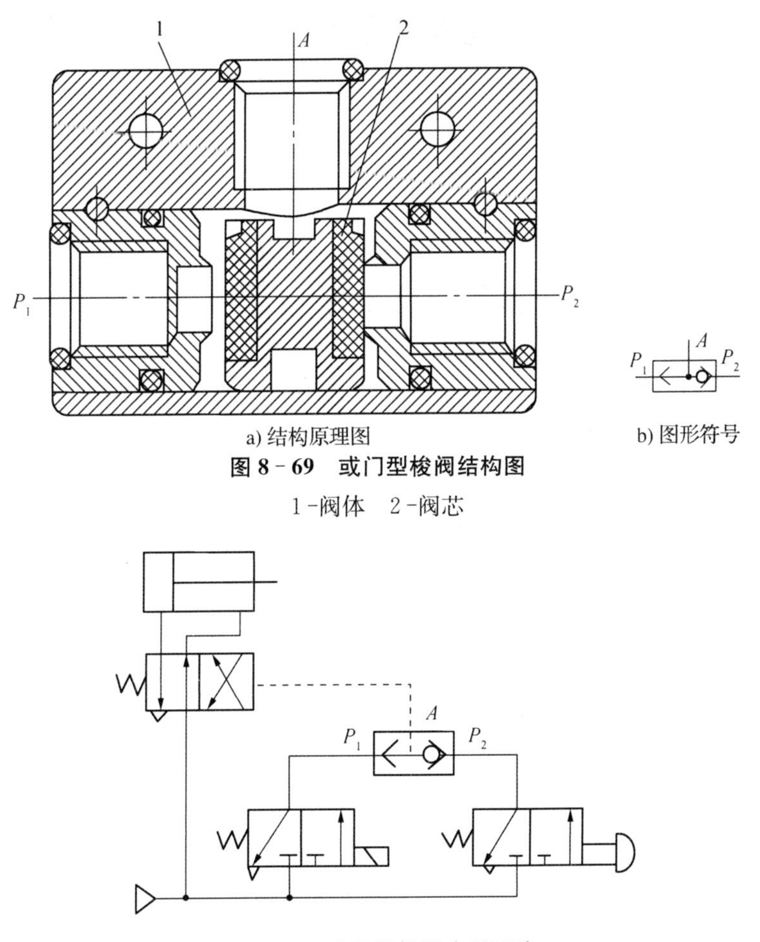

a) 结构原理图　　b) 图形符号

图 8-69 或门型梭阀结构图

1-阀体 2-阀芯

图 8-70 或门型梭阀应用回路

(3) 与门型梭阀(双压阀)

与门型梭阀又称双压阀,它也相当于两个单向阀的组合。图 8-71 为与门型梭阀结构图。它有 P_1 和 P_2 两个输入口和一个输出口 A,只有当 P_1、P_2 同时有输入时,A 口才有输出,否则,A 口无输出,而当 P_1 和 P_2 口压力不等时,则关闭高压侧,低压侧与 A 口相通。图 8-72 是与门型梭阀应用实例。

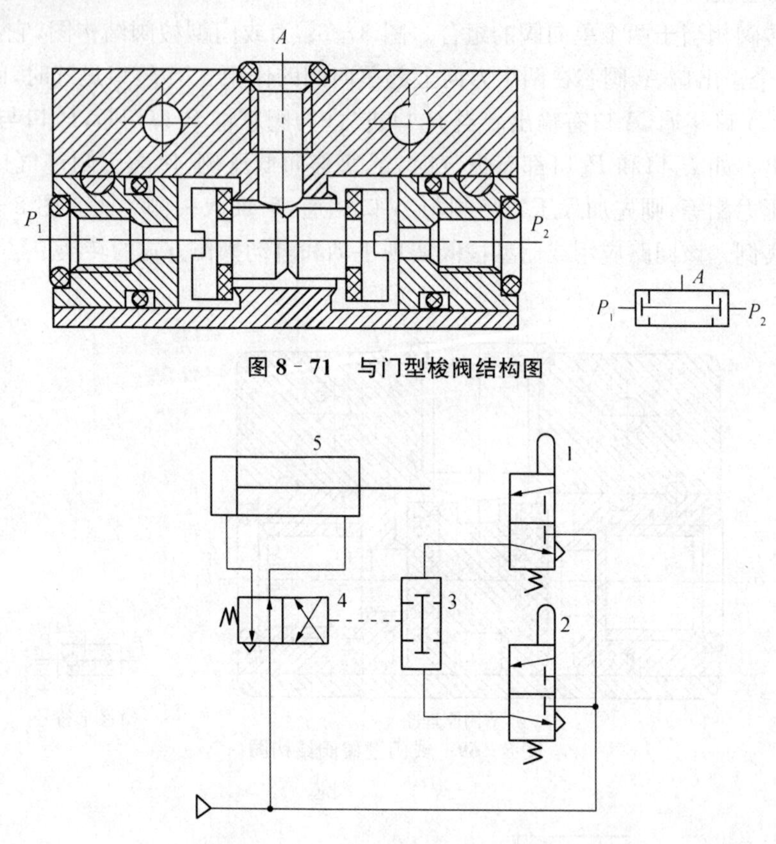

图 8-71 与门型梭阀结构图

图 8-72 与门型梭阀应用回路

2. 换向型控制阀

换向型控制阀是用来改变压缩空气的流动方向,从而改变执行元件的运动方向。根据其控制方式分为气压控制、电磁控制、机械控制、手动控制、时间控制阀。

(1) 气压控制换向阀

气压控制换向阀是利用气体压力来使主阀芯运动而使气体改变流向的,按控制方式不同可分为加压控制、卸压控制和差压控制三种。

气控换向阀按主阀结构不同,又可分为截止式和滑阀式两种主要形式,滑阀式气控阀的结构和工作原理与液动换向阀基本相同,在此仅介绍截止式换向阀的工作原理。

图 8-73 为单气控截止式换向阀的工作原理图,图 8-73a)为没有控制信号 K 时的状态,阀芯在弹簧及 P 腔压力作用下关闭,阀处于排气状态;当输入控制信号 K(如图8-73b))时,主阀芯下移,打开阀口使 P 与 A 相通。图 8-73c)为其图形符号。

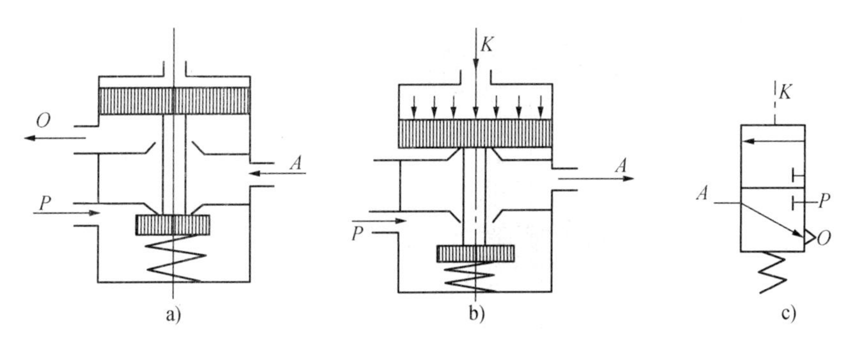

图 8－73　单气控截止式换向阀

（2）电磁控制换向阀

气压传动中的电磁控制换向阀和液压传动中的电磁控制换向阀一样，也由电磁铁控制部分和主阀两部分组成，按控制方式不同分为电磁铁直接控制（直动）式电磁阀和先导式电磁阀两种。它们的工作原理分别与液压阀中的电磁阀和电液动阀相类似，只是二者的工作介质不同而已。

3. 方向控制回路

图 8－74 所示为二位五通阀和双气控中位封闭式三位五通电磁阀的控制回路。在图 8－74a）回路中通过对换向阀左右两侧分别输入控制信号，使气缸活塞伸出和收缩。此回路不许左右两侧同时加等压控制信号。在图 8－74b）回路中，除控制双作用缸换向外，还可在行程中的任意位置停止运动。

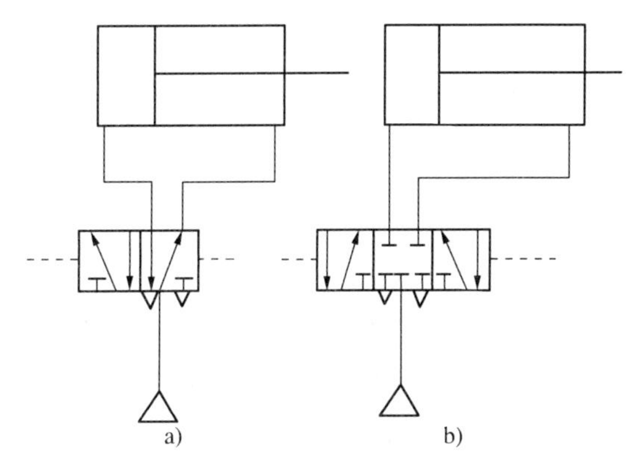

图 8－74　双作用气缸换向回路

（二）压力控制阀及压力控制回路

1. 减压阀

减压阀的作用是降低由空气压缩机来的压力，以适于每台气动设备的需要，并使这一部分压力保持稳定。按调节压力方式不同，减压阀有直动型和先导型两种。

（1）直动型减压阀

图 8－75 所示为 QTY 型直动型减压阀的结构简图。

其工作原理是：阀处于工作状态时，压缩空气从左侧入口流入，经阀口 11 后再从阀出口

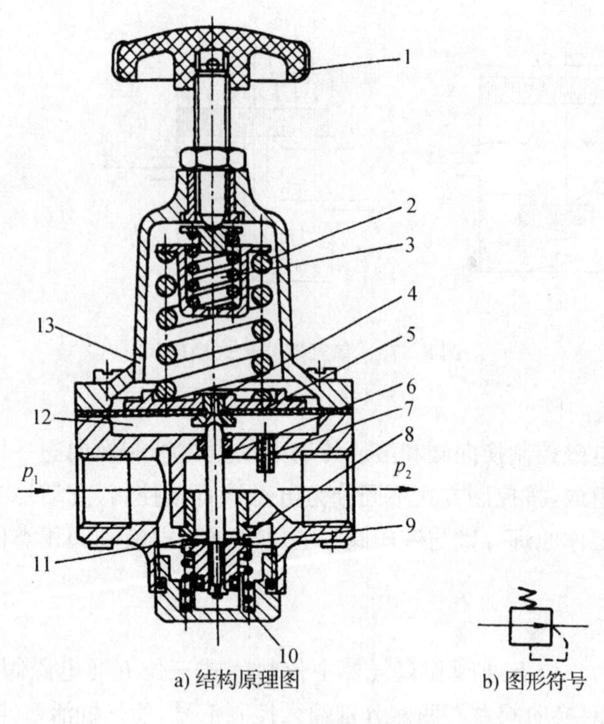

a) 结构原理图　　b) 图形符号

图 8－75　QTY 型减压阀

1－手柄　2、3－调压弹簧　4－溢流孔　5－膜片　6－阀杆　7－阻尼孔
8－阀座　9－阀芯　10－复位弹簧　11－阀口　12－膜片室　13－排气口

流出。当顺时针旋转手柄 1，压缩弹簧 2、3 推动膜片 5 下凹，再通过阀杆 6 带动阀芯 9 下移，打开进气阀口 11，压缩空气通过阀口 11 的节流作用，使输出压力低于输入压力，以实现减压作用。与此同时，有一部分气流经阻尼孔 7 进入膜片室 12，在膜片下部产生一向上的推力。当推力与弹簧的作用相互平衡后，阀口开度稳定在某一值上，减压阀就输出一定压力的气体。阀口 11 开度越小，节流作用越强，压力下降也越多。若输入压力瞬时升高，经阀口 11 以后的输出压力随之升高，使膜片气室内的压力也升高，破坏了原有的平衡，使膜片上移，有部分气流经溢流孔 4，排气口 13 排出。在膜片上移的同时，阀芯在弹簧 10 的作用下也随之上移，减小进气阀口 11 开度，节流作用加大，输出压力下降，直至达到膜片两端作用力重新平衡为止，输出压力基本上又回到原数值上。

相反，输入压力下降时，进气节流阀口开度增大，节流作用减小，输出压力上升，使输出压力基本回到原数值上。

减压阀选择时应根据气源压力确定阀的额定输入压力，气源的最低压力应高于减压阀最高输出压力 0.1 MPa 以上。减压阀一般安装在空气过滤器之后、油雾器之前。

(2) 减压阀的应用

图 8－76 为减压阀应用实例。图 8－76a)是由减压阀控制同时输出高低压力 p_1、p_2。图 8－76b)是利用减压阀和换向阀得到高、低输出压力 p_1、p_2。该回路常用于气动设备之前，可根据需要用同一气源得到两种工作压力。

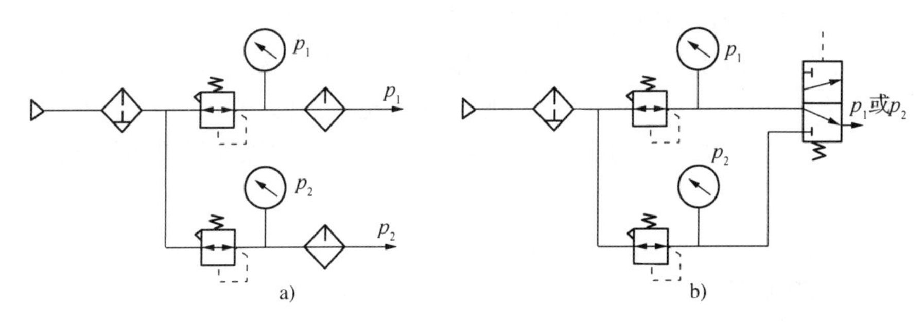

图 8－76　减压阀应用回路

2. 溢流阀

溢流阀的作用是当系统压力超过调定值时，便自动排气，使系统的压力下降，以保证系统安全，故也称其为安全阀。按控制方式分，溢流阀有直动型和先导型两种。

（1）直动型溢流阀

如图 8－77 所示，将阀 P 口与系统相连接，O 口通大气，当系统中空气压力升高，一旦大于溢流阀调定压力时，气体推开阀芯，经 O 口排至大气，使系统压力稳定在调定值，保证系统安全。当系统压力低于调定值时，在弹簧的作用下阀口关闭。开启压力的大小与调整弹簧的预压缩量有关。

溢流阀选用时其最高工作压力应略高于所需控制压力。

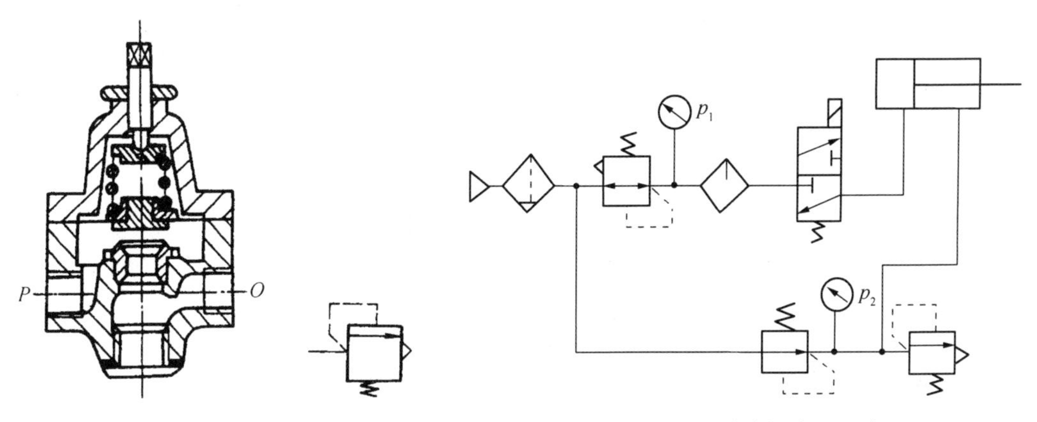

图 8－77　直动型溢流阀　　　图 8－78　溢流阀应用回路

（2）溢流阀的应用

图 8－78 所示回路中，气缸行程长，运动速度快，如单靠减压阀的溢流孔排气作用，难以保持气缸的右腔压力恒定。为此，在回路中装有溢流阀，并使减压阀的调定压力低于溢流阀的设定压力，缸的右腔在行程中由减压阀供给减压后的压力空气，左腔经换向阀排气。由溢流阀配合减压阀控制缸内压力并保持恒定。

3. 顺序阀

顺序阀的作用是依靠气路中压力的大小来控制执行机构按顺序动作。顺序阀常与单向阀并联结合成一体，称为单向顺序阀。

（1）单向顺序阀

图 8－79 为单向顺序阀的工作原理图，当压缩空气由 P 口进入腔 4 后，作用在活塞 3 上

的力小于弹簧 2 上的力时，阀处于关闭状态。而当作用于活塞上的力大于弹簧力时，活塞被顶起，压缩空气经腔 4 流入腔 5 由 A 口流出，然后进入其他控制元件或执行元件，此时单向阀关闭。当切换气源时(图 8－79b)所示)，腔 4 压力迅速下降，顺序阀关闭，此时腔 5 压力高于腔 4 压力，在气体压力差作用下，打开单向阀，压缩空气由腔 5 经单向阀 6 流入腔 4 向外排出。

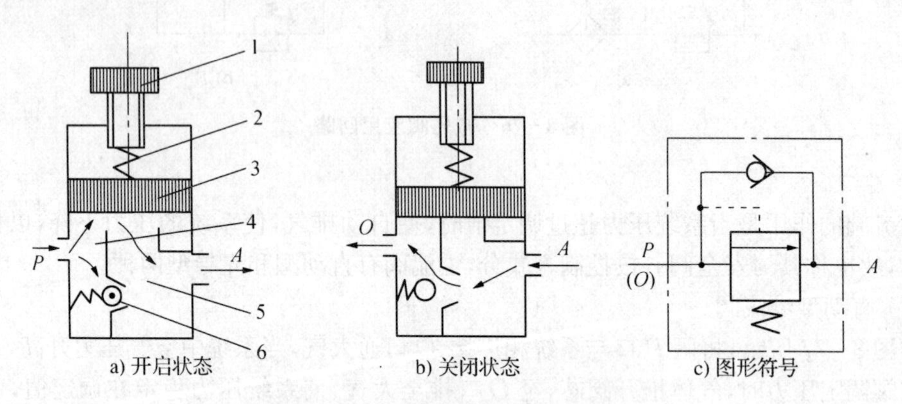

图 8－79　单向顺序阀的工作原理图

1-调压手柄　2-调压弹簧　3-活塞　4-阀左腔　5-阀右腔　6-单向阀

(2) 顺序阀的应用

图 8－80 所示为用顺序阀控制两个气缸顺序动作的原理图。压缩空气先进入气缸 1，待建立一定压力后，打开顺序阀 4，压缩空气才开始进入气缸 2 使其动作。切断气源，气缸 2 返回的气体经单向阀 3 和排气孔 O 排空。

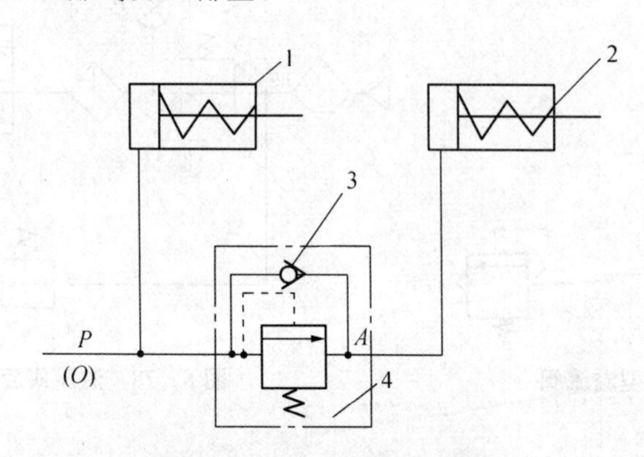

图 8－80　顺序阀应用回路

1、2-气缸　3-单向阀　4-顺序阀

4. 压力控制回路

压力控制回路的功用是使系统保持在某一规定的压力范围内。

图 8－81a)为常用的一种调压回路，是利用减压阀来实现对气动系统气源的压力控制。

图 8－81b)为可提供两种压力的调压回路。气缸有杆腔压力由调压阀 1 调定，无杆腔压力由调压阀 2 调定。在实际工作中，通常活塞杆伸出和退回时的负载不同，采用此回路有利于能量消耗。

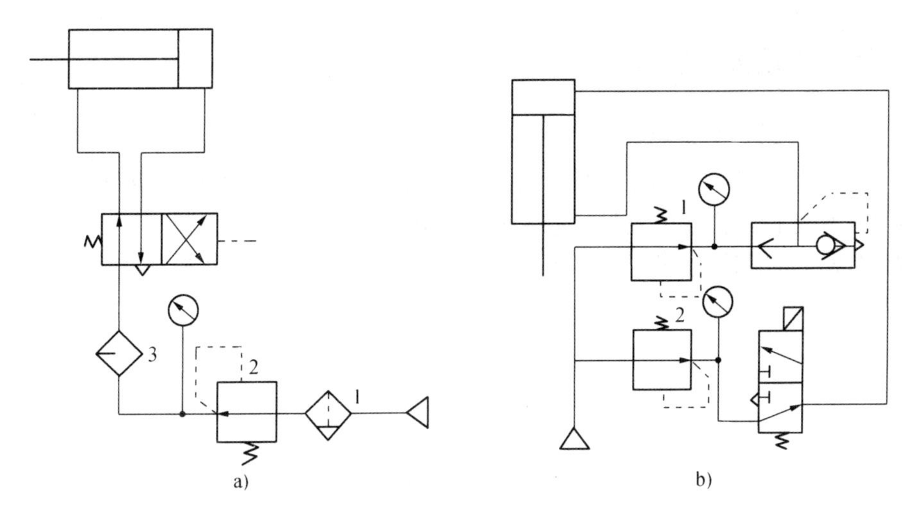

图 8-81　调压回路

(三) 流量控制阀及速度控制回路

1. 节流阀

节流阀的作用是通过改变阀的通流面积来调节流量。

图 8-82 为节流阀结构图。气体由输入口 P 进入阀内，经阀座与阀芯间的节流通道从输出口 A 流出，通过调节螺杆使阀芯上下移动，改变节流口通流面积，实现流量的调节。

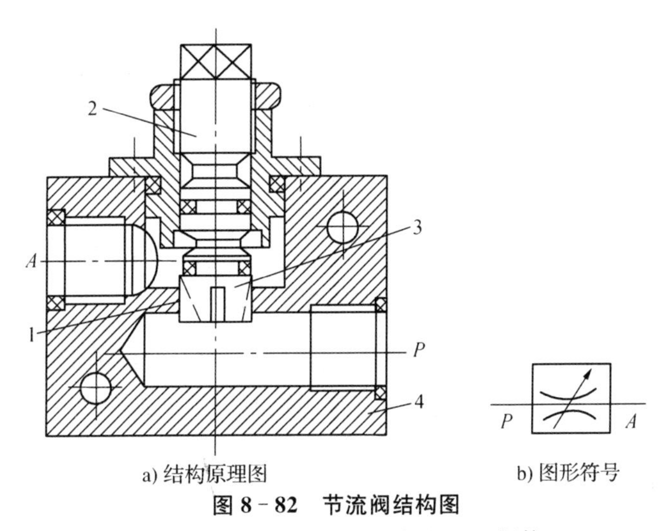

a) 结构原理图　　b) 图形符号

图 8-82　节流阀结构图

1-阀座　2-调节螺杆　3-阀芯　4-阀体

2. 速度控制回路

图 8-83 为采用单向节流阀实现排气节流的速度控制回路。调节节流阀的开度实现气缸背压的控制，完成气缸双向运动速度的调节。

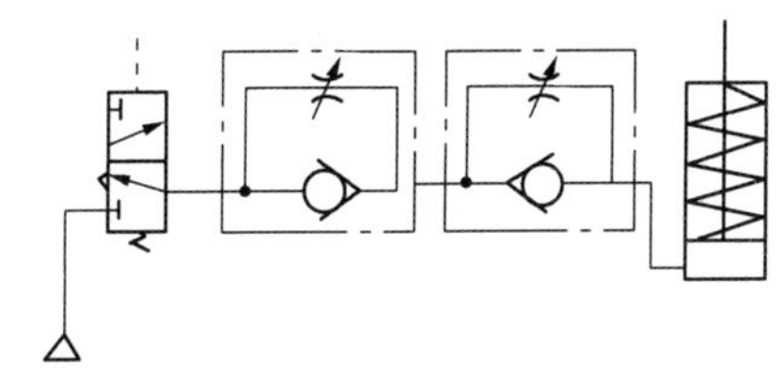

图 8-83　单作用气缸速度控制回路

七、气压传动系统实例

(一) 工件夹紧气动系统实例

图8-84是机械加工自动线、组合机床中常用的工件夹紧的气压传动系统图。其工作原理是:当工件运行到指定位置后,气缸A的活塞杆伸出,将工件定位锁紧后,两侧的气缸B和C的活塞杆同时伸出,从两侧面压紧工件,实现夹紧,而后进行机械加工,其气压系统的动作过程如下。

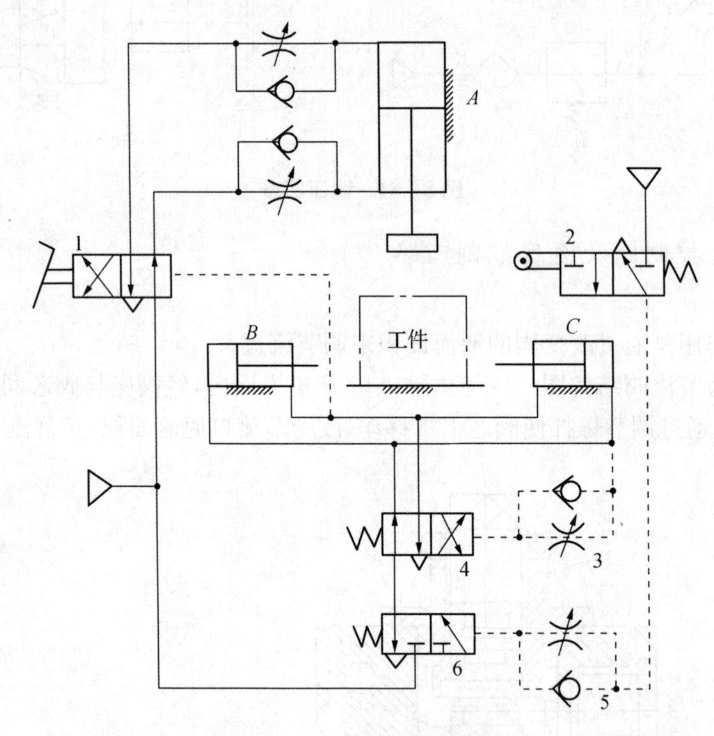

图8-84 工件夹紧气动系统

当用脚踏下脚踏换向阀1(在自动线中往往采用其他形式的换向方式)后,压缩空气经单向节流阀进入气缸A的无杆腔,夹紧头下降至锁紧位置后使机动行程阀2换向,压缩空气经单向节流阀5进入中继阀6的右侧,使阀6换向,压缩空气经阀6通过主控阀4的左位进入气缸B和C的无杆腔,两气缸同时伸出。与此同时,压缩空气的一部分经单向节流阀3调定延时后使主控阀换向到右侧,则两气缸B和C返回。在两气缸返回的过程中有杆腔的压缩空气使脚踏阀1复位,则气缸A返回。此时由于行程阀2复位(右位),所以中继阀6也复位,由于阀6复位,气缸B和C的无杆腔通大气,主控阀4自动复位,由此完成了一个缸A压下(A_1)→夹紧缸B和C伸出夹紧(B_1、C_1)→夹紧缸B和C返回(B_0、C_0)→缸A返回(A_0)的动作循环。

(二) 气液动力滑台

气液动力滑台采用气-液阻尼缸作为执行元件。由于在它的上面可安装单轴头、动力箱或工件,因而在机床上常用来作为实现进给运动的部件。

图 8-85 为气液动力滑台的回路原理图。图中阀 1、2、3 和阀 4、5、6 实际上分别被组合在一起，成为两个组合阀。

该种气液滑台能完成下面的两种工作循环：

1. 快进→慢进→快退→停止

当图中阀 4 处于图示状态时，就可实现上述循环的进给程序。其动作原理为：当手动阀 3 切换至右位时，实际上就是给予进刀信号，在气压作用下，气缸中活塞开始向下运动，液压缸中活塞下腔油液经行程阀 6 的左位和单向阀 7 进入液压缸活塞的上腔，实现了快进；当快进到活塞杆上的挡铁 B 切换行程阀 6(使它处于右位)后，油液只能经节流阀 5 进入活塞上腔，调节节流阀的开度，即可调节气-液阻尼缸运动速度。所以，这时开始慢进(工作进给)。当慢进到挡铁 C 使机控阀 2 切换至左位时，输出气信号使阀 3 切换至左位，这时气缸活塞开始向上运动。液压缸活塞上腔的油液经阀 8 至图示位置而使油液通道被切断，活塞就停止运动。所以改变挡铁 A 的位置，就能改变“停”的位置。

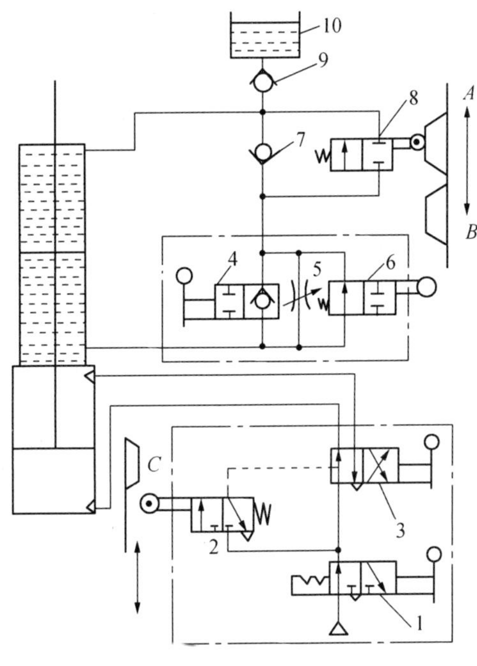

图 8-85　气液动力滑台的回路原理图

2. 快进→慢进→慢退→快退→停止

把手动阀 4 关闭(处于左位)时就可实现上述的双向进给程序，其动作原理为：

其动作循环中的快进→慢进的动作原理与上述相同。当慢进至挡铁 C 切换行程阀 2 至左位时，输出气信号使阀 3 切换至左位，气缸活塞开始向上运动，这时液压缸上腔的油液经行程阀 8 的左位和节流阀 5 进入液压活塞缸下腔，亦即实现了慢退(反向进给)；当慢退到挡铁 B 离开阀 6 的顶杆而使其复位(处于左位)后，液压缸活塞上腔的油液就经阀 8 的左位、再经阀 6 的左位进入液压活塞缸下腔，开始快退；快退到挡铁 A 切换阀 8 至图示位置时，油液通路被切断，活塞就停止运动。

图中补油箱 10 和单向阀 9 仅仅是为了补偿系统中的漏油而设置的，因而一般可用油杯来代替。

习题 8

8-1　说明液压传动的工作原理，并指出液压传动装置通常是由哪几个部分组成的？

8-2　液压传动中所用到的压力、流量各表示什么意思？它们的单位是什么？压力是怎样产生的？

8-3　在图示的密封容器内充满液压油。已知小柱塞 1 的直径为 10 mm，大柱塞 2 的直径为 50 mm，作用在小柱塞上的力 F=500 N。求大柱塞上顶起物体 3 的重量是多少(柱塞的重量忽略不计)？

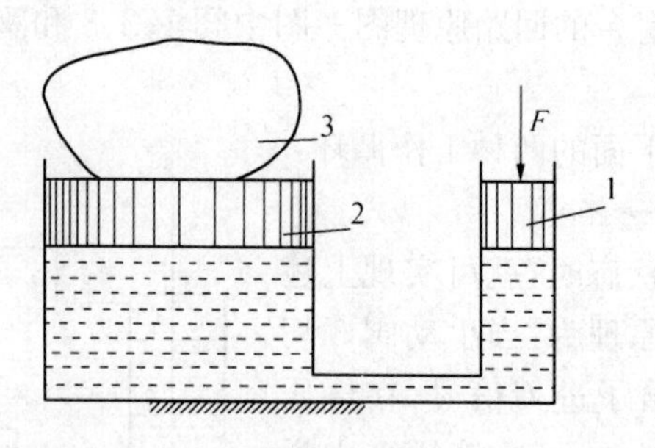

题 8-3 图

8-4 在如图所示的磨床工作台液压缸中，缸体内径 $D=65$ mm，活塞杆直径 $d=30$ mm，当进入液压缸的压力油流量 $q=2\times10^{-4}\ m^3/s$ 时，工作台的运动速度有多大？

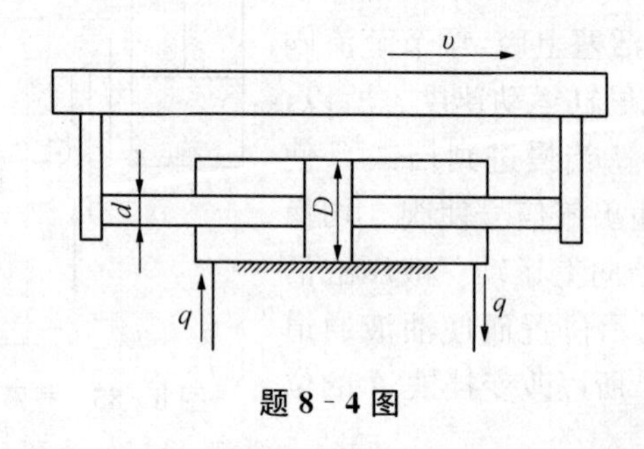

题 8-4 图

8-5 在管路中流动的压力油为什么会产生压力损失？这种损失与通过该管路的流量之间有什么关系？

8-6 液压泵工作的基本原理是怎样的？常用的液压泵有哪几种？

8-7 限压式叶片泵具有什么样的工作特性？说明限压式变量叶片泵的实用意义？

8-8 柱塞泵适用于高压系统，为什么？

8-9 简要说明叶片式液压马达的工作原理。叶片式马达的转速是否可以调节？

8-10 什么叫液压缸的差动连接？单杆液压缸的差动连接在工程实际应用中有什么意义？

8-11 单向阀有什么用途？说明液控单向阀的工作原理，并画出它的符号。

8-12 什么叫滑阀中位机能？试画出两种不同机能的三位四通换向阀符号，并说明该阀处于中位时的性能特点。

8-13 在图 8-26c)中，若将先导式溢流阀外控油路中的直动式溢流阀换成二位二通电磁阀，其出口接入油箱，试画出此图，并说明当电磁铁通电或断电情况下，泵出口压力如何确定？

8-14 画出溢流阀、减压阀和顺序阀的符号，并比较它们的不同之处。

8-15 调速阀为何既能调速又能稳速？若将一个普通减压阀(先导式减压阀)和一个节流阀串联安装在液压缸的进油路或回油路中，能否代替调速阀使用？

8-16 常用的滤油器有哪几种形式？各有什么特点？

8-17 在液压系统中，当工作部件停止运动以后，使泵卸荷有什么好处？常用的卸荷方法有哪些？

8-18　进油路节流调速和回油路节流调速在性能方面有什么相同点和不同点?

8-19　某机床进给回路如图所示,它可以实现快进—工进—快退的工作循环。试说明此回路的工作原理,并填写电磁铁动作表(电磁铁通电时,在空格中记"+"号,反之,断电记"—"号):

电磁铁 工作循环	1YA	2YA	3YA
快进			
工进			
快退			

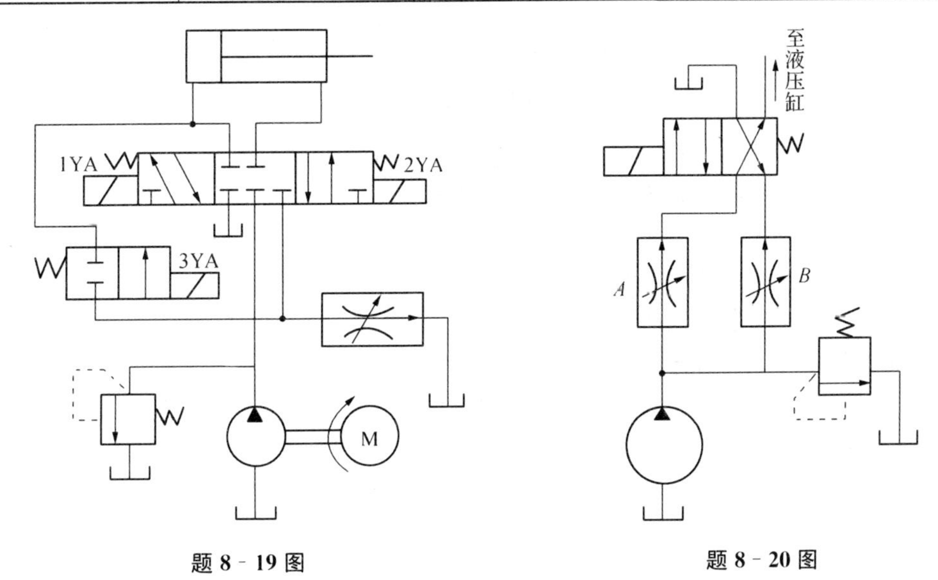

题 8-19 图　　　　题 8-20 图

8-20　将两调速阀如图示并联使用,亦能实现两种工进速度的换接。试分析这一回路的主要优缺点。

8-21　双缸回路如图所示。A 缸速度可由节流阀调节。试回答:

(1) 在 A 缸运动到底后,B 缸能否自动顺序动作而向右移?说明理由。

(2) 在不增加也不改换元件的条件下,如何修改回路以实现上述动作?请作图表示。

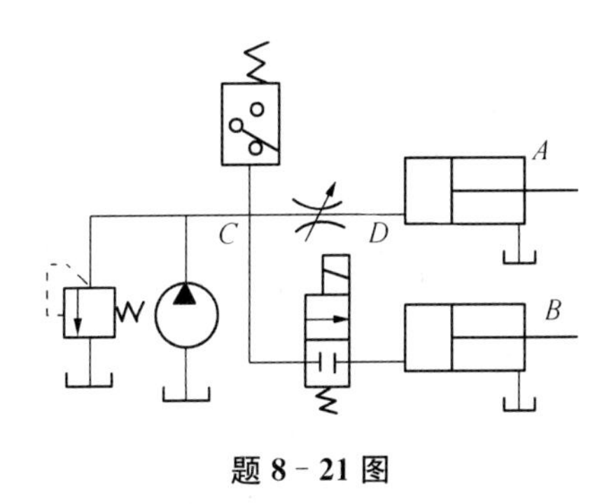

题 8-21 图

8-22　图示的回路能否实现先定位、后夹紧以及夹紧油路保压和液压泵自动卸荷等作用？说明回路的工作原理。

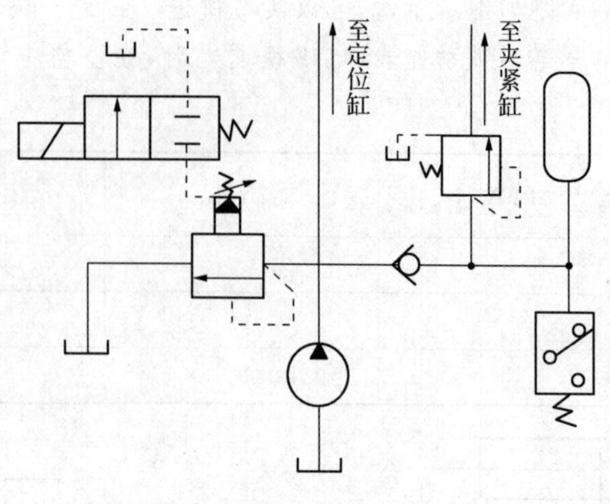

题 8-22 图

8-23　简要地说明 YT4543 型液压滑台液压系统的工作原理。

8-24　请说明气压传动系统的工作原理及特点。

8-25　气源装置有哪些元件组成？

8-26　什么叫气动三联件？每个元件起什么作用？

8-27　简述空气压缩机的工作原理。

8-28　简述气马达的特点。

8-29　试用顺序阀构成两缸顺序动作回路，完成 A_1、B_1、$A_0(B_0)$ 循环（A、B 表示气缸，下标 1 表示气缸伸出，0 表示缩回。如 A_1 表示气缸 A 伸出）。

8-30　试分析如图所示的槽形弯板机的气压传动系统，其动作程序为：

$$A_1\begin{Bmatrix}B_1\\C_1\end{Bmatrix}\begin{Bmatrix}D_1\\E_1\end{Bmatrix}\begin{Bmatrix}A_0 & B_0 & D_0\\ & C_0 & E_0\end{Bmatrix}。$$

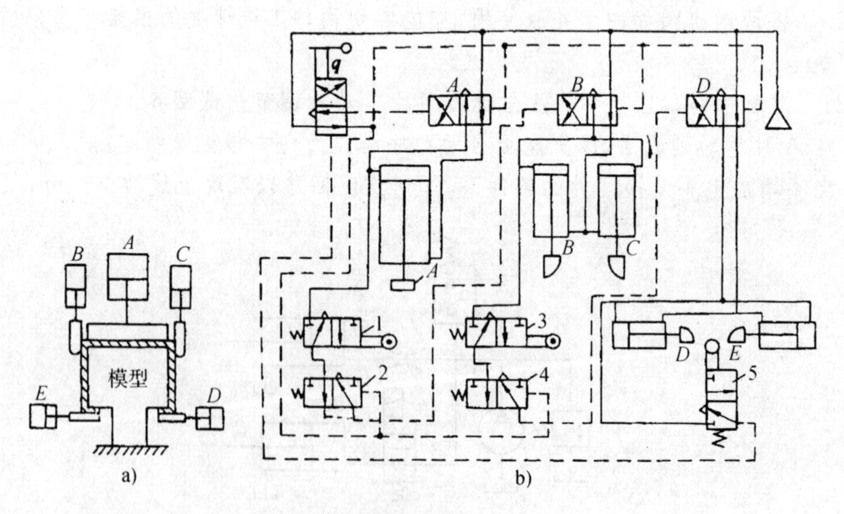

题 8-30 图

参考文献

[1] 周一峰主编. 理论力学. 长沙:湖南科学技术出版社,2006 年.
[2] 刘庆潭主编. 材料力学教程. 北京:机械工业出版社,2007 年.
[3] 孙训方,方孝淑,关来泰编. 材料力学. 北京:高等教育出版社,2009 年.
[4] 顾晓勤主编. 工程力学. 北京:机械工业出版社,2001 年.
[5] 徐学林主编. 互换性与测量技术基础. 长沙:湖南大学出版社,2007 年.
[6] 刘越主编. 公差配合与技术测量. 北京:化学工业出版社,2007 年.
[7] 王英杰,金升主编. 金属材料及热处理. 北京:机械工业出版社,2006 年.
[8] 许德珠主编. 机械工程材料. 北京:高等教育出版社,2006 年.
[9] 张春林主编. 机械原理. 北京:高等教育出版社,2008 年.
[10] 孙恒,陈作模,葛文杰主编. 机械原理. 北京:高等教育出版社,2013 年.
[11] 王定国,周全光主编. 机械原理与机械零件. 北京:高等教育出版社,1998 年.
[12] 陈立德主编. 机械设计基础. 北京:高等教育出版社,2005 年.
[13] 钟建宁主编. 机械基础. 北京:高等教育出版社,2015 年.
[14] 张萍主编. 机械设计基础. 北京:化学工业出版社,2004 年.
[15] 张绍甫,徐锦康主编. 机械零件. 北京:机械工业出版社,2001 年.
[16] 李忠海主编. 机械基础国家标准宣贯教材. 北京:中国计量出版社,1997 年.
[17] 王积伟,章宏甲,黄谊主编. 液压与气压传动. 北京:机械工业出版社,2008 年.
[18] 刘忠伟主编. 液压与气压传动. 北京:化学工业出版社,2007 年.
[19] 袁承训主编. 液压与气压传动. 北京:机械工业出版社,2006 年.

附录Ⅰ　机构运动简图符号
（摘自 GB/T 4460－2013）

序　号	名　称	基本符号	可用符号
1	平面回转副		
2	空间回转副		
3	螺旋副		
4	圆柱副		
5	球面副		
6	机架		
7	构件组成部分的永久连接		
8	组成部分与轴(杆)的固定连接		
9	导杆		
10	滑块		
11	圆柱轮摩擦传动		

(续表)

序　号	名　称	基本符号	可用符号
12	圆锥轮摩擦传动	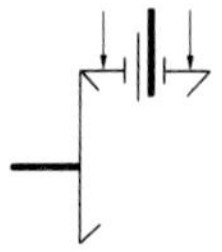	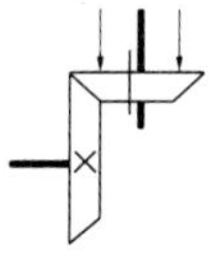
13	可调锥轮摩擦传动	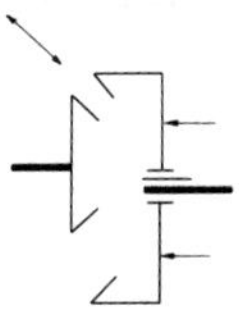	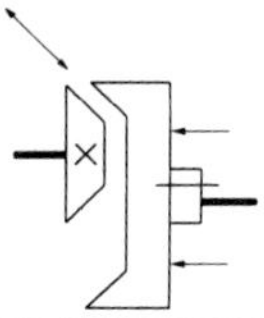
14	圆柱齿轮	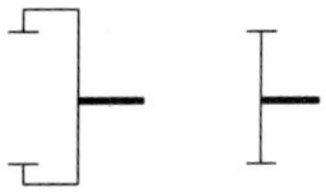	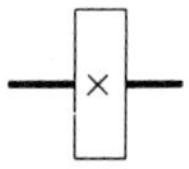
15	圆锥齿轮		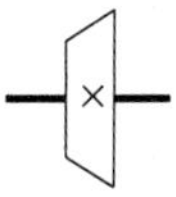
16	直齿圆柱齿轮		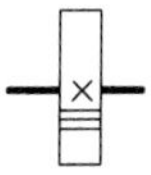
17	斜齿圆柱齿轮		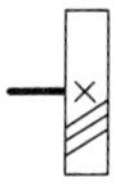
18	直齿圆锥齿轮		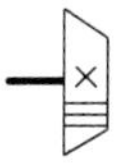
19	圆柱齿轮传动	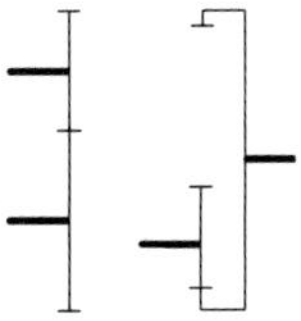	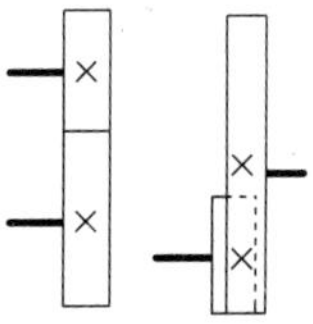
20	圆锥齿轮传动	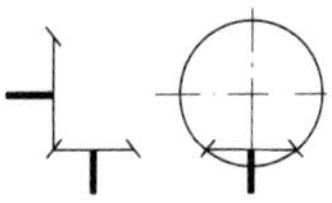	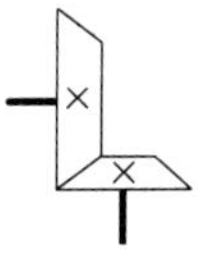
21	蜗轮与圆柱蜗杆传动	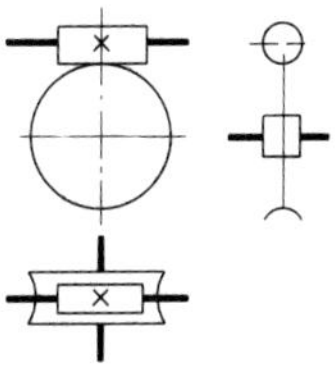	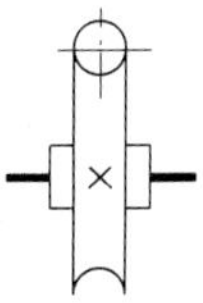

（续表）

序　号	名　称	基本符号	可用符号
22	齿条传动	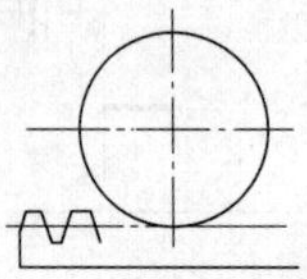	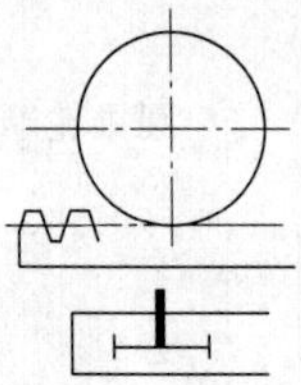
23	盘形凸轮	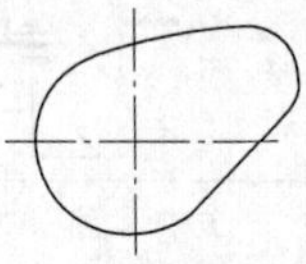	
24	棘轮机构	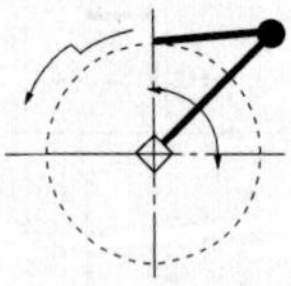	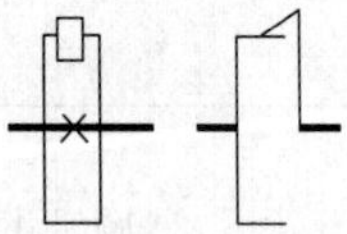
25	槽轮机构	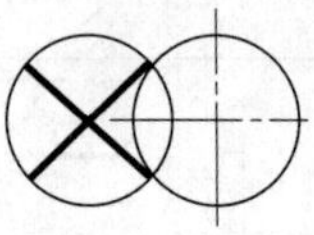	
26	固定联轴器	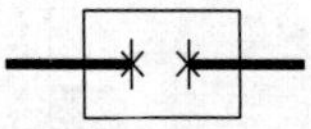	
27	可移式联轴器	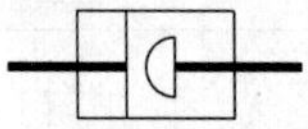	
28	弹性联轴器	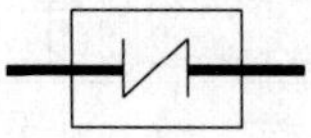	
29	啮合式离合器（单向式）	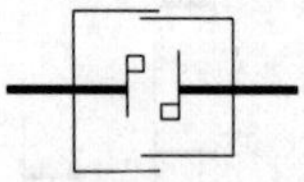	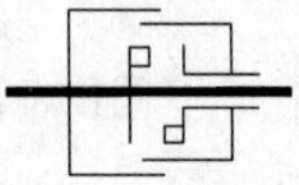
30	啮合式离合器（双向式）	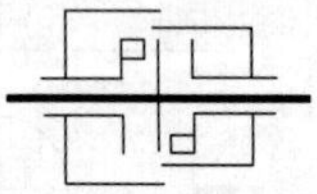	
31	摩擦离合器（单向式）	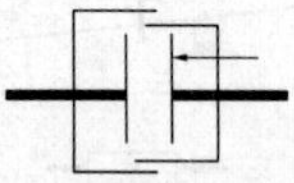	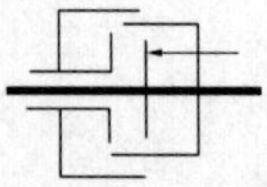
32	摩擦离合器（双向式）	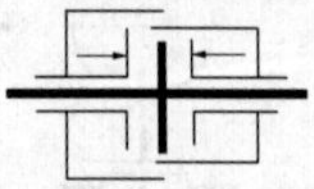	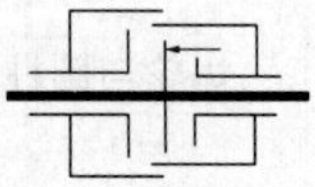
33	带传动（一般符号）	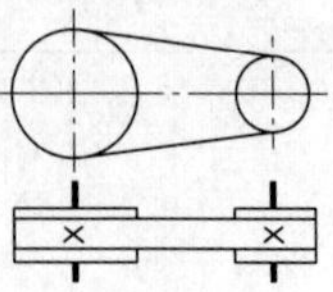	

(续表)

序 号	名 称	基本符号	可用符号
34	链传动(一般符号)	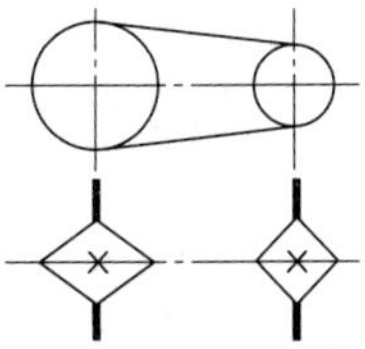	
35	螺杆传动(整体螺母)	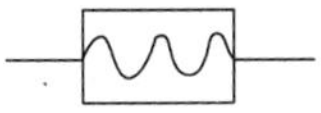	
36	螺杆传动(开合螺母)	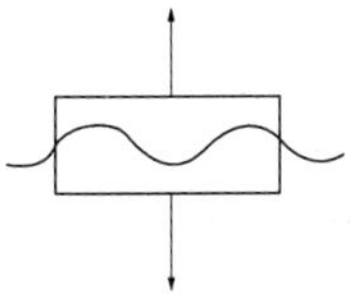	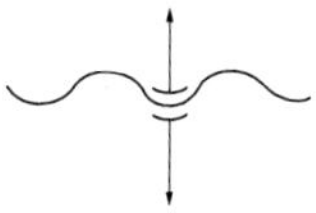
37	向心普通轴承	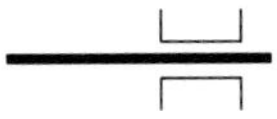	
38	向心滚动轴承	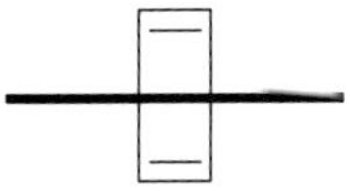	
39	单向推力普通轴承	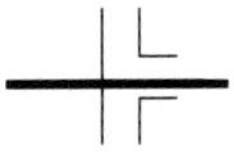	
40	双向推力普通轴承	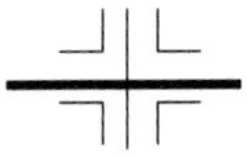	
41	推力滚动轴承	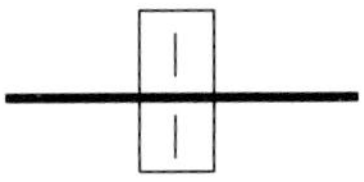	
42	单向向心推力普通轴承		
43	双向向心推力普通轴承		
44	向心推力滚动轴承	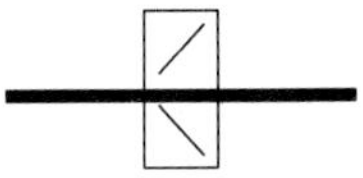	

（续表）

序　号	名　称	基本符号	可用符号
45	压缩弹簧	φ或□	
46	拉伸弹簧		
47	扭转弹簧		

附录Ⅱ　常用液压元件的图形符号（摘自 GB/T 786.1－2009）

名　称	符　号	名　称	符　号
工作管路		控制管路	
连接管路		交叉管路	
管口在液面以上的油箱		管口在液面以下的油箱	
按钮式人力控制		手柄式人力控制	
顶杆式机械控制		滚轮式机械控制	
弹簧控制	W	电磁控制	
液压控制		电液控制	
单向定量泵		单向定量马达	
双向定量泵		双向定量马达	
单向变量泵		单向变量马达	
双向变量泵		双向变量马达	
单作用伸缩缸		双作用伸缩缸	
双作用单杆活塞缸		双作用双杆活塞缸	

（续表）

名　称	符　号	名　称	符　号
溢流阀(一般符号)	W	减压阀(一般符号)	W
顺序阀(一般符号)	W	定差减压阀	W
不可调节流阀		可调节流阀	
调速阀		温度补偿调速阀	
单向阀		液控单向阀	
二位二通换向阀		二位三通换向阀	
二位四通换向阀		二位五通换向阀	
三位四通换向阀		三位五通换向阀	
过滤器(一般符号)		压力计	
蓄能器		压力继电器	W

一、尺寸

公称尺寸(mm)		
		a
大于	至	
0	3	−270
3	6	−270
6	10	−280
10	14	−290
14	18	
18	24	−300
24	30	
30	40	−310
40	50	−320
50	65	−340
65	80	−360
80	100	−380
100	120	−410
120	140	−460
140	160	−520
160	180	−580
180	200	−660
200	225	−740
225	250	−820
250	280	−920
280	315	−1050
315	355	−1200
355	400	−1350
400	450	−1 500
450	500	−1650

注：1. 公称尺寸

2. js 的数值

二、尺寸小于等于 500 mm 的孔的基本偏差数值

公称尺寸(mm)		基												本			
		下 偏 差 EI															
		A	B	C	CD	D	E	EF	F	FG	G	H	Js	J			K
大于	至	所 有 公 差 等 级												6	7	8	≤8
0	3	+270	+140	+60	+34	+20	+14	+10	+6	+4	+2	0	偏差等于±IT/2	+2	+4	+6	0
3	6	+270	+140	+70	+46	+30	+20	+14	+10	+6	+4	0		+5	+6	+10	−1+Δ
6	10	+280	+150	+80	+56	+40	+25	+18	+13	+8	+5	0		+5	+8	+12	−1+Δ
10	14	+290	+150	+95	—	+50	+32	—	+16	—	+6	0		+6	+10	+15	−1+Δ
14	18																
18	24	+300	+160	+110	—	+65	+40	—	+20	—	+7	0		+8	+12	+20	−2+Δ
24	30																
30	40	+310	+170	+120	—	+80	+50	—	+25	—	+9	0		+10	+14	+24	−2+Δ
40	50	+320	+180	+130													
50	65	+340	+190	+140	—	+100	+60	—	+30	—	+10	0		+13	+18	+28	−2+Δ
65	80	+360	+200	+150													
80	100	+380	+220	+170	—	+120	+72	—	+36	—	+12	0		+16	+22	+34	−3+Δ
100	120	+410	+240	+180													
120	140	+460	+260	+200	—	+145	+85	—	+43	—	+14	0		+18	+26	+41	−3+Δ
140	160	+520	+280	+210													
160	180	+580	+310	+230													
180	200	+660	+340	+240	—	+170	+100	—	+50	—	+15	0		+22	+30	+47	−4+Δ
200	225	+740	+380	+260													
225	250	+820	+420	+280													
250	280	+920	+480	+300	—	+190	+110	—	+56	—	+17	0		+25	+36	+55	−4+Δ
280	315	+1050	+540	+330													
315	355	+1200	+600	+360	—	+210	+125	—	+62	—	+18	0		+29	+39	+60	−4+Δ
355	400	+1350	+680	+400													
400	450	+1500	+760	+440	—	+230	+135	—	+68	—	+20	0		+33	+43	+66	−5+Δ
450	500	+1650	+840	+480													

注：1. 公称尺寸小于 1 mm 时，各级的 A 和 B 及大于 8 级的 N 均不采用。

2. Js 的数值：对 IT7～IT11，若 IT 的数值(μm)为奇数，则取 Js=±(IT−1)／2。

3. 特殊情况：当基本尺寸大于 250 mm～315 mm 时，M6 的 ES 等于−9(而不是−11)。

4. 对小于或等于 IT8 的 K、M、N 和小于或等于 IT7 的 P～ZC，所需 Δ 值从表内右侧栏中选取。

	偏差 (μm)																	Δ(μm)					
	上偏差 ES																						
	M		N		P~ZC	P	R	S	T	U	V	X	Y	Z	ZA	ZB	ZC						
8	≤8	>8	≤8	>8	≤7	>7												3	4	5	6	7	8
	−2	−2	−4	−4	在>7级的相应数值上增加一个Δ值	−6	−10	−14	—	−18	—	−20	—	−26	−32	−40	−60	0					
	−4+Δ	−4	−8+Δ	0		−12	−15	−19	—	−23	—	−28	—	−35	−42	−50	−80	1	1.5	1	3	4	6
	−6+Δ	−6	−10+Δ	0		−15	−19	−23	—	−28	—	−34	—	−42	−52	−67	−97	1	1.5	2	3	6	7
	−7+Δ	−7	−12+Δ	0		−18	−23	−28	—	−33	—	−40	—	−50	−64	−90	−130	1	2	3	3	7	9
											−39	−45	—	−60	−77	−108	−150						
	−8+Δ	−8	−15+Δ	0		−22	−28	−35	—	−41	−47	−54	−63	−73	−98	−136	−188	1.5	2	3	4	8	12
									−41	−48	−55	−64	−75	−88	−118	−160	−218						
	−9+Δ	−9	−17+Δ	0		−26	−34	−43	−48	−60	−68	−80	−94	−112	−148	−200	−274	1.5	3	4	5	9	14
									−54	−70	−81	−97	−114	−136	−180	−242	−325						
	−11+Δ	−11	−20+Δ	0		−32	−41	−53	−66	−87	−102	−122	−144	−172	−226	−300	−405	2	3	5	6	11	16
							−43	−59	−75	−102	−120	−146	−174	−210	−274	−360	−480						
	−13+Δ	−13	−23+Δ	0		−37	−51	−71	−91	−124	−146	−178	−214	−258	−335	−445	−585	2	4	5	7	13	19
							−54	−79	−104	−144	−172	−210	−256	−310	−400	−525	−690						
	−15+Δ	−15	−27+Δ	0		−43	−63	−92	−122	−170	−202	−248	−300	−365	−470	−620	−800	3	4	6	7	15	23
							−65	−100	−134	−190	−228	−280	−340	−415	−535	−700	−900						
							−68	−108	−146	−210	−252	−310	−380	−465	−600	−780	−1000						
	−17+Δ	−17	−31+Δ	0		−50	−77	−122	−166	−236	−284	−350	−425	−520	−670	−880	−1150	3	4	6	9	17	26
							−80	−130	−180	−258	−310	−385	−470	−575	−740	−960	−1250						
							−84	−140	−196	−284	−340	−425	−520	−640	−820	−1050	−1350						
	−20+Δ	−20	−34+Δ	0		−56	−94	−158	−218	−315	−385	−475	−580	−710	−920	−1200	−1550	4	4	7	9	20	29
							−98	−170	−240	−350	−425	−525	−650	−790	−1000	−1300	−1700						
	−21+Δ	−21	−37+Δ	0		−62	−108	−190	−268	−390	−475	−590	−730	−900	−1150	−1500	−1900	4	5	7	11	21	32
							−114	−208	−294	−435	−530	−660	−820	−1000	−1300	−1650	−2100						
	−23+Δ	−23	−40+Δ	0		68	−126	−232	−330	−490	−595	−740	−920	−1100	−1450	−1850	−2400	5	5	7	13	23	34
							−132	−252	−360	−540	−660	−820	−1000	−1250	−1600	−2100	−2600						

例如：ϕ80R7，Δ=11，则 ES=−43+11=−32 μm。